卓越工程师教育培养计划食品科学与工程类系列规划教材

食品质量安全认证

主编　曹　竑

科学出版社

北　京

内 容 简 介

本书为“卓越工程师教育培养计划食品科学与工程类系列规划教材”之一，全书以食品质量安全认证为主线，较系统地介绍了认证认可的基础知识、ISO9000族质量管理体系、食品安全管理体系（ISO22000）的建立与实施、食品产品认证（无公害食品、绿色食品及有机食品）、清真食品认证、良好农业规范认证及农产品地理标志等内容，资料新颖，内容充实。

本书可作为食品科学与工程、食品质量与安全、农产品质量与安全、畜产品加工、粮食工程等专业的本科生及研究生教材，亦可作为食品安全相关专业人员（食品认证审核人员、咨询及培训人员、食品检验检疫人员、食品安全监督管理人员）和企业的认证培训资料。

图书在版编目(CIP)数据

食品质量安全认证/曹竑主编．—北京：科学出版社，2015.4
卓越工程师教育培养计划食品科学与工程类系列规划教材
ISBN 978-7-03-044086-0

Ⅰ.①食… Ⅱ.①曹… Ⅲ.①食品安全-安全认证-中国-高等学校-教材 Ⅳ.①TS207.7

中国版本图书馆CIP数据核字（2015）第075255号

责任编辑：席 慧 刘 晶／责任校对：张凤琴
责任印制：徐晓晨／封面设计：迷底书装

科 学 出 版 社 出版
北京东黄城根北街16号
邮政编码：100717
http://www.sciencep.com

北京虎彩文化传播有限公司 印刷
科学出版社发行 各地新华书店经销
*
2015年4月第 一 版 开本：787×1092 1/16
2021年1月第六次印刷 印张：19 3/4
字数：490 000

定价：55.00 元

（如有印装质量问题，我社负责调换）

《卓越工程师教育培养计划食品科学与工程类系列规划教材》

编写、审定委员会

《食品质量安全认证》编写委员会

主　编　曹　竑（西北民族大学）

副主编　陈士恩（西北民族大学）

　　　　师希雄（甘肃农业大学）

编　委　曹　竑（西北民族大学）

　　　　陈士恩（西北民族大学）

　　　　师希雄（甘肃农业大学）

　　　　王炳文（甘肃农业职业技术学院）

　　　　马文平（北方民族大学）

　　　　李贞子（西北民族大学）

审　稿　韩向敏（甘肃农业大学）

　　　　周春红（甘肃省质量技术监督局）

总 序

2010年6月23日，教育部在天津大学召开“卓越工程师教育培养计划”（即“卓越计划”）启动会，联合有关部门和行业协（学）会，共同实施卓越计划。以实施该计划为突破口，促进工程教育改革和创新，全面提高我国工程教育人才培养质量，努力建设具有世界先进水平、中国特色的社会主义现代高等工程教育体系，促进我国从工程教育大国走向工程教育强国。

为了推进“卓越计划”的实施，科学出版社经过广泛调研，征求广大专家、教师的意见，联合多所实施“卓越计划”的相关高校，针对食品科学与工程类本科专业组织并出版“卓越工程师教育培养计划食品科学与工程类系列规划教材”，该系列教材涵盖食品科学与工程、食品质量与安全、粮食工程、乳品工程、酿酒工程等相关专业，旨在大力推进教育改革，提高学生的实践能力和创新能力，建立一套具有开拓性和探索性的创新型教材体系，培养具有国际竞争力的工程技术人才。

根据教育部的学科分类，食品科学与工程类属于一级学科，与数学、物理、生物、天文、化工等基础学科属同等地位。它具有多学科交叉渗透的特点，涉及化学、物理、生物、农学、机械、环境、管理等多个学科领域。特别是20世纪50年代以来，随着计算机技术和生物技术在食品工业中的广泛应用，食品专业更是如虎添翼，得以蓬勃发展。据统计，全国开设食品科学与工程类本科专业的高校近300所，已有14所高校的食品科学与工程专业入选前三批的“卓越计划”。“卓越工程师教育培养计划食品科学与工程类系列规划教材”汇集了相关高校教师 、企业专家的丰富教学经验和研究成果，整合相关的优质教学资源，保证了教材的质量和水平。

2013年4月13日，科学出版社“卓越计划”第一批规划教材的编前会议在东北农业大学食品学院举办；2014年6月13日，“卓越计划”第一批规划教材的定稿会议和第二批规划教材的启动会议在大连工业大学食品学院举行。经过科学出版社与广大教师的共同努力，保障了该系列规划教材编写的顺利实施。

该系列丛书注重对学生工程能力和创新能力的培养，注重与案例紧密结合，突出实用。丛书作者都是长期在食品科学与工程领域一线工作的教学、科研人员，有着深厚的系统理论知识和相关学科教学、研究经验。本系列教材的策划与出版，为培养造就一大批创新能力强、适应经济社会发展需要的高质量各类型工程技术人才，为建设创新型国家，实现工业化和现代化的宏伟目标奠定了坚实的人力资源优势，具有重要的应用价值和现实意义。

中国工程院院士 朱蓓薇

2015年1月16日于大连

前　言

“民以食为天，食以安为先”，食品安全直接关系到人民群众的切身利益，关系到经济健康发展和社会稳定。因此，社会各界对食品安全和食品质量日益重视，也越来越关心与食品相关的认证工作。为贯彻落实《教育部农业部国家林业局关于推动高等农林教育综合改革的若干意见》及教育部“卓越工程师教育培养计划”要求，本着改革创新的精神，以能力教育体系为目标，以能力培养为核心，紧紧围绕食品质量安全与认证这一主题，为满足教学要求，结合生产实际及专业的教学需要，编写了这本“卓越工程师教育培养计划食品科学与工程类系列规划教材”。

本书本着简明扼要、通俗易懂的原则，取材广泛、涉及面广、内容新颖、重点突出、层次有序，阐述较为翔实，内容涉及认证认可基础、食品管理体系认证、ISO9000 标准及认证、QS 认证、HACCP 认证、ISO22000 认证、食品产品质量认证、无公害食品认证、绿色食品认证、有机食品认证、清真食品认证、良好农业规范认证及农产品地理标志认证等方面。编写的具体分工为：曹竑、陈士恩编写第 1、6 章及文前和参考资料，师希雄编写第 9、10、12 章，马文平编写第 11、13 章，第 7 章第 1 节及第 8 章第 2 节，王炳文编写第 4、5 章及第 8 章第 1、3 节，李贞子编写第 2、3 章及第 7 章第 2 节，最后由曹竑进行了统稿。本书完稿之时，甘肃农业大学韩向敏教授/审核员、甘肃省质量技术监督局周春红高级工程师/审核员在百忙中对书稿进行了认真的审阅，在此深表谢意！

本书在编写过程中，得到许多同行的支持和帮助，参阅了大量国内外相关书籍和文献资料，谨此一并致谢。

限于编者学识水平有限，而食品质量安全认证涉及面广，政策变化大，错误和不足之处在所难免，恳请读者批评指正。

编　者

2015 年 1 月于兰州

目　录

第 1 章 认证认可基础知识

[教学目的和要求]

了解认证认可制度的起源与发展，熟悉我国认证认可法律法规体系及我国认证认可工作的地位。

1.1 认证认可制度的起源与发展

1.1.1 认证认可制度的发展概况

1.1.1.1 认证认可制度的起源

产品认证制度最早出现在英国。1903 年，英国制造商们开始在符合尺寸标准的钢轨上使用世界上第一个认证标志——BS 风筝标志。1919 年，英国政府颁布了《商标法》，规定经第三方检验机构检验合格的产品方可使用风筝标志。1921 年成立英国标志委员会，负责管理风筝标志的发放和使用；1922 年开始对各类产品的标志实行注册，成为受法律保护的认证标志，如图 1-1 所示。1926 年，英国标志委员会向英国电气总公司颁发了第一个《风筝标志使用许可证》；1975 年开始在家用电器及其他安全设备和产品上使用 BSI 安全标志。目前已有 20 多个国家和地区使用风筝标志和安全标志。

20 世纪初，一种不受产销双方经济利益所支配的第三方认证最先在工业化国家开展，用科学、公正的方法对上市商品进行评价、监督，以正确指导产品生产和公众购买，保证消费者基本利益，后逐渐演化形成了认证制度。

图 1-1 风筝标志

认证活动经历了一个世纪的发展，其发展过程可分为四个阶段：①第二次世界大战之前，一些工业化国家建立起以本国法规、标准为基础的国家认证制度，只对本国市场上流通的本国产品实施认证制度；②第二次世界大战后至 20 世纪 70 年代，开始了本国认证制度对外开放，国与国之间认证制度的双边、多边互认，进而发展到以区域标准或法规为依据的区域认证制度；③80 年代至 90 年代初，国际组织开始实施以国际标准和规则为依据的国际认证制度；④90 年代后，多数国家为规范本国认证机构的行为，分别建立了国家认可制度，对认证机构和认证从业人员的行为加以约束。为更加有效地推动贸易发展，减少贸易中的技术壁垒，开始启动了在承认认可结果的基础上，进而承认认证证书认可制度的国际或区域互认制度。

1.1.1.2 世界认可日

2007 年 10 月 28 日，由国际认可论坛（IAF）和国际实验室认可合作组织（ILAC）在澳大利亚悉尼联合召开的 2007 ILAC/IAF 大会上，确定自 2008 年起，每年的 6 月 9 日为“国际认可日”。选择这一天是因ILAC和IAF的第一次紧密合作委员会会议是在2001年6月9日召开的，标志着认可界两大国际组织工作一体化进程的开始。2009年10月IAF和ILAC联合年会上，IAF和ILAC决定，从第三届起，将“国际认可日”更名为“世界认可日”。

IAF和ILAC的共同目标是促进全球贸易便利化，促进各国机构统一实施相关的国际标准，建立全球范围合格评定认可的互认制度，为成员认可机构的发展提供支持。

2008年6月9日是首个“国际认可日”，其主题是信任，即认可在全球市场传递信任；2009年的主题为“能力”；2010年为“全球承认”；2011年为“认证认可——政府监管工作的支撑”；2012年为“食品安全与清洁饮用水”；2013年为“认证认可促进世界贸易”；2014年为“认证认可在能源供应中传递信任”。

1.1.1.3 我国的认证认可发展历程

我国于1978年9月加入国际标准化组织（ISO）；1981年4月建立了第一个产品认证机构——中国电子元器件认证委员会，开始认证试点工作；1983年启动实验室认可制度；1984年成立的中国电工产品认证委员会，于1985年9月成为国际电工产品认证组织（IECEE）管理委员会成员；1988年12月，《中华人民共和国标准化法》颁布实施，明确实施质量认证工作等；1989年6月成为认证机构委员会（CCB）成员；1989年8月，《中华人民共和国进出口商品检验法》颁布实施，明确在进出口商品领域开展质量认证工作；1990年6月，该认证委员会9个实验室被批准为IECEE的CB实验室；1991年5月7日，国务院第83号令正式颁布了《中华人民共和国产品质量认证管理条例》（以下简称《条例》），全面规定了认证的宗旨、性质、组织管理、认证条件和程序、认证机构、罚则等，表明我国的质量认证工作由试点进入了全面推行的新阶段；1993年2月，《中华人民共和国产品质量法》颁布，明确质量认证制度为国家的基本质量监督制度，中国认证认可制度逐步进入法治化轨道；1994年启动认证机构认可制度；1995年启动认证评审员注册制度；2001年8月29日，国家认证认可监督管理委员会正式成立，这标志着我国质量认证体制跨入了新阶段；2003年11月1日起施行《中华人民共和国认证认可条例》，建立了国家对认证认可工作实行在国务院认证认可监督管理部门统一管理、监督和综合协调下，各有关方面共同实施的工作机制，我国的认证认可工作进入国家统一管理，全面规范化、法治化阶段；2006年3月31正式成立中国合格评定国家认可委员会（CNAS），是在原中国认证机构国家认可委员会（CNAB）和原中国实验室国家认可委员会（CNAL）基础上整合而成的。CNAS是IAF和ILAC的成员，代表中国参与有关认可工作。

目前，我国已经开展了3C强制产品认证、自愿性产品认证、各种管理体系认证。截至2014年12月底我国有效认可状态的各类认证证书有83万余份，我国认可的管理体系认证证书数量连续11年位居世界第一。

1.1.2 合格评定程序概述

1.1.2.1 合格评定程序的定义

在国家标准GB/T 27000《合格评定 词汇和通用原则》（等同采用国际标准ISO/IEC 17000）和GB/T 27011《合格评定认可机构通用要求》（等同采用国际标准ISO/IEC 17011）中，对以下术语进行了定义。

国际标准化组织（ISO）/国际电工委员会（IEC）指南 2（ISO/IEC Guide2）对合格评定做出了明确的定义，即直接或间接确定是否满足相关要求的任何活动（ISO/IEC 指南 2）。

合格评定（conformity assessment）：是指与产品、过程、体系、人员或机构有关的规定要求得到满足的证实，其专业领域包括所定义的活动，如检测、检查和认证，以及对合格评定机构的认可。这里的“合格评定”是广义的概念，包括了通常所说的检测、检查、认证等合格评定活动，以及对合格评定机构的认可。

合格评定程序（conformity assessment procedure）：指任何用以直接或间接确定是否满足技术法规或标准有关要求的程序（技术性贸易壁垒协议，简称 TBT 协议）。

合格评定活动（conformity assessment activity）：指直接或间接用来确定是否满足技术法规或标准相应规定的程序。合格评定活动包括检测、检查和多种形式的认证，这些活动的结果通过声明、报告、证书、符合性标志或授权和许可证（见 ISO/IEC17000：2004）等多种方式予以证明。

合格评定制度（conformity assessment system）：实施合格评定的规则、程序和对实施合格评定的管理。

注：合格评定制度可以在国际、区域、国家或国家之下的层面上运作。

符合性评定（conformity assessment）：直接或间接确定是否满足相关要求的任何活动，这是 ISO/IEC 指南 2（ISO/IEC Guide 2）对符合性评定做出的明确定义。

合格评定方案（conformity assessment scheme）：指与适用相同规定要求、具体规则和程序的特定合格评定对象相关的合格评定制度。

注：合格评定方案可以在国际、区域、国家或国家之下的层面上运作。

合格评定对象（conformity assessment object）：接受合格评定的特定材料、产品（包括服务）、安装、过程、体系、人员或机构。

注：改编自 ISO/IEC 17000：2004，2.1，注 2。

合格评定机构（conformity assessment body）：从事合格评定服务的机构，是提供合格评定服务并可作为认可对象的机构。合格评定机构从事的合格评定活动包括认证、检查、检测、校准等。

规定要求（the specified requirement）：明示的需求或期望。

注：可在诸如法规、标准和技术规范这样的规范性文件中对规定要求做出明确说明。

1.1.3　合格评定的由来

“合格评定程序”的概念是由“产品认证”发展而来的。20 世纪 60 年代，国际贸易的发展使得对出入境货物不能进行逐批检验，只能进行抽检，而抽检的前提是贸易产品的质量有基本保证，这个保证就来自于“产品认证”。经过认证的产品取得相应的证书或标识则易于通过检验而放行。

在东京回合的《TBT 协定》中即把产品认证和证书制度作为协定的管辖对象。与东京回合的《TBT 协定》相比，乌拉圭回合的《TBT 协定》的一个重要变化就是提出了“合格评定程序”的概念。在东京回合的《TBT 协定》中，涉及的是“认证”的概念，规范的是产品认证行为；到了乌拉圭回合，“认证”被“合格评定程序”所代替，在东京回合《TBT 协定》的“认证”中没有涉及的许多行为，到了乌拉圭回合都被纳入“合格评定程序”中加以规范和约束，如检验、认可和批准等。“合格评定程序”的概念无论从内涵还是外延都远远大于“认证”的概念。这从一个侧面反映出技术性贸易措施动态发展的特征。

1.1.4 合格评定程序的内容

1.1.4.1 WTO/TBT 协议中合格评定程序的内容

WTO/TBT 协议中合格评定程序内容包括抽样、检测、检验程序、符合性的评价、验证、保证程序、注册、认可、批准程序及它们的组合。

抽样（sampling）：是取出部分物质、材料或产品作为整体的代表性样品进行测试或校准的规定过程。取样要求也可由物质、材料或产品的测试或校准的有关规范提出。在某种情况下（如法医鉴定），样品可能不是代表性的，而是由实际可得性决定的（ISO/IEC 17025 5.7）。

检测（testing）：进行一种或多种测试工作的行为（ISO/IEC 指南 2 13.1.1），是按照程序确定合格评定对象的一个或多个特性的活动，主要适用于材料、产品或过程，从事检测活动的机构通常称为实验室。

测试（test）：按照规定程序对给定产品、过程或服务的一种或多种特性加以确定的技术运作（ISO/IEC 指南 2 13.1）。

检验（inspection）：指通过观察和判断（适宜时辅之以测量、测试或度量）进行符合性评价（ISO/IEC 指南 2 14.2），有时也称为检查，从事检查活动的机构通常称为检查机构。

注：对过程的检查可以包括对人员、设施、技术和方法的检查。

符合性评价（evaluation of conformity）：系统性检查某个产品、过程或服务满足规定要求的程度（见 ISO/IEC 指南 2 14.1）。

验证（verification）：通过检查和提供证据来证实规定的要求已得到满足（见 ISO/IEC 指南 25 3.8）。

符合性保证（assurance of conformity）：其结果是对产品、过程或服务满足规定要求的置信程度给予说明的活动。

注：对于产品，这种说明可以采用文件、标签或其他相当的方式。这类说明也可以被印刷或反映在某个通讯、分类目录、货单、用户手册等与该产品有关的材料上（见 ISO/IEC 指南 2 15.1）。

注册（registration）：由某个团体用于以某种适宜的、公众可得到的一览表指出产品、过程或服务的特性，或给出团体或人的详细资料的程序（见 ISO/IEC 指南 2 12.10）。

1.1.4.2 我国合格评定程序的内容

在我国，合格评定程序的 9 项内容（取样、检验、检测、认可、注册、批准、符合性评估、符合性验证和符合性保证）都存在。在检验检疫领域，符合性评定制度主要表现形式为检验监督管理制度和认证认可制度。

1.1.5 合格评定程序的分类

1.1.5.1 按照合格评定程序的层次划分

根据《TBT 协定》给出的合格评定程序定义和对其内容的注释，可将合格评定程序分成检验程序、认证、认可和注册批准程序 4 个层次。其中第一个层次是检验程序（包括取样、检测、检验、符合性验证等），它直接检查产品特性或与其有关的工艺和生产方法与技术法规、标准要求的符合性，属于直接确定是否满足技术法规或标准有关要求的“直接的合格评定程序”；第二个层次是认证，主要分为产品认证、体系认证。产品认证包括安全认证和合格认证等，体系认证包括质量管理体系认证、环境管理体系认证、职业安全和健康体系认证、信息安全体系认证等；第三个层次是认可，WTO 鼓励成员国通过相互认可协议（MRA）来减少多重测试和认证，以便于国际贸易；第四个层次是注册批准，更多的是政府贸易管制的手段，体现了国家的权力、政策和意志。

1.1.5.2 按照合格评定程序的实施部门划分

按照合格评定程序实施的部门划分可分为三类：供应商的符合性声明是以它们的自我评估为基础，此为第一方评定；第二方评定是由买方或者代表买方的测试和检验机构完成；第三方评定应该是独立于买方和卖方的第三方完成，它既可能是由认证机构完成，也可能由受认证机构或监管部门委托的检验和测试机构完成。

1.2 认证认可制度

1.2.1 认证认可的定义

认证（authentication）是指与产品、过程、体系或人员有关的第三方证明，管理体系认证有时也被称为注册。认证适用于除合格评定机构自身外的所有合格评定对象，认可适用于对合格评定机构。从事认证活动的机构通常称为认证机构或注册机构。

《中华人民共和国认证认可条例》中规定：认证是指由认证机构证明产品、服务、管理体系符合相关技术规范、相关技术规范的强制性要求或者标准的合格评定活动。

认证包括以下 4 层含义：①认证是由认证机构进行的一种合格评定活动；②认证的对象是产品、服务和管理体系；③认证的依据是相关技术规范、相关技术规范的强制性要求或者标准；④认证的内容是证明产品、服务、管理体系符合相关技术规范、相关技术规范的强制性要求或者标准。

认可（accreditation）是指由权威团体对团体或个人执行特定任务的胜任能力给予正式承认的程序（见 ISO/IEC 指南 2 12.11）。

在《GB/T 27000（ISO/IEC 17000，IDT）》中定义：认可是正式表明合格评定机构具备实施特定合格评定工作的能力的第三方证明。

在《中华人民共和国认证认可条例》中规定：认可是指由认可机构对实验室、检查机构、认证机构，以及从事评审、审核等认证活动人员的能力和执业资格予以承认的合格评定活动。

认可包括以下三层含义：①认可的性质是由认可机构进行的一种合格评定活动；②认可的对象包括认证机构、检查机构、实验室，以及从事审核、评审等认证活动的人员；③认可的内容是对上述机构，以及从事认证活动的人员的能力和执业资格予以承认。

认可规范是认可规则、认可准则、认可指南和认可方案文件的总称。其中，认可规则（R 系列）指 CNAS 实施认可活动的政策和程序，包括通用规则和专项规则类文件；认可准则（C 系列）指 CNAS 认可的合格评定机构应满足的基本要求，包括基本准则（如等同采用的相关 ISO/IEC 标准、导则等）及其应用指南或应用说明（如采用的 IAF、ILAC 制定的对相关 ISO/IEC 标准、导则的应用指南，或其他相关组织制定的规范性文件，以及 CNAS 针对特别行业制定的特定要求等）文件；认可指南（G 系列）指 CNAS 对认可准则的说明或应用指南，包括通用和专项说明或应用指南类文件；认可方案（S 系列）是 CNAS 针对特别领域或行业对上述认可规则、认可准则和认可指南的补充。

认证从本质上讲是一种约束，是通过具有独立性、专业性、公正性的第三方机构所进行的符合性评定和公示性证明活动；认可是通过具有权威性、独立性和专业性的第三方机构按照国际标准等认可规范所进行的技术评价。

认证认可是一种基于符合性评定，并出具证明的中介行业，属于鉴证类的现代服务业。

认证认可行业具有技术和知识密集，独立性、公正性、权威性要求高，外部性强，规模经济效益明显等特点。

通过专业化的合格评定，确认标准和技术规范的要求得到满足；通过有公信力的公示性证明，传递相关信息，建立需求方对认证认可对象的信任。这是认证认可的两大基本功能。

认证认可的作用主要是促进市场经济体制有效运行，促进提升企业（组织）产品（服务）质量和管理水平，便利和促进市场交易、降低交易费用，提高政府管理经济社会的能力和效率，维护公共利益和安全，保护生态环境，促进社会和谐稳定和可持续发展。

“认证认可关键技术研究与示范”项目的研究表明，95.88％的调查企业认为认证能提高企业满意度；95.31％的企业认为认证能提高企业的产品质量；94.89％的企业认为认证对增强企业的信用具有明显作用；还有 93.28％的企业认为认证对加强安全生产的效果非常显著。

1.2.2 认可制度及认可机构

认可制度通常是指实施认可的规则、程序和对认可的管理；认证制度通常是指实施认证的规则、程序和对认证的管理；检测制度通常是指实施检测的规则、程序和对检测的管理；检查制度通常是指实施检查的规则、程序和对检查的管理。

认可机构是指实施认可的权威机构，认可机构的权力通常源自于政府，但认可机构不是合格评定机构。认可机构在与合格评定机构及其客户之间的关系中保持公正，并通常以不分配利润的方式运作。

1.2.3 认可的分类、实质及作用

1.2.3.1 认可的分类

认可是对合格评定机构满足所规定要求的一种证实，这种证实大大增强了政府、监管者、公众、用户和消费者对合格评定机构的信任，以及对经过认可的合格评定机构所评定的产品、过程、体系、人员的信任。这种证实在市场，特别是国际贸易以及政府监管中起到了相当重要的作用。一般情况下，按照认可对象的不同分类，分为认证机构认可、实验室及相关机构认可和检查机构认可等。

认可机构对于满足要求的认证机构予以正式承认，并颁发认可证书，以证明该认证机构具备实施特定认证活动的技术和管理能力。

认证机构认可是指认可机构依据法律法规，基于 GB/T 27011 的要求，并分别以：①国家标准 GB/T 27021《合格评定 管理体系审核认证机构的要求》（等同采用国际标准 ISO/IEC

17021）为准则，对管理体系认证机构进行评审，证实其是否具备开展管理体系认证活动的能力；②国家标准 GB/T 27065《产品认证机构通用要求》（等同采用国际标准 ISO/IEC 指南 65）为准则，对产品认证机构进行评审，证实其是否具备开展产品认证活动的能力；③国家标准 GB/T 27024《合格评定 人员认证机构通用要求》（等同采用国际标准 ISO/IEC 17024）为准则，对人员认证机构进行评审，证实其是否具备开展人员认证活动的能力。

实验室及相关机构认可是指认可机构依据法律法规，基于 GB/T 27011 的要求，并分别以：①国家标准 GB/T 27025《检测和校准实验室能力的通用要求》（等同采用国际标准 ISO/IEC 17025）为准则，对检测或校准实验室进行评审，证实其是否具备开展检测或校准活动的能力；②国家标准 GB/T 22576《医学实验室 质量和能力的专用要求》（等同采用国际标准 ISO 15189）为准则，对医学实验室进行评审，证实其是否具备开展医学检测活动的能力；③国家标准 GB 19489《实验室 生物安全通用要求》为准则，对病原微生物实验室进行评审，证实该实验室的生物安全防护水平达到了相应等级；④国际实验室认可合作组织（ILAC）的文件 ILAC G13《能力验证计划提供者的能力要求指南》为准则，对能力验证计划提供者进行评审，证实其是否具备提供能力验证的能力；⑤国家标准 GB/T 15000.7（等同采用 ISO 指南 34《标准物质/标准样品生产者能力的通用要求》）为准则，对标准物质生产者进行评审，证实其是否具备标准物质生产能力。

检查机构认可是指认可机构依据法律法规，基于 GB/T 27011 的要求，并以国家标准 GB/T 18346《检查机构能力的通用要求》（等同采用国际标准 ISO/IEC 17020）为准则，对检查机构进行评审，证实其是否具备开展检查活动的能力。

1.2.3.2　认可的实质

对于获准认可的认证机构，认可机构证明其在特定范围内按国际公认标准具有从事相应认证活动的能力；通过认可的认证机构，在技术能力和管理能力方面达到认可规定的要求并持续保持，即使出现了不符合要求的认证证书，也可以在规范的运作体系下查找到导致不符合的原因，使其认证活动更具有追溯性，及时采取纠正措施和预防措施，不断地进行改进，提供可信的服务。

合格评定机构通过获得认可机构的认可，证明其具备了按规定要求提供特定合格评定服务的能力，有利于促进合格评定结果被社会和贸易双方的广泛信任、接受和使用。

对于获准认可的实验室，认可机构证明其在特定范围内按国际公认标准具有从事相应检测或校准活动的能力。

对于获准认可的检查机构，认可机构证明其在特定范围内按国际公认标准具有从事相应的检查活动的能力。

1.2.3.3　认可的作用

在其发展历程中，认可始终在国民经济的建设和社会的发展中发挥着积极的作用，认可结果被国内外政府管理部门和公众所信任并使用，这充分体现了认可的作用。认可作为合格评定机构能力证明的一种重要手段和传递信任的一种重要方式，在适应经济全球化、促进产品质量安全、规范市场行为、指导消费、保护环境和生命健康、促进经济建设和社会发展等方面发挥了积极作用。

1.2.3.4 认可的特征

认可作为一种传递信任的手段，具有权威性、独立性、公正性、技术性、规范性、统一性和国际性等七大特征。这些特征相辅相成，互相促进。权威性是认可机构的基本特征；独立性是认可公正性的重要保障；公正性、技术性和规范性是认可及其认可结果获得政府和公众信任的根本条件，同时也促进了认可机构的权威性；统一性是国际认可制度发展的趋势，集中统一的认可制度已成为认可国际化的基础；国际性则是国际贸易对认可的要求，经济全球化需要国际化的认可制度，国际化的认可制度也促进了国际贸易的发展。

1.2.3.5 认可流程图

认可实施过程主要分为申请、评审和决定批准三个阶段，具体工作流程如图 1-2 所示。

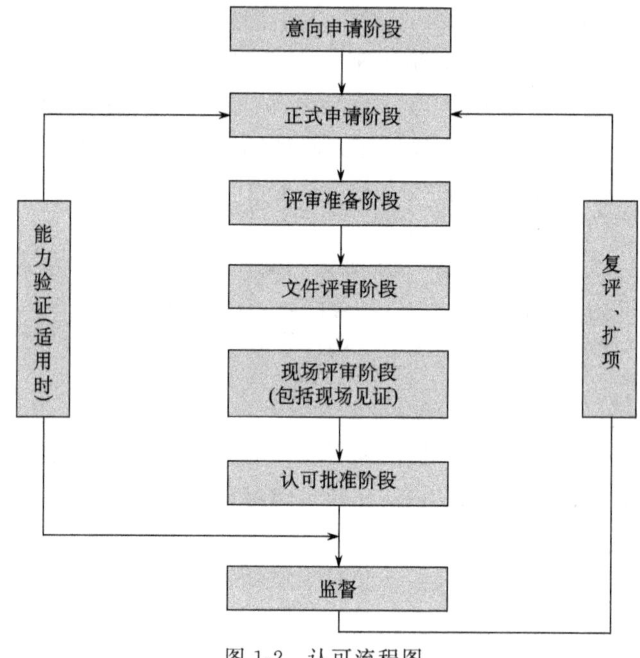

图 1-2 认可流程图

1.2.4 认证认可国际互认活动

认证认可国际互认活动（international mutual recognition of accreditation activities）是指以双边或多边相互承认或接受认证认可结果为目标所开展的有关国际活动。按照认证认可国际标准和导则，建立认证认可制度，并遵循世界贸易组织（WTO）所确定的原则进行认证认可结果的相互承认，是开展国际互认活动的重要前提条件。

国际互认活动可以在国家、区域和国际三个层次上进行，即在两国的政府或多边国际互认协定加以规定和实施；国际互认活动亦可在任何一类认证认可活动，如检测、检查、认证、认可等法规性或自愿性的认证认可活动中开展。

从 20 世纪 80 年代开始，逐步建立了电工产品检测与认证体系（IECEE）、防爆电气安全认证体系（IECEX）、电子元器件指令评定体系（IECQ-CECC）、国际电工产品检测互认体系（CB 体系）等。国际认可论坛（IAF）于 1995 年正式签订 IAF 管理体系认可结果的国际多边承认协定（IAF/MLA），阶段性地实现了管理体系认证的国际互认。成立于 1995 年的国际审核员培训与注册协会（IATCA）通过建立国际统一的审核员培训及注册制度和 IATCA 国际互认体系（IATCA/MLA），初步实现国际互认。

认证认可国际机制是指国际标准化组织和国际电工委员会等国际组织为了维护国际认证认可秩序、促进共同发展、规范国际认证认可行为而建立的一系列有约束力的制度性安排和活动规则。

1.2.5　认证认可的国际组织

认证认可的国际组织主要有 ISO（国际标准化组织）、IEC（国际电工委员会）、IAF（国际认可论坛，International Accreditation Forum）、ILAC（国际实验室认可合作组织，International Laboratory Accreditation Cooperation）、PAC（太平洋认可合作组织，Pacific Accreditation Cooperation）、APLAC（亚太实验室认可合作组织，Asia Pacific Laboratory Accreditation Cooperation）等。

1.3　我国认证认可法律法规体系

1.3.1　我国认证认可立法工作回顾

目前，以《中华人民共和国认证认可条例》为核心，包括认可管理、认证管理、机构管理、人员管理、专项管理和执法监督 6 个方面的部门规章和行政规范性文件为配套的认证认可法规体系已经初步构建；建立和实施了以《认证认可条例》为核心的认证认可法律制度体系，以及“法律规范、行政监管、认可约束、行业自律、社会监督”五位一体的认证认可监督体系，实行统一的国家认可制度、强制性产品认证制度、实验室和检查机构资质认定制度，从而确立了中国特色的认证认可体系。

我国认证认可法律法规体系的建设主要表现在以下方面。

制定法规是认证认可法律法规体系建设核心，如《中华人民共和国认证认可条例》（2003 年颁布）建立了国家实行统一的认证认可监管制度、统一的国家认可制度、强制性产品认证制度、从业机构准入制度、实验室资质认定制度及法律责任制度等。

制定规章是认证认可法律法规体系的建设支撑，已制定的部门规章 16 件，如《强制性产品认证管理规定》、《认证证书和认证标志管理办法》、《认证及认证培训、咨询人员管理办法》等。

制定文件是认证认可法律法规体系的建设补充，已制定的规范性文件包括《国家认可机构管理办法》、《认证认可申诉、投诉管理办法》、《软件过程能力及成熟度评估管理办法》、《认证技术规范管理办法》、《饲料认证管理办法》、《实验室资质认定评审员管理办法》等。

国家立法是认证认可法律法规体系的建设扩展，国家立法的相关法律 18 件，如《消费者权益保护法》、《中华人民共和国农产品质量安全法》、《中华人民共和国食品安全法》、《乳品质量安全监督管理条例》、《国务院关于加强食品等产品安全监督管理的特别规定》等，涉及的领域包括农业、卫生、环保、贸易、交通、公安、司法、体育、能源、信息等。

我国认证认可法律法规体系建设特征主要体现在统一性、适用性、开放性及国际性 4 个方面。

1.3.2 认证认可专门行政法规

2003年9月3日，《中华人民共和国认证认可条例》（以下简称《认证认可条例》）公布，自2003年11月1日起施行。

1.3.2.1 《认证认可条例》的立法特点

《认证认可条例》全面、系统规范了认证认可领域的活动，界定了认证认可活动的各类主体之间的权利义务关系；履行了我国加入WTO的相关承诺，适应我国加入WTO后的形势要求，对重要的进口产品质量安全许可制度和国产产品安全认证制度实行3C认证，一证通行；淡化了政府直接管理市场的色彩，充分体现了政府职能转变的精神。

1.3.2.2 《认证认可条例》的主要内容

1. 统一的认证认可监督管理制度 《认证认可条例》第四条规定："国家实行统一的认证认可监督管理制度。国家对认证认可工作实行在国务院认证认可监督管理部门统一管理、监督和综合协调下，各有关方面共同实施的工作机制"。

2. 统一的认可制度 《认证认可条例》第三十七条规定："国务院认证认可监督管理部门确定的认可机构，独立开展认可活动。除国务院认证认可监督管理部门确定的认可机构外，其他任何单位不得直接或者变相从事认可活动。其他单位直接或者变相从事认可活动的，其认可结果无效"。

3. 认证机构设立许可制度 《认证认可条例》第九条规定："设立认证机构，应当经国务院认证认可监督管理部门批准，并依法取得法人资格后，方可从事批准范围内的认证活动。未经批准，任何单位和个人不得从事认证活动"。

《认证认可条例》同时规定了认证机构设立的条件、申请和批准程序、监管措施。

4. 实验室和检查机构资质认定制度 《认证认可条例》第十六条规定："向社会出具具有证明作用的数据和结果的检查机构、实验室，应当具备有关法律、行政法规规定的基本条件和能力，并依法经认定后，方可从事相应活动，认定结果由国务院认证认可监督管理部门公布"。

5. 自愿性和强制性相结合的认证制度 《认证认可条例》第十七条规定："国家根据经济和社会发展的需要，推行产品、服务、管理体系认证"。第十九条规定："任何法人、组织和个人可以自愿委托依法设立的认证机构进行产品、服务、管理体系认证"。第二十八条规定："为了保护国家安全、防止欺诈行为、保护人体健康或者安全、保护动植物生命或者健康、保护环境，国家规定相关产品必须经过认证，应当经过认证并标注认证标志后，方可出厂、销售、进口或者在其他经营活动中使用"。第二十九条规定："国家对必须经过认证的产品，统一产品目录，统一技术规范的强制性要求、标准和合格评定程序，统一标志，统一收费标准。统一的产品目录由国务院认证认可监督管理部门会同国务院有关部门制定、调整，由国务院认证认可监督管理部门发布，会同有关方面共同实施"。第三十条规定："列入目录的产品，须经国务院认证认可监督管理部门指定的认证机构进行认证。列入目录产品的认证标志，由国务院认证认可监督管理部门统一规定"。

6. 认证咨询机构、认证培训机构监督管理制度 《认证认可条例》第五条规定："国务院认证认可监督管理部门应当依法对认证培训机构、认证咨询机构的活动加强监督管理”。中国国家认证认可监督管理委员会（简称“国家认监委”）、地方认证监管部门根据《认证培训机构管理办法》、《认证咨询机构管理办法》等两部规章的规定，对认证培训机构、认证咨询机构实施监督管理。

7. 政府监管、行业自律和社会监督相结合的监督管理制度　《认证认可条例》第五章“监督管理”规定了国家认监委和地方认证监管部门的政府行政监管措施，认可机构、认证机构、检查机构和实验室等认证认可从业机构的行业自律措施，以及任何单位和个人社会监督措施相结合的“三位一体”的监督管理制度。

8. 认证认可法律责任制度　《认证认可条例》对国家认监委和地方认证监管部门及其工作人员、认可机构及其工作人员、认证机构、认证从业人员、其他单位和个人违反《认证认可条例》及有关法律、行政法规时所承担的法律责任做了明确的规定，包括申戒罚、财产罚、资格罚等行政处罚措施，以及承担相应民事责任、刑事责任的规定。

《认证认可条例》规定的行政处罚，由国务院认证认可监督管理部门或者其授权的地方认证监督管理部门按照各自职责实施。法律、其他行政法规另有规定的，依照法律、其他行政法规的规定执行。

1.4　我国的认证认可工作的地位

1.4.1　我国的认可制度

2006 年 3 月 31 日，按照《中华人民共和国认证认可条例》的规定，由国家认证认可监督管理委员会批准设立并授权，在原中国认证机构国家认可委员会（CNAB）和原中国实验室国家认可委员会（CNAL）基础上组建成我国统一的国家认可机构——中国合格评定国家认可委员会（China National Accreditation Service for Conformity Assessment，CNAS），建立了统一的认可制度，统一负责对认证机构、实验室及相关机构和检查机构的认可工作。

CNAS 组织机构包括全体委员会、执行委员会、认证机构技术委员会、实验室技术委员会、检查机构技术委员会、评定委员会、申诉委员会、最终用户委员会和秘书处。其中，CNAS 全体委员会由来自政府部门、合格评定机构、合格评定服务对象、合格评定使用方和专业机构与技术专家 5 个方面的近 70 位成员组成，确保各方共同参与认可工作，并监督认可制度的有序运行；另外 6 个专门委员会及其所属 33 个专业委员会，共有委员约 900 人，以确保具备广泛的专业知识和技术能力，使认可工作体现行业的技术特点，满足不同专业的要求。

CNAS 依据 GB/T 27011 的要求运作建立了国际化的认可制度和工作程序，按照国际通行原则开展认可工作；CNAS 的宗旨为推进合格评定机构按照相关的规定要求加强建设，促进合格评定机构能够持续以公正的行为、科学的手段、准确的结果有效地为社会提供服务。

CNAS 秘书处设在中国合格评定国家认可中心。中国合格评定国家认可中心是 CNAS 的法律实体，承担开展认可活动所引发的法律责任。中国合格评定国家认可中心是国家质量监督检验检疫总局直属事业单位，由国家认证认可监督管理委员会全权负责管理。CNAS 的组织结构如图 1-3 所示。

CNAS 徽标如图 1-4 所示，是代表 CNAS 机构本身的唯一图形标识。CNAS 拥有该徽标的所有权和使用权，并受法律保护。其他机构和个人未经 CNAS 的书面允许，不得使用 CNAS 徽标。

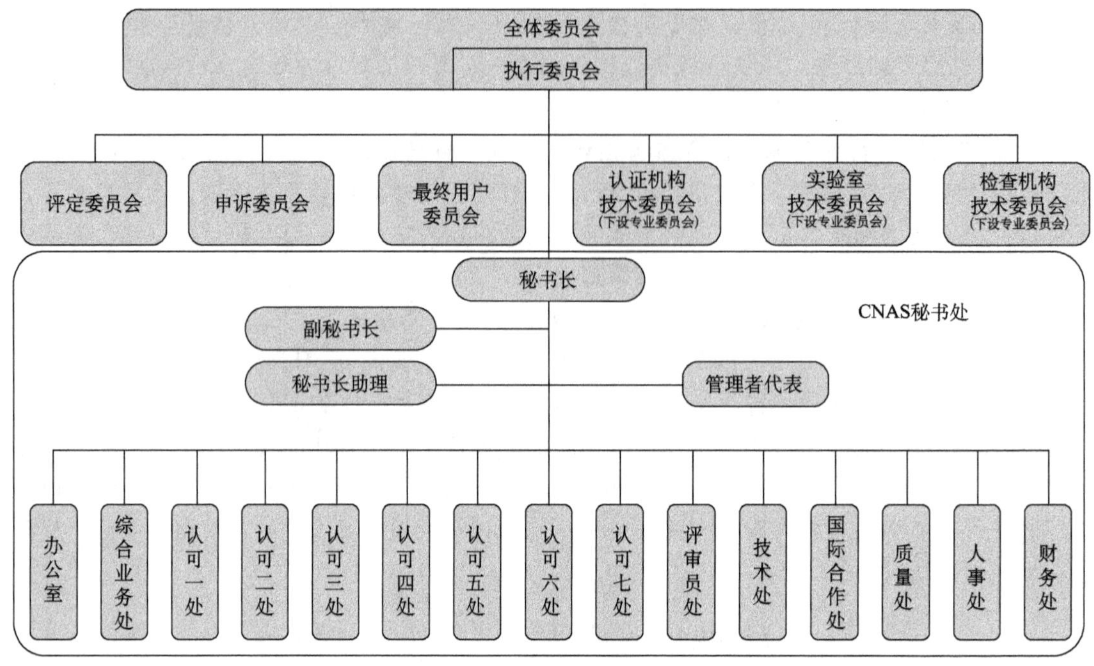

图 1-3　CNAS 组织结构图

CNAS 认可标识是 CNAS 颁发的、供获准认可的机构使用的、表示其认可资格的图形标识。

CNAS 认可标识由 CNAS 徽标与认可注册号组合形成。例如，检测实验室认可标识式样见图 1-5。

CNAS 依据国际标准 GB/T 27011 的要求运作，并建立了国际化与中国化相结合的认可制度。

图 1-4　CNAS 徽标　　　　图 1-5　CNAS 认可标识

1.4.2　国际合作与互认

国际认可论坛（IAF）和国际实验室认可合作组织（ILAC）作为世界范围认可机构的国际合作组织，共同在全球范围内建立和发展统一、有效的国际合格评定认可制度。IAF 和 ILAC 分别基于统一的国际标准，采用相同的运作模式，通过建立相互同行评审制度，形成国际多边互认协议，促使认可的合格评定结果具有同等的可信性，以努力实现“一个标准、一次评定、一次认可、全球承认”的目标，促进国际经济贸易的发展。

CNAS 一直重视与国际组织及国际同行开展广泛的交流与合作，始终将国际合作与互认摆在重要的位置，制订和实施了“全面参与、整体跟进、多点突破、局部引领，履行国际协议义务，服务中国认可发展”的国际合作方针，积极参与国际组织的相关活动，在多次同行评审中建立了良好的国际形象。

2007 年 12 月，签署了 APLAC 标准物质/标准样品生产者（RMP）认可和医学实验室认可多边互认协议；2008 年 6 月，签署了 PAC 产品认证机构认可多边互认协议；2008 年 10 月，以签署 IAF 产品认证机构认可多边互认协议为标志，CNAS 已经签署了国际范围和亚太区域现有的全部多边互认协议并于 2009 年 7 月 30 日获得 GLOBALGAP 的承认；2009 年 2 月 24 日，国家认监委与全球良好农业规范（GLOBALGAP）秘书处 Food PLUS 签署了《中华人民共和国国家认证认可监督管理委员会和 GLOBALGAP 关于良好农业规范认证体系基准比较的谅解备忘录》，标志着 CHINAGAP 认证标准已完成了与 GLOBALGAP 认证标准的基准比较工作。

2011 年 8 月 8 日至 13 日，CNAS 接受并顺利通过了 APLAC 和 PAC 现场同行评审。

在 2012 年 6 月 7 日至 8 日召开的亚太实验室认可合作组织互认理事会，以及 6 月 20 日召开的太平洋认可合作组织互认集团会议上，CNAS 检测和校准实验室认可、医学实验室认可、检查机构认可和标准物质生产者认可制度的互认地位，以及质量管理体系认证、环境管理体系认证和产品认证机构认可制度的互认地位继续保持。

1.4.3　我国认证认可事业的发展

“十一五”时期，认证认可工作在规范市场行为、优化资源配置、维护公众利益、提高国民经济运行质量方面发挥了重要作用，取得了突出成绩，为“十二五”时期认证认可事业发展奠定了坚实基础，主要表现在：认证认可工作体制机制更加完善，在促进社会和谐方面的作用不断加强，在服务重点工作和妥善应对重大、突发事件方面的能力显著提升，在质量安全保障方面的作用更加突出，在保障食品安全、促进农产品出口方面的作用日益明显，在服务发展循环经济、建设资源节约型和环境友好型社会方面保持了良好发展势头，国家统一的认可制度作用显著，认证认可国际合作成效明显，国际地位不断提升，中国认证认可/合格评定水平逐步向世界前列迈进，认证认可结果的采信度逐步提高等。

“十二五”时期，我国认证认可事业将以服务科学发展、促进国家质量总体水平提升为宗旨，以推动认证认可事业又好又快发展为目标，以深化改革和自主创新为动力，进一步健全完善适应社会主义市场经济体制需要的法治化、科学化、国际化的认证认可工作体系。

1.4.4　我国认证认可工作的地位

认证认可工作作为质量监管链条上重要的一环，对促进科学发展、保障质量安全具有不可替代的作用。认证认可是提高质量总体水平的基础性工作，是我国质量安全的一道重要防护门。认证认可在从源头上确保产品质量安全、规范市场行为、指导消费、保护环境、保护人民生命健康、促进对外贸易等方面发挥了不可忽视的作用。自 1978 年我国引入质量认证制度以来，其他各种认证认可制度随之蓬勃发展，认证认可工作取得了前所未有的成就，为我国的经济、社会等发展起到了积极的促进作用，我国认证认可工作台已居世界领先地位。

截至 2014 年 12 月 31 日，CNAS 认可各类认证机构、实验室及检查机构三大门类共计 14 个领域的 6956 家机构，其中，累计认可各类认证机构 136 家，认证机构领域总计 480 个，涉及业务范围类型 9537 个；累计认可实验室 6413 家，其中检测实验室 5395 家、校准实验室 754 家、医学实验室 162 家、生物安全实验室 59 家、标准物质生产者 9 家、能力验证提供者 34 家；累计认可检查机构 407 家。累计暂停各类机构的认可资格 1070 家，其中认证机构 39 家、实验室 1006 家、检查机构 25 家；累计撤销各类机构的认可资格 447 家，其中认证机构 24 家、实验室 409 家、检查机构 14 家；累计注销各类机构的认可资格 619 家，其中认证机构 22 家、实验室 564 家、检查机构 33 家。

复习参考题

1. 名词解释

合格评定　合格评定活动　检查　检测　认证　合格评定制度　合格评定程序　认可

2. 问答题

(1) 从认证认可制度的起源与发展，思考认证认可制度对现实社会的意义。

(2) 认可的本质是什么？

(3) 认可与合格评定的关系是什么？

(4) 认证与认可的区别与联系是什么？认可机构与认证机构有何区别？

(5) 认可与市场准入、行政监管的关系是什么？

第2章 食品质量管理体系认证

［教学目的和要求］

了解质量管理体系认证的概况，熟悉并掌握质量体系认证的实施程序。

2.1 质量管理体系认证概述

2.1.1 质量管理体系认证相关概念

质量的内容十分丰富，随着社会经济和科学技术的发展，也在不断充实、完善和深化，同样，人们对质量概念的认识也经历了一个不断发展和深化的历史过程。有代表性的概念如下。

2.1.1.1 质量

美国著名的质量管理专家朱兰（J. M. Juran）博士从顾客的角度出发，提出了产品质量就是产品的适用性，即产品在使用时能成功地满足用户需要的程度。用户对产品的基本要求就是适用，适用性恰如其分地表达了质量的内涵。

ISO8402 对“质量术语”定义是质量（quality）反映实体满足明确或隐含需要能力的特性总和。在合同环境中，需要是规定的，而在其他环境中，隐含需要则应加以识别和确定；在许多情况下，需要会随时间而改变，这就要求定期修改规范。

从定义可以看出，质量就其本质来说是一种客观事物具有某种能力的属性，由于客观事物具备了某种能力，才可能满足人们的需要。

ISO9000：2000 对“质量”的定义，质量是一组固有特性满足要求的程度。

注 1）术语“质量”可使用形容词，如差、好或优秀来修饰。

注 2）“固有的”（其反义词是“赋予的”）是指本来就有的，尤其是那种永久的特性。

2.1.1.2 质量管理

国际标准化组织（ISO）颁布的国际标准 ISO8402《质量——术语》中关于质量管理（quality control，QC）的定义是：“制定和实施质量方针的全部管理职能”。

质量管理的活动通常包括质量计划、质量控制和质量改进三方面的内容。

2.1.1.3 质量保证

质量保证（quality assurance，QA）指对某一产品或服务能够满足规定的质量要求，提供适当信任所必需的全部有计划、有系统的活动。为了行之有效，质量保证通常要求对影响预期采用的设计或者规范的适用性所涉及的诸因素进行连续评价，并对生产、安装和检验工作进行验证和审核；提供信任也包括出示证据。

2.1.1.4　质量体系

质量体系（quality system）指为实施质量管理的组织结构、职责、程序、过程和资源。质量体系所包含的内容仅需满足实现质量目标的要求。

质量体系是指一个有机的整体，是为了达到质量目标所建立的综合体。任何企业的质量管理都是通过建立健全质量体系，方可使其有效地运行并使质量目标付诸实现。

质量体系是质量管理的实体，不仅包括组织结构、职责、程序等软件，还包括：资源（如人才资源），专业技能，设计技术，制造设备，检验、试验设备和仪器、仪表及计算机系统等等。概括地说，质量体系的核心是指人和物的这些实体。因此，建立和健全质量体系，必须具备与其质量目标相一致、相适应的诸项要素。这些要素的内容和含义，根据质量体系的模式而异。

2.1.1.5　质量管理体系

质量管理体系（quality control system，QCS）指企业内部建立的、为保证产品质量或质量目标所必需的、系统的质量活动。根据企业特点选用若干体系要素加以组合，加强从设计研制、生产、检验、销售、使用全过程的质量管理活动，并给予制度化、标准化，成为企业内部质量工作的要求和活动程序。

食品安全体系包括食品管理体系和食品保证体系两部分。食品安全体系建设是一项复杂的系统工程，其中管理体系包括管理机构、法规标准体系、认证认可体系、市场准入制度、追溯制度、包装标志制度、突发事件应急制度等；保证体系包括食品安全质量保证体系、监测检验体系。

安全质量保证体系包括良好操作规范（GAP 和 GMP）、危害分析和关键控制点（HACCP）等；食品安全监测检验体系包括政府、中性外部机构和企业自我的监测检验体系；食品安全体系建设是一个复杂的系统工程，必须有政府、行业组织、企业、消费者共同努力，必须有各国政府和国际组织的协调和努力。

2.1.1.6　质量体系认证

依据 ISO/IEC（国际标准化组织/国际电工委员会）指南的定义，认证是第三方依据程序对产品、过程、服务符合规定要求的书面保证。

从该定义出发，可以理解为认证的主体是与供需双方均无直接利益关系的中介方，其能够独立、公证地处理与认证有关的各项工作；认证的对象是与产品质量形成有关的各种活动及活动的结果，包括技术活动、管理以及产品本身。认证活动是依据事先明确、认可的要求，评价认证对象的符合程度并通过证书的颁发证实和担保经评价的认证对象已符合规定要求。客观公正的评价是认证的核心，认证活动就是按规定程序进行的合格评定。

2.1.2　质量管理体系认证的特点

一般说来，质量管理体系认证的好处分为内部和外部。内部可强化管理，提高人员素质和企业文化；外部可提升企业形象和市场份额。其优点在于可强化品质管理，提高企业效益；增强客户信心，扩大市场份额；获得国际贸易绿卡——“通行证”，消除国际贸易壁垒；节省第二方审核的精力和费用；在产品品质竞争中永远立于不败之地；有利于国际间的经济合作和技术交流；有效地避免产品责任。此外，质量管理体系认证还有利于强化企业内部管理，稳定经营运作，减少因员工辞工造成的技术或质量波动；提高企业形象。

质量管理体系认证的特点主要表现：①是代表现代企业或政府机构思考如何真正发挥质量的作用和如何最优地做出质量决策的一种观点；②是深入细致的质量文件的基础；③质量管理体系是使公司内更为广泛的质量活动能够得以切实管理的基础；④质量管理体系是有计划、有步骤地把整个公司主要质量活动按重要性顺序进行改善的基础。

2.1.3　质量管理体系认证的目的和意义

企业建立和完善质量管理体系并通过第三方认证机构的确认和评审，其目的是在合同环境下，使供方向需方提供可靠的质量信誉和质量担保，为满足需方的要求，提供了可以信任的证明；在非合同环境下，质量管理体系认证是为了企业实施质量管理，使企业的质量管理体系有效地运行，保证在产品形成过程中，使影响产品质量的技术、管理、人员等诸因素得到可靠的控制。

一个企业无论是处于合同环境还是非合同环境，建立完善的质量管理体系，并通过质量管理体系认证，可以极大地提高企业的竞争能力，增强其企业的信誉。这是一个总目标。

质量管理体系认证制度之所以被世界各国普遍重视，关键在于它是由一个公正的机构对企业的质量管理体系做出正确、可靠的评价，从而建立质量信誉，并提供了可以依赖的担保。这无疑对供方、需方、社会的利益都具有十分重要的意义，主要在于：提高供方的质量信誉和企业的管理水平，增强企业竞争能力，提高经济效益；降低承担产品责任的风险；保证产品质量，降低废次品损失，降低成本，提高效益；有利于提高企业的服务质量、信誉度和产品知名度，有利于提升企业的执行力。

企业实施 ISO9000 主要原因是为了适应国际化大趋势，提高企业的管理水平，为了产品质量的稳定与提高和提高企业市场竞争力。实施 ISO9000 系列标准可提供优质产品、优质服务；能满足用户规定的和潜在的需要；产品生产过程质量受控，得到不断改进；可提高企业经济运行质量，增强综合实力；有利于努力打造业内、国内、全球知名品牌。

2.1.4　质量管理体系认证的对象和要求

质量管理体系认证的对象是企业。认证的过程是按照《质量管理和质量保证》系列标准的要求，对质量管理体系的整体进行科学的评价，以证明企业的质量保证能力符合相应标准的要求。

在合同环境中，需方对供方的质量管理体系提出如下基本要求：①供方应当按照 ISO9001 或者 ISO9002 标准的要求，编制质量管理体系程序和规程；②供方的质量管理体系应当能够对有影响质量的因素进行恰当且连续的控制。编制包括程序和规程为重要内容的质量管理体系文件，如质量手册、工作标准和管理标准，质量计划，产品研制阶段的规划，及时告警，设计评审，安全性分析，工序能力分析，工序选择，各种工艺、试验、检验规程、生产过程中各职能活动程序等等，以及质量成本、质量信息、人员培训等间接文件。

2.1.5　企业质量管理体系认证的基本内容

质量管理体系由组织机构、职责、程序、过程和资源等 5 个方面组成。质量管理体系认证就是要对上述 5 个方面的基本内容进行科学的评价并得出是否符合标准要求的结论。

2.1.5.1　组织机构

质量管理体系的有效运行必须依靠建立相应的组织机构，并有利于统一指挥和分级管理以及分工合作，协调一致。同时，还应有较强的应变能力，适应市场的需求变化。

2.1.5.2　职责

质量职责是质量管理体系的构成要素之一。质量职责是企业每个部门或个人在质量体系运行过程中所应负的责任和应当履行的义务。落实、明确质量职责才能保证各项质量活动的正确开展，并使各个质量管理体系要素得以有效控制。这是确保产品质量达到客户要求的手段，亦是质量管理的基础。

2.1.5.3　程序

质量管理体系中的程序包括管理性程序和技术性程序，如质量手册、质量计划等，以及指导质量活动的具体工作程序和记录。程序需经过有关部门领导批准，并使之实施。

2.1.5.4　过程

过程是将输入转化为输出的一组相关活动。

质量管理和质量保证的活动，是通过过程完成的。每个过程均有其输入，经过增值转化后，其结果便是输出。输出可以是软件（如计算机程序、服务等），也可以是硬件（如某种具体的实物产品）。质量管理就是对过程的管理。

2.1.5.5　资源

资源和人员是质量管理体系的硬件，是生产出满足规定要求产品的前提和基础。

质量管理体系由上述 5 个方面构成，每个方面均由若干个相互关联、相互作用的要素所组成。ISO9004 质量管理和质量保证体系要素——指南，对企业在非合同环境下建立质量管理体系提出了 17 个要素。这些要素分为 4 个层次。

第一层由管理职责、质量管理体系原则和质量成本 3 个要素构成，属于总体性要素，对质量管理体系的建立、实际评价起着保障作用。

第二层由营销、设计和开发、采购、工艺准备、生产制造、产品验证、搬运和生产后的职能 7 个要素构成，属于基本过程要素，是质量形成的过程主要环节。

第三层由测量和试验设备的控制、不合格的控制和纠正措施 3 个要素构成，属于辅助过程要素。

第四层由质量文件和记录、人员产品安全和责任、统计方法 4 个要素构成，属于基础要素，是实施总体性要素、基本过程要素和辅助过程要素的基础和保证。

综上所述，可以清楚地看出，质量管理体系认证的内容是十分丰富的。质量管理体系认证的内容应视企业处于合同环境和非合同环境的不同要求，选择不同体系模式的差异，按照要求的不同要素进行评审。这是质量管理体系认证工作实施过程应当紧紧抓住的主要问题。

2.1.6　质量管理体系认证的依据

质量管理体系认证的依据，即认证机构开展质量管理体系认证所采用的标准。

产品质量法规定企业质量管理体系认证应当“根据国际通用的质量管理标准”。国际标准化组织颁布了 ISO9000《质量管理和质量保证》系列国际标准，为开展国际间的质量管理体系认证提供了统一的依据。ISO9000 系列标准的发布，使世界各国的质量管理和质量保证的概念、原则、方法和程序得以统一，它标志着国际质量管理体系认证走上了程序化、规范化的新阶段。我国于 1988 年正式发布等效采用 ISO9000 系列标准的国家标准。

2.2　质量管理体系认证规则

国家认监委于 2014 年 3 月 11 日发布了第 5 号公告，为了规范质量管理体系认证活动，提高认证有效性，促进认证行业有序健康发展，要求自 2014 年 7 月 1 日起，各相关认证机构开展 GB/T 19001/ISO 9001 质量管理体系认证活动，均应遵守《质量管理体系认证规则》的规定。

2.2.1　《质量管理体系认证规则》的基本内容

本规则的基本内容包括：适用范围、对认证机构的要求、对认证人员的要求、初次认证程序、监督审核程序、再认证程序、暂停或撤销认证证书、认证证书要求、与其他管理体系的结合审核、受理转换认证证书、受理组织的申诉、认证记录的管理、其他及附录 A 质量管理体系认证审核时间要求。

2.2.2　《质量管理体系认证规则》的适用范围

本规则用于规范认证机构对申请认证和获证的各类组织按照 GB/T 19001/ISO 9001《质量管理体系要求》标准建立质量管理体系的认证活动，是对认证机构从事质量管理体系认证活动的基本要求，认证机构从事该项认证活动应当遵守本规则。

本规则旨在结合认证认可相关法律法规及国家《质量发展纲要（2011—2020 年）》和技术标准，对质量管理体系认证实施过程做出具体规定，强化认证机构对认证过程的管理和责任。

2.2.3　对认证机构的要求

（1）获得国家认监委批准、取得从事质量管理体系认证的资质。

（2）建立可满足 GB/T 27021《合格评定 管理体系审核认证机构要求》的内部管理体系，以使从事的质量管理体系认证活动符合法律法规及技术标准的规定。

（3）建立内部制约、监督和责任机制，实现受理、培训（包括相关增值服务）、审核和做出认证决定等环节相互分开。

（4）鼓励认证机构通过认可机构的认可，证明其从事的质量管理体系认证能力符合要求。

2.2.4　对认证人员的要求

（1）认证人员应当取得国家认监委确定的认证人员注册机构颁发的质量管理体系审核员注册资格。

（2）认证人员应当遵守与从业相关的法律法规，对认证活动及做出的认证审核报告和认证结论的真实性承担相应的法律责任。

2.2.5 初次认证程序

2.2.5.1 受理认证申请

1. 应公开的信息 认证机构应向申请认证的组织（以下简称申请组织）至少公开以下信息：①可开展认证业务的范围，以及获得认可的情况；②本机构的授予、保持、扩大、更新、缩小、暂停或撤销认证及其证书等环节的制度规定；③认证证书样式；④对认证决定的申诉程序；⑤支机构和办事机构的名称、业务范围、地址等。

2. 组织提交的资料 认证机构应当要求申请组织提交以下资料：①认证申请书，包括申请组织的生产经营或服务活动等情况的说明；②法律地位的证明文件（包括企业营业执照、事业单位法人证书、社会团体登记证书、非企业法人登记证书、党政机关设立文件等）的复印件，若质量管理体系覆盖多场所活动，应附每个场所的法律地位证明文件的复印件（适用时）；③组织机构代码证书的复印件；④质量管理体系覆盖的活动涉及法律法规要求的行政许可证明、资质证书、强制性认证证书等的复印件；⑤多场所活动、活动分包情况；⑥质量管理体系手册及必要的程序文件；⑦质量管理体系覆盖的产品或服务的质量标准清单；⑧质量管理体系已有效运行 3 个月以上的证明材料；⑨其他与认证审核有关的必要文件。

3. 认证申请的审查确认 认证机构应对申请组织提交的申请资料进行审查，并确认：①申请资料齐全；②申请组织从事的活动符合相关法律法规的规定；③申请组织为达到质量目标而建立了文件化的质量管理体系。

4. 综合确定 根据申请组织申请的认证范围、生产经营场所、员工人数、完成审核所需时间和其他影响认证活动的因素，综合确定是否有能力受理认证申请。

5. 认证申请的受理 对符合要求的，认证机构可决定受理认证申请；对不符合上述要求的，认证机构应通知申请组织补充和完善，或者不受理认证申请。

6. 记录 认证机构应完整保存认证申请的审查确认工作记录。

7. 签订认证合同 在实施认证审核前，认证机构应与申请组织订立具有法律效力的书面认证合同，合同应至少包含以下内容。

（1）申请组织获得认证后持续有效运行质量管理体系的承诺。

（2）申请组织对遵守认证认可相关法律法规、协助认证监管部门的监督检查、对有关事项的询问和调查如实提供相关材料和信息的承诺。

（3）申请组织承诺获得认证后发生以下情况时，应及时向认证机构通报。①客户及相关方有重大投诉。②生产的产品或服务被执法监管部门认定不符合法定要求。③发生产品或服务的质量安全事故。④相关情况发生变更，包括：法律地位、生产经营状况、组织状态或所有权变更；取得的行政许可资格、强制性认证或其他资质证书变更；法定代表人、最高管理者、管理者代表变更；生产经营或服务的工作场所变更；质量管理体系覆盖的活动范围变更；质量管理体系和重要过程的重大变更等。⑤出现影响质量管理体系运行的其他重要情况。

（4）申请组织承诺获得认证后正确使用认证证书、认证标志和有关信息；不擅自利用质量管理体系认证证书和相关文字、符号误导公众认为其产品或服务通过认证。

（5）拟认证的质量管理体系覆盖的生产或服务的活动范围。

（6）在认证审核及认证证书有效期内各次监督审核中，认证机构和申请组织各自应当承担的责任、权利和义务。

（7）认证服务的费用、付费方式及违约条款。

2.2.5.2　制订审核计划

1. 审核时间　为确保认证审核的完整有效，认证机构应以《质量管理体系认证规则》附录 A 所规定的审核时间为基础，根据申请组织质量管理体系覆盖的活动范围、特性、技术复杂程度、质量安全风险程度、认证要求和员工人数等情况，核算并拟定完成审核工作需要的时间。在特殊情况下，可以减少审核时间，但减少的时间不得超过《质量管理体系认证规则》附录 A 所规定的审核时间的 30％。

整个审核时间中，现场审核时间不应少于 80％。

2. 审核组

（1）认证机构应当根据质量管理体系覆盖的活动的专业技术领域选择具备相关能力的审核员和技术专家组成审核组。审核组中的审核员应承担审核责任。

技术专家主要负责提供认证审核的技术支持，不作为审核员实施审核，不计入审核时间，其在审核过程中的活动由审核组中的审核员承担责任。

（2）审核组可以有实习审核员，其要在审核员的指导下参与审核，不计入审核时间，在审核过程中的活动由审核组中的审核员承担责任。

3. 审核计划

（1）认证机构应制订书面的审核计划交审核组实施。审核计划至少包括以下内容：审核目的、审核范围、审核过程、审核涉及的部门和场所、审核时间、审核组成员（其中，审核员应标明注册证书号及专业代码；技术专家应标明专业代码、技术职称或职务，如果在职应注明其服务的单位）。

（2）通常情况下，初次认证审核、监督审核和再认证审核应在申请组织申请认证的范围涉及的各个场所现场进行。

如果质量管理体系包含在多个场所进行相同或相近的活动，且这些场所都处于该申请组织授权和控制下，认证机构可以在审核中对这些场所进行抽样，但应制定合理的抽样方案以确保对各场所质量管理体系的正确审核。如果不同场所的活动存在根本不同，或不同场所存在可能对质量管理产生显著影响的区域性因素，则不能采用抽样审核的方法，应当逐一到各现场进行审核。

（3）为使现场审核活动能够观察到产品生产或服务活动情况，现场审核应安排在认证范围覆盖的产品生产或服务活动正常运行时进行。

（4）在审核活动开始前，审核组应将书面审核计划交申请组织确认。遇特殊情况临时变更计划时，应及时将变更情况书面通知受审核的申请组织，并协商一致。

2.2.5.3　实施审核

审核组应当全员完成审核计划的全部工作。除不可预见的特殊情况外，审核过程中不得更换审核计划确定的审核员（技术专家和实习审核员除外）。

1. 审核过程　初次认证审核，分为第一、第二阶段实施审核。

2. 第一阶段审核

1）审核目的

（1）文件审查的主要目的。为审核组的现场审核作准备，文件审查的对象主要是受审核方所提交的质量手册和质量体系程序文件，即申请单位的质量手册及其他说明申请单位质量管理体系的材料。

（2）现场审核前的准备。现场审查的主要目的是通过查证质量手册的实际执行情况，对申请单位质量管理体系运行的有效性做出评价，判定是否真正具备满足认证标准的能力。

在实施现场审核前，审核组需做好现场审核的准备工作，包括：确定现场审核的日期；制订审核计划并征求审核方的意见；根据受审核方质量体系特点，编制现场检查表，明确检查项目与检查方法。

（3）现场审核的目的。通过查证质量手册的实际执行情况，对受审核方质量体系运行的有效性做出评价，判定是否真正具备满足相应质量保证模式标准的能力。

（4）提出审核报告。审核工作完成后，审核组要编写审核报告，审核报告是现场检查和评价结果的证明文件，并需经审核组全体成员签字，签字后报送审核机构。

2）审核内容　应至少覆盖以下内容：①结合现场情况，确认申请组织实际情况与质量管理体系文件描述的一致性，特别是体系文件中描述的产品或服务、部门设置和负责人、生产或服务过程等是否与申请组织的实际情况相一致。②审核申请组织有关人员理解和实施GB/T 19001/ISO 9001标准要求的情况，评价质量管理体系运行过程中是否实施了内部审核与管理评审，确认质量管理体系是否已有效运行并且超过3个月。对质量管理体系文件不符合现场实际、相关体系运行尚未超过3个月或者无法证明超过3个月的，应当及时终止审核。③确认申请组织建立的质量管理体系覆盖的活动内容和范围、申请组织的员工人数、活动过程和场所、遵守相关法律法规及技术标准的情况。④结合质量管理体系覆盖活动的特点识别对质量目标的实现具有重要影响的关键点，并结合其他因素，科学确定重要审核点。⑤与申请组织讨论确定第二阶段审核安排。

在下列情况，第一阶段审核可以不在申请组织现场进行：①申请组织已获本认证机构颁发的其他认证证书，认证机构已对申请组织质量管理体系有充分了解；②认证机构有充足的理由证明申请组织的生产经营或服务的技术特征明显、过程简单，通过对其提交文件和资料的审查可以达到第一阶段审核的目的和要求；③申请组织获得过其他经认可的认证机构颁发的有效的质量管理体系认证证书，通过对其文件和资料的审查可以达到第一阶段审核的目的和要求。

除以上情况之外，第一阶段审核应在申请组织的生产经营或服务现场进行。审核组应将第一阶段审核情况形成书面文件告知申请组织。对在第二阶段审核中可能被判定为不符合项的关键点，要及时提醒申请组织特别关注。

第一阶段审核和第二阶段审核应安排适宜的间隔时间，使申请组织有充分的时间解决第一阶段中发现的问题。

3. 第二阶段审核　应当在申请组织现场进行。

1）审核目的　现场审核工作可分为首次会议、现场参观、现场检查、内部评定、末次会议5个步骤。

审核组应当会同申请组织按照程序顺序召开首、末次会议。审核组应当提供首、末次会议签到表，参会人员应签到。

（1）首次会议。审核组到达受审核方后，首先与受审核方的主要负责人及管理者代表进行会见，召开首次会议。

（2）现场检查。现场检查是最关键的一个步骤，是审核组按事先编制的检查表所确定的检查项目，并根据现场情况适当调整后，对受审核方质量体系的具体建立情况和实际运行有效性进行深入细致的逐一检查取证和评价的过程。

（3）不合格报告。对现场检查过程中发现的不合格项，审核组将向受审核方提交书面不合格报告。

（4）内部评定。由审核组全体成员（受审核方不参加）研究检查情况，对检查结果进行评定，做出审核结论。审核结论通常有三种：①建议通过认证；②要求进行跟踪审核，即要求对所发现不合格的纠正措施效果进行现场复审，证实对不合格确已采取了适当的纠正措施后，再建议通过认证；③要求进行重审，这实际上表示经本次审核不能通过认证，若想通过认证，尚需要重新接受一次全面的体系审核。

（5）末次会议。审核组完成内部评定后，与受审核方举行末次会议，向受审核方领导，包括管理者代表等，报告审核过程总体情况，发现的不合格项，审核结论，现场审核结束后的有关安排等。

2）审核内容　重点是审核质量管理体系符合 GB/T 19001/ISO 9001 标准要求和有效运行情况，应至少覆盖以下内容：①在第一阶段审核中识别的重要审核点的监视、测量、报告和评审记录的完整性与有效性；②为实现总质量目标而建立的各层级质量目标是否具体、有针对性、可测量并且可实现；③对质量管理体系覆盖的过程和活动的管理及控制情况；④申请组织实际工作记录是否真实；⑤申请组织的内部审核和管理评审是否有效。

4. 终止审核　发生以下情况时，审核组应终止审核，并向认证机构报告，包括：①申请组织对审核活动不予配合，审核活动无法进行；②申请组织的质量管理体系有重大缺陷，不符合 GB/T 19001/ISO 9001 标准的要求；③发现申请组织存在重大质量安全问题或有其他严重违法违规行为；④其他导致审核程序无法完成的情况。

2.2.5.4　审核报告

1. 审核报告的内容　审核组应对审核活动形成书面审核报告，由审核组组长签字。审核报告应准确、简明和清晰地描述审核活动的主要内容，至少包括：①申请组织的名称和地址；②审核的申请组织活动范围和场所；③审核组组长、审核组成员及其个人注册信息；④审核活动的实施日期和地点；⑤叙述列明的程序及各项要求的审核工作情况，其中对各项审核要求应逐项就审核证据、审核发现和审核结论进行详细描述；对质量目标实现情况的评价应同时叙述测量方法；⑥识别出的不符合项；⑦审核组对是否通过认证的意见建议。

2. 证据或记录　审核报告应随附必要的、用于证明相关事实的证据或记录，包括文字或照片、摄像等音像资料。

3. 收据　认证机构应将审核报告提交申请组织，并保留签收或提交的证据。

4. 终止审核的项目　对终止审核的项目，审核组应将已开展的工作情况形成报告，认证机构应将此报告及终止审核的原因提交给申请组织，并保留签收或提交的证据。

2.2.5.5　不符合项的纠正和纠正措施及其结果的验证

（1）对审核中发现的不符合项，认证机构应要求申请组织分析原因，并要求申请组织在规定期限内采取措施进行纠正。

（2）认证机构应对申请组织所采取的纠正和纠正措施及其结果的有效性进行验证。

2.2.5.6 认证决定

（1）认证机构应该在对审核报告、不符合项的纠正和纠正措施及其结果进行综合评价基础上，做出认证决定。

（2）审核组成员不得参与对审核项目的认证决定。

（3）认证机构在做出认证决定前应确认如下情形：①审核报告符合《质量管理体系认证规则》第 4.4 条要求，能够满足做出认证决定所需要的信息；②反映以下问题的不符合项，认证机构已评审、接受并验证了纠正和纠正措施及其结果的有效性，包括：未能满足质量管理体系标准的要求；制定的质量目标不可测量，或测量方法不明确；对实现质量目标具有重要影响的关键点的监视和测量未有效运行，或者对这些关键点的报告或评审记录不完整或无效；在持续改进质量管理体系的有效性方面存在缺陷，实现质量目标有重大疑问。认证机构对其他不符合项已评审，并接受了申请组织计划采取的纠正和纠正措施。

（4）在满足上条要求的基础上，认证机构有充分的客观证据证明申请组织满足下列要求的，评定该申请组织符合认证要求，向其颁发认证证书。要求包括：①申请组织的质量管理体系符合标准要求且运行有效；②认证范围覆盖的产品或服务符合相关法律法规要求；③申请组织按照认证合同规定履行了相关义务。

（5）申请组织不能满足上述要求的，评定该申请组织不符合认证要求，以书面形式告知申请组织并说明其未通过认证的原因。

（6）认证机构在颁发认证证书后，应当在 30 个工作日内按照规定的要求将相关信息报送国家认监委。

（7）认证机构不得将申请组织是否获得认证与参与认证审核的审核员及其他人员的薪酬挂钩。

2.2.6 监督审核程序

2.2.6.1 监督审核要求

（1）认证机构应对持有其颁发的质量管理体系认证证书的组织（以下称获证组织）进行有效跟踪，监督获证组织通过认证的质量管理体系持续符合要求。

（2）认证机构应根据获证组织的产品或服务的质量风险程度或其他特性，确定对获证组织的监督审核的频次。①作为最低要求，在初次认证的第二阶段审核后至少 12 个月内应进行一次监督审核。此后，每次监督审核的时间间隔不超过 12 个月。②在达到监督审核期限而有证据表明获证组织暂不具备实施监督审核的条件时，可以适当延长监督审核期限，但最长间隔不能超过 15 个月。

（3）超过期限而未能实施监督审核的，应按暂停证书的相关要求处理。

（4）监督审核的时间，应符合审核时间的要求，并计算审核时间人日数的 30%。

（5）监督审核的审核组，应符合审核组的要求。

（6）监督审核应在获证组织现场进行，且应满足审核计划确定的条件。由于产品生产的季节性原因，在每次监督审核时难以覆盖所有产品的，在认证证书有效期内的监督审核需覆盖认证范围内的所有产品。

（7）监督审核的审核报告，应按审核要求逐项描述审核证据、审核发现和审核结论。审核组应提出是否继续保持认证证书的意见建议。

（8）认证机构根据监督审核报告及其他相关信息，做出继续保持或暂停、撤销认证证书的决定。

2.2.6.2　监督审核的内容

监督审核的内容：①上次审核以来质量管理体系覆盖的活动及运行体系的资源是否有变更；②按审核过程及环节条要求已识别的关键点是否按质量管理体系的要求在正常和有效运行；③对上次审核中确定的不符合项采取的纠正和纠正措施是否继续有效；④质量管理体系覆盖的活动涉及法律法规规定的，是否持续符合相关规定；⑤总质量目标及各层级质量目标是否实现。目标没有实现的，获证组织在内部管理评审时是否及时调查并采取了改进措施；⑥获证组织对认证标志的使用或对认证资格的引用是否符合相关的规定；⑦内部审核和管理评审是否规范和有效；⑧是否及时接受和处理投诉；⑨针对内审发现的问题或投诉的问题，及时制定措施并实施了有效的持续改进。

2.2.7　再认证程序

（1）认证证书期满前，若获证组织申请继续持有认证证书，认证机构应当实施再认证审核决定是否延续认证证书。

（2）认证机构组成审核组。按照审核计划条要求并结合历次监督审核情况，制订再认证计划并交审核组实施。审核组按照要求开展再认证审核。

在质量管理体系及获证组织的内部和外部环境无重大变更时，再认证审核可省略第一阶段审核，但审核时间应不少于按审核时间要求计算人日数的 70%。

（3）对再认证审核中发现的不符合项，应按纠正和纠正措施要求实施纠正和纠正措施并进行验证，验证应在原证书有效期满前完成。

（4）认证机构参照监督审核程序要求做出再认证决定。获证组织继续满足认证要求并履行认证合同义务的，向其换发认证证书。

2.2.8　暂停或撤销认证证书

认证机构应制定暂停、撤销认证证书或缩小认证范围的规定，并形成文件化的管理制度。

2.2.8.1　暂停证书

1. 暂停认证证书的几种情况　获证组织有以下情形之一的，认证机构应在调查核实后的 5 个工作日内暂停其认证证书。

（1）质量管理体系持续或严重不满足认证要求，包括对质量管理体系运行有效性要求的。

（2）不承担、履行认证合同约定的责任和义务的。

（3）被有关执法监管部门责令停业整顿的。

（4）被地方认证监管部门发现体系运行存在问题，需要暂停证书的。

(5) 持有的行政许可证明、资质证书、强制性认证证书等过期失效，重新提交的申请已被受理但尚未换证的。

(6) 主动请求暂停的。

(7) 其他应当暂停认证证书的。

2. 认证证书的暂停期

(1) 认证证书暂停期不得超过6个月。但属于上述第(5)项情形的暂停期，可至相关单位做出许可决定之日。

(2) 认证机构暂停认证证书的信息，应明确暂停的起始日期和暂停期限，并声明在暂停期间获证组织不得以任何方式使用认证证书、认证标识或引用认证信息。

2.2.8.2 撤销证书

1. 撤销认证证书的几种情况 获证组织有以下情形之一的，认证机构应在获得相关信息并调查核实后5个工作日内撤销其认证证书，主要包括：①被注销或撤销法律地位证明文件的；②拒绝配合认证监管部门实施的监督检查，或者对有关事项的询问和调查提供了虚假材料或信息的；③出现重大的产品或服务等质量安全事故，经执法监管部门确认是获证组织违规造成的；④有其他严重违反法律法规行为的；⑤暂停认证证书的期限已满但导致暂停的问题未得到解决或纠正的（包括持有的行政许可证明、资质证书、强制性认证证书等已经过期失效但申请未获批准）；⑥没有运行质量管理体系或者已不具备运行条件的；⑦不按相关规定正确引用和宣传获得的认证信息，造成严重影响或后果，或者认证机构已要求其纠正但超过6个月仍未纠正的；⑧其他应当撤销认证证书的。

2. 撤销证书的处理 撤销证书的处理方式主要包括：①撤销认证证书后，认证机构应及时收回撤销的认证证书，若无法收回，认证机构应及时在相关媒体和网站上公布或声明撤销决定；②认证机构暂停或撤销认证证书应当在其网站上公布相关信息，同时按规定程序和要求报国家认监委；③认证机构有义务和责任采取有效措施避免各类无效的认证证书和认证标志被继续使用。

2.2.9 认证证书要求

2.2.9.1 认证证书包含的信息

认证证书应至少包含以下信息：①获证组织名称、地址和组织机构代码，该信息应与其法律地位证明文件的信息一致；②质量管理体系覆盖的生产经营或服务的地址和业务范围。若认证的质量管理体系覆盖多场所，表述覆盖的相关场所的名称和地址信息，该信息应与相应的法律地位证明文件信息一致；③质量管理体系符合GB/T 19001/ISO 9001标准的表述；④证书编号；⑤认证机构名称；⑥证书签发日期及有效期的起止年月日；对初次认证以来未中断过的再认证证书，可表述该获证组织初次获得认证证书的年月日；⑦相关的认可标识及认可注册号（适用时）；⑧证书查询方式。认证机构除公布认证证书在本机构网站上的查询方式外，还应当在证书上注明："本证书信息可在中国国家认证认可监督管理委员会官方网站（www.cnca.gov.cn）上查询"，以便于社会监督。

2.2.9.2 认证证书有效期

最长为3年。

2.2.9.3 认证证书信息披露制度

认证机构应当建立证书信息披露制度。除向申请组织、认证监管部门等执法监管部门提供认证证书信息外，还应当根据社会相关方的请求向其提供证书信息，接受社会监督。

复习参考题

1. 名词解释

质量　质量管理　质量保证　质量体系　质量管理体系　质量管理体系认证

2. 问答题

（1）质量管理体系认证的特点是什么？

（2）质量管理体系认证的目的和意义是什么？

（3）质量管理体系认证的实施阶段和程序如何？

（4）取得质量管理体系认证的条件是什么？

第3章 ISO9000标准及认证

[教学目的和要求]

熟悉并理解ISO9000标准，掌握ISO9001质量管理体系在食品企业的建立和实施。

3.1 ISO9000系列标准简介

3.1.1 ISO9000族标准的产生和发展

ISO是国际标准化组织的英语简称，其全称是International Organization for Standardization或International Standard Organization。ISO来源于希腊语"ISOS"，即"EQUAL"——平等之意。

国际标准化组织是由各国标准化团体（ISO成员团体）组成的世界性的联合会。制定国际标准工作通常由ISO的技术委员会完成。各成员团体若对某技术委员会确定的项目感兴趣，均有权参加该委员会的工作。与ISO保持联系的各国际组织（官方的或非官方的）也可参加有关工作。ISO与国际电工委员会（IEC）在电工技术标准化方面保持密切合作的关系。

ISO的主要功能是为人们制定国际标准达成一致意见提供一种机制。其主要机构及运作规则都在一本名为《ISO/IEC技术工作导则》的文件中予以规定，其技术机构在ISO有800个技术委员会和分委员会，它们各有一个主席和一个秘书处，秘书处是由各成员国分别担任，目前承担秘书国工作的成员团体有30个，各秘书处与位于日内瓦的ISO中央秘书处保持直接联系。

TC176即ISO中第176个技术委员会，全称是"质量保证技术委员会"，1987年更名为"质量管理和质量保证技术委员会"。TC176专门负责制定质量管理和质量保证技术的标准。

ISO9000是由西方的品质保证活动发展起来的。

20世纪70年代后期，英国BSI（英国标准协会）首先开展了单独的品质保证体系的认证业务，使品质保证活动由第二方审核发展到第三方认证，受到了各方面的欢迎，更加推动了品质保证活动的迅速发展。1980年，ISO正式批准成立了"品质保证技术委员会"（即TC176）着手这一工作，从而促使"ISO9000族"标准的诞生，健全了单独的品质体系认证的制度，一方面扩大了原有品质认证机构的业务范围，另一方面又导致了一大批新的专门品质体系认证机构的诞生。全世界已有100多个国家和地区正在积极推行ISO9000国际标准。

ISO/TC176于1987年3月正式颁布了ISO9000系列标准：ISO8402—1988《质量　术语》、ISO9000—1987《质量管理和质量保证标准　选择和使用指南》、ISO9001—1987《质量体系　设计开发、生产、安装和服务的质量保证模式》、ISO9002—1987《质量体系　生产和安装的质量保证模式》、ISO9003—1987《质量体系　最终检验和试验的质量保证模式》及 ISO9004—1987《质量管理和质量体系要素　指南》6 项标准，通称为 1987 版 ISO9000 系列标准。由此可知，ISO9000 不是指一个标准，而是一族标准的统称。

ISO9000 系列标准自 1987 年发布以来，经历了 1994 版、2000 版和 2008 版的修改，形成了 ISO9001：2008 系列标准。

2008 年 11 月 15 日，ISO 发布了 2008 版 ISO9001 标准，中国国家标准 GB/T19001—2008 于 2008 年 12 月 30 日发布，2009 年 3 月 1 日实施。

3.1.2　ISO9000 族标准的概念和结构

ISO9000 族标准是指由国际标准化组织质量管理和质量保证技术委员会（ISO/TC176）制定的所有国际标准。ISO9000 族标准是由 ISO/TC176（国际标准化组织/质量管理和质量保证技术委员会）制定的一系列关于质量管理的正式国际标准、技术规范、技术报告、手册和网络文件的统称。

根据 ISO 指南 72《管理体系标准的确认和制定》的规定，管理体系标准分为三类（表 3-1）。

表 3-1　管理体系标准分类

类型		标准内容要求
管理体系标准	A 类：管理体系要求标准	向市场提供有关组织的管理体系的相关规范，以证明组织的管理体系是否符合内部和外部要求（如通过内部审核和外部审核予以评定）的标准，如管理体系要求标准、专业管理体系要求标准
		（1）GB/T19001—2008 IDT ISO9001：2008《质量管理体系　要求》 （2）GB/T18305—2003 IDT ISO16949：2002《质量管理体系　汽车生产件及相关维修零件组织应用 GB/T19001—2000 的特别要求》
	B 类：管理体系指导标准	通过对管理体系要求各要素提供附加指导或提供非同于管理体系要求标准的独立指导，以帮助组织实施和（或）完善管理体系标准，如使用标准的指导，建立、改进和改善管理体系的指导，专业管理体系指导标准
		（1）GB/T19004—2000 IDT ISO9004：2000《质量管理体系　持续改进指南》 （2）GB/T19022—2003 IDT ISO10012：2003《测量管理体系　测量过程和测量设备的要求》 （3）2GB/T19016—2005 IDT ISO10006：2003《质量管理体系　项目质量管理》
管理体系标准	C 类：管理体系相关标准	就质量管理体系的特定部分提供详细信息，或就管理体系的相关支持技术提供指导的标准
		（1）GB/T19000—2008 IDT ISO9000：2005《质量管理体系　基础和术语》 （2）GB/T19014—2009 IDT ISO10001：2007《质量管理　顾客满意　组织行为规范指南》 （3）GB/T19012—2008 IDT ISO10002：2004《质量管理　顾客满意　组织处理投诉指南》 （4）GB/T19013—2009 IDT ISO10003：2007《质量管理　顾客满意　组织外部争议解决指南》 （5）GB/T19015—2008 IDT ISO10005：2005《质量管理体系　质量计划指南》 （6）GB/T19017—2008 IDT ISO10007：2005《质量管理体系　技术状况管理指南》 （7）GB/T19023—2009 IDT ISO/TR10013：2001《质量管理体系　文件指南》 （8）GB/T19025—2001 IDT ISO10015：1999《质量管理　培训指南》 （9）GB/Z19027—2005 IDT ISO/TR10017：2003《GB/T19001—2000 的统计技术指南》 （10）GB/T19011—2003 IDT ISO19011：2002《质量和（或）环境管理体系审核指南》 （11）GB/T19029—2009 IDT ISO10019：2005《质量管理体系　咨询师的选择及其服务使用的指南》
	小册子	（1）《质量管理原则》；（2）《选择和使用指南》；（3）《小型组织实施指南》

3.1.3 ISO9000族标准的重要术语和定义

3.1.3.1 术语和定义的分类

ISO9000：2005标准共给出了84个术语定义，分为10类，见表3-2。

表3-2 术语定义分类

序号	术语类别	数量/个	序号	术语类别	数量/个
1	有关质量的术语	6	6	有关合格（符合）的术语	13
2	有关管理的术语	15	7	有关文件的术语	6
3	有关组织的术语	8	8	有关检查的术语	7
4	有关过程和产品的术语	5	9	有关审核的术语	14
5	有关特性的术语	4	10	有关测量过程质量管理的术语	6

注：GB/T 19000—2008质量管理体系 基础和术语（idt ISO9000：2005）。

3.1.3.2 重要术语定义

1. 有关质量的术语

质量（quality）：一组固有特性满足要求的程度。

要求（requirement）：明示的、通常隐含的或必须履行的要求或期望。

等级（grade）：对功能用途相同但质量要求不同的产品、过程或体系所做的分类或等级。

2. 有关管理的术语

体系（system）：相互关联或相互作用的一组要素。

管理（manage）：指挥和控制组织的协调活动。

管理体系（management system）：建立方针和目标并实现这些目标的体系。

质量策划（quality planning）：质量管理的一部分，致力于制定质量目标并规定必要运行过程和相关资源以实现质量。

质量控制（quality control）：质量管理的一部分，致力于满足质量要求。

质量改进（quality improvement）：质量管理的一部分，致力于增强满足要求的能力。

有效性（availability）：完成策划的活动和达到策划结果的程度。

效率（productiveness）：达到的结果与所使用的资源之间的关系。

3. 有关过程和产品的术语

产品（product）：过程的结果。

程序（procedure）：为进行某项活动或过程所规定的途径。

4. 有关特性的术语

特性（characteristics）：可区分的特征。

5. 有关合格（符合）的术语

合格（符合，qualified）：满足要求。

不合格（不符合，unqualified）：未满足要求。

缺陷（defect）：未满足与预期或规定用途有关的要求。

预防措施（preventive action）：为消除潜在不合格或其他潜在不期望情况的原因所采取

的措施。

纠正措施（corrective action）：为消除已发现的不合格或其他不期望情况的原因所采取的措施。

纠正（correct）：为消除已发现的不合格所采取的措施。

返工（rework）：为使不合格产品符合要求而对其所采取的措施。

返修（repair）：为使不合格产品满足预期用途而对其所采取的措施。

6. 有关检查的术语

验证（confirmation）：通过提供客观证据，对规定要求已得到满足的认定。

确认（identification）：通过提供客观证据，对特定的预期用途或应用要求已得到满足的认定。

客观证据（objective evidence）：支持事物存在或其真实性的数据。

3.1.4　ISO9000 族标准的特点

从结构和内容上看，ISO9000 族标准具有以下 6 个特点。

1. 通用性　标准可适用于所有产品类别、不同规模和各种类型的组织，并可根据实际需要删减某些质量管理体系要求。

2. 相容性　强调了质量管理体系是组织其他管理体系的一个组成部分，便于与环境管理体系、职业健康安全管理体系等其他管理体系标准相容。

3. 有效性　标准是建立在过程基础上的质量管理体系模式，不仅强调过程，更注重质量管理体系的有效性和持续改进，减少了对形成文件程序的强制性要求。

4. 适度性　文件化要求适度，不过分强调文件的制约，而强调对过程进行有效策划、运行、控制的能力和实际效果。

5. 协调一致性　将 ISO9001 和 ISO9004 作为协调一致的标准使用。

6. 逻辑性　采用以过程为基础的质量管理体系模式，强调了过程的联系和相互作用，逻辑性更强，相关性更好。

3.1.5　实施 ISO9000 族标准的作用和意义

实施 ISO9000 族标准，有利于提高产品质量，保护消费者利益；为提高组织的运作能力提供了有效的方法；有利于组织的持续改进和持续，满足顾客的需求和期望；有利于组织提高有效性和效率，提升竞争力，可以促进组织质量管理体系的改进和完善，对促进国际经济贸易活动、消除贸易技术壁垒、提高组织的管理水平都能起到良好的作用。

3.1.6　ISO9000 系列标准的应用

ISO9000 族标准适用于所有不同产品类别、不同规模的组织；与环境管理体系、职业健康安全管理体系等其他管理体系标准相容。

ISO9000 系列标准是在总结世界各国质量管理经验的基础上产生的关于质量管理的国际标准，该系列标准自 1987 年发布以来，引起全球性的推广 ISO9000 风暴。目前，ISO9000 标准已被全世界许多国家等同采用为国家标准，全球已有 149 个国家和地区的 50 多万个各类组织导入 ISO9000 并获得第三方认证。随着 ISO9000 标准的不断完善，其应用领域也不断扩大，从生产领域到服务领域，从私营组织到公共组织。

我国在应用 ISO9000 质量管理体系标准方面，是积极主动与国际接轨的。1987 年 3 月 ISO9000 标准系列正式发布后，我国标准化主管部门——原国家标准局就做出部署，组成了“全国质量保证标准化特别工作组”，及时跟踪，积极转换，等效采用。1992 年，我国以等同方式采用了 ISO9000 标准，在原国家进出口商品检验局、原国家质量技术监督局等部门的大力宣传发动下，在我国生产企业中掀起了推广应用 ISO9000 标准的热潮。1993 年起国家就启动了质量管理体系认证，ISO9000 标准也开始在我国逐步普及和广泛应用。1994 版 ISO9000 族标准发布后，有关部门就及时等同转换为我国的国家标准。2008 年新版 ISO 9000 族标准正式发布后，我国又及时等同采用为 GB/T19001—2008 标准。

目前，我国通过 ISO9000 认证的组织已超过 10 万家，居全球之首，占全球 ISO9000 认证数量的近 20%。我国的一些行政部门自 20 世纪 90 年代末也开始引入 ISO9000 质量管理体系。

3.1.7 2008 版 ISO9000 系列标准

1. 2008 版 ISO9000 系列标准的构成 2008 版 ISO9000 族标准包括：4 个核心标准、1 个支持性标准、若干个技术报告和宣传性小册子（表 3-3）。

表 3-3 2008 版 ISO9000 族标准的文件结构

核心标准（4 个）	GB/T19000—2008 IDT ISO9000：2005 质量管理体系 基础和术语
	GB/T19001—2008 IDT ISO9001：2008 质量管理体系 要求
	GB/T19004—2009 IDT ISO9004：2009 质量管理体系 业绩改进指南
	GB/T19011—2003 IDT ISO19011：2002 质量和（或）环境管理体系审核指南
支持性标准和文件	ISO10012 测量控制系统
	ISO/TR10006 质量管理 项目管理质量指南
	ISO/TR10007 质量管理 技术状态管理指南
	ISO/TR10013 质量管理体系文件指南
	ISO/TR10014 质量经济性管理指南
	ISO/TR10015 质量管理 培训指南
	ISO/TR10017 统计技术指南
	质量管理原则
	选择和使用指南
	小型企业的应用

2. 2008 版 ISO9000 族核心标准介绍 2008 版 ISO9000 族核心标准包括下列 4 个。

GB/T19000—2008IDT ISO9000：2005《质量管理体系 基础和术语》标准阐述了 ISO9000 族标准中质量管理体系的基础知识、质量管理 8 项原则，并确定了相关的术语。标准的“引言”部分提出了 8 项质量管理原则，标准提供了 12 项质量管理体系基础和 83 个与质量管理体系有关的术语及其定义；标准给出了与质量管理体系有关的 10 个部分、84 个术语，用较通俗的语言阐明了质量管理领域所用术语的概念，它统一了各国的标准使用者对标准内容的理解，为理解 ISO9000 族标准奠定了基础。

GB/T19001—2008IDT ISO9001：2008《质量管理体系 要求》标准规定了一个组织若要推行 ISO9000、取得 ISO9000 认证所要满足的质量管理体系要求。组织通过有效实施和推行一个符合 ISO9001：2000 标准的文件化的质量管理体系，包括对过程的持续改进和预防不合格，使顾客满意。标准中“4 质量管理体系”、“5 管理职责”、“6 资源管理”、“7 产品实现”和“8 测量、分析和改进”对质量管理体系及其所需的过程提出了具体的要求。与 2000 版 GB/T19001 标准相比，2008 版标准的在术语名称基本没有变化。

GB/T19004—2009IDT ISO9004：2009《质量管理体系 业绩改进指南》标准以 8 项质量管理原则为基础，帮助组织有效识别能满足客户及其相关方的需求和期望，从而改进组织业绩，协助组织获得成功。

GB/T19011—2003IDT ISO19011：2002《质量和（或）环境管理体系审核指南》标准提供质量和（或）环境审核的基本原则、审核方案的管理、质量和（或）环境管理体系审核的实施、对质量和（或）环境管理体系审核员的资格要求等要求。标准为审核原则、审核方案的管理、质量管理体系审核和环境管理体系审核的实施提供了指南，也对评价质量和环境管理体系审核员的能力提供了指南；标准适用于需要实施质量和（或）环境管理体系内部或外部审核或需要管理审核方案的所有组织。标准原则上可适用于其他领域的审核。

3.2　ISO9000 系列标准的构成

为便于理解，ISO9000：2008 标准按照原编号进行。

1 范围

1.1 总则

本标准为有下列需求的组织规定了质量管理体系要求：a）需要证实其有能力稳定地提供满足顾客和适用的法律法规要求的产品；b）通过体系的有效应用，包括体系持续改进的过程以及保证符合顾客与适用的法律法规要求，旨在增强顾客满意。

注 1：在本标准中，术语“产品”适用于

——预期提供给顾客或顾客所要求的产品；

——任何产品实现过程所导致的预期输出。

注 2：法律法规要求可作为法定要求表达。

1.2 应用

本标准规定的要求是通用的，意在适用于各种类型、不同规模和提供不同产品的组织。

当本标准的任何要求由于组织及其产品的特点而不适用时，可以考虑进行删减。

除非删减仅限于第 7 章中那些不影响组织提供满足顾客和适用法律法规要求的产品的能力和责任的要求，否则不得声称符合本标准。

注：扩大“产品”的范围，包括材料和半成品。

[标准理解]

（1）本标准适用于两种情况：一是证实能力；二是增强顾客满意。

（2）标准中“注”的作用是理解和说明有关要求的指南。

（3）增强顾客满意，还应包括体系的持续改进过程，而不仅是防止不合格。

（4）“外包过程”涉及组织应承担的责任，与这些外包过程有关的要求不能删减。

2 引用标准

下列文件中的条款通过本标准的引用而成为本标准的条款。凡是注日期的文件，其随后所有的修改单（不包括勘误的内容）或修订版均不适用于本标准，然而，鼓励根据本标准达成协议的各方研究是否可使用这些文件的最新版本。凡是不注日期的引用文件，其最新版本适用于本标准。

GB/T19000—2008 质量管理体系 基础和术语（IDT ISO9000：2005）

［标准理解］引用最新的版本标准。

3 术语和定义

本标准采用 ISO9000 给出的术语和定义。

本标准所出现的术语“产品”也可指“服务”。

［标准理解］标准采用的术语和定义。

4 质量管理体系

4.1 总要求

组织应按本标准的要求建立质量管理体系，形成文件，加以实施和保持，并持续改进其有效性。组织应：a）确定质量管理体系所需的过程及其在组织中的应用（见 1.2）；b）确定这些过程的顺序和相互作用；c）确定为确保这些过程有效运作和控制所需的准则和方法；d）确保可以获得必要的资源和信息，以支持这些过程的运作和监视；e）监视、测量（适用时）和分析这些过程；f）实施必要的措施，以实现对这些过程所策划的结果和对这些过程的持续改进。

组织应按本标准的要求管理这些过程。

针对组织所选择的任何影响产品符合要求的外包过程，组织应确保对其实施控制。对此类外包过程的控制的类型和程度应在质量管理体系中加以规定。

注 1：上述质量管理体系所需的过程应该包括与管理活动、资源提供、产品实现和测量、分析和改进有关的过程。

注 2：虽然所识别的外包过程作为组织的质量管理体系所需的一部分，但由组织的外部方选择运作。

注 3：确保控制外包过程不免除组织满足顾客和法律法规要求的责任。应用于外包过程的控制类型和特点可能受下列因素影响：a）外包过程对组织提供满足要求的产品能力的潜在影响；b）共享过程的控制程度；c）通过应用 7.4 条款获得的所需控制的能力。

［标准理解］本条文是对组织建立、实施、保持和改进质量管理体系的总体思路和要求，组织按照本标准要求建立质量管理体系（形成文件），实施、保持和持续。

（1）确定过程（回避“识别”有认同现状的可能，如果现状是错的，有效性受到影响）。

（2）确定过程之间的相互作用，通常一个过程的输出直接影响或形成下一个过程输入，使这些过程能有效运作，应合理安排过程的顺序、过程之间的相互关系，达到过程策划的结果和持续改进。

（3）确立过程有效运行控制的准则和方法。

（4）确保获得过程监视的信息。

（5）对测量监视结果的分析。

（6）组织应对任何影响产品符合要求的外包过程加以识别和控制。

4.2 文件要求

4.2.1 总则

质量管理体系文件应包括：a）形成文件的质量方针和质量目标；b）质量手册；c）本标准所要求的形成文件的程序和记录；d）组织确定的为确保其过程有效策划、运作和控制所确定的必要文件和记录。

注 1：本标准出现“形成文件的程序”之处，即要求建立该程序，形成文件，并加以实施和保持。一个文件可以包括一个或多个程序的要求，一个形成文件的程序的要求可以包含多个文件。

注 2：不同组织的质量管理体系文件的多少与详略程度取决于：a）组织的规模和活动的类型；b）过程及其相互作用的复杂程度；c）人员的能力。

注 3：文件可采用任何形式的媒体。

［标准理解］本条文是对组织建立、实施、保持和改进质量管理体系文件的总体要求。

（1）文件是信息及其承载媒体，包括书面文件、计算机硬盘或 CD 光盘中存放的文件，以及录音、录像或图样等。

（2）文件包括组织内部文件，如图样、程序、规程、作业指导书和记录等。组织外部文件，如适用产品的法律、法规、规范、标准和技术规格等。

（3）质量管理体系文件应包括以下 4 点。①形成文件的质量方针和质量目标。②质量手册，其中包括质量方针和目标的书面承诺，组织对内部和外部提供关于组织质量管理体系整体信息的文件。③程序文件和记录，提供如何一致地完成活动的信息的文件和记录。本标准要求的形成文件的程序：文件控制、记录控制、内部审核、不合格品控制、纠正措施和预防措施，以及支持这些程序的记录。④对于组织其他方面活动，标准也要求制定相应的文件和记录。记录是对完成的活动或达到的结果提供客观证据文件。按标准要求规定的记录或组织自身需要的记录，其形式或类型可采用任何媒体。

注：明确程序文件编写数量的灵活性，每个文件中可以包含多个程序，每个程序中可包括多个文件。

（4）标准明确要求组织对以下 6 种活动必须形成文件的程序：①4.2.3 文件控制；②4.2.4记录控制；③8.2.2 内部审核；④8.3 不合格品控制；⑤8.5.2 纠正措施；⑥8.5.3 预防措施。

组织可根据需要适当合并或展开，形成文件的程序数量可多于或少于 6 个，但其内容应该覆盖并满足标准的要求。

4.2.2 质量手册

组织应编制和保持质量手册，质量手册包括：a）质量管理体系的范围，包括任何删减的细节与合理性（见 1.2）；b）为质量管理体系编制的形成文件的程序或对其引用；c）质量管理体系过程之间相互作用的表述。

［标准理解］本条文是对质量手册的总体要求。

质量手册是指规定组织质量管理体系的文件。

国际标准中对质量手册的规定是：对质量体系作概括表述、阐述及指导质量体系实践的主要文件，是企业质量管理和质量保证活动应长期遵循的纲领性文件。

质量手册有三个方面的作用：在企业内部，它是由企业最高领导人批准发布的、有权威的、实施各项质量管理活动的基本法规和行动准则；对外部实行质量保证时，它证明企业质量体系存在，并具有质量保证能力的文字表征和书面证据，是取得用户和第三方信任的手段；质量手册不仅为协调质量体系有效运行提供了有效手段，也为质量体系的评价和审核提供了依据。

质量手册的结构、详略程度和编排格式取决于组织的类型、规模、产品或过程的复杂程度及管理的特点。

4.2.3 文件控制

质量管理体系所要求的文件应予以控制。记录是一种特殊类型的文件，应依据条款 4.2.4 的要求进行控制。

应编制形成文件的程序，以规定以下方面所需的控制：a）文件发布前得到批准，以确保文件是充分与适宜的；b）必要时对文件进行评审与更新，并再次批准；c）确保文件的更改和现行修订状态得到识别；d）确保在使用处可获得适用文件的有关版本；e）确保文件保持清晰、易于识别；f）确保策划和运作质量管理体系所需的外来文件得到识别，并控制其分发；g）防止作废文件的非预期使用，若因任何原因而保留作废文件时，对这些文件进行适当的标识。

[标准理解] 文件控制是指对文件的编制、批准、发放、使用、更改、再次批准、标识、回收和作废等全过程进行管理。

外来文件是指与体系产品相关的法律法规文件、标准规范文件、顾客或供方提供的文件，这类文件应识别和控制分发。

（1）典型文件：质量手册、过程控制文件、标准规定的 6 个程序文件及组织对过程策划所形成的文件，如对特定产品、项目或合同的质量计划。完成质量活动的文件如作业指导书、操作规程等。汇总收集有关数据和报告的表格，完成规定任务结果的记录。

在新标准中凡使用“确定”、“形成文件”、“建立”之类词，组织应有相应的文件。

（2）应编制形成文件的程序，对文件的发布、批准、更新、状态、识别、保持、回收等从 7 个方面进行控制。

（3）在文件发布前，应由授权的人员对其批准，确保文件充分性。

（4）组织应标明文件的清单。控制文件修改、发放、回收、标识，防止误用作废文件。

（5）文件应易于识别、清晰可辨。

（6）外来文件是策划和运作质量管理体系必需的，限定了所需控制外来文件的范围，避免对外来文件机械的理解，过于教条化；控制外来文件分发进行跟踪控制，确保使用处获得适用文件的有效版本。

（7）组织应防止作废文件的非预期用途。

4.2.4 记录的控制

应控制所建立的记录，以提供符合要求和质量管理体系有效运行的证据。

记录应编制形成文件的程序，以规定记录的标识、贮存、保护、检索、保存期限和处置所需的控制。记录应保持清晰、易于识别和检索。

[标准理解] 记录指阐明所取得的结果或提供所完成活动的证据的文件。记录所提供的信息作为采取纠正措施和预防措施的依据。

（1）记录的特点：①记录一旦形成就不允许更改，记录是一种特殊的文件，不能用 4.2.3 条款控制；②应编制形成文件的程序；③记录要遵循必要性；④按真实性、可塑性、规范性原则实施。所以组织要控制好相关记录。

（2）记录控制应编制形成文件的程序进行控制。

（3）组织应对记录的标识、贮存、保护、检索、保存期限和处置进行控制。

（4）本标准所要求的记录有：管理评审记录，教育和培训记录，产品要求评审记录，设计/开发输入记录，设计/开发评审记录，设计/开发的验证记录，设计/开发的确认记录，设计/开发的更改记录，供方评价记录，生产和服务提供过程确认记录，产品标识记录，顾客财产发生异常记录，监视和测量设备的校准和验证结果记录，内部审核记录，产品监视和测量记录，不合格控制记录，纠正措施，预防措施记录等。

（5）记录的检索和归档可采用任何方法和硬拷贝，电子媒体等。

（6）记录控制的内容包括：记录的标识、贮存、保护、检索、保留和处置。

（7）记录管理流程：

a. 设计→编制→审批→填写（要求：字迹清晰、内容齐全）。

b. 收集→整理→分类→编目→标识→归档→保存（要求：防潮、防虫、防鼠、防火）→检索→保存期→处置。

5 管理职责

5.1 管理承诺

最高管理者应通过以下活动，对建立、实施质量管理体系并持续改进其有效性的承诺提供证据：a）向组织传达满足顾客和法律法规要求的重要性；b）制定质量方针；c）确保质量目标的制定；d）进行管理评审；e）确保资源的获得。

［标准理解］本条款规定了最高管理者应做出的管理承诺，即建立、实施质量管理体系并持续改进其有效性。

最高管理者是在最高层指挥和控制组织的一个人或一组人（3.2.7）。

规定了最高管理者的职责包括：一项承诺（5.1）；一项指定（5.5.2）；七个确保（5.2、5.3、5.4.1、5.4.2、5.5.1、5.5.3 及 5.6.1）。以上承诺的证据要通过本章的其他条款实施后获得，因此可以将本条款视同管理职责的总要求。“确保”不一定要亲自做，但要对其效果负责。

5.2 以顾客为关注焦点

最高管理者应以增强顾客满意为目的，确保顾客的要求得到确定并予以满足（见 7.2.1 和 8.2.1）。

［标准理解］条款表明：增强顾客满意是最高管理者的首要职责。

如何增强顾客满意？必须关注之点：7.2.1、7.2.2、7.2.3、8.2.1 及 8.4 等条款。

5.3 质量方针

最高管理者应确保质量方针：a）与组织的宗旨相适应；b）包括对满足要求和持续改进质量管理体系有效性的承诺；c）提供制定和评审质量目标的框架；d）在组织内得到沟通和理解；e）在持续适宜性方面得到评审。

［标准理解］质量方针是由组织的最高管理者正式发布的该组织总的质量宗旨和方向，是企业管理者对质量的指导思想和承诺，是企业经营总方针的重要组成部分。

质量方针是实施和改进组织质量管理体系的动力，是评价质量管理体系有效性的基础。

要求最高管理者制订质量方针，应确保其满足的要求是：①与组织的宗旨相适应；②满足要求和持续改进的承诺；③提供制订和评价质量目标的框架；④在组织的适当层次上得到沟通与理解；⑤在持续的适宜性方面得到评审；⑥质量方针应形成文件，并按文件控制要求对其制订、批准、评审和修改等环节予以控制。

5.4 策划

5.4.1 质量目标

最高管理者应确保在组织的相关职能和层次上建立质量目标，质量目标包括满足产品要求所需的内容［见 7.1a)］。质量目标应是可测量的，并与质量方针保持一致。

［标准理解］质量目标是指在质量方面所追求的目的。

质量目标的理论依据是行为科学和系统理论。质量目标就是以行为科学中的“激励理论”为基础而产生的，但它又借助系统理论向前发展。

要求最高管理者组织的相关职能和各层次上建立质量目标，并确保：①质量目标是可以测量的；②质量目标在相关的职能和各层次上必须展开，可按“目标管理”系统图法，由上而下的逐级展开，以达到由下而上的逐级保证；③质量目标的内容，应与质量方针提供的框架相一致，质量方针为质量目标提供了制定和评审的框架，且包括持续改进的承诺和满足要求的所有内容；④应充分考虑企业现状及未来的需求；⑤考虑顾客和相关方的要求；⑥考虑企业管理评审的结果。

5.4.2 质量管理体系策划

最高管理者应确保：a）对质量管理体系进行策划，以满足质量目标以及条款 4.1 的要求；b）在对质量管理体系的更改进行策划和实施时，保持质量管理体系的完整性。

［标准理解］策划是设置目标并规定作业过程和相关资源以实现目标的活动。

质量体系策划是组织战略性决策的体现，是建立或改进质量管理体系时的一种活动。

最高管理者应确保：①对质量管理体系进行策划，以满足质量目标和质量管理体系总要求（4.1）；②在体系变更策划和实施时，保持质量管理体系的完整性；③建立体系，组织落实、资源保障、明确工作内容。

5.5 职责、权限和沟通

5.5.1 职责和权限

最高管理者应确保组织内的职责、权限及其相互关系得到规定和沟通。

［标准理解］职责是岗位内涵所要求的应该做的、必须做的事，是不得不做的事情；权限即职权，是为了保证职能的有效履行，或促进企业整体绩效的提升，特定岗位所拥有的一种指令或调令。权限有两种，一种是发号施令的指挥权，即指令；另一种是人、财、物的资源调动权，即调令。

最高管理者应确保组织内的职责、权限得到规定；确保组织内的职责、权限得到沟通。

5.5.2 管理者代表

最高管理者应指定一名本组织的管理者，无论该成员在其他方面的职责如何，应具有以下方面的职责和权限：a）确保质量管理体系所需的过程得到建立、实施和保持；b）向最高管理者报告质量管理体系的业绩和任何改进的需求；c）确保在整个组织内提高对顾客要求的意识。

注：管理者代表的职责可包括与质量管理体系有关事宜的外部联络。

［标准理解］管理者代表（management representative）：特指推行 ISO9000 的组织中主管质量管理体系的高层管理人员，这一职位名称是 ISO9000 标准的专用名词。管理者代表应是组织内的最高管理层中的一员（可以兼职）。管理者代表由公司总经理任命，在质量管理体系范围内，可直接代表总经理协调、指导工作。

（1）组织设管理者代表 1 名。由最高管理者授权，应从组织的内部正式人员中产生，标准要求不希望组织指定外部人员任管理者代表。

（2）其职责和权限包括标准 5.5.2 中 a）、b）、c）和注的规定，全面负责组织质量管理体系正常运行。

（3）管理者代表受最高管理者委托，对质量管理体系的建立、实施和保持负责。

5.5.3 内部沟通

最高管理者应确保在组织内建立适当的沟通过程，并确保对质量管理体系的有效性进行沟通。

［标准理解］内部沟通可以促进组织内各职责和层次间的信息交流，从而增进理解和提高质量管理体系的有效性。

最高管理者应确保在公司内建立适当的沟通过程。在公司不同层次和职能之间，就质量管理体系过程，包括质量方针、质量目标的完成情况，以及质量管理体系的有效性进行沟通，达到相互了解、相互信任，促进内部统一认识，实现全员参与的效果，形成全公司的凝聚力。

沟通过程的建立涉及沟通的时机、内容、方式、部门等信息。常用的内部沟通方式有以下几种。

（1）利用各种会议进行沟通，做好会议记录。

（2）质管部是公司质量管理体系的信息中心，公司内、外部质量信息均应反馈到质管部处置，如发生重大质量问题或顾客投诉，质管部负责上报管理者代表或总经理，及时召开质量分析会议等。

（3）各部门负责本部门内部及与其他部门之间的日常沟通和协调。

（4）质管部利用各种检验记录、检测报告、不合格品处理单、信息联络单等进行沟通；生产部上报和传递各种生产报表；销售部代表公司下达《生产任务书》、将顾客反馈信息传递到相关部门等。

（5）其他方式，如布告栏、简报、文件传阅、标语、通知、警示牌、互联网等。

5.6 管理评审

5.6.1 总则

最高管理者应按计划的时间间隔评审组织的质量管理体系，以确保其持续的适宜性、充分性和有效性。评审应包括评价质量管理体系改进的机会和变更的需要，包括质量方针和质量目标。

应保持管理评审的记录（见 4.2.4）。

5.6.2 评审输入

管理评审的输入应包括以下方面的信息：a）审核结果；b）顾客反馈；c）过程的业绩和产品的符合性；d）预防和纠正措施的状况；e）以往管理评审的跟踪措施；f）可能影响质量管理体系的变更；g）改进的建议。

5.6.3 评审输出

管理评审的输出应包括以下方面有关的任何决定和措施：a）质量管理体系及其过程有效性的改进；b）与顾客要求有关的产品的改进；c）资源需求。

［标准理解］管理评审又称质量管理体系评审，是对质量管理体系进行评价的一种方法。

管理评审就是最高管理者为评价管理体系的适宜性、充分性和有效性所进行的活动。

评审包括评价体系改进的机会和变更需要，包括质量方针和质量目标。

（1）评审目的是评审质量管理体系的持续适宜性、充分性、有效性，识别改进机会，做出改进决定。包括：①执行者为最高管理者；②按策划时间间隔进行；③评审应包括质量方针、质量目标。

（2）管理评审输入是为管理评审提供信息，是管理评审有效实施的前提条件。

输入的信息：①审核的结果；②顾客反馈；③过程的业绩和产品的符合性；④预防和纠正措施的状况；⑤以往管理评审的跟踪措施；⑥可能影响质量管理体系的变更；⑦改进的建议。

（3）评审输出是管理评审的结果，是最高管理者对组织的质量管理体系乃至经营宗旨做出的战略性决策的重要基础。

包括的决定和措施：①质量管理体系的适宜性、充分性和有效性的总体评价；②改进质量管理体系及其过程有效性的改进决定和措施；③与顾客要求有关产品的改进；④资源需求（管理评审是资源配备的途径）。

6 资源管理

6.1 资源的提供

组织应确定并提供以下方面所需的资源：a）实施、保持质量管理体系并持续改进其有效性；b）通过满足顾客要求，增强顾客满意。

［标准理解］资源是组织通过建立质量管理体系及过程而实现质量方针和质量目标的必要条件。

组织确定并提供资源的目的是实现和保持质量管理体系和持续改进其有效性，增强顾客满意。

上述 a）款是涉及与质量管理体系相关的资源；b）款是涉及与产品（服务）相关的资源需求。

确定的方式可以是文件，也可以是惯例。

6.2 人力资源

6.2.1 总则

基于适当的教育、培训、技能和经验，从事影响产品要求符合性的人员应是能够胜任的。

6.2.2 能力、培训和意识

组织应：a）确定从事影响产品符合质量要求的工作人员所必要的能力；b）适当时，提供培训或采取其他措施以获得所需的能力；c）评价所采取措施的有效性；d）确保员工意识到所从事活动的相关性和重要性，以及如何为实现质量目标做出贡献；e）保持教育、培训、技能和经验的适当记录（见 4.2.4）。

［标准理解］能力是指经证实的个人素质，以及经证实的应用知识和技能的本领。

承担质量管理体系规定从事影响组织生产符合要求的人员应有能力胜任工作。

（1）能力可以从教育、培训、技能、经历方面考虑。

（2）适当时，提供培训或其他措施以满足要求。

（3）对培训的有效性进行考核，如工作考核、实际操作评估等。

（4）培训的形式应多样化、有灵活性，研讨会也是一种有价值的培训。

（5）新员工要进行入门培训，其内容应考虑业务性及知识、健康和安全法规、质量方针和目标、员工的职责。

（6）应做好特殊工种人员的培训，应做好持证上岗，如电焊工、食品检验员、内审员、计量员等。

（7）保存员工的教育、培训、技能和经验等方面的适当记录，以证实员工的能力。

6.3 基础设施

组织应确定并维护为实现产品的符合性所需的基础设施。适用时，基础设施包括：a）建筑物、工作场所和相关的设施；b）过程设备（硬件和软件）；c）支持性服务（如运输或通讯或信息系统）。

［标准理解］基础设施是指组织运行所必需的设施、设备和服务的体系，它是实现产品符合性的物质保证。基础设施可包括 6.3 a）、b）及 c）的内容。

组织应识别、提供和维护为实现产品符合性所需设施，包括办公生产场所、设备、工具相应的设施。包括与场所相关的设施，如水、电、风、气的供应，交付后的维护网点、通信设施、信息系统（ISO 已经注意信息时代，信息技术运用和发展）和运输设施等。

组织对其基础设施的需求和要求应按产品实现过程的实际情况和特点来识别，确定提供并运行维护和控制。

6.4 工作环境

组织应确定和管理为达到产品符合要求所需的工作环境。

注：术语“工作环境”与达成产品符合要求所需的条件有关，包括物理的、环境的和其他因素（如噪音、温度、湿度、照明或天气）。

［标准理解］工作环境指人员作业时所处的与人的、物理的、环境的和其他因素相关的各种条件。

组织应识别和管理为实现产品的符号性所需要的工作环境。工作条件包括物理的、社会的、心理的及环境的因素等。

7 产品实现

7.1 产品实现的策划

组织应策划和开发产品实现所需的过程。产品实现的策划应与质量管理体系其他过程的要求相一致（见 4.1）。

在对产品实现进行策划时，组织应确定以下方面的适当内容：a）产品的质量目标和要求；b）针对产品确定过程、文件和资源的需求；c）产品所要求的验证、确认、监视、测量、检验和试验活动，以及产品接收准则；d）为实现过程及其产品满足要求提供证据所需的记录（见 4.2.4）。

策划的输出形式应适于组织的运作方式。

注 1：对应用于特定产品、项目或合同的质量管理体系的过程（包括产品实现过程）和资源做出规定的文件可称之为质量计划。

注 2：组织也可将条款 7.3 的要求应用于产品实现过程的开发。

［标准理解］产品实现是组织质量管理体系中产品形成并提交给顾客的全部过程，是保证产品达到质量目标和要求的重要手段。

应针对具体产品、项目和合同，为达到质量要求做好过程策划。

策划内容包括：①确定产品的质量目标和要求；②确定产品实现所需的过程、文件和资源的要求；③确定为实现该产品所需开展的各项监测和测量活动及产品的接收准则；④建立能证明各过程及产品符合要求所需的记录。

7.2 与顾客有关的过程

7.2.1 与产品有关的要求的确定

组织应确定：a）顾客规定的要求，包括对交付及交付后活动的要求；b）顾客虽然没有明示，但规定的用途或已知和预期用途所必需的要求；c）适用产品的法律法规要求；d）组织所需考虑的任何附加要求。

注：交付后活动可包括担保、合同规定的维护服务、回收或最终处置的附加服务等。

［标准理解］组织应充分了解顾客要求和期望，才能确定如何满足顾客要求，达到顾客满意。

（1）顾客明示的和隐含的产品要求，包括符合性和实用性并必须履行有关法律、法规的要求。

（2）顾客对明确的产品规定要求应包括可用性、交付和支持方面的要求。

（3）顾客对产品要求不做出规定的，但预期的规定用途所必要的产品潜在要求，组织应做出承诺。

（4）适用于产品的强制性产品标准及法律、法规要求应予以满足，如安全性有关的高压容器、食品的卫生要求和环境要求等。

（5）识别顾客要求方法：①市场调研；②合同和协议要求；③产品质量水平分析；④了解顾客要求可能是否招投标；⑤获悉法律、法规的规定。

7.2.2 与产品有关的要求的评审

组织应评审与产品有关的要求。评审应在组织向顾客做出提供产品的承诺之前进行（如提交标书、接受合同或订单及接收合同或订单的更改），并应确保：a）产品要求得到规定；b）与以前表述不一致的合同或订单的要求已予解决；c）组织有能力满足规定的要求。

评审结果及评审所引发的措施的记录应予保持（见 4.2.4）。

若顾客提供的要求没有形成文件，组织在接收顾客要求前应对顾客要求进行确认。

若产品要求发生变更，组织应确保相关文件得到修改，并确保相关人员知道已变更的要求。

注：在某些情况下，如网上销售，对每一个订单进行正式的评审可能是不实际的，而代之对有关的产品信息，如产品目录、产品广告内容等进行评审。

［标准理解］组织对确定的、与产品有关的要求进行评审。

评审的时机：组织向顾客做出提供产品的承诺之前。

具体由谁评审和评审过程，要根据公司制定的《质量手册》规定去办，如由销售经理牵头，召集技术、生产、质检、供应等部门负责人参加，评审通过后签字，最后公司主管领导批准，销售部门执行。

7.2.3 顾客沟通

组织应对以下有关方面确定并实施与顾客沟通的有效安排：a）产品信息；b）问询、合同或订单的处理，包括对其的修改；c）顾客反馈，包括顾客抱怨。

［标准理解］组织应确定与顾客沟通所需进行的活动，做出如何与顾客沟通的有效安排。

与顾客的沟通包括三个方面：7.2.3 条款 a）～c）的内容。

组织应出示证据以证明已经针对不同的顾客和提供的产品/服务识别了适当的沟通渠道。

7.3 设计和开发

7.3.1 设计和开发策划

组织应对产品的设计和开发进行策划和控制。在进行设计和开发策划时，组织应确定：a）设计和开发阶段；b）适合每个和开发阶段的评审、验证和确认活动；c）设计和开发的职责和权限。

组织应对参与设计和开发的不同小组之间的接口进行管理，以确保有效的沟通，并明确职责分工。随设计和开发的进展，在适当时，策划的输出应予以更新。

注：设计和开发的评审、验证和确认具有各自明确的目的，根据产品和组织的具体情况，可单独或一起进行并记录。

[标准理解] 设计和开发是指要求转换为产品、过程或体系的规定的特性或规范的一组过程。

设计和开发策划等会确保设计开发达到预期目标的有效方法，组织应确定：①设计和开发过程阶段，根据产品类型分成几个阶段，如方案设计、技术参数设计、工作图设计、工艺设计等；②确定适当阶段中的评审、验证和确认活动；③规定设计开发活动的职责和权限，并明确其分工；④规定对参数与设计过程不同部门接口加以管理，确保有效沟通。

7.3.2 设计和开发输入

应确定与产品要求有关的输入，并保持记录（见 4.2.4）。这些输入包括：a）功能和性能要求；b）适用的法律法规要求；c）适用时，以前类似设计提供的信息；d）设计和开发所必需的其他要求。

应对设计和开发输入进行评审，以确保其充分性与适宜性。要求应完整、清楚并且不能自相矛盾。

[标准理解] 设计和开发输入是实施设计并开发活动的依据和基础。

设计和开发是一组过程，有输入和输出。设计开发的输入是与产品有关的信息，它包括以下三个方面。

（1）组织内部的输入：①方针、目标和规范（如质量手册、设计手册等）；②技能要求（员工的技能水平所决定的）；③可信性要求；④现行产品的文件和数据（新产品与现行产品往往有继承关系）；⑤其他过程的输出（如采购即供方的情况、生产能力、检验能力等）。

（2）组织外部的输入：①顾客或市场的需求和期望；②合同要求和相关方的规范；③相关的法律和法规要求；④国际或国家标准；⑤行业规则等。

（3）那些对产品的安全和正常使用所必需的特性的输入：①运行、安装和使用；②贮存、搬运、维护和交付；③物理参数和环境；④处置要求等。

7.3.3 设计和开发输出

设计和开发的输出应适合于对设计和开发的输入进行验证，并应在放行前得到批准。

设计和开发输出应：a）满足设计和开发输入的要求；b）给出采购、生产和服务提供的适当信息；c）包含和引用产品接收准则；d）规定对产品的安全和正常使用所必需的产品特性。

注：生产和服务提供的信息可能包括产品防护的细节。

[标准理解] 设计和开发输出是设计和开发过程的结果，提供了产品和（或）有关过程的特性或规范。

设计和开发输出为生产和服务提供做出适当文件的规定。

设计和开发的输出必须符合设计输入的要求，在文件发放前应经授权人批准。其内容包括：①产品范围、图样、设计文件、服务范围；②采购要求、技术条件、采购清单；③生产工艺文件，包括产品防护的有关要求；④验收准则、服务提供范围、使用说明；⑤培训要求，对顾客的培训要求和（或）对员工的培训要求。

7.3.4 设计和开发评审

在适宜的阶段，应依据所策划的安排（见 7.3.1）对设计和开发进行系统的评审，以便：a）评价设计和开发的结果满足要求的能力；b）识别任何问题并提出必要的措施。

评审的参加者应包括与所评审的设计和开发阶段有关的职能的代表。评审结果及任何必要措施的记录应予以保持（见 4.2.4）。

［标准理解］本条款的要点是确定设计和开发的各阶段性成果是否满足输入要求。

评审是为确定主题事项达到规定目标的适宜性、充分性和有效性所进行的活动。设计评审是对设计计划阶段和其中各个阶段的结果所做的正式的评审，以确定是否能够满足输入的要求，并发现问题、解决问题。设计评审可以发生在设计过程中的任何阶段，次数可多可少。

如果在评审时发现问题，应采取措施解决这些问题；措施的结果应是下次评审的对象。企业应记录这些评审的内容，并采用适当的记录方法。

7.3.5 设计和开发验证

为确保设计和开发输出满足输入的要求，应依据所策划的安排（见7.3.1）对设计和开发进行验证。验证结果及任何必要措施的记录应予以保持（见4.2.4）。

［标准理解］本条款的要点是确定设计和开发的结果是否满足最初的需要。

验证是指通过提供客观证据对规定要求已满足要求的认定。对于较大的项目，设计过程通常被划分为几个阶段，并且分阶段进行设计验证。设计策划应确定所使用的验证方法，其中包括谁将实施、如何实施以及保留哪些记录。

验证设计的方法有很多，如：进行选择性计算；将新设计与同类的现有的设计进行比较（如果可能的话），进行测试和演示；在公布之前检查设计阶段的文件。

验证要做好记录。

7.3.6 设计和开发确认

为确保产品能够满足规定的或已知预期使用或应用的要求，应依据所策划的安排（见7.3.1）对设计和开发进行确认。只要可行，确认应在产品交付或实施之前完成。确认结果及任何必要措施的记录应予以保持（见4.2.4）。

［标准理解］本条款的要点是确定设计和开发的结果是否满足顾客需要。

确认是指通过提供客观证据对特定的预期用途或应用要求已得到满足的认定。

设计和开发确认包括市场测试或运营测试，是设计过程的最后一个阶段，而且非常有机会防止因产品或服务不能被接受而造成的严重的经济损失。

设计策划应该确定所要采用的确认方法，其中包括谁来实施、如何实施以及记录哪些内容。

7.3.7 设计和开发更改的控制

应识别设计和开发的更改，并保持记录。适当时，应对设计和开发的更改进行评审、验证和确认，并在实施前得到批准。设计和开发更改的评审应包括评价更改对产品组成部分和已交付产品的影响。

更改的评审结果及任何必要措施的记录应予以保持（见4.2.4）。

［标准理解］本条款的要点是控制设计和开发变更的控制要求。

应记录、评审并批准设计变更的要求。以下情况可能会导致设计变更：①顾客更改了要求；②法规中新增或更改了要求；③制造过程有变化；④制造出现问题；⑤市场需要改进的产品；⑥设计评审的要求；⑦验证的要求；⑧确认的要求。

7.4 采购

7.4.1 采购过程

组织应确保采购的产品符合规定的采购要求。对供方及采购产品控制的类型和程度应取决于采购产品对随后的产品实现或最终产品的影响。

组织应根据供方按组织的要求提供产品的能力评价和选择供方。应制定选择、评价和重新评价的准则。评价结果及评价所引发的任何必要措施的记录应予以保持（见 4.2.4）。

［标准理解］采购过程是指从采购计划开始，到采购询价、采购合同签订，一直到采购材料进场为止的过程。采购内容包括询价、供方选择及合同管理三个方面。

供方评价的方法：①样品检验；②对供方以往的业绩进行评定；③对供方的情况进行书面调查；④对供方进行现场调查；⑤对供方的质量管理体系进行第二方审核等。

7.4.2 采购信息

采购信息应表述拟采购的产品，适当时包括：a）产品、程序、过程和设备的批准要求；b）人员资格的要求；c）质量管理体系要求。

在与供方沟通前，组织应确保规定的采购要求是充分与适宜的。

［标准理解］信息采购就是通过互联网络，借助计算机管理企业的采购业务。具体来说，开展信息采购的企业在网络上公布所需的产品或服务的内容，供相应的供应商选择；采购企业通过电子目录了解供应商的产品信息；通过比较选择合适的供应商，然后下订单并开展后续的采购管理工作。

根据具体情况对采购要求做出适当规定：①产品的批准要求；②程序的批准；③过程的批准要求；④设备的批准要求；⑤与采购产品有关的供方人员资质方面的要求；⑥对供方与采购产品有关的质量管理体系方面的要求。

7.4.3 采购产品的验证

组织应建立并实施检验或其他必要的活动，以确保采购的产品满足规定的采购要求。

当组织或其顾客拟在供方的现场实施验证时，组织应在采购信息中对拟验证的安排和产品放行的方法做出规定。

［标准理解］产品验证是指通过提供客观证据对规定要求已得到满足的认定，是对产品实现过程形成的有形产品和无形产品，通过物理的、化学的及其他科学技术手段和方法进行观察、试验、测量后所提供的客观证据，证实规定要求已经得到满足的认定。采购产品验货应该交由专业的检验人员操作。

验证的方式包括：包装是否完整；产品标识标牌是否齐全，是否有合格证；产品是否有破损；该产品的企业是否具有生产资质。

7.5 生产和服务提供

7.5.1 生产和服务提供的控制

组织应策划并在受控条件下进行生产和服务提供。适当时，受控条件应包括：a）获得表述产品特性的信息；b）必要时，获得作业指导书；c）使用适当的设备；d）获得和使用监视和测量设备；e）实施监视和测量；f）产品放行、交付和交付后活动的实施。

［标准理解］生产和服务是指硬件产品加工制作、交付后的服务过程。

不同组织在提供不同产品时应考虑采用适合自身特点的控制手段，以确保生产和服务提供过程得到有效的控制。在产品实现过程的策划中可以具体做出规定。

生产和服务提供的控制应包括：①获得规定产品特性的信息，如产品规范、产品特性、作业指导书、信息来源和设计输出，产品实现过程输出和产品要求的评审输出等；②使用维护生产与服务提供的设备，以保持其运行能力；③获得和使用监视和测量设备，按要求使用这些设备；④对运作中的特殊或关键过程和产品，实施监视活动；⑤对产品放行、交付和适用的交付后活动的服务，实施规定的过程。

7.5.2 生产和服务提供过程的确认

当生产和服务提供过程的输出不能由后续的监视和测量加以验证，仅在产品使用或服务已交付之后问题才显现时，组织应对任何这样的过程实施确认。

确认应证实这些过程实现所策划的结果的能力。

组织应对这些过程做出安排，适当时包括：a）为过程的评审和批准所规定的准则；b）设备的认可和人员资格的鉴定；c）使用特定的方法和程序；d）记录的要求（见 4.2.4）；e）再确认。

［标准理解］确认是指特定的预期使用或应用要求已得到满足的客观证据认定和提供。

当生产和服务过程输出不能由持续的监视和测量来验证时，这种过程必须识别，进行过程确认，并采取如下组织自行确认的一种或几种行动：①过程鉴定，确定最好的工艺参数或最佳的服务方式，制定相应的方法和规定并实施；②设备能力的鉴定及维护保养要求并实施；③规定有关过程、设备和人员记录的要求，用于证实；④必要时再次确认，按规定间隔或发生问题时，对特殊过程进行再确认。过程发生变更，也应进行再确认。

7.5.3 标识和可追溯性（系统集成项目：设备标识、人员标识、项目标识）

适当时，组织应在产品实现的全过程中使用适宜的方法标识产品。

组织应在产品实现全过程中，针对监视和测量要求识别产品的状态。

在有可追溯性要求的场合，组织应控制并记录产品的唯一性标识（见 4.2.4）。

注：在某些行业，技术状态管理是保持标识和可追溯性的一种方法。

［标准理解］产品标识是为了防止产品混淆和误用，也是为了生产和服务提供的程度进行追溯。

产品标识通常可分为产品标识、监视和测量标识、唯一性标识（即可追溯标识）三种。

（1）产品标识的作用是用来区分容易混淆的产品，以达到防止产品在使用中混淆的目的。

（2）在产品实现全过程中应对产品的测量状态进行标识，通常有待验、合格、不合格、待定进行状态标识（明确产品状态标识应用于整个产品实现过程，从原材料、半成品到成品，如材料牌号、钢印记号）。

（3）标识的内容主要反应产品的名称、型号、规格、数量，或者是地点、标签、方向、位置。

（4）产品的监视和测量状态是指产品在实现过程中所显示的状态，如检验和试验状态（如待检、合格、不合格、待定）、加工状态（如在线加工、待加工）、服务状态（如车位已满），其作用是防止不同状态产品在使用中混淆，特别是防止误用不合格品。可采用标签（如合格证）、印章（如合格、不合格）、区域（如红区、绿区、黄区）、标牌、记录等。

7.5.4 顾客财产

组织应爱护在组织控制下或组织使用的顾客财产。组织应识别、验证、保护供其使用或构成产品一部分的顾客财产。当顾客财产发生丢失、损坏或发现不适当的情况时，应报告顾客，并保持记录（见 4.2.4）。

注：顾客财产可包括知识产权和个人资料。

［标准理解］顾客财产通常包括三类：①处于组织控制下的顾客财产，如顾客寄存的物品、行李等；②组织使用的顾客财产，如顾客提供给组织的生产设备、测试设备、图纸、信息和数据等；③构成产品一部分的顾客财产，如顾客提供的用于生产产品的原材料、组件、包装材料等，服务业包括服务过程中顾客衣物、车辆、信用卡和个人的信息资料（如银行的存单信息、医院的个人病历资料等）。

控制顾客财产组织应对其进行标识、验证、保护和维护，当出现问题时应做好记录并报告顾客做出处理。顾客的财产如不能纳入组织的质量管理体系并得到必要的控制，将直接影响产品的质量和顾客要求的实现。

当顾客财产发生丢失、损坏或发现不适用的情况时，组织应及时向顾客报告并加以记录。

7.5.5 产品防护

组织在内部处理和交付到预定地点期间对产品提供防护，以保证产品符合要求。适用时，这种防护应包括标识、搬运、包装、贮存和保护。防护也应适用于产品的组成部分。

［标准理解］产品防护应从产品接收、制作放行和交付所有阶段中，采取措施防止产品变质、损坏和误用，以保证产品符合要求。

产品防护的具体活动包括标识、搬运、包装、贮存和保护。

7.6 监视和测量设备的控制

组织应确定需实施的监控和测量以及所需的监控和测量设备，为产品符合确定的要求（见 7.2.1）提供证据。

组织应建立过程，以确保监视和测量活动可行并以与监视和测量的要求相一致的方式实施。为确保结果有效，必要时，测量设备应：a）对照能溯源到国际或国家标准的测量标准，按照规定的时间间隔或在使用前进行校准或检定。当不存在上述标准时，应记录校准或验证的依据（见 4.2.4）；b）必要时进行调整或再调整；c）能够识别，以确定其校准状态；d）防止可能使测量结果失效的调整；e）在搬运、维护和贮存期间防止损坏或失效。

此外，当发现设备不符合要求时，组织应对以往测量结果的有效性进行评价和记录。组织应对该设备和任何受影响的产品采取适当的措施，校准和验证结果的记录应予以保持（见 4.2.4）。

当计算机软件用于规定要求的监视和测量时，应确认其满足预定用途的能力。确认应在初次使用前进行，必要时再确认。

注：确认计算机软件满足预定用途的能力的典型方法包括对软件的验证和保持其适用性的技术状态管理。

［标准理解］监视和测量设备直接影响产品或过程监视和测量结果的正确性，必须予以控制，以保持测量能力与测量要求的一致性。

对监视和测量设备进行控制，包括：①对照能溯源到国家基准或国际基准的设备，定期或使用前进行校准调整，当不存在上述基准，应记录校准依据；②防止发生可能使校准失效的调整；③防止搬运、维护和贮存期间损坏或失效；④记录校准结果，出具检定证明；⑤当发现监视和测量设备在使用时偏离校准状态，应对该监视和测量设备，评价以往结果的有效性并采取措施，包括追回其测量产品和重新测量等纠正措施；⑥用于监视和测量的计算机软件，应在初次使用前确认，并在必要时重新确认。确认计算机软件的方法包括验证、适用的技术状态管理等。

对于某些服务行业，7.6 是可以删减的，如律师事务所。如果小型组织不需用测量设备，也可进行删减。

8 测量、分析和改进

8.1 总则

组织应策划并实施以下方面所需的监视、测量、分析和改进过程：a）证实产品要求的符合性；b）确保质量管理体系的符合性；c）持续改进质量管理体系的有效性。

这应包括统计技术在内的使用方法及其应用程度的确定。

［标准理解］为了及时识别和发现产品实现过程以及质量管理体系运作中所存在问题，并实施有效的措施加以解决，企业策划并实施以下目的需进行的测量、监控、分析和持续改进过程。具体内容包括：证实产品符合顾客要求；保证质量管理体系的符合性；实现质量管理体系有效性的改进。

8.2 监视和测量

8.2.1 顾客满意

作为对质量管理体系业绩的一种表现，组织应对顾客有关组织是否已满足其要求的感受的信息进行监视，并确定获取和利用这种信息的方法。

注：监视顾客感受可以包括从诸如顾客满意度调查、顾客对交付产品质量的数据、用户意见调查、业务损失分析、保证承诺、经销商报告之类的来源获得输入。

［标准理解］所谓顾客满意，是指顾客对某一事项已满足其需求和期望的程度的意见。

以顾客为关注的焦点是质量管理八大原则中的首要原则，一切使顾客满意是组织的出发点和归宿点，企业要生存、要发展、要持续进行质量改进，就要积极地、主动地收集顾客满意程度的有关信息，如顾客投诉、问卷调查、上门调查、专门接触、访问专门团体、消费者组织、业务损失分析、保证承诺、经销商报告之类等，加强与顾客沟通、了解和测定顾客满意程度。其次，可利用各种信息、报表，如统计分析、故障率、投诉率、返修率、市场占有率等来了解顾客满意程度。还可以利用走访客户、订货会、用户座谈会等形势调查、了解顾客满意程度。对反映的问题，要寻找根源、主动改进、评价效果，评估效果要根据顾客的反应做出改进。

8.2.2 内部审核

组织应按策划的时间间隔进行内部审核，以确定质量管理体系是否：a）符合策划的安排（见 7.1）、本标准的要求以及组织所确定的质量管理体系要求；b）得到有效实施和保持。

考虑拟审核的过程和区域的状况和重要性以及以往审核的结果，组织应对审核方案进行策划。应规定审核的准则、范围、频次和方法。审核员的选择和审核的实施应确保审核过程的客观性和公正性，审核员不应审核自己的工作。

应编制形成文件的程序，以规定策划和实施以及报告结果和保持记录的职责和要求。

应保持审核及其结果的记录（见 4.2.4）。

负责受审区域的管理者应确保及时采取必要的纠正和纠正措施，以消除所发现的不合格及其原因。跟踪活动应包括对所采取措施的验证和验证结果的报告（见 8.5.2）。

注：作为指南，参见 GB/T19011。

［标准理解］本条款要求组织编制程序文件，对其质量管理体系进行定期的，即有计划的审核。

内部审核有时也称为第一方审核，由组织自己或以组织的名义进行，审核的对象是组织自己的管理体系，验证组织的管理体系是否持续满足规定的要求并且正在运行。它为有效的管理评审和纠正、预防措施提供信息，其目的是证实组织的管理体系运行是否有效，可作为组织自我合格声明的基础。在许多情况下，尤其在小型组织内，可以由与受审核活动无责任关系的人员进行，以证实独立性。

内部质量体系审核的程序一般是：审核方案的策划和计划→审核的准备（包括查阅文件、编写检查表)→审核的实施（首末次会议和现场审核)→开具不合格报告与审核报告→纠正和纠正措施的跟踪验证。

审核应由“与被审核工作无直接责任的人员”进行。内部质量审核报告应作为管理评审的输入之一，内审做得越好，管理评审会更有实效。

8.2.3 过程的监视和测量

组织应采取适宜的方法对质量管理体系过程进行监视，并在适宜时进行测量。这些方法应证实过程实现所策划的结果的能力。当未能达到所策划的结果时，应采取纠正和纠正措施。

注：当确定适当方法时，组织应当考虑适于监视或测量每个过程的形式和程度，这些过程是指影响产品要求的符合性和质量管理体系的有效性的过程。

［标准理解］过程监视和测量的对象是质量管理体系的各个过程。在组织内部一个过程的输出，往往是下一个过程的输入，相互构成了过程网络，形成了质量管理体系，所以要根据过程的重要程度及其相互关系、基本要求、验收准则，确立需要监视和测量的过程。

选用适当的监视和测量方法，既要有可行性，又要有经济性，包括选用适当的统计技术和方法进行分析，如控制图、工序能力分析、抽样检验、排列图、对策表等，按设定的目标要求，对过程有效性做出测定和评价。在可行时，对质量管理体系进行测量，以证实过程能力，如内部审核、过程审核、工艺纪律检查等。对未达到预期目标和要求的，可采取相应的纠正和纠正措施，以确保产品和服务的符合性及质量管理体系的有效性。

8.2.4 产品的监视和测量

组织应对产品的特性进行监视和测量，以验证产品要求得到满足。这种监视和测量应依据策划的安排（见 7.1)，在产品实现过程的适当阶段进行。应保持符合接收准则的证据。

记录应指明有权放行产品交付顾客的人员（见 4.2.4)。

除非得到有关授权人员的批准，适当时得到顾客的批准，否则在策划的安排（见 7.1）均已圆满完成之前，不应向顾客放行产品和交付服务。

［标准理解］产品的监视和测量是用于验证产品特性是否满足产品要求的活动，其目的是在产品质量形成的有关阶段，及时地发现问题，采取相应的措施，确保交付给顾客的产品符合规定的要求，质量有保证。

8.3 不合格品的控制

组织应确保不符合产品要求的产品得到识别和控制，以防止非预期的使用和交付。应编制形成文件的程序，以规定不合格品控制以及不合格品处置的职责和权限。

适用时，组织应采取下列一种或几种方法，处置不合格品：a）采取措施，消除发现的不合格；b）经有关授权人员批准，适当时经顾客批准，让步使用、放行或接收不合格品；c）采取措施，防止原预期的使用或应用；d）当在交付或开始后发现产品不合格时，组织应采取与不合格的影响或潜在影响的程度相适应的措施。

在不合格品得到纠正之后应对其再次进行验证，以证实符合要求。

应保持不合格品的性质以及随后所采取的任何措施的记录，包括所批准的让步的记录（见 4.2.4）。

［标准理解］所谓不合格，即不符合要求的产品。为了有效地实施不合格品控制，应编制程序文件，规定不合格品控制以及不合格品处置的职责和权限。

组织应做好的工作包括：①不合格的识别；②不合格的标识和隔离；③不合格品的评审；④不合格品的处置和措施；⑤防止不合格品再发生。

对不合格品的处置方法：①进行返工，尽可能达到规定要求的合格品；②进行返修或让步接收。虽然不能达到规定要求，或个别质量特性未达到规定的要求，但对产品的功能没有影响，通过返修可作超差特许发行。有些不合格品虽达不到规定要求，不返修，作让步接收；③降级或改作他用，作为次品或降低等级使用；④拒收或报废。对外购、外协件的产品出现不合格可以拒收退货处理，对自制、在制品产品不合格作为报废。

8.4 数据分析

组织应确定、收集和分析适当的数据，以证实质量管理体系的适宜性和有效性，并评价在何处可以进行质量管理体系的持续改进。这应包括来自监视和测量的结果以及其他有关来源的数据。

数据分析应提供以下方面的有关信息：a）顾客满意（见 8.2.1）；b）与产品要求的符合性（见 8.2.4）；c）过程和产品的特性及趋势，包括采取预防措施的机会；（见 8.2.3 和 8.2.4）d）供方（见 7.4）。

［标准理解］数据可以理解为能客观反映事实的资料和数字。

数据分析的主要目的是为了确定质量管理体系的适宜性和有效性及寻找、识别改进的机会。

数据的来源有外部来源和内部来源。外部来源有：政策、法规、标准；地方政府机构检查的结果和反馈；市场、新产品、新技术的发展方向、相关方（如顾客、供方等）的反馈及投诉。内部来源包括：日常工作、质量目标的完成情况；检验试验记录、内部质量审核和管理评审报告及体系正常运行的其他记录；存在、潜在的不合格，如质量问题统计分析结果、纠正预防措施处理结果；紧急信息，如突发事故其他信息数据等。组织应收集的信息包括了 a）、b）、c）。

数据既有波动性又具有规律性，可以通过适当的统计技术和方法使隐含的规律显示出来。

审核的结果、管理评审的输出、经营业绩以及竞争对手的情况，这些数据的比较、分析，可以使我们进一步寻找、识别质量改进的机会、目标，从而使组织不断发展提高。

8.5 改进

8.5.1 持续改进

组织应利用质量方针、质量目标、审核结果、数据分析、纠正和预防措施以及管理评审、持续改进质量管理体系的有效性。

[标准理解] 持续改进（continual improvement）是指增强满足要求的能力的循环活动。制定改进目标和寻求改进机会的过程是一个持续过程，该过程使用审核发现和审核结论、数据分析、管理评审或其他方法，其结果通常导致纠正措施或预防措施。

8.5.2 纠正措施

组织应采取措施，以消除不合格的原因，防止不合格的再发生。纠正措施应与所遇到的不合格的影响程度相适应。

应编制形成文件的程序，以规定以下方面的要求：a）评审不合格（包括顾客投诉）；b）确定不合格的原因；c）评价确保不合格不再发生的措施的需求；d）确定和实施所需的措施；e）记录所采取措施的结果（见 4.2.4）；f）评审所采取的纠正措施的有效性。

[标准理解] 旨在消除实际不合格原因所采取的纠正措施是一项重要的质量活动。其目的是当出现了不合格后，组织应注重分析原因，防止不合格的再次发生，从而达到不断改进质量管理体系，提高产品和服务质量。

8.5.3 预防措施

组织应采取措施，以消除潜在不合格的原因，防止不合格的发生。预防措施应与潜在问题的影响程度相适应。

应编制形成文件的程序，以规定以下方面的要求：a）确定潜在不合格及其原因；b）评价防止不合格发生的措施的需求；c）确定和实施所需的措施；d）记录所采取措施的结果（见 4.2.4）；e）评审所采取的预防措施的有效性。

[标准理解] 预防措施是指为消除潜在不合格或其他潜在不期望情况的原因所采取的措施。旨在消除潜在不合格原因所采取的预防措施是一项重要的质量活动，其目的在于预防问题的发生，以达到不断改进质量管理体系、提高产品和服务质量的效果。

3.3　ISO9001 质量管理体系在食品企业的建立和实施

3.3.1　食品企业实施质量管理体系的总要求

3.3.1.1　总要求

为了实施质量管理体系的总要求，组织必须做好以下工作：首先，识别本组织建立质量管理体系所需的全部过程及其应用。这些过程与组织的类型、规模和所生产的产品或所提供的服务密切相关。组织可采用“以过程为基础”的质量管理体系模式，结合本组织的实际来识别这些过程；其次，在识别全部过程中，某一项过程的输入通常是其前过程的输出，某一过程的输出通常是其后过程的输入，因此，还要合理确定这些过程之间的接口、顺序及其相互作用；再次，为了确保这些过程的有效运行和控制，达到预期的目标和要求，必须对过程的输入、输出、投入的资源和开展的活动进行策划，做出明确规定，提出过程控制的准则和方法，如 XX 过程控制计划、控制程序、作业方法等。

3.3.1.2　指导思想

食品企业实施质量管理体系的指导思想是：①写你要做的；②做你所写的；③记录做过的；④检查其效果；⑤改正其不足。

3.3.2 保持质量管理体系总要求的实施步骤

实施保持质量管理体系总要求的步骤包括：①最高管理者（总经理）统一管理领导层思想、确定建立质量管理体系的进度目标；②成立组织的贯标领导班子和工作班子；③根据时间进度目标制定组织建立、实施质量管理体系的具体工作计划；④分层次地组织全体员工进行ISO9001族标准的培训；⑤以顾客为关注的焦点，制定组织的质量方针和在相关职能部门和层次上建立质量目标；⑥策划产品实现所需的过程；⑦根据ISO9001：2008标准的要求进行现状调查，找出薄弱环节；⑧确定各个过程和子过程中应开展的质量活动；⑨进行质量职能分配；⑩制（修）订各部门的质量管理职责、权限及相互关系；⑪进行质量管理职责和责任的考核；⑫编写质量管理体系文件；⑬进行质量管理体系文件会审后，由最高管理者（总经理）批准发布；⑭开展质量管理体系文件的宣传教育；⑮提供和管理人力资源、基础设施、工作环境；⑯按建立的质量管理体系试运行（三个月以上）；⑰培训内部质量管理体系审核人员，并由厂长（总经理）聘任；⑱进行内部质量管理体系审核和纠正措施的跟踪（一次以上）；⑲最高管理者亲自主持管理评审。

3.3.3 ISO9000认证

3.3.3.1 ISO9000认证范围

ISO9000质量管理体系应用范围共分39大类，见表3-4。

表3-4 ISO9000质量管理体系应用范围

序号	应用范围	序号	应用范围
1	农业、渔业	21	航空、航天
2	采矿业及采石业	22	其他运输设备
3	食品、饮料和烟草	23	其他未分类的制造业
4	纺织品及纺织产品	24	废旧物资的回收
5	皮革及皮革制品	25	发电及供电
6	木材及木制品	26	气的生产与供给
7	纸浆、纸及纸制品	27	水的生产与供给
8	出版业	28	建设
9	印刷业	29	批发及零售，汽车、摩托车、个人及家庭用品修理
10	焦炭及精炼石油制品	30	宾馆及餐厅
11	核燃料	31	运输、仓储及通讯
12	化学品、化学制品及纤维	32	金融、房地产、出租业务
13	医药品	33	信息技术
14	橡胶和塑料制品	34	科技服务
15	非金属矿物制品	35	其他服务
16	混凝土、水泥、石灰、石膏及其他	36	公共行政管理
17	基础金属及金属制品	37	教育
18	机械及设备	38	卫生保健与社会公益事业
19	电子、电气及光电设备	39	其他社会服务
20	造船		

ISO9001 在食品、饮料和烟草认证的范围见表 3-5。

表 3-5　ISO9001 在食品、饮料和烟草认证的范围

大类	中类	小类	内容
03	03.01		肉类及肉制品的生产、加工及保存
		03.01.01	肉类的生产、加工及保存
		03.01.02	禽肉的生产及保存
		03.01.03	肉制品及禽肉制品的生产
	03.02		鱼及其鱼肉制品的加工及保存
		03.02.00	鱼及其鱼肉制品的加工及保存
	03.03		水果及蔬菜的加工及保存
		03.03.01	马铃薯的加工及保存
		03.03.02	果汁及菜汁的生产
		03.03.03	水果及蔬菜的加工及保存
	03.04		植物油、动物油及动、植物脂肪的生产
		03.04.01	原料油及原料脂肪的生产
		03.04.02	精炼油及精炼脂肪的生产
		03.04.03	人造黄油及类似食用脂肪的生产
	03.05		乳制品的生产
		03.05.01	乳制品及奶酪的生产
		03.05.02	冰激凌的生产
	03.06		谷物加工；淀粉及淀粉制品的生产
		03.06.01	谷物加工
		03.06.02	淀粉及淀粉制品的生产
	03.07		家畜饲料的生产
		03.07.01	牧场及农园等家畜用饲料的生产
		03.07.02	宠物饲料的生产
	03.08		其他食品的制作
		03.08.01	面包制作；新鲜油酥点心及糕点的制作
		03.08.02	烤面包片及饼干的制作；可保存的油酥点心及糕点的制作
		03.08.03	砂糖的制作
		03.08.04	可可的制作；巧克力及糖果的制作
		03.08.05	通心粉、面条类及类似的粉制品的制作
		03.08.06	茶及咖啡的加工
		03.08.07	调味品的制作
		03.08.08	膨化食品配置品及减肥品的制作
		03.08.09	其他食品的制作

续表

大类	中类	小类	内容
03	03.09		饮料制作
		03.09.01	蒸馏酒的制作
		03.09.02	发酵酒的制作
		03.09.03	葡萄酒的制作
		03.09.04	苹果酒及其他果酒的制作
		03.09.05	非蒸馏型的发酵饮料的制作
		03.09.06	啤酒的制作
		03.09.07	麦芽的制作
		03.09.08	矿泉水和软饮料的制作
	03.10	03.10.00	烟草制品的生产

3.3.3.2 ISO9001 认证的基本要求

开展质量认证是为了保证产品质量，提高产品信誉，保护用户和消费者的利益，促进国际贸易和发展经贸合作。这个认证目的非常清楚地说明，企业要开展认证必须具备条件才能申请认证。

《中华人民共和国产品质量认证管理条例》专门规定了条件和程序，企业申请质量认证必须具备 4 个基本条件：①中国企业持有工商行政管理部门颁发的“企业法人营业执照”；外国企业持有有关部门机构的登记注册证明；②产品质量稳定，能正常批量生产；③产品符合国家标准、行业标准及其补充技术要求，或符合国务院标准化行政主管部门确认的标准；④生产企业建立的质量体系符合 ISO9000 族中质量保证标准的要求。

具备以上 4 个条件，企业即可向认证机构申请认证。

3.3.3.3 ISO9001 认证程序

1. ISO9001 认证的流程 大体分为以下三个流程。

(1) 培训流程：内审员培训→基本培训。

(2) 咨询流程：初访→签约→咨询师进驻→制订计划→体系建设（质量手册编定、程序文件编定)→文件审定→运行辅导→自查及纠正→评审辅导→咨询总结。

(3) 认证流程：提交申请→签订合同→审核文件→现场审核→纠正措施→批准→注册颁证。

2. ISO9001 质量管理体系认证程序 ISO9001 质量管理体系认证程序具体如下。

1) 质量管理体系认证的申请

(1) 申请人提交一份正式的、由其授权代表签署的申请书。申请书或其附件应包括：①申请方简况，如组织的性质、名称、地址、法律地位，以及有关人力和技术资源；②申请认证的覆盖的产品或服务范围；③法人营业执照复印件，必要时提供资质证明、生产许可证复印件；④咨询机构和咨询人员名单；⑤最近一次国家产品质量监督检查情况；⑥有关质量体系及活动的一般信息；⑦申请人同意遵守认证要求，提供评价所需要的信息；⑧对拟认证体系所适用的标准其他引用文件说明。

（2）认证中心根据申请人的需要提供有关公开文件。

（3）认证中心在收到申请方申请材料之日起，经合同评审以后 30 天内做出受理、不受理或改进后受理的决定，并通知委托方（受审核方），以确保：①认证的各项要求规定明确，形成文件并得到理解；②认证中心与申请方之间在理解上的差异得到解决；③对于申请方申请的认证范围、运作场所及一些特殊要求，如申请方使用的语言等，认证机构有能力实施认证；④必要时认证中心要求受审核方补充材料和说明。

（4）双方签订“质量管理体系认证合同”。当某一特定的认证计划或认证要求需要做出解释时，由认证中心代表负责按认可机构承认的文件进行解释，并向有关方面发布。

（5）对收到的信息将用于现场审核评定的准备，认证中心承诺保密并妥善保管。

2）现场审核前的准备

（1）在现场审核前，申请方的 ISO9001 标准建立的文件化质量体系，运行时间应达到 3 个月，至少提前 2 个月向认证中心提交质量手册及所需相关文件。

（2）认证中心准备组建审核组，指定专职审核员或审核组长作为正式审核的一部分进行质量手册审查，审查以后填写《质量手册审查表》通知受审核方，并保存记录。

（3）认证中心应准备在文件审查通过以后，与受审核方协商确定审核日期并考虑必要的管理安排。在初次审核前，受审核方应至少提供一次内部质量审核和管理评审的实施记录。

（4）认证中心任命一个合格的审核组，确定审核组长、组成审核组代表认证中心实施现场审核。其中：①审核组成员由国家注册审核员担任；②必要时聘请专业的技术专家协助审核；③审核组成员、专家的姓名。由认证中心提前通知受审核方并提醒受审核方对所指派审核员和专家是否有异议。如以上人员与受审核方可能发生利益冲突时，受审方有权要求更换人员，但必须征得系认证中心的同意。

（5）认证中心正式任命审核组，编制审核计划，审核计划和日期应得到受审核方的同意，必要时在编制审核计划之前安排初访受审核方，察看现场，了解特殊要求。

3）现场审核　审核依据受审核方选定的认证标准，在合同确定的产品范围内审核受审核方的质量体系，主要程序为：

（1）召开首次会议。①介绍审核组成员及分工；②明确审核目的、依据文件和范围；③说明审核方式、确认审核计划及需要澄清的问题。

（2）实施现场审核，搜集证据，对不符合项写出不符合报告单。

对不符合项类型评价的原则是：①严重不符合项主要指质量体系与约定的质量体系标准或文件的要求不符；造成系统性区域性严重失效的不符合或可造成严重后果的不符合，可直接导致产品质量不合格；②轻微的（或一般的）不符合项主要指孤立的人为错误；文件偶尔未被遵守造成后果不严重，对系统不会产生重要影响的不符合等。

（3）审核组编写审核报告做出审核结论，其审核结论有三种情况：①没有或仅有少量的一般不符合，可建议通过认证；②存在多个严重不符合，短期内不可能改正，则建议不予通过认证；③存在个别严重不符合，短期内可能改正，则建议推迟通过认证。

（4）向受审核方通报审核情况、结论。

（5）召开末次会议，宣读审核报告，受审方对审核结果进行确认。

（6）认证中心跟踪受审方对不符合项采取纠正措施的效果。

4）认证批准

（1）认证中心对审核结论进行审定、批准自现场审核后 1 个月内、最迟不超过 2 个月通知受审核方，并纳入认证后的监督管理。

（2）认证中心负责认证合格后注册登记颁发由认证中心总经理批准的认证证书，并在指定的出版物上公布质量管理体系认证注册单位名录。

公布和公告的范围包括认证合格企业名单及相应信息（产品范围、质量保证模式标准、批准日期、证书编号等）。

（3）对不能批准认证的企业，认证中心要给予正式通知，说明未能通过的理由，企业再次提出申请，至少需经 6 个月后才能受理。

5）认证范围的扩大、缩小和认证标准的变更　获证企业若需扩大或缩小体系认证范围时，由获证方提出书面申请，提出以扩大或缩小认证范围相应的质量手册。由合同管理部审查接受后，需扩大认证范围的，签订扩大认证范围合同；需缩小认证范围的，办理原合同更改手续。现场审核时将负责审核扩大认证范围相关要素和部门、生产车间，具体实施按《质量管理体系认证（审核）实施与控制程序》进行。审核通过后，给予更换认证证书，证书内更改覆盖范围，注明换证日期，但证书有效期不变。

3.3.4　ISO9001 质量管理体系建立的步骤

3.3.4.1　质量管理体系的策划与设计

1. 教育培训，统一认识　质量管理体系建立和完善的过程，是始于教育、终于教育的过程，也是提高认识和统一认识的过程，教育培训要分层次、循序渐进地进行。

第一层次为决策层，包括各级领导。主要培训：①通过介绍质量管理体系的发展和本单位的经验教训，说明建立、完善质量管理体系的迫切性和重要性；②通过 ISO9000 族标准的总体介绍，提高按国家（国际）标准建立质量管理体系的认识；③通过质量管理体系中过程方法讲解，明确决策层领导在质量管理体系建设中的关键地位和主导作用。

第二层次为管理层，重点是管理部门、技术部门和生产部门的负责人，以及与建立质量管理体系有关的工作人员。这一层次的人员是建设、完善质量体系的骨干力量，起着承上启下的作用，要使他们全面接受 ISO9000 族标准有关内容的培训，在方法上可采取讲解与研讨结合、理论与实际结合。

第三层为执行层，即与产品质量形成过程有关的作业人员。对这一层次人员主要培训与本岗位质量活动有关的内容，包括质量活动中承担的任务、完成任务应赋予的权限及质量过失应承担的责任等。

2. 组织落实，拟定计划　尽管质量管理体系建设涉及一个组织的所有部门和全体员工，但对多数单位来说，成立一个精干的工作班子可能是需要的，这个班子也可以分三个层次。

第一层次是成立以最高管理者（厂长、总经理等）为组长、质量主管领导为副组长的质量管理体系建设领导小组（或委员会），其主要任务包括：①体系建设的总体规划；②制订质量方针和质量目标；③按职能部门进行质量职能的分解。

第二层次是成立由各职能部门领导（或代表）参加的工作班子。这个工作班子一般由质量部门和计划部门的领导共同牵头，其主要任务是按照体系建设的总体规划具体组织实施。

第三层次是成立各过程工作小组。根据各职能部门的分工明确质量的责任单位，如“设计和开发”一般由设计部门负责。组织和责任落实后，按不同层次分别制订工作计划，在制订工作计划时应注意：①目标要明确。要完成什么任务，要解决哪些主要问题，要达到什么目的。②要控制进程。建立质量管理体系的主要阶段要规定完成任务的时间表、主要负责人和参与人员，以及他们的职责分工及相互协作关系。③要突出重点。重点主要是体系中的薄弱环节及关键的少数。这少数可能是某个或某几个过程，也可能是过程中的一些活动。

3. 确定质量方针，制定质量目标 质量方针体现了一个组织对质量的追求、对顾客的承诺，是员工质量行为的准则和质量工作的方向。制定质量方针的要求：①与总方针相协调；②应包含质量目标；③结合组织的特点；④确保各级人员都能理解和坚持执行。

4. 现状调查和分析 现状调查和分析的内容包括：①体系情况分析，即分析本组织的质量管理体系情况，以便根据所处的质量体系情况选择质量管理体系的要求。②产品特点分析，即分析产品的技术密集程度、使用对象、产品安全特性等，以确定过程的采用程度。③组织结构分析，即组织的管理机构设置是否适应质量管理体系的需要。应建立与质量管理体系相适应的组织结构并确立各机构间隶属关系、联系方法。④生产设备和检测设备能否适应质量管理体系的有关要求。⑤技术、管理和操作人员的组成、结构及水平状况的分析。⑥管理基础情况分析，即标准化、计量、质量责任制、质量教育和质量信息等工作的分析。

5. 调整组织结构，配备资源 因为一个组织中除质量管理外，还有其他各种管理。组织机构设置由于历史沿革多数并不是按质量形成客观规律来设置相应的职能部门的，所以在完成落实质量管理体系要求并展开成对应的质量活动后，必须将活动中相应的工作职责和权限分配到职能部门。一方面是客观展开的质量活动，另一方面是人为的现有职能部门，两者之间的关系处理，一般来讲，一个质量职能部门可以负责或参与多个质量活动，但不要让一项质量活动由多个职能部门负责。

3.3.4.2 质量管理体系文件

质量管理体系文件应包括：①形成文件的质量方针和质量目标；②质量手册；③本标准所要求的形成文件的程序；④组织为确保其过程的有效策划、运行和控制所需的文件；⑤本标准所要求的记录。

不同组织的质量管理体系文件的范围由于组织的规模和活动的类型、过程及其相互作用的复杂程度和人员的能力的不同可能不同。

1. 质量管理体系文件的特性

（1）法规性。一旦被批准实施，就必须认真执行；其修改只能按规定的程序进行。

（2）唯一性。对组织、活动、规定、版本只有唯一的一套或一种文件。

（3）适用性。组织之间无标准的文本，无统一格式，只求适用，不拘一格。

2. 质量管理体系文件层次 质量管理体系文件主要由质量手册、质量管理体系程序文件和作业文件、表格、报告等质量文件构成。其层次没有严格的规定，有的分为四个层次，有的分为三个层次，分为三个层次的居多。其中任何一个层次的文件都可以分开或合并；当各层次文件分开时，有相互引用的内容，可附引用内容的条目；下一层次文件的内容不应与上一层次文件的内容相矛盾，下一层次文件应比上一层次文件更具体、更详细；各层次间合并还是分开，可由组织根据自己的习惯和需要做出决定；质量管理体系文件是一个组织的质量体系运行中长期遵守的行为规范、统一标准和共同准则。

3. 质量方针和质量目标 质量方针是由最高管理者正式发布的一个组织有关质量的总的意图和方向。质量方针应该：①与组织的宗旨相适应；②包括对满足要求和持续改进质量管理体系有效性的承诺；③提供制定和评审质量目标的框架；④在组织内得到沟通和理解；⑤在持续适宜性方面得到评审。

质量目标指与质量有关的、所追求的或作为目的的事物。质量目标包括满足产品要求所需的内容，即产品的质量目标和要求。质量目标应是可测量的并与质量方针保持一致。质量目标也要服从第 4.2.3 条款文件控制的要求。

4. 质量手册 质量手册至少要包括的内容有质量管理体系的范围（包括任何删减的细节与合理性）、为质量管理体系编制的形成文件的程序或对其引用和质量管理体系过程之间的相互作用的表述。手册的格式由各个组织自行决定，并取决于组织的规模、文化和复杂程度。

5. 形成文件的程序 标准要求建立的“形成文件的程序”如表 3-6 所示。程序文件数量少，为组织留下很大的活动空间，有利于不同类型、规模的组织，特别是小型、非制造业组织针对具体情况贯彻标准要求。此外，对外来文件（标准、法律法规等）强调识别和控制分发。显然，组织所应编制的程序文件不止上述 6 个，凡是行之有效的程序文件都应继续保留，使之成为完整的体系。

表 3-6 标准要求的“形成文件的程序”

条款	4.2.3	4.2.4	8.2.2	8.3	8.5.2	8.5.3
程序文件名称	文件控制	记录控制	内部审核	不合格品控制	纠正措施	预防措施

6. 组织为确保其过程的有效策划、运行和控制所需的文件 组织为了证明其质量管理体系的有效实施，可能需要制定除程序文件以外的文件。GB/T 19001（IDT ISO9001）中有若干要求，组织通过编制其他的文件能够为其质量管理体系增值，并证明符合性。尽管标准并没有特别提出，其可能包括流程图、组织结构图、内部沟通、生产计划、经批准的供方清单和质量计划等。

7. 质量记录 GB/T 19001（IDT ISO9001）特别要求的质量记录见表 3-7。组织可以自由地制订其他可能需要用来证明其过程、产品和质量管理体系的符合性所需的记录。质量记录控制的要求与其他类型的文件不同，所有的质量记录必须按照 GB/T 19001（IDT ISO9001）第 4.2.4 条款控制。

表 3-7 标准要求的记录

条款	要求的记录
5.6.1	管理评审的记录
6.2.2e	教育、培训、技能和经验的适当记录
7.1d	作为实现过程及其产品满足要求证据的记录
7.2.2	评审结果和评审所引发的措施的记录
7.3.2	设计和开发输入记录
7.3.4	设计和开发评审的结果和任何必要措施的记录
7.3.5	设计和开发验证的结果和任何必要措施的记录

续表

条款	要求的记录
7.3.6	设计和开发确认的结果和任何必要措施的记录
7.3.7	设计和开发更改评审的结果和任何必要措施的记录
7.4.1	供方评价的结果和评价所引起的任何必要措施的记录
7.5.3d	当过程输出不能由后续的监视和测量加以验证时，组织所要求的表明这样的过程经确认的记录
7.5.3	有可追溯性的要求时，产品的唯一性标识的记录
7.5.4	顾客财产丢失、损坏或发现不适用的情况时的记录
7.6a	不存在国际的或国家的测量标准时，用于校准或验证测量装置的标准的记录
7.6	当发现测量装置不符合要求时，以往结果有效性的记录
7.6	测量装置校准和验证结果的记录
8.2.2	内部审核结果的记录
8.2.4	作为产品符合接收准则的证据和指明产品放行的授权人员的记录
8.3	产品不合格性质和随后所采取的任何措施，包括获准的让步的记录
8.5.2	纠正措施的结果的记录
8.5.3	预防措施的结果的记录

8. 企业相关部门应准备资料 企业相关部门应准备资料根据企业组织结构而定，可参考表 3-8。

表 3-8 企业相关部门准备资料一览表

序号	部门	文件类型	具体文件
1	办公室	文件控制	受控文件清单、文件领用登记表、外来文件确认记录、文件更改申请表（4.2.3）
		记录控制	记录清单（4.2.4）
		人力资源	员工花名册、培训计划、培训记录、人员岗位能力评定记录、员工培训档案（6.2）
		过程的监视和测量	工艺纪律检查记录（8.2.3）
2	技术部	生产设备的管理	设备台账、设备检修计划、设备检修单、设备完好考核记录、设备日常保养检查表、工装模具台账、工装模具验证记录、工装模具验收记录（6.3）
		技术文件的编制	图纸管理（7.1）
		特殊过程确认（7.5.2）	
		产品工艺单（7.5.1）	
		随工单（7.5.1）	

续表

序号	部门	文件类型	具体文件
3	生产部	产品标识的管理（7.5.3)	
		生产任务的完成（7.5.1)	
		特殊过程	过程监控记录（7.5.1)（过程参数记录）
		产品防护（7.5.5)	
		工作环境的管理	现场管理检查记录（6.4)
4	质检部	状态标识的管理（7.5.3)	
		监视和测量装置的管理	监视和测量装置一览表、监视和测量装置周期检定计划、监视和测量装置历史记录卡、监视和测量装置运行检查记录（7.6)
		产品检验	进货检验记录、过程检验记录、出厂检验记录
		不合格品控制	不合格品报告（8.3)
5	销售部	与顾客有关过程控制	产品要求评审表、合同修改传递表、订单确认表、合同台账（7.2)
		顾客满意	顾客满意度调查表、顾客满意度电话调查表、顾客投诉（意见反馈）处理单、用户档案（8.2.1)
		发货清单（7.5.1)	
6	采购部	采购	供方调查表、供方评价记录、合格供方名单、供方业绩统计表、供方业绩评定表、采购计划、临时采购计划表（7.4)
7	车间		生产计划的完成、设备的日常保养、工作制环境的控、标识的管理、产品防护
8	仓库		产品标识卡、仓库台账、入库单 保证账、卡、物相符
9	管代	质量手册的编制	（组织、领导）(4.2.2)
		内审	内审计划、内审实施计划、内审检查记录、不合格项报告、内审报告、不符合项分布表（8.2.2)
		质量目标的完成	质量目标完成情况考核记录（5.4.1/8.2.3)
		管理评审	协助总经理组织管理评审（5.6)
		产品要求评审	签订合同、登记合同、下达生产计划
		生产计划	工艺单、用料计划单、采购计划、进货检验、随工单、过程检验、出厂检验
		供方调查	供方评价、合格供方名单、年度供方业绩跟踪记录、供方年度复评、形成本年度名单

3.3.4.3 质量管理体系的试运行

质量管理体系文件编制完成后，质量管理体系进入试运行阶段。其目的是通过试运行，考验质量质量管理体系文件的有效性和协调性，并对暴露出的问题，采取改进措施和纠正措施，以达到进一步完善质量管理体系文件的目的。

3.3.4.4　质量管理体系的自我评价和改进

组织为了提高质量管理体系的绩效，以有效和高效的方式去实现顾客和相关方的要求，按 GB/T 19004 标准建立和试运行质量管理体系。这种体系的完善程度可以用内部审核的方法来评价，还可以有其他评价的方式。GB/T 19004 提供了组织自我评价的一种方式，这种自我评价方式是和 GB/T 19001 过程方法相适应的。对过程的评价包括识别过程的优点和缺点、分析不合格的原因、指导组织确定质量管理体系的完善程度并识别改进的区域、帮助组织确定向何处投入改进资源。

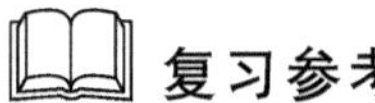

复习参考题

1. 名词解释

ISO9000 族标准　程序　预防措施　纠正措施　纠正　验证　确认　客观证据　认证　管理体系认证

2. 问答题

(1) ISO9000 族标准的特点是什么？

(2) 实施 ISO9000 族标准有什么意义？

(3) ISO9000 系列标准与 ISO14000 系列标准的异同点有哪些？

(4) 2008 版 ISO9000 标准结构如何？

(5) 简述 ISO9000 质量管理体系认证程序及基本要求？

(6) 实施 ISO9001 认证对食品企业的作用和意义何在？

第 4 章 QS 认证

[教学目的和要求]

了解食品 QS 认证的基本知识，熟悉食品生产许可审查通则及监督管理实施细则，掌握食品 QS 认证。

4.1 QS 认证概述

4.1.1 行政许可

行政许可是指行政机关根据公民、法人或者其他组织的申请，经依法审查，准予其从事特定活动的行为。

《行政许可法》规定，对于直接涉及国家安全、公共安全、经济宏观调控、生态环境保护，以及直接关系人身健康、生命财产安全等的特定活动，需要按照法定条件予以批准的事项，可以设定行政许可。民以食为天，国家要以民为本，维护人民的身体健康和生命财产安全。

行政许可的作用在于：①它是国家对社会经济、政治、文化活动进行宏观调控的有力手段，有助于从直接命令式的行政手段过渡到间接许可的法律手段；②有利于维护社会经济秩序，保障广大消费者及公民的权益；③有利于保障社会公共利益，维护公共安全和社会秩序；④有利于控制进出口贸易，保护和发展民族经济；⑤有利于资源的合理配置和环境保护，促进人与环境的和谐、健康、协调发展。

4.1.2 工业产品生产许可证制度

4.1.2.1 工业产品生产许可证制度的定义

工业产品生产许可证是生产许可证制度的一个组成部分，是为保证产品的质量安全，由国家主管产品生产领域质量监督工作的行政部门制定并实施的一项旨在控制产品生产加工企业生产条件的监控制度。该制度规定，生产企业必须具备保证产品质量安全的基本条件，并按规定程序取得生产许可证，方可从事相关产品的生产活动。任何企业未取得生产许可证，不得生产实行生产许可证制度管理的产品。任何单位和个人不得销售或者在经营活动中使用未取得生产许可证的产品。

《中华人民共和国工业产品生产许可证管理条例实施办法》（简称《管理条例》）于 2014 年 4 月 8 日国家质量监督检验检疫总局局务会议审议通过，自 2014 年 8 月 1 日起施行。

4.1.2.2 工业产品生产许可证制度的特点

工业产品生产许可证制度具有强制性、核准性、评价性、准入性等特点。

1. 强制性 《管理条例》第五条规定：任何企业未取得生产许可证，不得生产列入目录的产品。任何单位和个人不得销售或者在经营活动中使用未取得生产许可证的列入目录的产品。这就表明，实行工业产品生产许可证制度管理的产品的生产企业，必须按规定程序申请取得生产许可证，方可生产、销售或者在经营活动中使用。否则，质量技术监督部门将依据有关法律法规规定予以处罚。

2. 评价性　工业产品生产许可证制度，不仅具有强制性，而且是一项专业技术性很强的质量评价制度。

在实施生产许可证制度过程中，国家质检总局和省（自治区、直辖市）质量技术监督局组织有关生产许可证核查人员要对企业进行实地核查和产品检验，确认企业具备持续稳定生产合格产品的能力，并颁发生产许可证证书。

3. 核准性　目前，我国行政审批主要有审批、审核、核准、备案和其他 5 种形式。“审批”系指行政审批机关对申请人报批的事项进行审查，决定批准或不予批准的行为，申请人即使符合规定的条件，也不一定获得批准；“审核”系指行政审批机关根据规定的条件，对报批的事项进行初步审查，决定是否报有终决权的机关审批；“核准”系指根据事先规定的一定标准，行政审批机关对申请人申报的事项进行审查，只要符合标准，就批准申请人的申请；“备案”系指行为人按照行政机关的规定，向指定机关报送有关或相关材料，存案备查。对上述 4 种类型以外的行政审批，可归入“其他”类。

工业产品生产许可证制度属于行政审批中的核准，除产业政策限制外，只要符合取得生产许可证的条件，就准予行政许可。

4. 准入性　对符合取得生产许可证条件的生产企业，国家质检总局和省（自治区、直辖市）质量技术监督局做出准予行政许可决定，颁发生产许可证证书，允许其生产、销售和在经营活动中使用取得生产许可证的产品。

4.1.2.3　实行生产许可证制度管理的产品范围

根据《管理条例》第二条的规定，国家对生产下列重要工业产品的企业实行生产许可证制度：①乳制品、肉制品、饮料、米、面、食用油、酒类等直接关系人体健康的加工食品；②电热毯、压力锅、燃气热水器等可能危及人身、财产安全的产品；③税控收款机、防伪验钞仪、卫星地面接收设备、无线广播电视发射设备等关系金融安全和通信质量安全的产品；④安全网、安全帽、建筑扣件等保障劳动安全的产品；⑤电力铁塔、桥梁支座、铁路工业产品、水工金属结构、危险化学品及其包装物、容器等影响生产安全、公共安全的产品；⑥法律、行政法规要求依照《管理条例》的规定实行生产许可证管理的其他产品。

除这 6 大类产品，不能设定行政许可。实行生产许可证制度管理的产品，通过发证产品目录来明确。

4.1.2.4　工业产品生产许可证管理的原则

工业产品生产许可证管理，应当遵循科学公正、公开透明、程序合法、便民高效的原则。

4.1.3　食品生产许可证制度

4.1.3.1　食品生产许可证制度定义

食品生产许可证制度是工业产品许可证制度的一个组成部分，是为保证食品的质量安全，由国家主管食品生产领域质量监督工作的行政部门制定并实施的一项旨在控制食品生产加工企业生产条件的监控制度。该制度规定：从事食品生产加工的公民、法人或其他组织，必须具备保证产品质量安全的基本生产条件，按规定程序获得食品生产许可证，方可从事食品的生产。没有取得食品生产许可证的企业不得生产食品，任何企业和个人不得销售无证食品。

4.1.3.2　食品生产许可的起源

民以食为天，食以安为先。为从生产加工环节保障食品安全，早在2003年我国就开始实施食品企业生产许可市场准入相关规定，对食品企业加强管理。

2003年7月18日，质检总局发布总局令第52号《食品生产加工企业质量安全监督管理办法》，经2003年6月19日国家质量监督检验检疫总局局务会议审议通过并公布施行，这是我国首次颁布的对企业实施市场准入的制度。该办法第四条规定：从事食品生产加工的企业（含个体经营者），必须按照国家实行食品质量安全市场准入制度的要求，具备保证食品质量安全必备的生产条件，按规定程序获取食品生产许可证，所生产加工的食品必须经检验合格并加印（贴）食品质量安全市场准入标志后，方可出厂销售。该办法还规定了食品生产企业的必备条件、食品生产许可、食品质量安全检验、食品质量安全（QS）标志、食品质量安全监督和审核办法以及相应的处罚措施。

2004年开始对大米等5类食品未取得食品生产许可证的生产企业进行查处。“老五类”食品包括小麦粉、大米、食用植物油、酱油、食醋。

2005年7月1日开始对肉制品等10类食品未取得食品生产许可证食品生产企业进行查处。“十大类”食品包括肉制品、乳制品、饮料、糖和味精、方便面、饼干、罐头、冷冻食品、速冻米面食品、膨化食品。

2005年9月1日，质检总局发布总局令第79号《食品生产加工企业质量安全监督管理实施细则（试行）》。该细则第五条规定：国家实行食品质量安全市场准入制度。从事食品生产加工的企业，必须具备保证食品质量安全必备的生产条件，按规定程序获取工业产品生产许可证，所生产加工的食品必须经检验合格并加印（贴）食品质量安全市场准入标志后，方可出厂销售。该细则完善了食品质量安全市场准入标志与食品生产许可证证书以及食品生产企业应当承担的法律责任等方面的规定。

2007年1月1日开始对糖果制品等13类食品未取得食品生产许可证生产企业进行查处。“十三类”食品包括糖果制品（含巧克力）、茶叶、葡萄酒及果酒、啤酒、黄酒、酱腌菜、蜜饯、炒货制品、蛋制品、可可制品、焙炒咖啡、水产加工品、淀粉及淀粉制品。至此，国家对28大类525种食品全部实施市场准入。根据国家质检总局安排，从2008年1月1日起，被列入第一批实施市场准入制度管理的食品用塑料包装、容器、工具等制品目录中的39种产品，须获得生产许可证并标注“QS”标志方可上市销售或使用。

2009年6月1日《食品安全法》正式实施，第二十九条规定：国家对食品生产经营实行许可制度。从事食品生产、食品流通、餐饮服务，应当依法取得食品生产许可、食品流通许可、餐饮服务许可。

2010年4月7日，质检总局发布总局令第129号《食品生产许可管理办法》，于2010年3月10日审议通过并公布，自2010年6月1日起施行。该办法第二条规定：在中华人民共和国境内，企业从事食品生产活动以及质量技术监督部门实施食品生产许可，必须遵守本办法。

4.1.3.3 实施食品生产许可制度的必要性

实施食品生产许可制度是国务院的有关要求，是提高食品质量、保证消费者安全健康的需要，是保证食品生产加工企业的基本条件，是强化食品生产法制管理的需要，也是创造良好经济运行环境的需要。

4.1.3.4 食品生产许可适用范围

1. 食品生产许可适用范围 食品生产许可适用范围见表 4-1。

表 4-1 食品生产许可适用范围

序号	产品名称	发证产品
1	粮食加工品	小麦粉、大米、挂面
2	食用油、油脂及其制品	食用植物油
3	调味品	酱油、食醋、味精、鸡精调味料、酱类
4	肉制品	肉制品
5	乳制品	乳制品、婴幼儿配方乳粉
6	饮料	饮料
7	方便食品	方便面
8	饼干	饼干
9	罐头	罐头
10	冷冻饮品	冷冻饮品
11	速冻食品	速冻面米食品
12	薯类和膨化食品	膨化食品
13	糖果制品（含巧克力及制品）	糖果制品、果冻
14	茶叶及相关制品	茶叶
15	酒类	白酒、葡萄酒及果酒、啤酒、黄酒
16	蔬菜制品	酱、腌菜
17	水果制品	蜜饯
18	炒货食品及坚果制品	炒货食品
19	蛋制品	蛋制品
20	可可及焙烤咖啡产品	可可制品、焙炒咖啡
21	食糖	糖
22	水产制品	水产加工品
23	淀粉及淀粉制品	淀粉及淀粉制品
24	糕点	糕点食品
25	豆制品	豆制品
26	蜂产品	蜂产品
27	特殊膳食食品	
28	其他食品	

2. 食品相关产品生产许可范围 自2008年1月1日起，未获得列入第一批目录的食品相关产品等生产许可证的企业，不得生产该产品；销售单位不得销售无生产许可证的产品。其食品相关产品生产许可证变更目录如下。

1）食品用塑料包装容器工具等制品

（1）非复合膜袋：包括聚乙烯自粘保鲜膜，商品零售包装袋（仅对食品用塑料包装袋），液体包装用聚乙烯吹塑薄膜，食品包装用聚偏二氯乙烯（PVDC）片状肠衣膜，双向拉伸聚丙烯珠光薄膜，高密度聚乙烯吹塑薄膜，包装用聚乙烯吹塑薄膜、包装用双向拉伸聚酯薄膜，单向拉伸高密度聚乙烯薄膜，聚丙烯吹塑薄膜，热封型双向拉伸聚丙烯薄膜（将普通双向拉伸聚丙烯薄膜加热封条后直接用于包装食品按热封型双向拉伸聚丙烯薄膜处理），未拉伸聚乙烯，聚丙烯薄膜，夹链自封袋，包装用镀铝薄膜，普通型双向拉伸聚丙烯薄膜，双向拉伸聚酰胺（尼龙）薄膜。

（2）复合膜袋：包括耐蒸煮复合膜、袋，双向拉伸聚丙烯（BOPP）/低密度聚乙烯（LDPE）复合膜、袋，双向拉伸尼龙（BOPA）/低密度聚乙烯（LDPE）复合膜、袋，榨菜包装用复合膜、袋，液体食品包装用塑料复合膜、袋，液体食品无菌包装用纸基复合材料，液体食品无菌包装用复合袋，液体食品保鲜包装用纸基复合材料（屋顶包），其他类多层复合食品包装膜、袋（包括符合卫生标准要求的各种内层材质如聚乙烯、聚丙烯等。多层复合包装膜、袋是指用于包装方便面、膨化食品、熟食品、半成品等的复合膜袋，也包括符合卫生标准要求的各种内层材质如聚乙烯、聚丙烯以外的内层材质，如聚对苯二甲酸乙二醇酯等）。

（3）片材：包括食品包装用聚氯乙烯硬片、膜，双向拉伸聚苯乙烯（BOPS）片材，聚丙烯（PP）挤出片材，食品包装用复合片材，其他类食品包装用片材。

（4）编织袋：包括塑料编织袋、复合塑料编织袋。

（5）容器：包括聚乙烯吹塑桶，聚对苯二甲酸乙二醇酯（PET）碳酸饮料瓶，聚酯（PET）无汽饮料瓶，聚碳酸酯（PC）饮用水罐，热罐装用聚对苯二甲酸乙二醇酯（PET）瓶，软塑折叠包装容器，塑料防盗瓶盖，其他类塑料瓶盖（含铝塑复合盖），塑料奶瓶，塑料饮水杯（壶），塑料瓶（坯）。

（6）食品用工具：包括密胺塑料餐具，塑料菜板（PE、PP），一次性塑料餐饮具，其他类一次性塑料餐饮具（包括筷子、刀、叉、勺、托、吸管、果冻杯、酸奶杯等），其他塑料餐具（除密胺塑料餐具外的其他材质的非一次性使用餐具，如PP塑料饭盒等）。

2）食品用纸包装容器等制品

（1）食品用纸包装：包括非热封型茶叶滤纸，热封型茶叶滤纸，鸡皮纸（适用于包装、盛放食品的纸制品），食品羊皮纸，半透明纸（适用于包装、盛放食品的纸制品），玻璃纸（适用于包装、盛放食品的纸制品），食品包装纸（包括涂蜡纸、淋膜纸等），食品包装纸板（包括淋膜纸板、白纸板）。

（2）食品用纸容器：包括纸质袋，淋膜纸袋，涂蜡纸袋，纸板类罐，圆柱形复合罐，其他复合罐，淋膜纸杯，涂蜡纸杯，纸板餐具，淋膜纸餐具，纸浆模塑餐具，纸板盒，淋膜纸盒。

3）食用香料香精

（1）食品用香料：包括八角茴香油，广藿香油，天然薄荷脑，中国肉桂油，枣子酊，杭白菊油，大花茉莉浸膏，小花茉莉浸膏，姜油（生姜油），柠檬油，香叶油（玫瑰香叶油），桉叶油（蓝桉油），桂花浸膏，留兰香油，亚洲薄荷素油，柠檬醛，山楂核烟熏香味剂Ⅰ号，山楂核烟熏香味剂Ⅱ号，苯甲醇，苯乙醇，α-松油醇，肉桂醇，丁香酚，百里香酚，麦芽酚，桃醛（γ-十一内酯），香兰素，甲基环戊烯醇酮（3-甲基-2-羟基-2-环戊烯-1-酮），覆盆子酮（悬钩子酮），甲位戊基桂醛，丁酸，己酸，乙酸异戊酯，乙酸苄酯，乙酸芳樟酯，丙酸乙酯，丙酸苄酯，丁酸乙酯，丁酸丁酯，丁酸异戊酯，丁酸苄酯，异戊酸乙酯，异戊酸异戊酯，己酸乙酯，庚酸乙酯，苯甲酸乙酯，苯甲酸苄酯，乳酸乙酯，己酸烯丙酯，γ-壬内酯，2-甲基吡嗪，2,3-二甲基吡嗪，2,3,5-三甲基吡嗪，乙酰基吡嗪，5-羟乙基-4-甲基噻唑，2-乙酰基噻唑，2,3,5,6-四甲基吡嗪，乙基麦芽酚，十六醛（俗称杨梅醛），乙基香兰素，羟基香茅醛，3-环己基丙酸烯丙酯。

（2）食用香精：包括食品用香精，乳化香精，烟用香精，咸味食品香精，烟用香精。

注：自本通知发布之日起，不在本目录范围内的食用香料品种，证书到期后不再实施生产许可证管理。

4）食品添加剂

（1）酸度调节剂：产品品种包括柠檬酸，乳酸，DL-酒石酸，L-苹果酸，磷酸（注2），乙酸（冰醋酸），盐酸（注2），氢氧化钠（注2），碳酸钾，碳酸钠，柠檬酸钾，柠檬酸钠。

（2）抗结剂：包括六氰合铁酸四钾（黄血盐钾），二氧化硅，磷酸三钙。

（3）抗氧化剂：包括叔丁基-4-羟基茴香醚，2,6-二叔丁基对甲酚（BHT），没食子酸丙酯，D-异抗坏血酸钠，茶多酚，植酸（肌醇六磷酸），特丁基对苯二酚（TBHQ），甘草抗氧物，抗坏血酸钙，L-抗坏血酸棕榈酸酯。

（4）漂白剂：包括连二亚硫酸钠（保险粉），焦亚硫酸钠，无水亚硫酸钠，硫黄（注1）。

（5）膨松剂：包括碳酸氢钠，碳酸氢铵，碳酸钙，硫酸铝钾，磷酸氢钙，硫酸铝铵，复合疏松剂。

（6）着色剂：包括苋菜红，苋菜红铝色淀，胭脂红，胭脂红铝色淀，柠檬黄，柠檬黄铝色淀，日落黄，日落黄铝色淀，亮蓝，亮蓝铝色淀，新红，新红铝色淀，诱惑红，诱惑红铝色淀，赤藓红，赤藓红铝色淀，β-胡萝卜素，天然β-胡萝卜素，甜菜红，紫胶红色素，辣椒红，焦糖色（亚硫酸铵法、氨法、普通法），红米红，栀子黄（粉末、浸膏），菊花黄，黑豆红，高粱红，可可壳色素，红曲米，红曲红，天然苋菜红，姜黄色素，叶绿素铜钠盐。

（7）护色剂：包括硝酸钠（注2），亚硝酸钠（注2）。

（8）乳化剂：包括蔗糖脂肪酸酯，酪蛋白酸钠，蒸馏单硬脂酸甘油酯，山梨醇酐单硬脂酸酯（斯潘60），山梨醇酐单油酸酯（斯潘80），单，双硬脂酸甘油酯，松香甘油酯，氢化松香甘油酯，辛癸酸甘油酯，聚氧乙烯木糖醇酐单硬脂酸酯，木糖醇酐单硬脂酸酯，三聚甘油单硬脂酸酯。

（9）酶制剂：包括α-淀粉酶制剂，糖化酶制剂，果胶酶制剂，真菌α-淀粉酶，α-葡萄糖转苷酶。

（10）增味剂：包括5′-鸟苷酸二钠，呈味核苷酸二钠。

（11）被膜剂：包括紫胶（虫胶），食品用石蜡，食品级白油，吗啉脂肪酸盐果蜡。

（12）水分保持剂：包括六偏磷酸钠，三聚磷酸钠，焦磷酸钠，磷酸氢二钠，磷酸二氢钙，磷酸二氢钠，焦磷酸二氢二钠。

(13) 营养强化剂：包括L-赖氨酸盐酸盐，牛磺酸，左旋肉碱，维生素A，维生素B_1（盐酸硫胺），核黄素（维生素B_2），维生素B_6（盐酸吡哆醇），维生素C（抗坏血酸），维生素C磷酸酯镁，抗坏血酸钠，维生素D_2（麦角钙化醇），维生素E（dl-α-醋酸生育酚），葡萄糖酸亚铁，烟酸，叶酸，乳酸亚铁，柠檬酸钙，葡萄糖酸钙，生物碳酸钙，乳酸钙，活性钙，L-苏糖酸钙，乙酸钙，葡萄糖酸锌，天然维生素E。

(14) 防腐剂：包括苯甲酸，苯甲酸钠，山梨酸，山梨酸钾，丙酸钙，丙酸钠，对羟基苯甲酸乙酯，对羟基苯甲酸丙酯，乙氧基喹，乳酸链球菌素，稳定态二氧化氯溶液，丙酸（注1），过氧碳酸钠（注2），液体二氧化碳。

(15) 稳定和凝固剂：包括硫酸钙，葡萄糖酸-δ-内酯。

(16) 甜味剂：包括糖精钠，环己基氨基磺酸钠（甜蜜素），异麦芽酮糖（帕拉金糖），山梨糖醇液，木糖醇，甜菊糖苷，甘草酸一钾盐（甘草甜素单钾盐），乙酰磺胺酸钾（AK糖）。

(17) 增稠剂：包括明胶，羧甲基纤维素钠，海藻酸钠，果胶，卡拉胶，黄原胶，藻酸丙二醇酯，羟丙基淀粉醚，β-环状糊精，田菁胶，瓜尔胶，琼胶。

(18) 其他：包括高锰酸钾（注2），4-氯苯氧乙酸钠，异构化乳糖液，天然咖啡因，咖啡因。

注1、注2表示该产品属于危险化学品。

注2：表示已列入《危险化学品无机类产品生产许可证实施细则》和《氯碱产品生产许可证实施细则》中现纳入食品添加剂生产许可证管理范围的产品，这些产品不再作为无机类产品和氯碱产品取证。尚未取证的上述产品的生产企业，按本细则进行生产条件审查；已取证的进行生产条件补充审查。

注3：如某些产品可做其他用途，企业申报单元时按本单元申报。

5) 餐具洗涤剂

(1) 餐具（含果蔬）用洗涤剂：包括手洗餐具用洗涤剂。

(2) 机洗餐具用洗涤剂。

(3) 食品工业用（含复合主剂）洗涤剂：包括机械用洗涤剂，管道用洗涤剂，传送带用洗涤剂，容器用洗涤剂，用具用洗涤剂。

注：复合主剂是指含有较高浓度表面活性剂的浓缩洗涤剂。

6) 食用酒精

7) 压力锅　压力锅产品生产许可发证范围包括公称工作压力在50～120kPa、容积不大于18L的各种规格型号的不锈钢压力锅产品、铝及铝合金压力锅产品。

(1) 不锈钢压力锅：包括最小规格～20cm，22～24cm，26～28cm，30cm～最大规格。

(2) 铝压力锅：包括最小规格～20cm，22～24cm，26～28cm，30cm～最大规格。

8) 工业和商用电热食品加工设备

(1) 商用箱式电烤炉：包括电烤箱，分层烘炉，电磁炉等。

(2) 商用旋转电烤炉：包括卧式旋转烤炉，立式旋转烤炉等。

(3) 商用热风电烤炉：包括箱式热风炉，旋转热风炉等。

(4) 商用烧烤炉：包括羊肉串烤箱，烧烤架，多士炉等。

(5) 商用电炸炉：包括固定式电炸锅，西式电炸炉，炸薯条机，油水分离炸炉等。

(6) 商用电热铛：包括电饼铛，电扒炉，滚动烤肠机等。

(7) 商用电平锅：包括多用烹饪平底锅，爆谷机等。

(8) 商用电炉灶：包括电灶台，电磁灶等。

(9) 商用电蒸锅：包括蒸饭箱，蒸汽发生器等。

(10) 商用电煮锅：包括固定式电煮锅，夹层式煮锅，煮浆锅等。

(11) 商用电开水器：包括储水式开水器，沸腾式开水器，饮料加热器等。

(12) 工业电烤炉：包括隧道炉，热风炉，摇篮炉，旋转炉等。

注：增加了型式类别“旋转热风炉”，因原类别不能覆盖现有产品。

4.1.4 食品包装市场准入制度

食品用包装、容器、工具等制品市场准入制度是国家为了保证食品质量安全，由政府食品生产加工主管部门依照法律、法规、规章技术规范的规定要求，对与食品直接接触的包装、容器、工具等制品的生产加工企业，进行必备生产条件、质量安全保证能力审查及对产品进行强制检验，确认其产品具有一定的安全性，企业具备持续稳定生产合格产品的能力，准许其生产销售产品的行政许可制度。食品用包装、容器、工具等制品的发证范围包括以下几个方面。

1. 产品范围　食品用包装、容器、工具等制品是指用于包装、盛放食品或者食品添加剂的塑料、纸、金属、竹木、搪瓷、陶瓷、橡胶、天然纤维、化学纤维、玻璃等制品，以及食品或者食品添加剂生产、流通、使用过程中直接接触食品或者食品添加剂的容器、用具、餐具等制品。目前准入产品范围仅包括了有国家标准或行业标准的产品，随着准入监管的深入，凡属食品用包装、容器、工具等制品，无论是否有国家标准或行业标准，都要纳入市场准入监管的范围。

2. 地域范围　凡是在中华人民共和国领土、领空和领海范围内生产、销售和在经营性活动中使用列入目录产品的公民、法人和社会组织，都要接受生产许可证制度的管理。但是按照我国宪法的规定，香港特别行政区、澳门特别行政区和台湾除外。

3. 主体范围　凡生产、销售或者在经营活动中使用列入目录产品的主体，包括公民、法人和其他社会组织，都属于这项制度的管理范围。

4. 行为范围　凡生产、销售或者在经营活动中使用列入目录产品的行为，都属于食品用包装、容器、工具等制品市场准入监管范围。所谓“经营活动中使用”是指企业在从事生产、为社会提供服务等经营活动时，要消耗和使用列入目录的产品。此种行为属于市场准入监管范围。销售企业虽然不需要取得生产许可，但在销售列入目录的产品时应当遵守《管理条例》的规定。

4.1.5 食品生产许可证标志

4.1.5.1 质量标志

质量标志是指有关部门或组织，按照规定的程序颁发给生产者，用以表明该企业生产的该产品达到相应水平的证明标志。它是监管职能部门和生产者对消费者的双重承诺，是消费者自我判别产品质量的最直接手段。产品的质量标志是证明产品符合政府规定的质量标准的一种标志，其标志能证明产品符合规定或潜在需要的特征和特性的总和。

认证标志是指产品的提供者将自己的产品提供给相关国家机关或者国家权威机构认可的机构，通过一定的程序进行检测和评定，认为达到规定标准的证明。

质量标志的作用是表明产品质量的水平，是实物产品的质量信誉标志。它与厂名、厂址、商标等有着明显的区别，后者具有专用性和专有性，必须依法注册登记，而质量标志无此特征。

质量标志必须由发证机关或组织颁发，并须经过一定的评审、考核程序，获准后方可使用。

4.1.5.2　食品生产许可标志说明

2010年4月12日，国家质量监督检验检疫总局发布了《关于使用企业食品生产许可证标志有关事项的公告》(总局2010年第34号公告)，对企业使用食品生产许可证标志有关事项作了具体安排。

食品生产许可证标志的使用目的是为贯彻落实食品安全法及其实施条例，做好企业食品生产许可工作，提高食品安全保障水平。

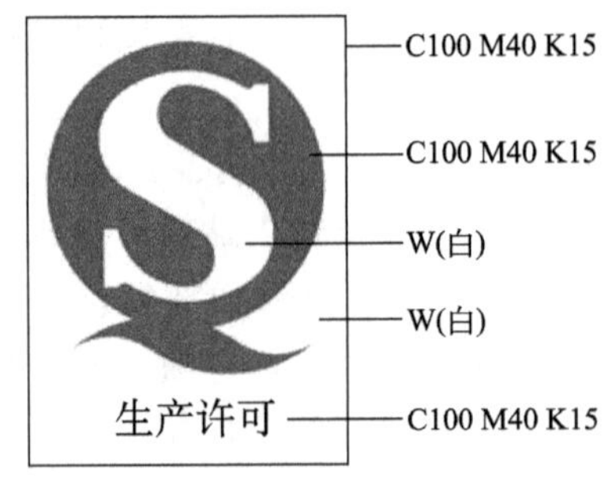

图4-1　生产许可标志

2014年8月1日起施行的《中华人民共和国工业产品生产许可证管理条例实施办法》第三十八条规定：生产许可证标志由“企业产品生产许可”汉语拼音 Qiyechanpin Shengchanxuke 的缩写“QS”和“生产许可”中文字样组成。标志主色调为蓝色，字母“Q”与“生产许可”四个中文字样为蓝色，字母“S”为白色。生产许可证标志由企业自行印（贴)，可根据需要按式样比例放大或者缩小，但不得变形、变色，消费者在购买食品时须仔细鉴别（图4-1)。

QS不是认证标志，是生产许可证标志；实行生产许可证的不是只有食品，而且包括其他产品。

企业食品生产许可证标志由食品生产加工企业自行加印（贴)。“QS”标志应加印（贴）在最小销售单元的食品包装上，裸装食品和最小销售单元包装表面面积小于$10cm^2$的食品可以只在其出厂的大包装上加印（贴）QS标志。“QS”标志必须按照规定的式样，图案必须准确，而且其图案的外框也是“QS”标志图案的一个组成部分。“QS”标志必须严格按照规定的尺寸进行同比例缩放，必须按照规定的颜色印刷，不得变形、变色。

“QS”标志是食品生产许可制度专用标志，食品生产加工企业在其生产的食品上使用QS标志，必须符合以下条件：①属于国家质量监督检验检疫总局按照规定程序公布的实行食品生产许可证制度的食品，企业不得擅自使用或转让；食品企业被吊销许可证或经检验产品不合格时，应及时停止使用“QS”标志；②从事该食品生产的企业已经取得食品生产许可证，并在有效期内；③出厂的食品已经检验合格；④“QS”标志使用者必须建立标志使用制度，定期向所在地质量技术监督部门报告“QS”标志使用情况。

4.1.5.3　食品生产许可证编号原则

1.《食品生产许可证》编号组成　《中华人民共和国工业产品生产许可证管理条例实施办法》第三十九条规定：生产许可证编号采用大写汉语拼音“XK”加10位阿拉伯数字编

码组成：XK××—×××—×××××。其中，“XK”代表许可，前 2 位（××）代表行业编号，中间 3 位（×××）代表产品编号，后 5 位（×××××）代表企业生产许可证编号（图 4-2）。

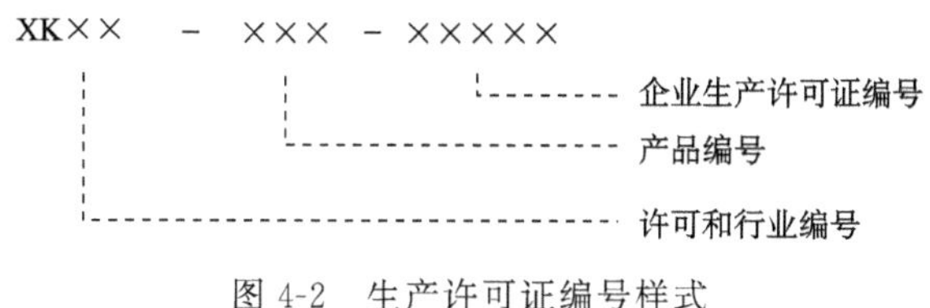

图 4-2　生产许可证编号样式

2. 受理机关编号　参照 GB/T 2260—1999《中华人民共和国行政区划代码》的有关部门规定，受理机关编号由阿拉伯数字组成，前 2 位代表省（自治区、直辖市），由国家质检总局统一确定；后 2 位代表各市（地区），由省级质量技术监督部门确定，并上报国家质检总局产品质量监督司备案。前 2 位编号代表的行政区如表 4-2 所示。

表 4-2　受理机构前两位编号代表的行政区

行政区	编号	行政区	编号	行政区	编号	行政区	编号
北京	11	上海	31	湖北	42	云南	53
天津	12	江苏	32	湖南	43	西藏	54
河北	13	浙江	33	广东	44	陕西	61
山西	14	安徽	34	广西	45	甘肃	62
内蒙古	15	福建	35	海南	46	青海	63
辽宁	21	江西	36	重庆	50	宁夏	64
吉林	22	山东	37	四川	51	新疆	65
黑龙江	23	河南	41	贵州	52		

3. 产品类别编号　产品类别编号由阿拉伯数字组成，位于 QS 代码第 5 位至第 8 位，编号由国家质检总局统一确定。具体产品类别对应的编号如表 4-3 所示。

表 4-3　产品类别对应的编号

产品类别	产品名称 1	编号	产品名称 2	编号	产品名称 3	编号	产品名称 4	编号	产品名称 5	编号
粮食加工品	小麦粉	0101	大米	0102	挂面	0103				
食用油、油脂及其制品	食用植物油	0201								
调味品	酱油	0301	食醋	0302	味精	0304	鸡精调味料	0305	酱类	0306
肉制品	肉制品	0401								
乳制品	乳制品	0501								
饮料	饮料	0601								
方便食品	方便面	0701								
饼干	饼干	0801								

续表

产品类别	产品名称1	编号	产品名称2	编号	产品名称3	编号	产品名称4	编号	产品名称5	编号
罐头	罐头	0901								
冷冻饮品	冷冻饮品	1001								
速冻食品	速冻面米食品	1101								
薯类和膨化食品	膨化食品	1201								
糖果制品（含巧克力及制品）	糖果制品	1301	果冻	1302						
茶叶及相关制品	茶叶	1401								
酒类	白酒	1501	葡萄酒及果酒	1502	啤酒	1503	黄酒	1504		
蔬菜制品	酱腌菜	1601								
水果制品	蜜饯	1701								
炒货食品及坚果制品	炒货食品	1801								
蛋制品	蛋制品	1901								
可可及焙烤咖啡产品	可可制品	2001	焙炒咖啡	2101						
食糖	糖	0303								
水产制品	水产加工品	2201								
淀粉及淀粉制品	淀粉及淀粉制品	2301								
糕点	糕点食品	2401								
豆制品	豆制品	2501								
蜂产品	蜂产品	2601								

4.1.5.4 编号的使用

拥有分公司、生产厂点的集团公司和经济联合体，如果集团公司、分公司、生产厂点都取得了食品生产许可证，在其产品的包装上是标注集团公司的食品生产许可证编号，还是标注分公司、生产厂点的食品生产许可证编号，由集团公司自行决定。

统一标注集团公司食品生产许可证编号的，集团公司应当向其所在地和分公司、生产厂点所在地省级质量技术监督部门备案。

4.2 《食品生产许可审查通则》及监督管理实施细则

4.2.1 《食品生产许可审查通则》

按照《中华人民共和国食品安全法》及其实施条例规定，国家再次明确对设立食品企业实行生产许可制度。国家质量监督检验检疫总局于 2010 年 4 月 7 日颁布了《食品生产许可管理办法》（总局令第 129 号），对设立食品企业的生产许可工作全过程做出了新的规定。在总结实践经验的基础上，对《食品生产许可审查通则》进行修订，并更名为《食品生产许可审查通则(2010 版)》。作为规范性文件，2010 版审查通则与食品生产许可管理办法和各类别的食品生产许可审查细则配套使用，共同规范食品生产许可工作。

4.2.2　《食品生产许可审查通则》的内容

4.2.2.1　总则

为规范申请人按规定条件设立食品生产企业，落实质量安全主体责任，保障食品质量安全，依据《中华人民共和国食品安全法》及其实施条例、《中华人民共和国工业产品生产许可证管理条例》、《食品生产许可管理办法》等有关法律、法规、规章，制定本通则。

4.2.2.2　适用范围

本通则适用于对申请人生产许可规定条件的审查工作，包括审核资料、核查现场和检验食品。

4.2.2.3　使用要求

本通则应当与《食品生产许可管理办法》、相应食品生产许可审查细则结合使用。《食品生产许可管理办法》及本通则涉及的相关责任主体，均应依照规定使用相应格式文书，不得缺失。

4.2.2.4　审查工作程序及要点

1）申请受理　收到申请人食品生产许可申请后，材料齐全并符合要求的发给申请人《食品生产许可申请受理决定书》；申请材料不符合要求的，应一次告知申请人补正材料；不属于食品生产许可事项的或不符合法律法规要求的，应发给申请人《食品生产许可申请不予受理决定书》。

2）组成审查组　审查组织部门根据申请生产食品品种类别和审查工作量，确定审查组长和成员，并通知确定的人员及其所在单位。

3）制订审查计划　审查组拟定开展审查的时间，熟悉需要审查的申请材料，与申请人沟通，形成审查计划，报告审查组织部门确定。审查组织部门通知申请人，告知需要配合的事项。

4）审核申请资料

（1）审核食品安全管理制度。审查组依据法律法规规定，审核申请人制定的组织生产食品的各项质量安全管理制度是否完备、文本内容是否符合要求。

（2）审核岗位责任制度。审核申请人制定的专业技术人员、管理人员岗位分工是否与生产相适应，岗位职责文本内容、说明等对相关人员专业、经历等要求是否明确。

（3）必要时审核申请材料可以与现场核查结合进行。

5）实施现场核查　核查申请人生产现场实际具备的条件与申请材料的一致性，以及与申请生产的食品相关的卫生规范、条件及审查细则规定要求的合规性。

（1）核查厂区环境。主要核查厂区内外环境是否与申请材料申述情况一致，是否符合相关卫生规范及条件的要求。

（2）核查生产车间。主要核查车间布局及环境是否与申请材料申述情况一致，以及车间布局的合规性。

（3）核查原辅料及成品库房。主要核查各功能库房面积、防护条件、温湿度控制等是否与申请材料申述情况一致，以及是否能满足生产食品品种数量存放要求等。

(4) 核查生产设备设施。主要核查所具有的生产设备设施是否与申请材料申述情况一致，以及对申请生产食品品种、数量的生产工艺和质量安全要求的满足性。

(5) 核查检验条件。申请材料中申明自行出厂检验的，主要核查出厂检验设备是否齐全、精度是否满足要求、是否与申请材料申述情况一致。申明委托检验的，核查委托合同是否满足要求及其与申请材料的符合性。

(6) 核查工艺流程。主要核查工艺流程布局、设备布局是否与申请材料申述情况一致，及其与审查细则的合规性。

(7) 核查相关技术人员，主要核查专业技术人员与管理人员是否与申请材料申述情况一致。

6) 形成初步审查意见和判定结果　在组长组织下，审查人员应当汇总、合并、讨论资料审核和现场核查情况，确定符合、基本符合和不符合项，形成初步审查意见和判定结果。

7) 与申请人交流沟通　在组长主持下，审查组对项目的初步审查意见和判定结果与申请人沟通。审查组全体人员应当参加沟通，申请人相关管理人员及技术人员可以参加沟通。

8) 审查记录表　审查组应当填写对设立食品生产企业的申请人规定条件审查记录表。

9) 判定原则及决定　对设立食品生产企业的申请人规定条件审查记录表中审查结论分为符合、基本符合、不符合。全部项目的审查结论均为符合的，许可机关依法做出准予食品生产许可决定；任何 1 个至 8 个项目审查结论为基本符合的，申请人应对基本符合项进行整改，整改应在 10 日内完成，申请人认为整改到位的，由当地县局予以审查确认并签字，许可机关做出准予食品生产许可决定；任何一个项目的审查结论为不符合或者 8 个以上项目为基本符合、预期未完成整改或整改不到位的，许可机关依法做出不予食品生产许可决定。

10) 形成审查结论　在组长主持下，审查组应当根据审查情况及与申请人的沟通情况，讨论形成审查结论，填写对申请人规定条件的审查报告。申请人应署名或签署意见，参加审查人员应一并签署。

11) 报告和通知　审查结论应报审查组织单位，审查组织单位应将审查结论书面告知申请人。需要申请人改进的，审查组织单位应在食品生产许可改进表中明确。

12) 意见反馈　申请人有权对审查全过程进行监督，并反馈现场核查意见。

4.2.2.5　生产许可检验工作程序及要点

(1) 通知检验事项。资料审核和现场核查结论符合规定条件要求的，许可机关应当向申请人送达准予生产许可决定书和食品生产许可证及副本，告知申请人批量食品抽样基数、检验项目等食品审查细则规定的事项。

(2) 样品抽取。许可机关接到申请人生产许可检验申请后，审查组织部门及时安排人员按细则规定的抽样方法实施抽样。样品一式两份，并加贴封条，填写抽样单。抽样单及样品封条应有抽样人员和申请人签字，并加盖申请人印章。

(3) 选择检验机构。申请人在公布的检验机构名单中选择作为生产许可的检验机构。

(4) 样品送达。①封存的两份样品由申请人在 7 日内送达检验机构，一份用于检验，一份用于样品备份；②申请人应当充分考虑样品的保质期，确定样品送达时间。

（5）样品接收。①检验机构接收样品时应认真检查。对符合规定的，应当接受；对封条不完整、抽样单填写不明确、样品有破损或变质等情况的，应拒绝接收并当场告知申请人，及时通知审查组织部门；②对接收或拒收的样品，检验机构应当在抽样单上签章并做好记录；③检验机构应当妥善保管已接收的样品。

（6）实施检验。检验机构应当在保质期内按检验标准检验样品，并在 10 日内完成检验。

（7）检验结果送达。检验完成后 2 日内，检验机构应当向审查组织部门及申请人递送检验报告。

（8）许可检验复检。检验结果不合格的，申请人可以在 15 日内向许可机关提出生产许可复检申请。

（9）食品生产许可证副页。食品检验合格后，许可机关发放《食品生产许可证》副页。

4.2.2.6　延续换证

已设立食品企业、食品生产许可证延续换证，审查工作和许可检验工作可同时进行。

4.2.3　《食品生产加工企业质量安全监督管理实施细则》

自 2005 年 9 月 1 日起施行（中华人民共和国国家质量监督检验检疫总局令第 79 号）。

《食品生产加工企业质量安全监督管理实施细则》共计 9 章、108 条，内容包括：第一章总则；第二章食品生产加工企业必备条件；第三章食品生产许可；第四章食品质量安全检验；第五章食品质量安全市场准入标志与食品生产许可证证书；第六章食品质量安全监督；第七章核查人员和检验人员；第八章法律责任；第九章附则。

4.2.4　食品生产加工企业保障产品质量必备条件

根据《食品生产加工企业质量安全监督管理实施细则》的有关规定，食品生产加工企业保障产品质量必备条件包括 11 个方面，即环境条件、生产设备条件、加工工艺及过程、原材料要求、执行产品标准、人员资质要求、贮运条件、检测能力、质量管理要求、包装标识要求及贮运要求等。不同食品的生产加工企业，保证产品质量必备条件的具体要求不同，在相应的食品生产许可证实施细则中都做出了详细的规定。

4.2.4.1　食品生产加工企业设立的基本条件

依据 79 号令第二章第九条：

食品生产加工企业应当符合法律法规和国家产业政策规定的企业设立条件。

［相关措施与要求］食品生产加工企业的设立应当符合国家法律、法规的要求。

［需要准备的资料］营业执照，组织机构代码证，废水、废气排放达标的检验报告。

4.2.4.2　食品生产加工企业的环境卫生条件和卫生要求

依据 79 号令第二章第十条：

食品生产加工企业必须具备和持续满足保证产品质量安全的环境条件和相应的卫生要求。

［相关措施与要求］

1. 对企业周围环境的要求　见 5.2.4.3 中表 5-2 条款 3“选址及厂区环境的要求”。

2. 对附属设施环境的具体要求

(1) 厕所、垃圾池应设置在车间外侧，远离生产地；如设置坑式厕所时，应距生产车间25m以上，并应便于清扫、保洁，还应设置防蚊、防蝇设施。

(2) 污染物（加工后的废弃物）存放应远离车间。

(3) 废水排放管路通畅，尽量做到无明渠、无积水。

(4) 原材料、燃料、废弃物隔离存放。

(5) 防止交叉污染，如货物通道和人行通道不交叉。

3. 对车间环境和仓库环境的要求

(1) 车间、仓库内场地应坚硬、平坦，排水、通风良好，产车间地面应使用不渗水、不吸水、无毒、防滑材料（如耐酸砖、水磨石、混凝土等）铺砌，应有适当坡度，地面最低点设置地漏，以保证不积水。

(2) 车间、仓库地面应平整、无裂隙，保持清洁，略高于道路路面，便于清扫和消毒。

(3) 车间、仓库设施应根据生产工艺卫生要求和原材料储存等特点，设置相应的防鼠、防蚊蝇、防昆虫侵入、隐藏和滋生的有效措施，避免危及食品质量安全。

4. 对生产设施卫生的具体要求

(1) 凡接触食品物料的设备、工具、管道，必须用无毒、无味、抗腐蚀、不吸水、不变形的材料制作；保持清洁、干净，无食品残留，无霉变。

(2) 生产设备、工具、管道表面要清洁，无油污，边角圆滑，无死角，不易积垢，无漏隙，便于拆卸、清洗和清毒。

(3) 设备设置应根据工艺要求，布局合理。上、下工序衔接要紧凑，不会形成交叉污染。

(4) 各种管道、管线尽可能集中走向；冷水管不宜在生产线和设备包装台上方通过，防止冷凝水滴入食品；其他管线和阀门也不应设置在暴露原料和成品的上方。

[需要准备的资料]

(1)《××××企业卫生规范》或《食品企业通用卫生规范》，如肉类加工厂卫生规范等。

(2) 相关图：厂区周围环境图、厂区平面布置图、车间平面布置图、人流图、物流图、水流及排水图、污物排放图。

(3) 制度：《厂区管理制度》。

(4) 记录：《厂区环境卫生检查记录》。

4.2.4.3 食品生产加工企业的生产设备及厂房设施要求

依据79号令第二章第十一条：

食品生产加工企业必须具备保证产品质量安全的生产设备、工艺装备和相关辅助设备，具有与产品质量安全相适应的原料处理、加工、包装、贮存和检验等厂房或者场所。生产加工食品需要特殊设备和场所的，应当符合有关法律法规和技术规范规定的条件。

[相关措施与要求]

1. 生产车间要求 见5.2.4.3中表5-2条款4“厂房和车间”要求。

2. 库房要求

(1) 库房应当整洁，地面平滑无裂缝，有良好的防潮、防火、防鼠、防虫、防尘等设施。库房内的温度、湿度应符合原辅材料、成品及其他物品的存放要求。

(2) 库房内存放的物品应保存良好，一般应离地、离墙存放，并按先进先出的原则出入库。原辅材料、成品（半成品）及包装材料库房内不得存放有毒、有害及易燃、易爆等物品。

3. 生产设备及检验设备要求

(1) 必须具有审查细则中规定的必备的生产设备，企业生产设备的性能和精度应能满足食品生产加工的要求。

(2) 直接接触食品及原料的设备、工具和容器，必须用无毒、无害、无异味的材料制成，与食品的接触面应边角圆滑、无焊疤和裂缝。

(3) 食品生产设施、设备、工具和容器等应加强维护保养，及时进行清洗、消毒。使用的清洗消毒剂应符合国家相关规定。

(4) 具备审查细则中规定的必备的出厂检验设备设施，出厂检验设备设施的性能、准确度应能达到规定的要求；有合格计量检定证书。实验室布局合理，满足相应检验条件。

4. 生产设备的管理

(1) 编制公司的《设备一览表》，并建立每台主要设备的《设备履历表》。

(2) 对设备进行分类：甲类设备为需要定期检修和日常保养的设备，乙类设备为只需日常保修的设备，丙类设备为随坏随修的设备，丁类设备为压力容器、起重机等特种设备。生产不同的产品，需要的生产设备不同。例如，小麦粉生产企业应具备筛选清理设备、比重去石机、磁选设备、磨粉机、筛理设备、清粉机，及其他必要的辅助设备，设有原料和成品库房；对大米的生产加工则必须具备筛选清理设备、风选设备、磁选设备、砻岩机、碾米机、米筛等设备。虽然不同的产品需要的生产设备有所不同，企业必须具备保证产品质量的生产设备、工艺装备等基本条件。

(3) 每年编制甲类设备的设备定期检修计划，记录在《设备一览表》中。

(4) 将定期检修和维修的结果记录于《设备履历表》，将日常保养的结果记录于《设备点检保养记录》。

(5) 特种设备按《特种设备安全监察条例》进行检修。

[需要准备的资料]

(1) 细则：《××××食品生产许可证审查细则》。

(2) 设备：备齐《食品生产许可证审查细则》中要求的所有设备，维修保养。

(3) 表格：①《设备一览表》；②《设备履历表》；③《设备点检保养记录》。

(4) 制度：《设备管理制度》、《设备维修规范》。

(5) 其他：《特种设备安全监察条例》(有特种设备时必备)。

4.2.4.4　食品生产加工企业的原材料、添加剂质量要求

依据 79 号令第二章第十二条：

食品生产加工企业生产加工食品所用的原材料、食品添加剂（含食品加工助剂，下同）等应当符合国家有关规定。不得违反规定使用过期的、失效的、变质的、污秽不洁的、回收的、受到其他污染的食品原材料或者非食用的原辅料生产加工食品。使用的原辅材料属于生产许可证管理的，必须选购获证企业的产品。

[相关措施与要求]

原辅材料、食品添加剂的具体要求　见 5.2.4.3 中表 5-2 条款 7“食品原料、食品添加剂和食品相关产品”的要求。

[需要准备的资料]

(1) 标准：GB 5749《生活饮用水卫生标准》、GB 2760《食品添加剂使用标准》、原辅料标准（如 QB 616 罐头原辅材料）等。

(2) 表格：《原料供应商一览表》、《供应商资格认可表》、《采购计划》、《订购单》。

(3) 相关制度：《采购管理制度》、《原辅料检验规范》等。

(4) 检验报告：《原料检验报告》、《生产用水的检验报告》。

4.2.4.5　食品生产加工企业的加工工艺及过程管理要求

依据 79 号令第二章第十三条：

食品生产加工企业必须采用科学、合理的食品加工工艺流程，生产加工过程应当严格、规范，防止生物性、化学性、物理性污染，防止待加工食品与直接入口食品、原料与半成品、成品交叉污染，食品不得接触有毒有害物品或者其他不洁物品。

[相关措施与要求] 按照从生到熟、从原料到成品的顺序将各工序划分开，成品包装和杀菌操作要有严格的卫生保障措施，针对关键控制工序要编写相应的作业指导书。

食品加工工艺流程设置

(1) 应当科学、合理，生产加工过程应当严格、规范，采取必要的措施防止生食品与熟食品、原料与半成品和成品的交叉污染。

(2) 严禁使用国家禁止使用或明令淘汰的生产工艺和设备。

2. 防止食品生产过程生物性污染的措施　见 5.4.2.1 中“6. 危害的预防措施”。

3. 防止食品生产过程化学性污染的措施　见 5.4.2.1 中“6. 危害的预防措施”。

4. 防止食品交叉污染的措施

(1) 原料、辅料、包装材料单独存放。

(2) 原料挑选、处理与包装等工序的生、熟制品隔离。

(3) 生、熟制品的生产操作人员严禁串岗。

[需要准备的资料]

(1) 相关制度：《卫生管理制度》、《生产管理制度》。

(2) 工艺要求：《关键工序的作业指导书》、《生产工艺说明》。

(3) 相关记录：《生产过程操作记录》、《厂区环境卫生检查记录》、《个人卫生检查记录》、《有毒、有害化学物品领用登记表》。

(4) 其他：《有毒、有害化学物品一览表》、《领用物料单》等。

4.2.4.6　食品生产加工企业的产品标准要求

依据 79 号令第二章第十四条：

食品生产加工企业必须按照有效的产品标准组织生产。依据企业标准生产实施食品质量安全市场准入管理食品的，其企业标准必须符合法律法规和相关国家标准、行业标准要求，不得降低食品质量安全指标。

［相关措施与要求］

（1）食品生产加工企业必须按照合法有效的产品标准组织生产，不得无标生产，食品质量必须符合相应的强制性标准以及企业明示采用的标准和各项质量要求。

（2）对于强制性国家标准，企业必须执行，企业采用的企业标准不允许低于强制性国家标准的要求，且应在卫生部门进行备案；否则，该企业标准无效。

［需要准备的资料］

（1）质量安全方面的法律法规：①《食品安全法》；②《产品质量法》；③《农产品质量安全法》；④《食品生产加工企业质量安全监督管理实施细则》；⑤《定量包装商品计量监督规定》。

（2）食品安全标准：国家、地方、行业或备案有效的企业食品安全标准等。

4.2.4.7　食品生产加工企业的人员素质要求

依据 79 号令第二章第十五条：

食品生产加工企业必须具有与食品生产加工相适应的专业技术人员、熟练技术工人、质量管理人员和检验人员。从事食品生产加工的人员必须身体健康、无传染性疾病和影响食品质量安全的其他疾病，并持有健康证明；检验人员必须具备相关产品的检验能力，取得从事食品质量检验的资质。食品生产加工企业人员应当具有相应的食品质量安全知识，负责人和主要管理人员还应当了解与食品质量安全相关的法律法规知识。

［相关措施与要求］

1. 保障企业员工素质的措施　当员工技能不能满足岗位资格要求时，应对其进行培训。主要包括：①对于企业法定代表人和主要管理人员，要求其必须了解与食品质量安全相关的法律知识，明确应负的责任和义务；②对于企业的生产技术人员，要求其必须具有与食品生产相适应的专业技术知识；③对于生产操作人员，上岗前应经过技术（技能）培训，并持证上岗；④对于质量检验人员，应当参加培训，经考核合格取得规定的资格，能够胜任岗位工作的要求。

2. 保障生产操作人员健康的措施

（1）食品生产经营者应当建立并执行从业人员健康管理制度。患有痢疾、伤寒、病毒性肝炎等消化道传染病的人员，以及患有活动性肺结核、化脓性或者渗出性皮肤病等有碍食品安全的疾病的人员，不得从事接触直接入口食品的工作。

（2）食品生产经营人员每年应当进行健康检查，取得健康证明后方可参加工作。

（3）新员工体检合格后才能上岗。

［需要准备的资料］

（1）制度及计划：《人员培训管理制度》、《人员年度培训计划》。

（2）记录：《人员培训考核记录》。

（3）其他：《岗位人员名册》、《员工能力一览表》（备注相关培训证明）、所有员工的《健康证》。

4.2.4.8　食品生产加工企业的检验能力要求

依据 79 号令第二章第十六条：

食品生产加工企业应当具有与所生产产品相适应的质量安全检验和计量检测手段，检验、检测仪器必须经计量检定合格或者经校准满足使用要求并在有效期限内方可使用。企业应当具备产品出厂检验能力，并按规定实施出厂检验。

[相关措施与要求]

检验设备和检验人员及检验能力 见 5.2.4.3 中表 5-2 条款 9 “检验” 的要求。

[需要准备的资料]

(1) 表格:《检验设备和计量器具一览表》。

(2) 证书:《检验设备和计量器具的检定证书》。

(3) 设备:备齐《食品生产许可证审查细则》中要求的所有检验设备。

(4) 报告:《产品检验报告》。

(5) 其他:检验设备和计量器具上应贴“合格证”、“准用证”。

4.2.4.9 食品生产加工企业的质量管理要求

依据 79 号令第二章第十七条:

食品生产加工企业应当建立健全企业质量管理体系,在生产的全过程实行标准化管理,实施从原材料采购、生产过程控制与检验、产品出厂检验到售后服务全过程的质量管理。国家鼓励食品生产加工企业根据国际通行的质量管理标准和技术规范获取质量管理体系认证或者危害分析与关键控制点管理体系认证(以下简称 HACCP 认证),提高企业质量管理水平。

[相关措施与要求]

1. 建立健全企业质量管理体系

(1) 企业应当根据有关法律法规要求,建立健全企业质量管理制度。

(2) 实施从原材料到最终产品的全过程质量管理,严格岗位质量责任,加强质量考核。

2. 建立 ISO9000 质量管理体系和 ISO22000 食品安全管理体系 国家鼓励食品生产加工企业根据国际通行的质量管理标准和技术规范获取质量管理体系认证或者危害分析与关键控制点管理体系认证,提高企业质量管理水平。

[需要准备的资料]

(1) 图:《组织结构图及岗位职责》。

(2) 管理制度:《生产过程管理制度》、《生产设施设备管理制度》、《人员培训管理制度》、《采购质量管理制度》、《检验管理制度》、《文件管理制度》等。

(3) 记录:《文件分发/回收记录》。

(4) 其他:《文件一览表》、《品质异常处理单》。

(5) 相关证书:ISO9001 质量管理体系认证证书、ISO22000 或 HACCP 食品安全管理体系认证证书。

4.2.4.10 食品生产加工企业的产品包装标识要求

依据 79 号令第二章第十八条:

出厂销售的食品应当进行预包装或者使用其他形式的包装。用于包装的材料必须清洁、安全,必须符合国家相关法律法规和标准的要求。出厂销售的食品应当具有标签标识。

食品标签标识应当符合国家相关法律法规和标准的要求。

[相关措施与要求] 产品的包装是指在运输、贮存、销售等流通过程中,为保护产品、方便运输、促进销售,按一定技术方法采用的容器、材料及辅助物包装的总称。

1. 包装材料要求

(1) 食品包装材料应符合国家食品安全标准的规定和相关法律、法规规定。

（2）不同的产品其包装要求也不尽相同，例如，食用植物油的包装容器，要求应采用无毒、耐油的材料制成。

（3）用于食品包装的材料如布袋、纸箱、玻璃容器、塑料制品等，必须清洁、无毒、无害，必须符合国家法律法规的规定，并符合相应的强制性标准要求。

2. 产品标签要求

（1）产品标签应符合 GB 7718《食品安全国家标准　预包装食品标签通则》及《食品标识管理规定》的规定。

（2）外包装箱标志应符合 GB/T 191《包装储运图示标志》的规定。

[需要准备的资料]

（1）相关标准及规定：GB 7718《食品安全国家标准　预包装食品标签通则》、GB 28050《食品安全国家标准　预包装食品营养标签通则》、《食品标识管理规定》、GB/T 191—2008《包装储运图示标志》。

（2）检验报告：《内、外包装材料检验报告》。

（3）其他：企业各类食品标签、包材供方的资质证明。

4.2.4.11　食品企业的产品贮运要求

依据 79 号令第二章第十九条：

贮存、运输和装卸食品的容器、包装、工具、设备、洗涤剂、消毒剂必须安全，保持清洁，对食品无污染，能满足保证食品质量安全的需要。

[相关措施与要求] 见 5.2.4.3 中表 5-2 条款 10“食品的贮存和运输”的要求。

[需要准备的资料]

（1）相关制度：《成品库管理规定》、《冷库的卫生管理办法》、《产品贮存规定》、《产品运输、搬运的规定》、《运输车消毒清洗规定》。

（2）记录：《运输车消毒清洗记录》、《冷库库温记录》。

4.3　食品 QS 认证

4.3.1　食品 QS 认证

4.3.1.1　定义

“QS”是我国实施的食品安全标志，它是国家质检总局按照国务院批准的三定方案确定的职能，依据《中华人民共和国产品质量法》、《中华人民共和国标准化法》、《工业产品生产许可证试行条例》等法律法规，以及《国务院关于进一步加强产品质量工作若干问题的决定》的有关规定，制定的对食品及其生产加工企业的监管制度。

4.3.1.2　产品种类和认证单元

产品种类是指实施食品生产许可证管理的产品种类，如大米、肉制品和饮料等。

认证单元（即申请认证的单元）是指在产品种类内，生产工艺、生产设备、检验手段等生产条件相近的产品组。

4.3.1.3　QS 认证内容

1. 对食品生产企业实施食品生产许可证制度　对于具备基本生产条件、能够保证食品质量安全的企业，发放《食品生产许可证》，准予生产获证范围内的产品；凡不具备保证产品质量必备条件的企业不得从事食品生产加工。

2. 对企业生产的出厂产品实施强制检验　未经检验或检验不合格食品不准出厂销售。

3. 对实施食品生产许可证制度　检验合格的食品加贴市场准入标志，即 QS 标志。

4.3.1.4 QS 认证的生产要求

1. 生产场所　必须符合国家生产企业的卫生标准和各个产品的审查细则以及通则。

2. 必备的生产设备　必须做到工艺合理、设备齐全（对照审查细则）。

3. 必需的检验设备　必须建立企业自己的实验制度，并具备实验条件，同时必须有相应的检验设备（对照审查细则）和试剂。

4.3.1.5 QS 的认证范围

QS 的认证范围包括：①所有经过加工的食品（现做现卖的、初级加工的产品不在此范围）；②化妆品；③塑料和纸包装容器；④食用化工产品；⑤食品加工用的相关设备；⑥牙膏。

4.3.1.6 QS 认证的意义

食品生产许可的意义在于获得入市资格，规范食品生产，提高产品质量，提高管理水平，规范每一位员工的行为，科学、合理地运用资源，减少返工，降低成本，进而提高企业的效益。

4.3.1.7 QS 认证新要求

由于连续发生食品问题，国家对 QS 的认证工作进行了加强，除了对认证机构和监督管理进行详细的规定和追究制度，特别是对企业要求进一步提高。

（1）委托检验淘汰，要求企业必须具备出厂检验能力，原已拿证的企业，属于委托检验的必须在年底前建立自己的实验室，否则将取消其 QS 证。

（2）QS 企业每年都将接受严格的证后监督检查，对其申证条件进行审核，若发现有严重不合格项就将吊销其 QS 证。该项工作将由省级质量技术监督部门统筹进行。

4.3.2 食品 QS 认证程序

4.3.2.1 QS 认证企业应具备条件

根据《中华人民共和国工业产品生产许可证管理条例》（国务院令第 440 号）第二章申请与受理第九条，企业取得生产许可证，应当符合下列条件：①有营业执照；②有与所生产产品相适应的专业技术人员；③有与所生产产品相适应的生产条件和检验检疫手段；④有与所生产产品相适应的技术文件和工艺文件；⑤有健全有效的质量管理制度和责任制度；⑥产品符合有关国家标准、行业标准，以及保障人体健康和人身、财产安全的要求；⑦符合国家产业政策的规定，不存在国家明令淘汰和禁止投资建设的落后工艺、高耗能、污染环境、浪费资源的情况；⑧法律、行政法规有其他规定的，还应当符合其规定。

4.3.2.2 QS 认证体系建立的预备步骤

QS 认证体系在实施前，应先建立体系文件，具体的文件如下。

（1）质量方针、质量目标。

（2）质量负责人任命书。

（3）机构设置。

（4）岗位职责。

（5）资源的提供与管理，包括：①质量有关人员能力要求规定；②人员培训管理制度；③设备、设施管理规定；④检测设备、计量器具管理制度；⑤设备操作维护规程；⑥检测仪器操作规程。

（6）产品设计，包括：①工艺流程图；②工艺规程。

（7）原材料提供，包括：①采购管理制度；②采购质量验证规程；③原辅料、成品仓库管理制度。

（8）生产过程的质量控制，包括：①生产过程的质量控制制度；②关键工序管理制度。

（9）产品质量检验，包括：①检验管理制度；②产品质量检验规程。

（10）不合格的管理，包括：①不合格管理办法；②不合格品管理制度。

（11）技术文件管理（技术文件管理制度）。

（12）卫生管理制度。

（13）质量记录。

4.3.2.3　QS 认证的申请材料

食品生产加工企业在申办生产许可证时，应当提交下列资料。

1. 食品生产企业 QS 认证的准备资料　根据 2010 年 6 月 1 日起施行的《食品生产许可管理办法》（国家质量监督检验检疫总局令第 129 号）第九条规定：拟设立食品生产企业申请食品生产许可的，应当向生产所在地质量技术监督部门（以下简称许可机关）提出，并提交下列材料：①食品生产许可申请书；②申请人的身份证（明）或资格证明复印件；③拟设立食品生产企业的《名称预先核准通知书》；④食品生产加工场所及其周围环境平面图和生产加工各功能区间布局平面图；⑤食品生产设备、设施清单；⑥食品生产工艺流程图和设备布局图；⑦食品安全专业技术人员、管理人员名单；⑧食品安全管理规章制度文本；⑨产品执行的食品安全标准；执行企业标准的，须提供经卫生行政部门备案的企业标准；⑩添加剂备案表（使用添加剂的企业提供）、两名化验员资格证（复印件，一式二份）；⑪企业车间洁净度检测报告（对车间洁净度有要求的企业提供）；⑫企业照片两套；⑬电子文档：申请书的电子文档和照片的电子版；⑭相关法律法规规定应当提交的其他证明材料，如 HACCP 认证证书、出口卫生注册（登记）证的企业提供证书；⑮审查细则要求提供的其他材料。

需报国家局审定发证的产品上诉申请材料应分别提交一式四份。

2. 申办食品包装生产许可证 QS 准备材料　根据《食品用包装、容器、工具等制品生产许可通则》、《食品用塑料包装、容器、工具等制品生产许可审查细则》、《食品用包装、容器、工具等制品生产许可教程基础篇》、《食品用包装、容器、工具等制品生产许可教程塑料专业篇》及相关标准等的具体要求，企业要想获得 QS 许可证，一定要尽早完善和准备好下列 29 种文件资料：①营业执照复印件；②组织机构代码证复印件；③经备案的企业标准；④当地环保部门核发的符合要求的证明文件复印件（环境影响批复及验收报告或环保主管部门出具的证明文件）；⑤企业生产使用的原辅材料符合国家法律法规及强制性标准规定、安全卫生要求的《企业自我声明》；⑥企业生产使用的原辅材料的种类超出国家标准规定的范围时，提交安全评价机构出具的安全评价报告；⑦产品型式检验报告；⑧产品使用说明书或产品标签；⑨质量生产管理制度：规定各有关部门、人员的质量职责、权限和项目关系，特别是检验部门和人员的职责权限；⑩质量考核办法；⑪清洁生产制度；⑫生产设备清单（包括设备名称、规格型号、数量、生产厂等）；⑬检验仪器、设备清单（包括仪器、设备名称、规格型号、数量、生产厂等）；⑭现有标准清单；⑮生产过程中所需的各种规程、作业指导书等工艺文件；⑯工艺文件目录明细表、工艺过程卡、工序卡、作业指导书、检验规程；⑰文件管理制度；⑱采购质量控制制度；⑲原辅材料合格检验证明或报告；⑳原辅材料供方评价准则；㉑原辅材料使用台账；㉒采购文件（如采购计划、采购清单、采购合同）；㉓工艺流程图及标注关键控制点；㉔关键控制点的管理办法和操作控制程序；㉕检验管理制度和检验设备计量器具管理制度；㉖不合格品管理办法；㉗销售记录、已售出的不合格品召回制度；㉘退货品管理制度；㉙安全生产制度。

4.3.2.4　食品 QS 认证程序

1. 准备资料　根据企业具体情况，准备食品及食品添加剂 QS 认证资料或申办食品包装生产许可证材料。

2. 申请

（1）食品生产加工企业按照地域管辖和分级管理的原则，到所在地的市（地）级质量技术监督部门提出办理食品生产许可证的申请，提交申请材料。

（2）质监部门在接到企业申请材料后组成审查组，完成对申请书和资料等文件的审查。企业材料符合要求后，发给《食品生产许可证受理通知书》。

（3）企业申报材料不符合要求的，企业将在接到质量技术监督部门的通知后补正。

3. 审查

（1）企业的书面材料合格后，按照食品生产许可证审查规则，企业要接受审查组对企业必备条件和出厂检验能力的现场审查。

现场审查合格的企业，由审查组现场抽封样品。

（2）审查组或申请取证企业将样品送达指定的检验机构进行检验。经必备条件审查和发证检验合格而符合发证条件的，地方质量技监部门对审查报告进行审核，确认无误后，统一汇总材料在规定时间内报送国家质检总局。

（3）国家质检总局收到省级质量技监部门上报的符合发证条件的企业材料后，审核批准。

4. 发证

（1）经国家质检总局审核批准后，省级质量技监部门向符合发证条件的生产企业发放食品生产许可证及其副本。

（2）食品生产许可证的有效期一般不超过 5 年，不同食品其生产许可证的有效期限在相应的规范文件中规定。在食品生产许可证有效期满前 6 个月内，企业应向原受理食品生产许可证申请的质量技术监督部门提出换证申请。

（3）食品生产许可证实行年审制度。取得食品生产许可证的企业，应当在证书有效期内，每满 1 年前的 1 个月内向所在地的市（地）级以上质量技术监督部门提出年审申请。

（4）食品生产加工企业在食品原材料、生产工艺、生产设备等生产条件发生重大变化，或者开发生产新种类食品的，应当在变化发生后的 3 个月内，向原受理食品生产许可证申请的质量技术监督部门提出食品生产许可证变更申请。

(5) 企业名称发生变化时，应当在变更名称后3个月内向原受理食品生产许可证申请的质量技术监督部门提出食品生产许可证更名申请。

4.3.3 食品QS认证流程

4.3.3.1 食品QS认证流程

食品QS认证流程，如图4-3所示。

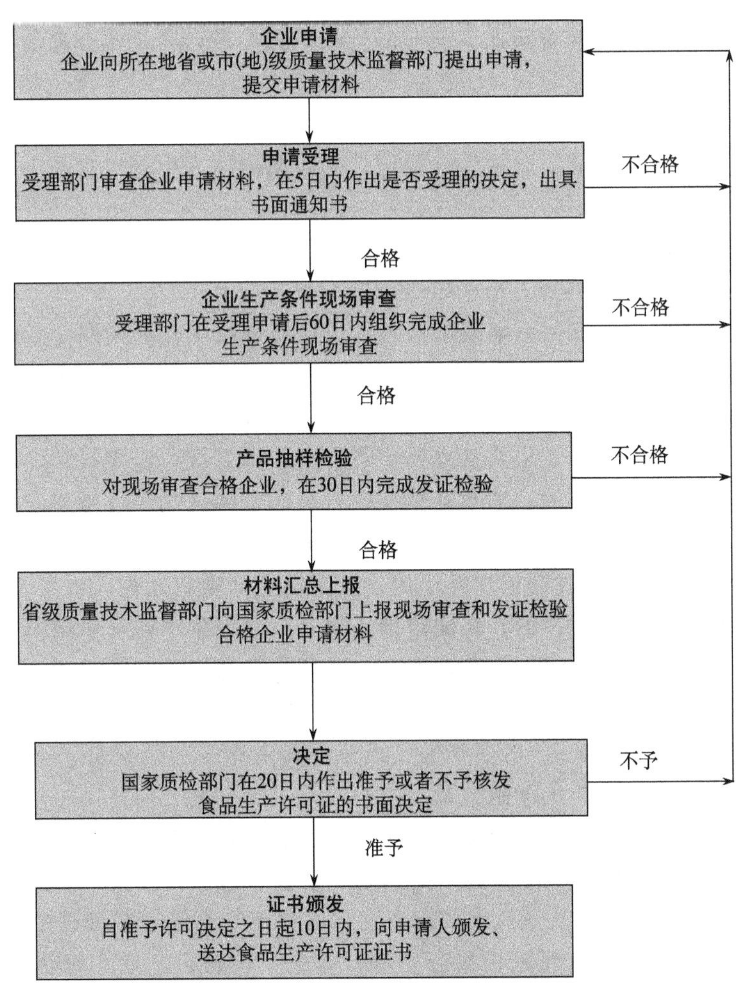

图4-3 食品QS认证流程

1. 食品QS认证程序之一——提交申请 食品企业办理生产许可证分新企业办证和已获证企业到期换证。对于换证企业，要在生产许可证到期前的6个月提出换证申请。

(1) 食品企业应将申请QS认证的相关材料备齐交至当地质监部门指定的受理窗口，所提交的资料要真实、有效、合法，不能弄虚作假，且申请人应在相关的材料上（如申请书等）签字盖章。

(2) 食品企业从事生产的场所地点有多个且不相同，应该分开申请生产许可，例如，同一个公司在兰州城关区有个加工厂，在兰州的安宁区又有一个，则需分开申请。

（3）食品企业申请人需要委托他人代申请的，则代理人办理相关手续时需要有申请人的委托书，以及代理人的身份证明。

2. 食品QS认证程序之二——材料登记　QS认证的相关资料提交之后，相应的窗口单位就需要进行一个材料的登记，登记之前则需要对提交的材料做初步的、形式上的审核。

（1）发现提交的申请事项按照相关法律法规不需办理生产许可的，则退回相应材料并告知申请人不予接受，如“前店后厂”的小店。

（2）发现提交的申请事项不属于质量技术监督部门的职权范围内的，则退回相应材料并告知申请人不予接受，并告知申请人去相应的行政机关办理，如企业办理新标准备案去卫生部门。

（3）发现申请的事项属于生产许可的范畴的，窗口单位则对提交材料的项目、数量、原件进行核对，符合申请要求的，则接受并登记，同时向申请人出具《食品生产许可证申请材料接受登记表》。

（4）发现申请的事项属于生产许可的范畴的，但材料不齐全、不完整，明显有问题或不符合申请材料要求的，告知申请人不予接受，且不予登记。

3. 食品QS认证程序之三——申请确认　当地质量技术监督局的食品监管部门收到申请材料之后，将会在5个工作日内对提交的资料进行审核；通过查看材料的完整性、有效性、准确性，依据《行政许可法》的第三十二条及相关规定，决定受理结果。

（1）材料符合受理要求的，出具《食品生产许可申请受理决定书》。

（2）材料不符合受理要求的，如不齐全、不符合法定形式的，管理部门将在5日内发放《食品生产许可申请材料补正告知书》，并一次性告知申请人需要补齐和修正的全部内容，补正的期限为20日内；申请人过期仍未补正的，按自动撤回申请处理。

（3）通过审核认为不能受理的，将向申请人出具《食品生产许可申请不予受理决定书》。

4. 食品QS认证程序之四——现场审查　食品监管部门在确认受理企业关于QS认证的申请材料后，会在20个工作日内，做出现场核查计划。

（1）审查组：审查组由2～4名审查人员组成，其中有一名观察员，一般是区质监局食品科的人员。审查组实行组长负责制。

（2）审查内容：按生产许可审查细则对所有审查项目进行核查。

5. 食品QS认证程序之五——审查结论判定及整改

（1）审查结论：经过QS认证的现场审查之后，评审组会按评审细则的要求会对审查的项目做出评定，对每个项目的评定结果分三种：符合、不符合、基本符合（有的地方叫合格、不合格、一般合格，还有的叫合格、不合格、有缺陷）。

审查结论包括：①当全部评审的项目均为符合时，现场评审结论是符合的，许可机关依法做出准予食品生产许可决定；②当评审项目有1～8项评审结论是基本符合的，则需要整改；③当评审项目有1项评审结论为不符合或者8项以上项目为基本符合的，预期未完成整改或整改不到位的，许可机关依法做出不予食品生产许可决定。

（2）整改要求包括：①整改对象是基本符合项；②整改时间一般在10日内，整改完成时间以申请人提交整改完成报告时间为准；③整改方式，通过资料、照片等递交当地区质监局进行文件审查，或审查部门安排人员现场复查。

注意：申请人对整改审查结论有异议的，可向食品监管部门提出异议申请。需要核实的，由食品监管部门组织区、县级市质监局、审查人员进行调查，形成最终整改审查结论。

6. 食品 QS 认证程序之六——审批、发放及组织试生产

（1）审批。经过现场审查和整改确认之后，食品企业相关 QS 认证的资料会将被汇总至食品监管部门，食品监管部门会根据审查的结果做出如下的两种审批结果：①经现场核查，生产条件符合要求的，食品监管部门依法做出准予生产的决定，向申请人发出《准予食品生产许可决定书》；②经现场核查，生产条件不符合要求的，食品监管部门依法做出不予生产许可的决定，向申请人发出《不予食品生产许可决定书》，并说明理由。

（2）发放。食品监管部门在依法做出准予生产的决定后，从做出决定之日起 10 日内颁发设立食品生产企业食品生产许可证书。

（3）组织试生产。新办 QS 认证的食品企业在获得食品生产许可证书之后，要到当地工商部门办理营业执照登记手续，只有办完相关手续后，才可以组织试生产，以备下一步的产品抽样工作。

7. 食品 QS 认证程序之七——生产许可检验　食品企业在组织试生产之后即可向食品监管部门提出生产许可的检验申请。

（1）提出生产许可检验申请所需具备的资料：①营业执照；②生产许可证复印件；③《新设立食品生产企业生产许可检验申请书》。

（2）产品抽样。食品监管部门会根据申请组织抽样人员，在 10 日内对申请企业进行抽样，抽样的依据是生产许可审查细则及产品标准，样品一式两份，现场加贴封条。

（3）样品送达。申请企业须在 7 日内，将封存的两份样品送至国家规定有生产许可检验资质的检验机构，同时企业要考虑样品的保质期，来确定是否要更快地将样品送达。

（4）实施检验。样品承检机构会在确认样品及封条完好无损的情况下，在规定的时间内对样品实施检验，检验结果将会在指定时间内送至食品监管部门，食品监管部门也会将检验结果送达申请企业。

（5）检验复检。检验结果不合格的，申请企业可在 15 日内向食品监管部门提出复检，符合复检条件的，组织进行复检；不符合复检条件的，不予受理。

（6）结果处理。检验合格的，则按食品 QS 认证程序向下走；检验结果或复检结果不合格的，则收回已发放的食品生产许可证证书并予以注销。

8. 食品 QS 认证程序之八——载明许可范围及证书领取

（1）载明许可范围。经过生产许可的抽样检验之后，食品监管部门将根据检验结果的情况，按如下原则进行，载明生产许可的品种范围：①检验结论为合格的，在食品生产许可证副页载明生产许可的品种范围，颁发食品生产许可证副页；②复检结论为部分食品品种不合格的，不予确定该类食品的生产许可范围，在食品生产许可证副页中不予载明，禁止出厂销售该类食品；③复检结论为全部食品品种不合格的，应按照有关规定注销食品生产许可，禁止出厂销售全部品种的食品。

（2）生产许可证的领取。申请人需携带《受理决定书》原件、申请人身份证复印件（法人领取）或者指定（委托）书及指定（委托）双方身份证复印件（指定或委托人领取），变更或期满换证的还要携带旧证书正、副本、副页前往食品监管部门的指定窗口办理，工作人员核对、收取以上材料，领取人签收后，发放食品生产许可证正、副本和副页。

4.3.3.2 食品生产许可证换（发）证流程

食品生产许可证换（发）证流程见图 4-4。

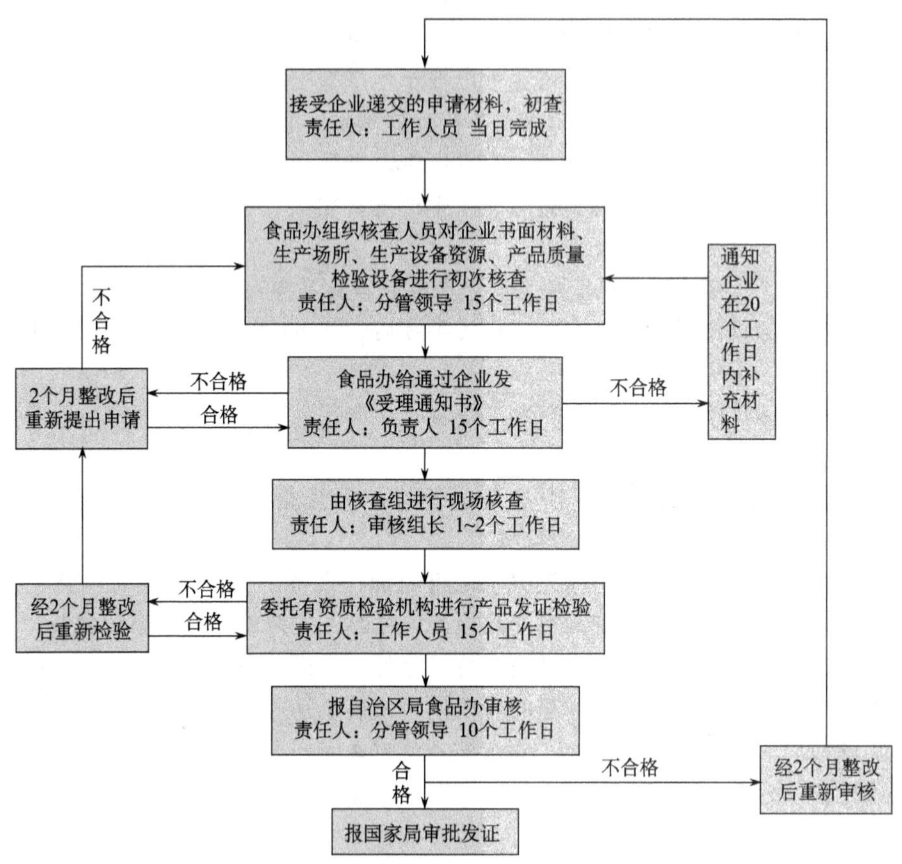

图 4-4 食品生产许可证换（发）证流程

1. 办理条件

（1）企业必须具有工商行政管理部门核发的营业执照。

（2）企业必须具有卫生部门核发的食品卫生许可证。

（3）企业必须具有保证产品质量的环境、生产设备、加工工艺及过程、原材料、产品标准、人员、储运、检验、设备、质量管理、包装标识等要求。

2. 申请提交材料

（1）食品生产许可证申请书三份；有效期内企业工商营业执照、卫生许可证、企业代码、企业法定代表人或负责人身份证复印件各三份。

（2）企业生产厂区布局图、企业质量管理文件复印件三份。

（3）企业生产工艺流程图（需标关键设备和参数）复印件各三份。

（4）经质量技术监督部门备案的企业标准文本复印件三份。

（5）已获得 HACCP 认证证书、出口食品卫生注册（登记）证的企业，提供证书复印件三份。

（6）审查细则要求提供的其他材料。

4.3.4 食品 QS 认证进度

4.3.4.1 申请阶段

1. 15 个工作日 从事食品生产加工的企业（含个体生产者），应按规定程序获取生产许可证。新建和新转让的食品企业，应当及时向质量技术监督部门申请食品生产许可证。省级、市（地）级质量技术监督部门在接到企业申请材料后，在 15 个工作日内组成审查组，完成对申请书和资料等文件的审查。企业材料符合要求后，发给《食品生产许可证受理通知书》。

2. 20 个工作日 企业申报材料不符合要求的，企业从接到质量技术监督部门的通知起，在 20 个工作日内补正，逾期未补正的，视为撤回申请。

4.3.4.2 审查阶段

1. 40 个工作日 企业的书面材料合格后，按照食品生产许可证审查规则，在 40 个工作日内，企业要接受审查组对企业必备条件和出厂检验能力的现场审查。现场审查合格的企业，由审查组现场抽封样品。

2. 10 个工作日 审查组或申请取证企业应当在 10 个工作日内（特殊情况除外），将样品送达指定的检验机构进行检验。

3. 10 个工作日 经必备条件审查和发证检验合格而符合发证条件的，地方质量技监部门在 10 个工作日内对申报报告进行审核，确认无误后，将统一汇总材料在规定时间内报送国家质检总局。

4. 10 个工作日 国家质检总局收到省级质量技监部门上报符合发证条件的企业材料后，在 10 个工作日内审核批准。

4.3.4.3 发证阶段

经国家质检总局审核批准后，省级质量技监部门在 15 个工作日内，向符合发证条件的生产企业发放食品生产许可证及副本。

4.3.5 许可证相关时间

4.3.5.1 证书

食品生产许可证的有效期一般不超过 5 年。不同食品其生产许可证的有效期限在相应的规范文件中规定。

4.3.5.2 换证

在食品生产许可证有效期满前 6 个月内，企业应向原受理食品生产许可证申请的质量技术监督部门提出换证申请。质量技术监督部门应当按规定的申请程序进行审查换证。

4.3.5.3 年审

对食品生产许可证实行年审制度。取得食品生产许可证的企业，应当在证书有效期内，每满 1 年前的 1 个月内向所在地的市（地）级以上质量技术监督部门提出年审申请。年审工作由受理年审申请的质量技术监督部门组织实施。年审合格的，质量技术监督部门应在企业生产许可证的副本上签署年审意见。

4.3.5.4 变更

食品生产加工企业在食品原材料、生产工艺、生产设备等生产条件发生重大变化，或者开发生产新种类食品的，应当在变化发生后的3个月内，向原受理食品生产许可证申请的质量技术监督部门提出食品生产许可证变更申请。受理变更申请时，质量技术监督部门应当审查企业是否仍然符合食品生产企业必备条件的要求。

企业名称发生变化时，应当在变更名称后3个月内向原受理食品生产许可证申请的质量技术监督部门提出食品生产许可证更名申请。

复习参考题

1. 名词解释

工业产品生产许可证制度　市场准入　食品市场准入制度　食品包装市场准入制度　质量标志　认证标志　产品种类　认证单元

2. 问答题

(1) 工业产品生产许可证制度的特点有哪些？

(2) 食品质量安全市场准入制度基本内容是什么？

(3) 食品质量安全市场准入制度的适用范围是什么？

(4) 实施食品生产许可制度的必要性有哪些？

(5) 食品质量安全准入制度的作用是什么？

(6) QS标志的内容是什么？

(7) 食品质量安全准入制度对食品生产加工企业的具体要求有哪些？

(8) QS认证新要求有哪些？

(9) QS认证企业应具备什么条件？

(10) 食品QS认证程序是什么？

(11) 产品实施细则的基本内容有哪些？

(12) 简述食品生产许可审查通则的内容。

(13) 质量管理体系文件有哪几层？各有什么作用？

(14) 质量手册的基本内容有哪些？

(15) 怎样编制程序文件？试编制一份程序文件。

(16) 质量体系审核的大致步骤是怎样的？

第 5 章 HACCP 认证

［教学目的和要求］

了解 HACCP 的起源与发展，熟悉良好操作规范（GMP）、卫生标准操作程序（SSOP），掌握 HACCP 原理、体系认证及应用。

5.1 HACCP 概述

“民以食为天，食以安为先”。随着社会的发展和人民生活水平的不断提高，以往对食品短缺的担忧如今逐渐转变为对食品安全的恐慌。一方面，人们对食品安全卫生的要求越来越高；另一方面，近几年，国内外食品安全事故接连发生，如二噁英化学物质污染、瘦肉精中毒、阜阳奶粉事件等，使人们对食品安全的信任度降低。据世界卫生组织调查，全球每年约有 1000 万人死于食源性疾病，对人类健康和生命安全造成了严重威胁，引起了各国政府和国际社会的广泛关注。

为了满足人们对食品安全的需要，消除人们对不安全食品的恐慌，企业、政府机构，以及相关国际组织都投入大量精力，研究解决问题的各种方法和途径。其中，实施 HACCP 体系是世界公认的控制食品安全问题最为有效的手段之一。

5.1.1 HACCP 体系的起源和发展

HACCP 是“Hazard Analysis Critical Control Point”的英文缩写，即危害分析和关键控制点。HACCP 体系被认为是控制食品安全和风味品质的最好、最有效的管理体系，是一种保证食品安全与卫生的预防性管理体系。

GB/T 15091—1994《食品工业基本术语》对 HACCP 的定义为：生产（加工）安全食品的一种控制手段；对原料、关键生产工序及影响产品安全的人为因素进行分析，确定加工过程中的关键环节，建立、完善监控程序和监控标准，采取规范的纠正措施。

CAC/RCP-1《食品卫生通则 1997 修订 3 版》对 HACCP 的定义为：鉴别、评价和控制对食品安全至关重要的危害的一种体系。

5.1.1.1 HACCP 体系的起源

HACCP 诞生于 20 世纪 60 年代的美国。1959 年，美国皮尔斯柏利（Pillsbury）公司与美国航空航天局（NASA）纳蒂克（Natick）实验室为了保证航空食品的安全首次建立 HACCP 体系，保证了航天计划的完成。1993 年国际食品法典委员会（CAC）推荐 HACCP 系统为目前保障食品安全最经济有效的途径。

HACCP 是以科学为基础，通过系统性地确定具体危害及其控制措施，以保证食品安全性的系统。HACCP 的控制系统着眼于预防而不是依靠最终产品的检验来保证食品的安全。

任何一个 HACCP 系统均能适应设备设计的革新、加工工艺或技术的发展变化。HACCP 是一个适用于各类食品企业的简便、易行、合理、有效的控制体系。

5.1.1.2 HACCP 体系的组成

HACCP 是一套确保食品安全的管理系统，这种管理系统一般由下列各部分组成：①对从原料采购→产品加工→消费各个环节可能出现的危害进行分析和评估；②根据这些分析和评估来设立某一食品从原料直至最终消费这一全过程的关键控制点（CCP）；③建立起能有效监测关键控制点的程序。

5.1.2 HACCP 体系的相关术语

《HACCP 体系及其应用准则》中规定的基本术语及其定义如下。

危害分析（hazard analysis）：指收集和评估有关的危害以及导致这些危害存在的资料，以确定哪些危害对食品安全有重要影响而需要在 HACCP 计划中予以解决的过程。

关键控制点（critical control point，CCP）：指能够实施控制措施的步骤。该步骤对于预防和消除一个食品安全危害或将其减少到可接受水平非常关键。

必备程序（prerequisite programs）：为实施 HACCP 体系提供基础的操作规范，包括良好生产规范（GMP）和卫生标准操作程序（SSOP）等。

HACCP 小组（HACCP team）：负责制定 HACCP 计划的工作小组。

流程图（flow diagram）：指对某个具体食品加工或生产过程的所有步骤进行的连续性描述。

危害（hazard）：指对健康有潜在不利影响的生物、化学或物理性因素或条件。

显著危害（significant hazard）：有可能发生并且可能对消费者导致不可接受的危害；有发生的可能性和严重性。

HACCP 计划（HACCP plan）：依据 HACCP 原则制定的一套文件，用于确保在食品生产、加工、销售等食物链各阶段与食品安全有重要关系的危害得到控制。

步骤（step）：指从产品初加工到最终消费的食物链中（包括原料在内）的一个点、一个程序、一个操作或一个阶段。

控制（control，动词）：为保证和保持 HACCP 计划中所建立的控制标准而采取的所有必要措施。

控制（control，名词）：执行了正确的操作程序并符合控制标准的状况。

控制点（control point，CP）：能控制生物、化学或物理因素的任何点、步骤或过程。

关键控制点判定树（CCP decision tree）：通过一系列问题来判断一个控制点是否是关键控制点的组图。

控制措施（control measure）：指能够预防或消除一个食品安全危害，或将其降低到可接受水平的任何措施和行动。

关键限值（critical limits）：区分可接受和不可接受水平的标准值。

操作限值（operating limits）：比关键限值更严格的，由操作者用来减少偏离风险的标准。

纠偏措施（corrective action）：当针对关键控制点（CCP）的监测显示该关键控制点失去控制时所采取的措施。

监测（monitor）：为评估关键控制点（CCP）是否得到控制，而对控制指标进行有计划地连续观察或检测。

确认（validation）：证实 HACCP 计划中各要素是有效的。

验证（verification）：指为了确定 HACCP 计划是否正确实施所采用的除监测以外的其他方法、程序、试验和评价。

5.1.3　HACCP 控制体系的特点

HACCP 作为科学的预防性食品安全体系，具有高效性、通用性、科学性、预防性、可操作性、可树立消费者的信心、全面性、协调性、预防性、非零风险等特点。

5.1.4　实施 HACCP 体系的作用及意义

HACCP 作为一种与传统食品安全质量管理体系截然不同的、崭新的食品安全保障模式，它的实施对食品企业、消费者、政府保障食品安全具有广泛而深远的作用和意义。

5.1.4.1　HACCP 的作用

食品企业建立并实施 HACCP，其作用在于：①提高食品的安全性；②能增强顾客信心；③作为已经实施 HACCP 体系的生产商会直接影响他们的原料供应商也采用相似的方法来控制食品安全；④食品符合检验标准，降低成本；⑤有助于改善生产商与官方主管当局的关系以及工厂与消费者之间的关系，增强消费者对食品安全的信心；⑥增强组织的食品风险意识；⑦强化食品及原料的可追溯性；⑧具备了改善食品质量的潜能。

5.1.4.2　实施 HACCP 体系的意义

对食品工业企业而言，有利于增强消费者和政府的信心，减少法律和保险支出，增加市场机会，降低生产成本，提高产品质量的一致性，有利于全员参与，可降低商业风险，增强企业竞争力和出口机会，加强管理，改善公司形象且提高企业的社会效益。

对消费者而言，可减少食源性疾病的危害，增强卫生意识，增强对食品供应的信心，提高生活质量，对促进社会经济的良性发展具有重要意义。

对政府而言，建立 HACCP 可改善公众健康，更有效、有目的地进行食品监控，减少公众健康支出，确保贸易畅通，提高公众对食品供应的信心，增强国内企业竞争力。

5.2　良好操作规范（GMP）

5.2.1　GMP 的定义及类型

5.2.1.1　什么是 GMP?

GMP 是良好操作规范（good manufacturing practice）的简称，是一种安全和质量保证体系。其宗旨在于确保在产品制造、包装和贮藏等过程中的相关人员、建筑、设施和设备均能符合良好的生产条件，防止产品在不卫生的条件下，或在可能引起污染的环境中操作，以保证产品安全和质量稳定。因为 GMP 的内容是在不断完善和补充着的，所以有时称其为 CGMP（current good manufacturing practice）。

GMP 要求食品生产企业应具备良好的生产设备、合理的生产过程、完善的质量管理和严格的检测系统，确保最终产品的质量（包括食品安全卫生）符合法规要求。

5.2.1.2 GMP的类型

从GMP的发展来看，现行的GMP可分为三类：①具有国际性质的GMP，如WHO的GMP、北欧七国自由贸易联盟制定的PIC-GMP（PIG为pharmaceutical inspection convention，即药品生产检查互相承认公约）、东南亚国家联盟的GMP等；②国家权力机构颁布的GMP，如中华人民共和国卫生部及国家药品监督管理局、美国FDA、英国卫生和社会保险部、日本厚生省等政府机关制订的GMP；③工业组织制定的GMP，如美国制药工业联合会制定的、标准不低于美国政府制定的GMP，中国医药工业公司制订的GMP实施指南，甚至还包括药厂或公司自己制定的。

从GMP制度的性质来看，可分为两类：①将GMP作为法典规定，如美国、日本、中国的GMP；②将GMP作为建议性的规定，有些GMP起到对药品生产和质量管理的指导作用，如联合国WHO的GMP。

GMP可分为强制性GMP和推荐性（或指导性）GMP。强制性GMP是食品企业必须遵守的，一般由政府部门制定并监督实施；企业制定的GMP对该企业本身而言，一旦制定实施就是强制性的。推荐性（或指导性）GMP是由政府部门、行业组织或协会等制定并推荐给食品企业参照执行，是非强制性的，企业可以选择是否遵守。

5.2.2 GMP的起源和发展

GMP起源于国外，它是由重大的药物灾难作为催生剂而诞生的。

美国国会于1963年颁布了世界上第一部GMP，GMP最初是由美国坦普尔大学6名教授编写制定的，经FDA官员多次讨论修改在美国经过几年实施，确实收到实效。1967年，世界卫生组织（World Health Organization，WHO）在出版的《国际药典》（1967年版）的附录中进行了收载。1969年，第22届世界卫生大会WHO建议各成员国的药品生产采用GMP制度。到目前为止，全世界100多个国家颁布了有关GMP的法规。

5.2.2.1 国际标准组织和发达国家与地区的GMP发展情况

世界上许多国家对食品企业实施了GMP管理。在国外，也有一些行业协会或认证机构制定一些非强制性的食品GMP，并实施GMP认证。HACCP体系中的GMP一般是指规范食品加工企业环境、硬件设施、加工操作、贮存、卫生管理等的规范性文件。

1. 国际食品法典委员会（CAC） CAC是国际食品法典委员会的简称，隶属于联合国粮农组织（FAO）和世界卫生组织（WHO）。

CAC于1997年制定的《食品卫生通则》[CAC/RCPl—1969，Rev. 2(1997)]是其最主要的GMP；于1997年和1999年采纳了食品卫生的基本文本，在2003年经修订形成《食品卫生通则》[CAC/RCPl—1969，Rev. 4(2003)]。有关GMPCAC共有13卷，含有237个食品产品标准、41个卫生或技术规范、185种评价农药、2374个农药残留限量、25个污染物准则、1005种食品添加剂、54种兽药。

2. 美国GMP 1963年FDA制定了药品GMP，并于第二年开始实施。1969年美国公布了《食品制造、加工、包装储存的现行良好制造规范》（Current Good Manufacture Practice：Manufacture，Processing，Packing or Holding Human Food. Code of Federal

Regulation，Part128），简称 CGMP 或食品 GMP（FGMP）基本法（1986 年修订后的 CGMP，将 Part 128 改为 Part 110）。美国在 1969 年发布的《食品 GMP 基本规范》的基础上，陆续制定了熏制鱼类及冷冻面拖虾 GMP（1970）、低酸性罐头 GMP（1973）、可可和糖果制品及瓶装饮料水 GMP（1975）、酸化食品与酸性食品、面包及焙烤食品、果实及花生米 GMP（1979）等一系列不同食品的 GMP。1969 年颁布的《食品 GMP 基本规范》于 1986 年 6 月 19 日进行了修订。

3. 加拿大 GMP　加拿大的食品 GMP 既有政府制定的 GMP，也包含企业自身管理章程，具体有三种实施情况：生产企业必须遵守政府系列法规中的 GMP；鼓励生产企业自觉遵守政府出版发行的 GMP 工业企业操作规程；为有利于出口以及与国际同步而执行的由国际组织制定的 GMP。

加拿大卫生部按照《食品和药物法》制定了《食品良好制造法规》(GMRF)，规定了加拿大食品加工企业最低健康与安全标准，提出了实施 GMP 的基础计划，并将基础计划定义为一个食品加工企业中，为在良好的环境条件下加工生产安全卫生的食品所采取的基本控制步骤或程序。实施 GMP 的基础计划包括厂房、运输和贮藏、设备、人员、卫生和虫害的控制、回收 6 个方面的内容。

加拿大农业部以 HACCP 原理为基础建立了“食品安全促进计划”(FSEP)，作为食品安全控制的预防体系，其内容相当于 GMP 的内容，其目的是作为食品安全控制的预防体系，确保所有加工的农产品及这些产品的加工条件是安全卫生的。

4. 欧盟 GMP　欧共体理事会、欧盟委员会发布了一系列食品生产、进口和投放市场的卫生规范和要求。欧盟的食品 GMP 包括以下 6 类规定：①对疾病实施控制的规定；②对农、兽药残留实施控制的规定；③对食品生产、投放市场的卫生规定；④对检验实施控制的规定；⑤对第三国食品准入的控制规定；⑥对出口国当局卫生证书的规定。

欧共体理事会发布的涉及 GMP 的代表性指令《水产品生产和投放市场的卫生条件》(91/493/EEC) 规定的卫生条件包括：①厂库和设备的一般条件；②卫生条件；③工作人员卫生条件；④加工卫生条件；⑤生产条件的卫生监控；⑥水产品的卫生标准。

5.2.2.2　GMP 在我国的发展

1. 国家卫生部颁布的 GMP　1988 至今，卫生部共颁布 23 个国标 GMP，其中包括 1 个通用 GMP 和 22 个专用 GMP，并作为强制性标准予以发布。

2. 原国家商检局颁布的 GMP　1984 年由原国家商检局制定了类似 GMP 的卫生法规《出口食品厂、库最低卫生要求》，对出口食品生产企业提出了强制性的卫生要求。后经过修改，于 1994 年 11 月由原国家进出口商品检验局发布了《出口食品厂、库卫生要求》。在此基础上，又陆续发布了 9 个专业卫生规范，共同构成了我国出口食品 GMP 体系。

3. 原国家环保局发布的有机食品 GMP　原国家环保局颁布的《有机（天然）食品生产和加工技术规范》共有 8 个部分：有机农业生产的环境；有机（天然）农产品生产技术规范；有机（天然）食品加工技术规范；有机（天然）食品贮藏技术规范；有机（天然）食品运输技术规范；有机（天然）食品销售技术规范；有机（天然）食品检测技术规范；有机农业转变技术规范。

4. 农业部发布的 GMP　到目前为止，农业部颁布的 GMP 有：《水产品加工质量管理规范》(SC/T 3009—1999，1999 年颁布，2001 年 1 月生效)；绿色食品生产技术规程；无公害食品生产规程；一些大宗农产品（粮油、果蔬、畜产品）生产技术规程（正在由财政部与农业部共同制定的“农业行业标准制订计划”推行）等。

5.2.3 GMP的目的、意义

5.2.3.1 GMP的目的

GMP是食品生产过程质量管理实践中总结、抽象、升华出来的规范化的条款，其目的是保证所生产的食品安全，它所覆盖的是所有食品、所有食品生产企业；推行食品GMP的主要目的在于提高食品的品质与卫生安全，保障消费者与生产者的权益，强化食品生产者的自主管理体制及促进食品工业的健全发展。

实施GMP目的有利于降低食品制造过程中人为的错误，防止食品在制造过程中遭受污染或品质劣变，要求建立完善的质量管理体系，这也是食品GMP的基本精神所在。

5.2.3.2 食品GMP的意义

食品企业GMP的意义在于为食品生产提供一套必须遵循的组合标准，为卫生行政部门、食品卫生监督员提供监督检查的依据，为建立国际食品标准提供基础，便于食品的国际贸易，使食品生产经营人员认识食品生产的特殊性，提供重要的教材，由此产生积极的工作态度，激发对食品质量高度负责的精神，消除生产上的不良习惯，使食品生产企业对原料、辅料、包装材料的要求更为严格，有助于食品生产企业采用新技术、新设备，从而保证食品质量。

5.2.4 GMP管理的基本内容和要求

GMP所规定的内容是食品加工企业必须达到的最基本的条件。

5.2.4.1 食品GMP的管理要素

GMP实际上是一种包括4M管理要素的质量保证制度，即选用规定要求的原料（Material），以合乎标准的厂房设备（Machines），由胜任的人员（Man），按照既定的方法（Methods），制造出品质既稳定又安全卫生的产品的一种质量保证制度。

5.2.4.2 按GMP方式制定和实施的食品制造标准的主要环节

各种原材料，每一工序中间产品的安全性和保证；为了避免食品中附着和混入夹杂物、重金属、残留农药、食品中毒的病原菌或有损于食品质量的微生物，必须采取有效措施，切实防止来自工厂设施、操作环境、机械器具、空中沉降细菌和操作人员等方面的污染；加强工艺技术方面的管理，实行双重检查，建立各工艺的检验制度、质量管理制度和对误差的防除措施；进行商标管理和管理记录的保存。

5.2.4.3 我国GMP的主要内容

我国食品企业最基本的GMP是GB 14881—2013《食品生产通用卫生规范》。此外，还颁布了多个专业食品加工企业卫生规范。

1. 我国食品加工企业GMP 2009年《食品安全法》颁布前，原卫生部以食品卫生国家标准的形式发布了近20多项“卫生规范”和“良好生产规范”。目前国家卫生计生委正在组织开展食品安全国家标准整合工作，通过整合食品生产经营过程的卫生要求标准，形成以

《食品生产通用卫生规范》为基础、40 余项涵盖主要食品类别的生产经营规范类食品安全标准体系。各行业主管部门发布的各类规范类标准将按照不与食品安全国家标准相抵触的原则，由各归口部门自行管理。

目前我国已颁布的 GMP 见表 5-1。

表 5-1　我国食品加工企业 GMP

序号	标准名称	标准号	归口单位
1	食品企业通用卫生规范	GB 14881—1994	卫生部
2	罐头厂卫生规范	GB 8950—1988	卫生部
3	白酒厂卫生规范	GB 8951—1988	卫生部
4	啤酒厂卫生规范	GB 8952—1988	卫生部
5	酱油厂卫生规范	GB 8953—1988	卫生部
6	食醋厂卫生规范	GB 8954—1988	卫生部
7	食用植物油厂卫生规范	GB 8955—1988	卫生部
8	蜜饯厂卫生规范	GB 8956—1988	卫生部
9	糕点厂卫生规范	GB 8957—1988	卫生部
10	乳制品企业良好生产规范	GB 12693—2003	卫生部
11	肉类加工厂卫生规范	GB 12694—1990	卫生部
12	饮料企业卫生规范	GB 12695—1990	卫生部
13	葡萄酒厂卫生规范	GB 12696—1990	卫生部
14	果酒厂卫生规范	GB 12697—1990	卫生部
15	黄酒厂卫生规范	GB 12698—1990	卫生部
16	面粉厂卫生规范	GB 13122—1991	卫生部
17	饮用矿泉水厂卫生规范	GB 16330—1996	卫生部
18	巧克力厂卫生规范	GB 17403—1998	卫生部
19	膨化食品厂卫生规范	GB 17404—1998	卫生部
20	保健食品厂卫生规范	GB 17405—1998	卫生部
21	熟肉制品企业生产卫生规范	GB 19303—2003	卫生部
22	定型包装饮用水企业生产卫生规范	GB 19304—2003	卫生部
23	水产品加工质量管理规范	SC/T 3009—1999	农业部
24	乳制品良好生产规范	GB 12693—2010	国家卫生计生委
25	粉状婴幼儿配方食品良好生产规范	GB 23790—2010	国家卫生计生委
26	特殊医学用途食品良好生产规范	GB 29923—2013	国家卫生计生委

2.《食品生产通用卫生规范》的主要内容　国家卫生计生委发布食品安全国家标准《食品生产通用卫生规范》(GB 14881—2013)，新标准强调了对原料、加工、产品贮存和运输等食品生产全过程的食品安全控制要求，为食品生产企业从事食品生产设置了最低门槛。新标准已于 2014 年 6 月 1 日起正式施行。

该标准分 14 章，内容包括：范围，术语和定义，选址及厂区环境，厂房和车间，设施与设备，卫生管理，食品原料、食品添加剂和食品相关产品，生产过程的食品安全控制，检验，食品的贮存和运输，产品召回管理，培训，管理制度和人员，记录和文件管理；附录“食品加工过程的微生物监控程序指南”针对食品生产过程中较难控制的微生物污染因素，向食品生产企业提供了指导性较强的监控程序建立指南。主要内容要求见表 5-2。

表 5-2 《食品生产通用卫生规范》的主要内容要求

条款	主要要求
3 选址及厂区环境	食品工厂的选址及厂区环境与食品安全密切相关。适宜的厂区周边环境可以避免外界污染因素对食品生产过程的不利影响。在选址时需要充分考虑来自外部环境的有毒有害因素对食品生产活动的影响，如工业废水、废气、农业投入品、粉尘、放射性物质、虫害等。如果工厂周围无法避免地存在类似影响食品安全的因素，应从硬件、软件方面考虑采取有效的措施加以控制
	厂区环境包括厂区周边环境和厂区内部环境，工厂应从基础设施（含厂区布局规划、厂房设施、路面、绿化、排水等）的设计建造到其建成后的维护、清洁等，实施有效管理，确保厂区环境符合生产要求，厂房设施能有效防止外部环境的影响
4 厂房和车间	良好的厂房和车间的设计布局有利于使人员、物料流动有序，设备分布位置合理，减少交叉污染发生风险。食品企业应从原材料入厂至成品出厂，从人流、物流、气流等因素综合考虑，统筹厂房和车间的设计布局，兼顾工艺、经济、安全等原则，满足食品卫生操作要求，预防和降低产品受污染的风险
5 设施与设备	企业设施与设备是否充足和适宜，不仅对确保企业正常生产运作、提高生产效率起到关键作用，同时也直接或间接地影响产品的安全性和质量的稳定性 正确选择设施与设备所用的材质以及合理配置安装设施与设备，有利于创造维护食品卫生与安全的生产环境，降低生产环境、设备及产品受直接污染或交叉污染的风险，预防和控制食品安全事故 设施与设备涉及生产过程控制的各直接或间接的环节，其中，设施包括供排水设施、清洁和消毒设施、废弃物存放设施、个人卫生设施、通风设施、照明设施、仓储设施、温控设施等；设备包括生产设备、监控设备，以及设备的保养和维修等
6 卫生管理	卫生管理是食品生产企业食品安全管理的核心内容。卫生管理从原料采购到出厂管理，贯穿于整个生产过程。卫生管理涵盖管理制度、厂房与设施、人员健康与卫生、虫害控制、废弃物、工作服等方面管理。以虫害控制为例，食品生产企业常见的虫害一般包括老鼠、苍蝇、蟑螂等，其活体、尸体、碎片、排泄物及携带的微生物会引起食品污染，导致食源性疾病传播，因此食品企业应建立相应的虫害控制措施和管理制度
7 食品原料、食品添加剂和食品相关产品	有效管理食品原料、食品添加剂和食品相关产品等物料的采购和使用，确保物料合格是保证最终食品产品安全的先决条件。食品生产者应根据国家法规标准的要求采购原料，根据企业自身的监控重点采取适当措施保证物料合格。可现场查验物料供应企业是否具有生产合格物料的能力，包括硬件条件和管理；应查验供货者的许可证和物料合格证明文件，如产品生产许可证、动物检疫合格证明、进口卫生证书等，并对物料进行验收审核。在贮存物料时，应依照物料的特性分类存放，对有温度、湿度等要求的物料，应配置必要的设备设施。物料的贮存仓库应由专人管理，并制定有效的防潮、防虫害、清洁卫生等管理措施，及时清理过期或变质的物料，超过保质期的物料不得用于生产。不得将任何危害人体健康的非食用物质添加到食品中。此外，在食品的生产过程中使用的食品添加剂和食品相关产品应符合 GB 2760、GB 9685 等食品安全国家标准

续表

条款	主要要求
8 生产过程的食品安全控制	生产过程中的食品安全控制措施是保障食品安全的重中之重。企业应高度重视生产加工、产品贮存和运输等食品生产过程中的潜在危害控制，根据企业的实际情况制定并实施生物性、化学性、物理性污染的控制措施，确保这些措施切实可行和有效，并做好相应的记录。企业宜根据工艺流程进行危害因素调查和分析，确定生产过程中的食品安全关键控制环节（如杀菌环节、配料环节、异物检测探测环节等），并通过科学依据或行业经验，制定有效的控制措施
9 检验	检验是验证食品生产过程管理措施有效性、确保食品安全的重要手段。通过检验，企业可及时了解食品生产安全控制措施上存在的问题，及时排查原因，并采取改进措施。企业对各类样品可以自行进行检验，也可以委托具备相应资质的食品检验机构进行检验。企业开展自行检验应配备相应的检验设备、试剂、标准样品等，建立实验室管理制度，明确各检验项目的检验方法。检验人员应具备开展相应检验项目的资质，按规定的检验方法开展检验工作。为确保检验结果科学、准确，检验仪器设备精度必须符合要求。企业委托外部食品检验机构进行检验时，应选择获得相关资质的食品检验机构。企业应妥善保存检验记录，以备查询
10 食品的贮存和运输	贮存不当易使食品腐败变质，丧失原有的营养物质，降低或失去应有的食用价值。科学合理的贮存环境和运输条件是避免食品污染和腐败变质、保障食品性质稳定的重要手段。企业应根据食品的特点、卫生和安全需要选择适宜的贮存和运输条件。贮存、运输食品的容器和设备应当安全无害，避免食品污染的风险
11 产品召回管理	食品召回可以消除缺陷产品造成危害的风险，保障消费者的身体健康和生命安全，体现了食品生产经营者是保障食品安全第一责任人的管理要求。食品生产者发现其生产的食品不符合食品安全标准或会对人身健康造成危害时，应立即停止生产，召回已经上市销售的食品；及时通知相关生产经营者停止生产经营，通知消费者停止消费，记录召回和通知的情况，如食品召回的批次、数量，通知的方式、范围等；及时对不安全食品采取补救、无害化处理、销毁等措施。为保证食品召回制度的实施，食品生产者应建立完善的记录和管理制度，准确记录并保存生产环节中的原辅料采购、生产加工、贮存、运输、销售等信息，保存消费者投诉、食源性疾病、食品污染事故记录，以及食品危害纠纷信息等档案
12 培训	食品安全的关键在于生产过程控制，而过程控制的关键在人。企业是食品安全的第一责任人，可采用先进的食品安全管理体系和科学的分析方法有效预防或解决生产过程中的食品安全问题，但这些都需要由相应的人员去操作和实施。所以对食品生产管理者和生产操作者等从业人员的培训是企业确保食品安全最基本的保障措施。企业应按照工作岗位的需要对食品加工及管理人员进行有针对性的食品安全培训，培训内容包括：现行的法规标准、食品加工过程中卫生控制的原理和技术要求、个人卫生习惯和企业卫生管理制度、操作过程的记录等，提高员工对执行企业卫生管理等制度的能力和意识
13 管理制度和人员	完备的管理制度是生产安全食品的重要保障。企业的食品安全管理制度涵盖从原料采购到食品加工、包装、贮存、运输等全过程，具体包括食品安全管理制度、设备保养和维修制度、卫生管理制度、从业人员健康管理制度、食品原料、食品添加剂和食品相关产品的采购、验收、运输和贮存管理制度、进货查验记录制度、食品原料仓库管理制度、防止化学污染的管理制度、防止异物污染的管理制度、食品出厂检验记录制度、食品召回制度、培训制度、记录和文件管理制度等
14 记录和文件管理	记录和文件管理是企业质量管理的基本组成部分，涉及食品生产管理的各个方面，与生产、质量、贮存和运输等相关的所有活动都应在文件系统中明确规定。所有活动的计划和执行都必须通过文件和记录证明。良好的文件和记录是质量管理系统的基本要素。文件内容应清晰、易懂，并有助于追溯。当食品出现问题时，通过查找相关记录，可以有针对性地实施召回

5.2.4.4 我国出口企业GMP的主要内容

出口食品企业的GMP主要是《出口食品生产企业卫生要求》。该要求是出口食品生产企业建立卫生质量体系及体系文件的基本依据。申请卫生注册或者卫生登记的出口食品生产、加工、贮存企业（以下简称出口食品生产企业）应当建立保证出口食品的卫生质量体系，并制定指导卫生质量体系运转的体系文件。

1. 国家认证认可监督管理委员会发布的《出口食品生产企业安全卫生要求》 根据《出口食品生产企业备案管理规定》(2011年第142号国家质检总局令)，国家认证认可监督管理委员会制定了《出口食品生产企业安全卫生要求》、《实施出口食品生产企业备案的产品目录》和《出口食品生产企业备案需验证HACCP体系的产品目录》，自2011年10月1日起施行。原《出口食品生产企业卫生要求》、《实施出口食品卫生注册、登记的产品目录》和《卫生注册需评审HACCP体系的产品目录》同时废止。

2. 国家认监委发布的出口食品专业注册卫生规范 国家认监委发布的出口食品专业注册卫生规范主要有《出口肉类屠宰加工企业注册卫生规范》、《出口肉类食品生产企业注册卫生规范》、《出口罐头食品生产企业注册卫生规范》、《出口水产品生产企业注册卫生规范》、《出口饮料生产企业注册卫生规范》、《出口茶叶生产企业注册卫生规范》、《出口速冻方便食品生产企业注册卫生规范》、《出口速冻果菜生产企业注册卫生规范》、《出口脱水食品生产企业注册卫生规范》、《出口肠衣生产企业注册卫生规范》及《出口水产品捕捞船注册卫生规范》等。

3. 国家认监委发布的食品安全管理体系认证专项技术规范 为完善食品安全管理体系认证制度，满足认证市场需求，结合相关国家标准变化及国家认监委认证技术规范备案情况，根据《食品安全管理体系认证实施规则》(国家认监委公告2010年第5号)相关规定，国家认监委于2014年6月16日公布了更新后的《食品安全管理体系认证专项技术规范目录》，共包括29类产品（表5-3）。

表5-3 食品安全管理体系认证专项技术规范目录

序号	标准名称	标准号
1	食品安全管理体系 肉及肉制品生产企业要求	GB/T 27301
2	食品安全管理体系 速冻方便食品生产企业要求	GB/T 27302
3	食品安全管理体系 罐头食品生产企业要求	GB/T 27303
4	食品安全管理体系 水产品加工企业要求	GB/T 27304
5	食品安全管理体系 果汁和蔬菜汁类生产企业要求	GB/T 27305
6	食品安全管理体系 餐饮业要求	GB/T 27306
7	食品安全管理体系 速冻果蔬生产企业要求	GB/T 27307
8	食品安全管理体系 谷物加工企业要求	CNCA/CTS 0006-2008A（CCAA 0001-2014）
9	食品安全管理体系 饲料加工企业要求	CNCA/CTS 0007-2008A（CCAA 0002-2014）
10	食品安全管理体系 食用油、油脂及其制品生产企业要求	CNCA/CTS 0008-2008A（CCAA 0003-2014）
11	食品安全管理体系 制糖企业要求	CNCA/CTS 0009-2008A（CCAA 0004-2014）
12	食品安全管理体系 淀粉及淀粉制品生产企业要求	CNCA/CTS 0010-2008A（CCAA 0005-2014）

续表

序号	标准名称	标准号
13	食品安全管理体系 豆制品生产企业要求	CNCA/CTS 0011-2008A（CCAA 0006-2014）
14	食品安全管理体系 蛋及蛋制品生产企业要求	CNCA/CTS 0012-2008A（CCAA 0007-2014）
15	食品安全管理体系 糕点生产企业要求	CNCA/CTS 0013-2008A（CCAA 0008-2014）
16	食品安全管理体系 糖果类生产企业要求	CNCA/CTS 0014-2008A（CCAA 0009-2014）
17	食品安全管理体系 调味品、发酵制品生产企业要求	CNCA/CTS 0016-2008A（CCAA 0010-2014）
18	食品安全管理体系 味精生产企业要求	CNCA/CTS 0017-2008A（CCAA 0011-2014）
19	食品安全管理体系 营养保健品生产企业要求	CNCA/CTS 0018-2008A（CCAA 0012-2014）
20	食品安全管理体系 冷冻饮品及食用冰生产企业要求	CNCA/CTS 0019-2008A（CCAA 0013-2014）
21	食品安全管理体系 食品及饲料添加剂生产企业要求	CNCA/CTS 0020-2008A（CCAA 0014-2014）
22	食品安全管理体系 食用酒精生产企业要求	CNCA/CTS 0021-2008A（CCAA 0015-2014）
23	食品安全管理体系 饮料生产企业要求	CNCA/CTS 0026-2008A（CCAA 0016-2014）
24	食品安全管理体系 茶叶、含茶制品及代用茶加工生产企业要求	CNCA/CTS 0027-2008A（CCAA 0017-2014）
25	食品安全管理体系 坚果加工企业要求	CNCA/CTS 0010-2014（CCAA 0018-2014）
26	食品安全管理体系 方便食品生产企业要求	CNCA/CTS 0011-2014（CCAA 0019-2014）
27	食品安全管理体系 果蔬制品生产企业要求	CNCA/CTS 0012-2014（CCAA 0020-2014）
28	食品安全管理体系 运输和贮藏企业要求	CNCA/CTS 0013-2014（CCAA 0021-2014）
29	食品安全管理体系 食品包装容器及材料生产企业要求	CNCA/CTS 0014-2014（CCAA 0022-2014）

注：①CNCA，中国国家认证认可监督管理委员会；②CCAA，中国认证认可协会。

4. 食品安全国家标准中的 GMP　食品安全国家标准中的 GMP 包括 GB 12693—2010《食品安全国家标准　乳制品良好生产规范》、GB 23790—2010《食品安全国家标准　粉状婴幼儿配方食品良好生产规范》和 GB 29923—2013《特殊医学用途食品良好生产规范》。

5.3　卫生标准操作程序（SSOP）

5.3.1　SSOP 是实施 HACCP 的基础

良好生产规范（GMP）和卫生标准操作规程（SSOP）是建立 HACCP 的前提性条件或基础程序。

GMP 是整个食品安全控制体系的基础，SSOP 计划是根据 GMP 中有关卫生方面的要求制定的卫生控制程序，HACCP 计划则是控制食品安全的关键程序。SSOP 实际上是落实 GMP 卫生法规的具体程序，SSOP 的制定和有效执行是企业实施 GMP 法规的具体体现，使 HACCP 计划在企业得以顺利实施；GMP 法规是政府颁发的强制性法规，而企业的 SSOP 文本是由企业自己编写的卫生标准操作程序。

5.3.2　卫生标准操作程序（SSOP）

5.3.2.1　SSOP 的定义

SSOP 是“Sanitation Standard Operating Procedure”的缩写，中文意思为“卫生标准

操作程序”。SSOP是为了确保加工过程中消除不良的人为因素，使其所加工的食品符合卫生要求而制定的一个指导食品生产加工过程中如何实施清洗、消毒和保持卫生的指导性文件，是食品生产和加工企业建立和实施食品安全管理体系的重要前提条件。

5.3.2.2 SSOP的起源

20世纪90年代美国食源性疾病频繁暴发，造成每年大约700万人次感染、7000人死亡，调查数据显示，其中有大半感染或死亡的原因与肉、禽产品有关。这一结果促使美国农业部（USDA）不得不重视肉、禽生产的状况，决心建立一套包括生产、加工、运输、销售所有环节在内的肉禽产品生产安全措施，从而保障公众的健康。1995年2月颁布的《美国肉、禽类产品HACCP法规》（9CFRPart 304）中第一次提出了要求建立一种书面的、常规可行的程序——卫生标准操作程序（SSOP），确保生产出安全、无掺杂的食品，但在这一法规中并未对SSOP的内容做出具体规定。同年12月，美国FDA颁布的《美国水产品HACCP法规》中进一步明确了SSOP必须包括的8个方面及验证等相关程序，从而建立了SSOP的完整体系。此后SSOP一直作为HACCP的基础程序加以实施，成为完成HACCP体系的重要前提条件。

5.3.2.3 SSOP的作用

企业可根据法规和自身需要建立文件化的SSOP。企业建立SSOP的作用在于指导食品生产加工过程中如何实施清洗、消毒和卫生保持，正确制定和有效执行，对控制危害非常有价值。

5.3.2.4 SSOP的主要内容

根据美国FDA的要求，SSOP计划至少包括8项内容：①与食品接触或与食品接触物表面接触的水（冰）的安全；②与食品接触的表面（包括设备、手套、工作服）的清洁度；③防止交叉污染；④手的清洗与消毒，厕所设施的维护与卫生的保持；⑤防止食品被污染物污染；⑥有毒化学物质的标记、贮存和使用；⑦员工的健康与卫生控制；⑧虫害的防治。

5.3.3 卫生标准操作程序（SSOP）的建立

食品企业在建立和实施卫生控制程序时，应保证必须建立和实施书面的SSOP计划；必须检测卫生状况和操作；必须及时纠正不卫生的状况和操作；必须保持卫生控制和纠正记录。

SSOP的一般规定如下。

5.3.3.1 水(冰)的安全

生产用水(冰)的卫生质量是影响食品卫生的关键因素。对于任何食品的加工，首要的一点就是保证水的安全。

1. 关键卫生条件 包括：①与食品和食品接触面有关的水的安全供应；②制冰用水的安全供应；③饮用水和非饮用水之间没有交叉相关联系。

2. 水质标准 食品加工厂加工用水必须充足且来源于适当的水源。水质标准包括：①符合国家《生活饮用水卫生标准》(GB 5749)；②水产加工中原料冲洗使用的海水应符合《海水水质标准》(GB 3097)；③饮料用水的质量标准应符合《软饮料用水的质量标准》(GB 1097)；④申请国外注册的食品加工厂，水质符合进口国规定。

3. 设施要求　供水设施被污染的原因：交叉污染；压力回流、虹吸管回流。供水设施要完好，一旦损坏后就能立即维修好，应避免供水设施被其他液体污染；防回流的措施，水管离水面距离应 2 倍于水管直径；水管管道有空气隔断；备有水管龙头真空排气阀；对两种供水系统并存的企业，采用不同颜色管道，防止生产用水与非生产用水混淆；洗手消毒水龙头为非手动开关；加工案台等设施备有将废水直接导入下水道的装置；备有高压水枪；有蓄水池（塔）的工厂，水池要有完善的防尘、防虫鼠措施；工厂保持详细供水网络图，以便日常对生产供水系统管理与维护。

4. 饮用水与污水交叉污染的预防

1）供水管理　供水设施要完好，一旦损坏后能立即维修好；管道的设计要防止冷凝水集聚下滴污染裸露的加工食品；防止饮用水管、非饮用水管及污水管间交叉污染。

2）废水排放　从废水排放方面预防饮用水与污染水交叉污染，应考虑以下几点：①地面的坡度控制在 2％以上；②加工用水、台案或清洗消毒池的水不能直接流到地面；③明沟的坡度设置在 1％～1.5％，暗沟要加篦子；④废水的流向应从清洁区到非清洁区或各区域单独排到排水网络；⑤与外界接口应防异味，防鼠，防蚊蝇。

3）污水处理　污水排放前应做必要的处理，排放应符合国家环保部门的要求。

5. 监控

1）企业监测项目与方法　余氯——试纸、比色法、化学滴定法；pH——试纸、比色法、化学滴定法；微生物——细菌总数（GB 5750）、大肠菌群（GB 5750）、粪大肠菌群。

2）企业监测频率　企业对水余氯每天一次，一年对所有水龙头都监测到；企业对水的微生物监测至少每月一次；当地卫生部门对城市公用水全项目每年至少一次，并有报告正本；对自备水源监测频率要增加，一年至少两次。

6. 记录　包括：①每年 1～2 次由当地卫生部门进行的水质检验报告的正本；②自备水源的水池、水塔、储存罐等有清洗消毒计划和监控记录；③食品加工企业每月一次对生产用水进行细菌总数、大肠菌群的检验记录；④每日对生产用水的余氯检验；⑤生产用直接接触食品的冰，自行生产者，应具有生产记录，记录生产用水和工、器具卫生状况，如是向冰厂采购，冰厂应具备生产冰的卫生证明；⑥申请向国外注册的食品加工企业需根据注册国家要求项目进行监控检测并加以记录。

5.3.3.2　与食品接触的表面（包括设备、手套、工作服）的清洁度

保持与食品接触面的清洁度是为了防止污染食品。食品接触面要保持良好状态，其设计、安装应便于卫生操作，表面结构应抛光或采用浅色表面，易于识别表面残留物，易清除设备夹杂食品残渣。手套和工作服要保持清洁、良好，应易于清洗和消毒。

1. 关键卫生条件　食品接触面的状况和清洁度。

2. 食品接触面的要求

1）食品接触面　与食品直接接触的表面通常是加工设备（制冰机、传送带、饮料管道、储水池等）、器具、操作台、包装材料内表面、加工人员的手、工作服、手套等；间接接触的表面包括车间墙壁、顶棚、照明、通风排气等设施；未经清洁消毒的冷库；车间和卫生间的门把手；操作设备的按钮；车间内电灯开关、垃圾箱、外包装等。

2）材料要求　一般用无毒、浅色、不吸水、不渗水、不生锈、不吸尘、抗腐蚀、耐磨、不与清洁和消毒的化学品产生反应的无毒材料制成；不用木制品、纤维制品、含铁金

属、镀锌金属、黄铜等。

3）*设计安装要求* 设计安装及维护方便；制作精细，无粗糙焊缝、凹陷、破裂等，排水并不积存污物；始终保持完好的维修状态；安装时，在加工人员犯错误情况下不至造成严重后果。

3. 清洗消毒

1）*清洗的目* 为了提高消毒效率，清洗介质一般用清水、温水或加有洗涤剂的水溶液。大型设备每班生产结束后立即清洗，常规设备、器具在生产中根据需要随时清洗。

2）*清洗消毒步骤* 一般为5～6个步骤：清洗污物→预冲洗→用清洁剂清洗→清水冲洗→消毒→最后冲洗（如使用化学方法消毒）。

3）*洗涤剂* 一般有普通洗涤剂、酸或碱洗涤剂、含氯洗涤剂、含有酶的洗涤剂等。

洗涤剂效果与洗涤接触时间、清洗温度等因素有关。选择清洗剂和消毒剂以及使用方法的决定因素：污染物的性质，需清洗和消毒的程度，被清洗表面的类型，用于清洗和消毒的设备和类型。

（1）加工设备与加工器具。首先进行彻底清理、冲洗，然后消毒（82℃热水、碱性清洁剂、含氯碱、酸、酶、消毒剂、余氯200mg/L浓度、紫外线、臭氧）；设有隔离的工器具洗涤消毒间（不同清洁度工器具应分开）。

（2）工作服和手套。集中由洗衣房清洗消毒（专用洗衣房、设施与生产能力相适应）；不同清洁区域的工作服分别清洗消毒，清洁区工作服与非清洁区工作服分别放置；存放工作服的房间设有臭氧、紫外线等设备，且干净、干燥和清洁。

（3）清洁频率。大型设备，每班加工结束后；工器具的清洁根据不同产品而定；被污染后立即进行。

（4）空气消毒。采用：①紫外线照射法，每10～15m^2安装一支30W紫外线灯，消毒时间不少于30min，低于20℃、高于40℃或湿度大于60%的车间紫外线杀菌时间要延长；适用于更衣室、厕所等；②臭氧消毒法，加工车间一般臭氧消毒1h；适用于加工车间、更衣室等；③药物熏蒸法，用过氧乙酸、甲醛等对冷库和保温车进行消毒，用量为10mL/m^2。

4. 监控 目的是确保食品接触面的设计、安装便于卫生操作，维护、保养符合卫生要求，并能及时充分地进行清洁和消毒。

1）*监控对象* 食品接触面的状况、清洁和消毒、消毒剂类型和浓度、手套、工作服的清洁状况及保养。

2）*方法*

（1）视觉检查——状况良好，表面清洁，保养良好。

（2）化学检测——消毒剂浓度。

（3）验证检查——表面微生物检查，监控频率取决于监测对象，视使用条件而定。经过清洁消毒的设备和工器具、食品接触表面细菌总数低于100个/m^2为宜，沙门氏菌及金黄色葡萄球菌等致病菌不得检出。

对车间空气的洁净程度，可通过空气暴露法进行检验。采用普通肉琼脂，直径为9cm的平板在空气中暴露5min后，经37℃培养的方法进行检测。平板菌数为30个以下的，空气为清洁，评价为安全；当达到50～70个，空气为低等清洁。

5. 纠正 在检查发现问题时应采取适当的方法及时纠正，如再清洁和消毒、检查消毒剂浓度、培训员工等。

6. 记录 卫生监控记录的目的是提供证据，证实工厂消毒计划充分，并已执行，发现问题能及时纠正。

记录包括：①生产一线人员的手部卫生记录及手套、工作服洁净检查记录；②操作表面和生产所用器具的监控记录；③设备的完好与卫生状况记录；④车间（地面、墙面）卫生清扫及卫生状况记录；⑤更衣室、加工车间的空气卫生程度记录；⑥内包装物料的卫生程度记录；⑦纠偏措施记录。

5.3.3.3 防止发生交叉污染

交叉污染是通过生的食品、食品加工者或食品加工环境，把生物或化学的污染物转移到食品的过程。

1. 关键卫生条件 关键卫生条件包括：①防止员工操作造成的产品污染；②生的食品和即食食品的隔离；③防止工厂设计造成的污染。

2. 交叉污染的来源与控制

1）造成交叉污染的原因

（1）工厂选址、设计、车间布局不合理；

（2）加工人员个人卫生不良；

（3）清洁消毒不当，卫生操作不当；

（4）生、熟产品未分开；

（5）原料和成品未隔离。

2）预防交叉污染发生的措施

（1）工厂选址、设计：周围环境不造成污染；厂区内不造成污染；按有关规定（提前请有关部门审图纸）。

（2）车间布局：工艺流程布局合理；初加工、精加工、成品包装分开；生、熟加工分开；清洗消毒与加工车间分开。

（3）明确人流、物流、水流、气流方向：人流→从高清洁区到低清洁区；物流→不造成交叉污染，可用时间、空间进行分隔；水流从高清洁区到低清洁区；气流→入气控制、正压排气。

（4）加工人员卫生操作、洗手、首饰、化妆、饮食等的控制；手接触不洁物、如厕后、处理完脏的设备和工具后要洗手和消毒。

3. 监控 主要包括：在开工、交班、餐后继续加工时进入生产车间；生产连续监控；产品贮存区域（如冷库）每日检查。

4. 纠正 包括：发生交叉污染后，采取步骤防止再发生；必要时停产，直到有改进；如有必要，评估产品的安全性；记录采取的纠正措施。

5. 记录 包括：①企业人员接受卫生培训的记录；②每日卫生监控记录，观察记录工厂状况是否满意；③消毒控制记录（生产车间的地面、墙壁、空间、门窗设备、器具的清洗和消毒记录）；④个人卫生检查记录；⑤进入车间的员工规范着装检查记录；⑥纠正措施记录。

5.3.3.4 手的清洗和消毒、厕所设备的维护与卫生保持

卫生设施的齐备和完好，为食品加工企业提供了一个控制卫生、防止交叉污染的条件。

1. 关键卫生条件 包括：①手部清洗设施的状况；②手部消毒设施的状况；③厕所设施的状况。

2. 设施及要求

1）设施

（1）洗手消毒的设施。洗手消毒设施包括非手动开关的水龙头、冷热水、皂液器、消毒槽、干手设备、流动消毒车等，应安放于车间人口、卫生间、车间内，应设在方便使用的地方，并有醒目标识。

（2）卫生间设施。厕所设更衣、换鞋设施（数量以15～20人设1间为宜）、手纸和废纸篓、洗手设施、烘手设备等。还应有专人经常地打扫并随时进行消毒，卫生状况保持良好，不造成污染。

2）洗手消毒的设施要求

（1）洗手设施。非手动开关的水龙头，有温水供应（43℃左右），在冬季洗手消毒效果好；合适、满足需要的洗手消毒设施；流动消毒车。

（2）厕所设施。位置与车间相连接时，门不能直接朝向车间，有更衣、换鞋设施；数量要与加工人员相适应；手纸和纸篓保持清洁卫生；设有洗手设施和消毒设施；有防蚊蝇设施。

（3）厕所的要求（包括所有的厂区、车间和办公楼的厕所）。通风良好，地面干燥，保持清洁卫生；进入厕所前要脱下工作服和换鞋；设有洗手消毒设施、非手动开关的水龙头，以便如厕后进行洗手和消毒。

（4）设备的维护与卫生保持。设备保持正常运转状态；卫生保持良好，不造成污染；在检查发现问题时应采取适当的方法纠正。

3. 洗手消毒方法

（1）良好的进车间洗手程序。穿工作服→穿工作鞋→清水洗手→用皂液或无菌皂洗手→清水冲净皂液→于50mg/kg氯酸钠溶液浸泡30s→清水冲洗→干手（干手器或一次性纸巾或毛巾）。

（2）良好的如厕程序。脱工作服→脱工作鞋→如厕→冲厕→用皂液或无菌皂洗手→清水冲净皂液→干手→消毒→穿工作服→穿工作鞋→洗手消毒→进入工作区域。

（3）洗手消毒频率。每次进入加工车间时、手接触了污染物后、如厕后，或根据不同加工产品的规定。

4. 监控 主要监控措施包括：①每天至少检查一次设施的清洁与完好；②卫生监控人员巡回监督；③化验室定期做表面样品检验；④检测消毒液的浓度。

5. 纠偏措施 检查发现问题，重新洗手消毒，及时清理不卫生情况，设施损坏的要及时维修或更换。补充洗手间里的用品，若手部消毒液浓度不适宜，则将其倒掉并配制新液。

6. 记录 记录主要包括：①洗手间或洗手池和厕所设施的状况；②消毒液温度、浓度记录；③纠正措施记录。

5.3.3.5 防止食品被污染物污染

食品加工企业经常要使用一些化学物质，如清洁剂、润滑油、燃料和杀虫剂等；生产过程中还会产生一些污物和废弃物，如冷凝物、地板污物、下脚料等，要防止这些物质污染食品及食品包装。

1. 关键卫生条件　保证食品、食品包装材料和食品所有接触表面不被微生物的、化学的及物理的污染物污染。在食品加工过程中，食品、食品包装材料和食品所有接触表面易被微生物、化学品及物理的污染物污染，被称为外部污染。

2. 食品被污染物污染的原因及控制

1）污染物的来源

（1）食品中物理性污染。通常来自于无保护装置的照明设备（如照明设施突然爆裂产生的碎片）、车间天花板或墙壁产生的脱落物、工器具上脱落的漆片或铁锈片、木器或竹器具上脱落的硬质纤维、人体掉落的头发等。

（2）食品中化学性污染。企业使用的杀虫剂、清洁剂、润滑剂、消毒剂、燃料等的残留。

（3）食品中微生物污染。来自于车间内被污染的水滴和冷凝水、不清洁水的飞溅、空气中的尘埃或颗粒、地面污物、不卫生的包装材料、唾液、喷嚏等。

2）防止与控制

（1）车间。保持车间的良好通风和温度，顶棚呈圆弧形，对蒸汽量大的车间有专门的排气装置，控制车间温度，提前降温，尽量缩小温差，及时清扫，有效控制水滴和冷凝水形成。

（2）包装物料的控制。物料存放库要保持干燥清洁、通风、防霉，内外包装分别存放，上有盖布，下有垫板，并设有防虫鼠设施；每批内包装进厂后要进行微生物检验，了解细菌数、致病菌的种类和数量，必要时进行消毒。

（3）灯具。加装防护罩，将易脱落碎片的器具更换为耐腐蚀、易清洗的不锈钢器具。

（4）化学品的正确使用和妥善保管。加工设备上的润滑油选用食用级的，对有毒、有害的化学品严格管理，禁止使用标签的化学品，保护食品不受污染。

（5）食品的贮存库。保持卫生，不同产品、原料、成品分别存放，设有防鼠设施。

（6）对员工进行培训，强化卫生操作意识。

3. 监控

（1）监控对象。任何可能污染食品或食品接触面的掺杂物，如潜在的有毒化合物、不卫生的水（包括不流动的水）和不卫生的表面所形成的冷凝物。

（2）监控频率。建议在生产开始时及工作时间每 4h 检查一次。

4. 纠偏措施　宜采取的纠正措施包括：①除去不卫生表面的冷凝物、调节空气流通和车间温度以减少凝结；②用遮盖物防止冷凝物落到食品、包装材料及食品接触面上；③清除地面积水、污物、清洗化合物残留；④评估被污染的食品；⑤对员工培训正确使用化合物；⑥丢弃没有标签的化合物。

5. 记录　主要有：①原辅料库卫生检查记录；②车间消毒记录，车间空气菌落沉降实验记录；③包装材料的领用、出入库记录；④食品微生物检验记录；⑤纠偏记录。

5.3.3.6　有毒化学物质的标记、贮存和使用

食品加工企业使用的化学物质包括洗涤剂、消毒剂、杀虫剂、润滑剂、食品添加剂等，使用时必须小心谨慎，按照产品说明书使用，做到正确标记、贮存安全，否则会导致企业加工的食品被污染。

1. 关键卫生条件　有毒化合物的正确标记、贮藏和使用。

2. 有毒化合物的购买要求

(1) 所使用化学药品必须具备主管部门批准生产、销售、使用的证明，列明主要成分、毒性、使用剂量和注意事项，并标识清楚。

(2) 工作容器标签必须标明容器中试剂或溶液名称、生产厂名、厂址、生产日期、批准文号、浓度、使用说明，并注明有效期。

(3) 建立化学物品的入库记录，使用登记表和核销记录，制定化学物品进库验收制度和验收记录。

3. 有毒化学物质的贮存和使用

(1) 编写有毒有害化学物质一览表。

(2) 所使用的化合物应有主管部门批准生产、销售，使用说明的证明，主要成分、毒性、使用剂量和注意事项，正确使用的方法等。

(3) 单独的区域贮存，用带锁的柜子，防止随便乱拿，设有警告标示，并远离加工区域；存放错误的化学物品要及时回位。

(4) 化合物正确标识，标识清楚，重新标记那些内容物模糊不清的工作容器，标明有效期，使用登记记录。

(5) 有毒化学物质的贮存和使用由经过培训的人员管理。

(6) 及时销毁不能使用的盛装化学物品的工作容器。

4. 监控　经常检查确保符合要求，建议一天至少检查一次，整天都时刻注意。

5. 纠偏措施　宜采取的纠正措施包括：①转移存放错误的化合物；②对标记不清的拒收或退回，并正确标记；③加强保管、使用人员的培训；④评价食品的安全性；⑤评价不正确使用有毒化合物造成的影响；⑥处理已坏的容器。

6. 记录　记录主要有：①有毒、有害物的使用审批记录；②有毒、有害物的领用记录；③有毒、有害物的配制记录；④监控及纠偏记录。

5.3.3.7　员工的健康与卫生控制

食品企业的生产人员（包括检验人员）是直接接触食品的人，其身体健康及卫生状况直接影响食品卫生质量。根据相关食品卫生管理法规定，凡从事食品生产的人员必须经过体检合格，获得健康证者方能上岗。

1. 关键卫生条件　管理好患病或有外伤或其他身体不适的员工，他们可能成为食品的微生物污染源。

2. 员工的健康与卫生习惯管理要求

1) 健康检查

(1) 制订体检计划。食品生产企业应制订体检计划，并设有体检档案，凡患有有碍食品卫生的疾病，如病毒性肝炎、活动性肺结核、肠伤寒及其带菌者、细菌性痢疾及其带菌者、化脓性或渗出性脱屑皮肤病、手外伤未愈合者不得参加直接接触食品加工；痊愈后经体检合格后可重新上岗。

(2) 体检时间。员工上岗前进行健康检查；定期健康检查，每年进行一次体检；有必要时可半年体验一次。

2）培养良好卫生习惯　生产人员要养成良好的个人卫生习惯，按照卫生规定从事食品加工，进入加工车间更换清洁的工作服、帽、口罩、鞋等，不得化妆、戴首饰和手表等；按照卫生规定从事食品加工的生产人员要认识到疾病对食品卫生带来的危害，主动向管理人员汇报自己和他人的健康状况；进行卫生培训。

食品生产企业应制订有卫生培训计划，定期对加工人员进行培训，并将记录存档。

3. 监控　员工应每年进行一次健康检查，车间负责人每天都要对员工的身体健康状况进行了解。

4. 纠偏措施　宜采取的纠正措施包括：①未及时体检的员工进行体检，体检不合格的调离生产岗位，直至痊愈；②患病人员调离生产岗位直至痊愈；③不按要求穿戴、身上有异物者，立即更正；④受伤者（刀伤、化脓）自我报告或检查发现；⑤制订卫生培训计划，加强员工的卫生知识培训，并记录存档。

5. 记录　记录主要包括：①企业员工体检记录及健康档案；②员工卫生培训记录；③企业员工日常卫生检查记录；④因病调离岗位或病愈健康重返岗位的员工姓名、日期、病因、治疗结果、重新体检的项目和结果（纠偏）记录。

5.3.3.8　虫害的防治

1. 虫害　害虫主要是指苍蝇、老鼠、蟑螂等，苍蝇和蟑螂可以传播沙门菌、葡萄球菌、产气荚膜梭菌、肉毒梭菌、志贺菌、链球菌及其他病菌；啮齿类动物是沙门菌宿主；鸟类携带有大量的病菌，如沙门菌和李斯特菌。通过虫害传播食源性疾病的数量是巨大的，虫害、鼠害的灭除对食品加工厂而言是非常重要的，食品加工环境中有虫害会影响食品的安全卫生，会导致疾病传染给消费者。

2. 关键卫生条件　食品加工厂内不允许有害虫。

3. 虫害的防治方法

（1）制订害虫扑灭及控制计划。每个食品企业都应制订可行的、全厂范围内的有害动物扑灭及控制计划，制订灭鼠分布图、清扫消毒执行规定。

（2）重点控制地点。厕所、食品下脚料出口、垃圾箱周围、原辅料与成品仓库周围、食堂周围。

（3）清除虫害滋生地，清洁周边环境。

（4）预防进入车间，采用风幕、水幕、纱窗、黄色门帘、暗道、挡鼠板、翻水弯等。

（5）采用生物杀虫剂灭虫。

（6）车间入口用灭蝇灯。

（7）采用黏鼠胶、鼠笼等器具灭鼠，不能用灭鼠药。

4. 虫害监控　对工厂内害虫可能侵入的各个防控点要进行检查监控，主要包括：①监控地面杂草、灌木丛、脏水、垃圾等吸引害虫或隐藏害虫的保护屏障是否清除；②设置的“捕虫器”是否完好；③是否有家养动物或野生动物出现的痕迹，门窗是否完好或密封，有无纱窗、水帘等防护层；④设备周边是否清洁，有无吸引害虫的食品残渣；⑤排水沟是否清洁，水沟盖是否完好，有无吸引害虫的杂物；⑥黑光灯捕捉器装置安装是否合理、是否定期清洁、工作是否正常。

虫害监控频率根据检查对象的不同而不同。对于工厂内虫害可能入侵的检查，可以每月或每周检查一次；对工厂内遗留痕迹的检查，通常为每天检查；也可根据经验来调整监控频率，如害虫、害鼠活动的季节，应在必要时加强控制措施。

5. 纠偏措施

(1) 根据发现死鼠的数量、次数及老鼠活动痕迹等情况，及时调整方案，必要时调整捕鼠夹的疏密或更换不同类型的捕鼠夹。

(2) 根据杀虫灯检查记录以及虫害发生情况，及时调整灭虫方案，必要时维修和更换或加密杀虫灯，以及其他应急措施。

6. 记录　记录主要包括：①企业定期灭虫、灭鼠行动及检查记录；②企业卫生清扫及消毒（次数、过程、范围、消毒剂种类、周期）检查记录；③重点区域的虫害防治和消灭监控记录；④全厂性的卫生执行纠偏记录。

5.3.4 SSOP 与 HACCP 控制危害的区别

对于某些卫生控制来说，设定关键限值（原理 3）、纠偏行动（原理 5）是很困难的，将额外的卫生监测列入关键控制点控制，会加重 HACCP 计划的负担，分散对关键加工程序的注意力。通常，已鉴别的危害是与产品本身或某个单独的加工步骤有关的，则必须由 HACCP 来控制；已鉴别的危害是与环境或人员有关的，一般由 SSOP 控制较好。这并不是降低其重要性，只是因为 SSOP 控制更加适合（表 5-4）。

表 5-4　HACCP 与 SSOP 控制危害的区别

危害	控制	控制的类型	控制计划
组胺	贮存、运输、加工鲭鱼的时间和温度	特定的产品	HACCP
致病菌存活	烟熏鱼的时间和温度	加工步骤	HACCP
致病菌污染	接触产品前洗手	人员	SSOP
	限制员工在生熟区之间走动	人员	SSOP
	清洗、消毒食品接触面	工厂环境	SSOP
化学品污染	只使用食品级的润滑油	工厂环境	SSOP

通过表 5-4 可以看出哪些危害需要由 HACCP 控制，哪些危害需要由 SSOP 控制。有时同一个危害可能由 HACCP 和 SSOP 共同控制，如 HACCP 控制致病菌的杀灭、SSOP 控制致病菌的再污染等。

5.3.5 SSOP 的制定

食品加工企业应该按照本节推荐的 8 个重要方面（可以视情况增加内容），结合本企业的实际情况制定具体的 SSOP。SSOP 文件一般包括每个方面的要求和程序、每一个环节的作业指导书，以及执行、检查和纠正记录。

5.3.5.1 要求和程序

主要包括：①明确每一个方面应达到什么样的要求或目标；②为了达到目标，需要什么样的硬件设施或物资；③由哪些部门和人员负责实施、检查、纠正、记录，如何分工；④何时去做；⑤如何去做（引导作业指导书名称或文件编号）。

5.3.5.2　作业指导书

作业指导书是针对某一件具体事情而编写的文件，如水塔如何清洗消毒，刀具如何清洗、消毒，肉糜斩拌机如何清洗、消毒，牛奶泵和输送管道如何清洗、消毒，消毒剂如何配制及检测浓度，等等。

作业指导书中应写明：每一件事情应达到的目标，需要哪些物资，由谁来完成，具体的实施步骤，多长时间做一次，如何检查其效果，如何纠正，如何记录，等等。要使每一岗位上的每一员工看到作业指导书后，就知道自己应该干什么、何时干、如何干、干到什么程度，即达到什么要求。作业指导书的编写切忌空洞、脱离实际和没有可操作性。

5.3.5.3　记录

SSOP 中必须包括预先设计好的各种记录表格，包括执行记录表、监控和检查记录表、纠正记录表、员工培训记录表等。

记录格式的设计必须符合操作实际，具有可操作性；记录栏目的内容必须反映出所做事情的客观实际。有具体数据的地方，应记录具体数据。

记录表中应有执行人员和检查人员签名字、填时间的地方。

5.4　HACCP 原理及应用

5.4.1　HACCPP 计划的前提条件

HACCP 体系必须建立在一系列前提的基础之上，否则它将失去作用。食品加工企业首先必须满足相关的卫生法规要求，其次建立完善的前提条件和程序，在此基础上建立并有效实施 HACCP 计划。

食品生产加工企业建立和实施 HACCP 计划的前提条件至少包括：①满足良好操作规范（GMP）的要求；②建立并有效实施卫生标准操作程序（SSOP）；③建立并有效实施产品的标识、追溯和回收计划；④建立并有效实施加工设备与设施的预防性维护保养程序；⑤建立并有效实施教育和培训计划。

其他的前提条件还可包括实验室管理、文件资料的控制、加工工艺控制、产品品质控制程序等。

5.4.2　HACCP 七大原理

1993 年，由联合国粮食与农业组织（FAO）和世界卫生组织（WHO）联合创建的食品法典委员会（CAC），开始鼓励各国使用 HACCP，其下属机构食品卫生委员会（The Food Hygiene Committee of Codex Alimentation Commission）起草了《HACCP 原理应用指导》，提出了 HACCP 七项基本原理。

5.4.2.1　原理一：危害分析和预防措施

1. 危害及危害分析　危害指可以引起食物不安全消费的生物、化学或物理的因素，包括生物危害、化学危害、物理危害。

危害分析是一个过程，是收集和评估与食品危害有关的信息，从而确定必须在 HACCP 体系中加以控制的显著危害的过程。所谓食品危害分析是指识别出食品中可能存在的、给人们身体带来伤害或疾病的生物、化学和物理因素，并评估危害的严重程度和发生的可能性，以便采取措施加以控制。食品危害分析一般分为危害识别和危害评估。

2. 危害的分类　食品的危害识别在 HACCP 体系中是十分关键的环节，它要求在食品原料使用、生产加工和销售、包装、运输等各个环节对可能发生的食品危害进行充分的识别，列出所有潜在的危害，以便采取进一步的行动。食品中的危害一般可分为生物危害、化学危害和物理危害（图 5-1）。

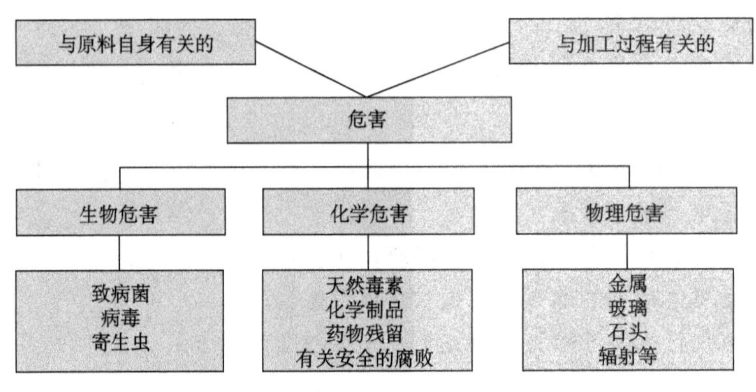

图 5-1　危害的分类

食品生产企业通过其生产活动对生物危害、化学危害和物理危害进行控制，按照控制措施的作用可以分为三类：①能够防止食品安全危害发生的，如原料来源的控制，即选用不受农兽药污染的原料；②能够消除食品安全危害的，如热处理杀灭致病菌、永磁桶吸附铁屑等；③在已知消除或预防危害不可能的情况下，尽可能地减少危害的存在，将危害降低到可接受水平，如在生鱼片加工中将肉眼可见的寄生虫通过人工挑选的方法去除。

3. 危害的来源

1）*生物性危害*　生物性危害（biological hazard）主要指生物（尤其是微生物）本身及其代谢过程、代谢产物（如毒素）对食品原料、加工过程、储运、销售直到使用中的污染，危害人体健康。按生物的种类有以下几种危害：病原性微生物（如沙门菌）、病毒（如疯牛病病毒）、寄生虫（如裂头绦虫）。

（1）致病菌：如致病性大肠杆菌 O157∶H7。①来源：O157 存在于人和动物的肠道中，水、土壤受粪便污染时也带有该菌；②生长要求：耐低温、耐酸（最低温度 0.6℃，最低 pH3.6）但不耐热（最高温度 45℃），在水中生存时间相当长的病原菌；③控制措施：75℃时 1min 即被杀死，采取卫生措施以防止交叉污染；④病原性微生物对人体健康的伤害：食源性感染、食源性中毒、中毒性感染。

（2）病毒。病毒比细菌更小，污染到食品中的病毒不繁殖，在寄主细胞内利用其得到的材料进行复制，同时引起被感染细胞的病变。

病毒污染食品的途径主要是原料动植物的环境中污染了病毒、原料动物病毒、食品加工人员带有病毒、生熟不分，造成带病毒的原料污染半成品或成品。

（3）寄生虫。寄生虫是需要宿主才能存活的生物，通常寄生在宿主的体表或体内；寄生虫污染食品的途径：原料动物患有寄生虫病；食品原料遭到寄生虫卵的污染；粪便污染；生熟不分。

寄生虫通常寄生在宿主体表或体内，通过食用携带寄生虫的食品而感染人体，可能出现淋巴结肿大、脑膜炎、心肌炎、肝炎、肺炎等症状。例如，猪囊虫病，就是人们食用了未煮熟的囊虫病猪肉而被感染。寄生虫污染食品的途径：原料动物患有寄生虫病；食品原料遭到寄生虫卵的污染；粪便污染。

2）*化学性危害*　化学性危害（chemical hazard）是指有毒的化学物质污染食物而引起的危害，包括常见的食物中毒，是食品在加工制造、贮存和运输过程中受到有毒的化学物质的污染而引起的化学中毒。在现代食品的生产、加工、贮运和食用的过程之中都有化学物质的添加，对食品的安全带来不可忽视的影响。

化学危害可能产生的后果主要为：急慢性中毒，影响发育，致癌、致畸、致死。

化学危害按来源不同主要有以下几种。

（1）来自植物、动物和微生物的天然存在的化学物质：①霉菌毒素（如黄曲霉毒素）；②鱼肉毒素；③蘑菇毒素；④贝类毒素。

天然的化学危害来自于物质内部自身形成的某种化学物质，这些化学物质在动物、植物自然生产过程中产生，如人们常说的毒蘑菇、某些生长在谷物上的霉菌毒素（如可以致癌的黄曲霉毒素）、河豚中含有的毒素、某些贝类因食用一些微生物和浮游植物而产生贝毒素。

（2）有意加入的化学物质（食物添加剂，如防腐剂、营养素添加剂、色素添加剂等）。

添加的化学危害来自于两方面：一方面是人们在食品加工、包装运输过程中加入可食用的食品色素、防腐剂、发色剂、漂白剂等添加剂，如果超过安全使用水平就成为化学危害，而在标准规定的限量之内就是安全的；另一方面是人为添加非食品添加剂或用非食品原料制作食品，从而导致的化学危害，如苏丹红（鸭蛋）、孔雀石绿（水产养鱼）、瘦肉精（养猪）、三聚氰胺（奶粉）等，以及不断涌现的各类食品掺杂使假事件，这些均会导致严重的化学危害。

（3）食品添加剂的超量：①防腐剂的超量；②营养强化剂的超量；③色素的超量。

（4）无意或偶然加入的化学品：①农业养殖、种植所用化学物（农药、化肥、激素、兽药）；②有毒元素和化合物（铅、砷、氰化物等）；③清洁用药品（酸、腐蚀性物质）；④设备用润滑剂；⑤包装物（增塑剂、甲醛、苯乙烯等）。

这些外来的化学危害主要来源于以下几种途径：农用杀虫剂、除草剂、化肥等化学药品的使用；兽用药品、抗生素、生长激素等的使用在动物体内的残留；工业污染如铅、砷、汞等化学物质进入动植物及水产品体内，食品加工企业使用的润滑剂、清洁剂、灭鼠药、消毒剂等化学物质污染食品。

（5）其他：①食品包装材料、容器与设备，如塑料、橡胶、涂料及其他材料带来的危害；②食品中的放射性污染，包括各种放射性同位素污染食品原料等；③N-γ亚硝基化合物、多环芳族化合物等。

化学危害对人体可能造成急性中毒、慢性中毒、影响人体发育、致畸、致癌甚至致死等后果。

3）*物理性危害*　物理性危害（physical hazards）是指在食品中不正常出现的、可导致伤害的异物，如碎玻璃、木料、石块、金属、骨头、塑料等。当人们误食后可能造成身体外伤、窒息或其他健康问题，比如食品中常见的金属、玻璃、碎骨等异物对人体的伤害。

物理危害的主要来源：植物收获过程中掺进玻璃、铁丝铁钉、石头等；水产品捕捞过程中掺杂鱼钩、铅块等；食品加工设备上脱落的金属碎片、灯具及玻璃容器破碎造成的玻璃碎片等；畜禽在饲养过程中误食铁丝，畜禽肉和鱼剔骨时遗留骨头碎片或鱼刺。

4）危害分析时可利用的信息资源　信息资源主要包括公开出版的书籍、科学刊物和互联网上的信息，顾问或专家，研究机构，供货商和客户。在做出任何结论之前，必须仔细研究和评估所有来源的信息。

5）显著危害

（1）显著危害。

显著危害（significant hazards）：极有可能发生，如不加控制有可能导致消费者不可接受的健康或安全风险的危害。

（2）显著危害与危害的区别。①风险（risk）：显著危害是极有可能发生，如生吃双壳贝类则极有可能会引起天然毒素 PSP 的中毒，这当然要有专家、历史经验、流行病学资料，以及其他科学技术资料来支持；②严重性（severity）：危害的严重程度到消费者不可接受，如食品添加剂在规定的限量之内，相对的危害程度要小，而致病菌则危害程度高。

（3）显著危害的特性：显著危害必须具备的两个特性，即极有可能发生（可能性），如生吃双壳贝类则极有可能会引起天然毒素 PSP（麻痹性贝毒素）的中毒；一旦控制不当，可能给消费者带来不可接受的健康风险（严重性），如食品添加剂在规定限量之内，相对的危害程度要小，而致病菌则危害程度很高，能给消费者带来严重危害。

a. 危害的可能性，即该危害发生的概率大小。

①频繁：经常发生，消费者持续接触或食用，发生概率 50%，水平等级 5。

②经常：发生几次，消费者经常接触或食用，发生概率 15%～50%，水平等级 4。

③偶尔：将会发生，零星发生，发生概率 5%～15%，水平等级 3。

④很少：可能发生，很少发生在消费者身上，发生概率 1%～5%，水平等级 2。

⑤不可能：极少发生在消费者身上，发生概率 1%以下，水平等级 1。

b. 评估危害严重性，即危害的确发生，其将产生后果的严重性是什么。

①灾难性：食品污染导致消费者死亡，水平等级 4。

②严重：食品污染导致消费者严重疾病，水平等级 3。

③中度：食品污染导致消费者轻微性疾病，水平等级 2。

④可忽略：食品污染导致较少轻微性疾病，水平等级 1。

通过分析资料、信息来判定危害的可能性和严重性。如果可能性和严重性缺少一项，则不列为显著危害。

c. 绘制风险评估表（表 5-5）。

表 5-5　风险评估表

<table>
<tr><th colspan="2" rowspan="3">危害的严重性</th><th colspan="5">危害的可能性</th></tr>
<tr><th>频繁</th><th>经常</th><th>偶尔</th><th>很少</th><th>不可能</th></tr>
<tr><th>A</th><th>B</th><th>C</th><th>D</th><th>E</th></tr>
<tr><td>灾难性</td><td>Ⅰ</td><td rowspan="2">很高风险</td><td></td><td colspan="2">高风险</td><td></td></tr>
<tr><td>严重</td><td>Ⅱ</td><td></td><td colspan="2"></td><td rowspan="2"></td></tr>
<tr><td>中度</td><td>Ⅲ</td><td rowspan="2"></td><td>中等风险</td><td colspan="2"></td></tr>
<tr><td>可忽略</td><td>Ⅳ</td><td colspan="4">低风险</td></tr>
</table>

注：颜色相同，风险等级相同。

根据识别的危害，对每个危害进行评估。可采用风险评估表对已识别的危害进行分类，确定风险的性质，然后根据风险评估表将危害按照风险表进行分级，从而确定组织需要控制的危害。

d. 风险分级表（表 5-6）。

表 5-6 风险分级表

危害的严重性		危害的可能性				
		频繁	经常	偶尔	很少	不可能
		A	B	C	D	E
灾难性	Ⅰ	1	2	6	8	12
严重	Ⅱ	3	4	7	11	15
中度	Ⅲ	5	9	10	14	16
可忽略	Ⅳ	13	17	18	19	20

注：数字越小，风险越高。

组织根据其确定的可接受水平，结合制订的食品安全方针和目标，确定在何种级别的食品安全危害必须由组织进行控制。例如，有的组织对确定为 20 级的食品安全危害也要进行控制；有的组织则根据资源的提供能力和食品安全危害所能达到的基本目标，在满足法律法规要求的前提下，可以不需要控制已经满足可接受水平的食品安全危害。组织可以根据危害评估的结果，制订出需要控制的食品安全危害记录和清单。

食品危害的识别和分析一般由食品企业 HACCP 体系负责小组来完成，也可以聘请技术专家指导完成。

4. 危害的预防措施 控制措施也被列为预防措施，是用以防止或消除食品安全危害或将其降低到可接受的水平所采取的任何行动和活动。有时一种显著危害需要同时用几种方法来控制，有时一种控制方法可同时控制几种不同的危害。

1）生物性危害的预防措施（表 5-7）

表 5-7 生物性危害的预防措施

序号	项目	措施
1	控制有害细菌的措施	① 时间/温度控制：加热和蒸煮过程（可杀死病原体）
		② 发酵和（或）pH 控制（发酵产生乳酸的细菌抑制一些病原体的生长；使它们在酸性条件下一些病原体不能生长）
		③ 盐和其他防腐剂（抑制一些病原体的生长）
		④ 干燥（通过除去食品中足够的水分来抑制一些病原体的生长）
		⑤ 来源控制（通过从非污染源处取得原料来控制）
2	控制病毒危害有效途径	① 对食品原料进行有效的消毒处理
		② 原料来源控制：屠宰场对原料动物进行严格的宰前和宰后检验；肉品加工厂对原料肉的来源进行控制
		③ 生产过程控制：严格执行卫生标准操作规程，确保加工人员健康和加工过程中各环节的消毒效果
		④ 不同清洁度要求的区域严格隔离
3	寄生虫控制	原料控制（如检疫）、动物饮食控制、环境控制、失活、人工剔除、加热、干燥、冷冻等

2）化学性危害的预防措施

（1）来源控制。产地证明、供应商证明、原料检测。

（2）加工控制。食品防腐剂、食品营养强化剂等添加剂的合理使用。

（3）标识控制。成品合理标示配料和已知过敏物质，标明产品的正确食用方法。

3）物理性危害的预防措施（表 5-8）

（1）来源控制。供应商证明、原料检测。

（2）生产控制。剔除，利用磁铁、金属探测器、筛网、分选机、空气干燥机、X 射线设备和感官控制。

表 5-8　物理性危害的控制措施

危害	潜在的伤害	来源	防止方法
玻璃	割伤、出血，可能需要动手术	原物料，瓶子，灯具，容器	进料检验，加工中过滤、挑选
木头	划伤、感染、哽住，可能要动手术	原物料，木托盘，木盒，建筑物	进料检验，加工中过滤、挑选，器具清理
石头	哽住、嘣牙	农作物，建筑物	进料检验，加工中过滤、挑选
金属	割伤、感染	机器，农作物，电线，员工	进料检验，加工中过滤、挑选（金检机）
骨头	窒息、外伤	原料，不正规工厂，加工工序	进料检验，加工中挑选
昆虫	疾病、损伤、窒息	农作物，工厂进入	进料检验，加工中挑选，车间虫害控制
塑料	窒息、割伤、感染	农作物，包装材料，员工	进料检验，加工中挑选
私人物品	窒息、割伤、嘣牙	员工	制定规范禁止人员带入

5. 几种食品中的主要危害

1）肉与禽类产品存在的主要危害

（1）生物危害：肉毒梭菌、大肠杆菌 O157、旋毛虫、猪肉绦虫、禽流感病、口蹄疫、疯牛病等。动物疾病中约有 200 多种病能传染给人，其中由畜禽及其产品传给人的就有 30 多种，主要有炭疽、鼻疽、口蹄疫、猪丹毒、结核病、钩端螺旋体病、布氏杆菌病及肉毒梭菌、沙门菌、金黄色葡萄球菌、大肠杆菌、变形杆菌、猪链球菌等；寄生虫如囊虫病、旋毛虫病、弓形体病、日本血吸虫病等。

（2）化学危害：农药、化肥、杀虫剂、兽药、防腐剂、酸、食品添加剂、加工助剂、环境污染等，如甲状腺素、肾上腺素、霉菌毒素（特别是黄曲霉素）、化肥污染、农药污染兽药污染、化学品污染、杀虫剂污染、放射性物质污染等。

（3）物理危害。玻璃、金属、石头、塑料、骨头等。

2）罐头类产品中存在的主要危害

（1）生物危害：沙门菌、肉毒梭菌、大肠杆菌、肝炎病毒等。

（2）化学危害：天然毒素、霉菌毒素、重金属等。

（3）物理危害；毛刷、螺丝、断针头、首饰等。

3）乳制品中存在的主要危害

（1）生物危害：粪链球菌、乳房炎链球菌、结核杆菌、布氏杆菌、口蹄疫病毒等。

(2) 化学危害：环境污染、清洗剂和消毒剂残留、人为掺假、原料的脂酶使脂肪分解产生的酸败物质。

(3) 物理危害：加工过程的工器具、加工人员佩戴的饰物等。

5.4.2.2　原理二：确定关键控制点（CCP）

1. 关键控制点　关键控制点（critical control point，CCP）是指能够施加控制，并且该控制对防止、消除某一食品安全危害或将其降低到可接受水平的一个加工点、步骤或工序。

它指食品生产过程中的某一点、步骤或过程，必须是可以控制的，通过对其控制消除或降低危害；而可接受是指免除法律责任和食品安全方针要求的危害。在 HACCP 体系中，对危害分析中确定的每一个显著危害，均必须有一个或多个关键控制点对其进行控制。

2. CCP 的特点

(1) 当危害能被预防时，这些点可以被认为是关键控制点；例如，能通过在配方或添加配料步骤中的控制来预防化学危害。

(2) 能将危害消除的点可以确定为是关键控制点；例如，在蒸煮过程中，病原体被杀死。

(3) 能将危害降低到可接受水平的点可以确定为是关键控制点；例如，通过人工挑虫把寄生虫危害减少到最低限度。

3. 控制点（CP）　不能被确定为 CCP 的，能控制生物、物理或化学因素的任何点、步骤或过程称为控制点。

4. 多种关键控制点和危害　一个关键控制点可以控制多种危害。例如，冷冻贮藏可能是控制病原体和组胺形成的一个关键控制点。多种关键控制点可以用来控制一个危害。例如，在煮熟的水饺中控制病原体，如果煮熟时间取决于水饺的大小，那么煮熟和成型的步骤都被认为是关键控制点。

5. 关键控制点的特殊性　生产和加工的特殊性决定了关键控制点的特殊性。在一条加工线上确定的某一产品的关键控制点，可以与另一条加工线上同样产品的关键控制点不同。危害及其控制的最佳点可以随下列因素而改变，如厂地、原料配方、生产工艺、设备、支持程序。

6. CCP 确定　确定能够实施控制且可以通过正确的控制措施达到预防危害、消除危害或将危害降低到可接受水平的 CCP，如加热、冷藏、特定的消毒程序等。虽然对每个显著危害都必须加以控制，但每个引入或产生显著危害的点、步骤或工序未必都是 CCP。CCP 的确定可以借助于 CCP 判断树。它一般是通过回答四个问题来判断该点（步骤或过程）是否是 CCP（图 5-2）。

问题一（Q1），对已确定的危害，在本步骤之后，是否存在预防措施？

问题二（Q2），在此步骤能否消除可能发生的显著危害或减少存在的类似危害到一个可以接受水平？

问题三（Q3），识别污染的危害事件是否超过了可以接受水平或能增加到不可接受的水平？

问题四（Q4），随后的工序是否将已识别的危害消除或降低到可接受水平？

如果这个控制措施是专为 CCP 所设置（Q1），如金属探测器、杀菌、灭菌等，那就直接到 Q4，看后续是否还有针对金属或微生物的控制措施，如果有，那这个控制措施就不是 CCP 了。

如果这个控制措施本身就不是为 CCP 所设计的，那看 Q2、Q3 意义也不大。

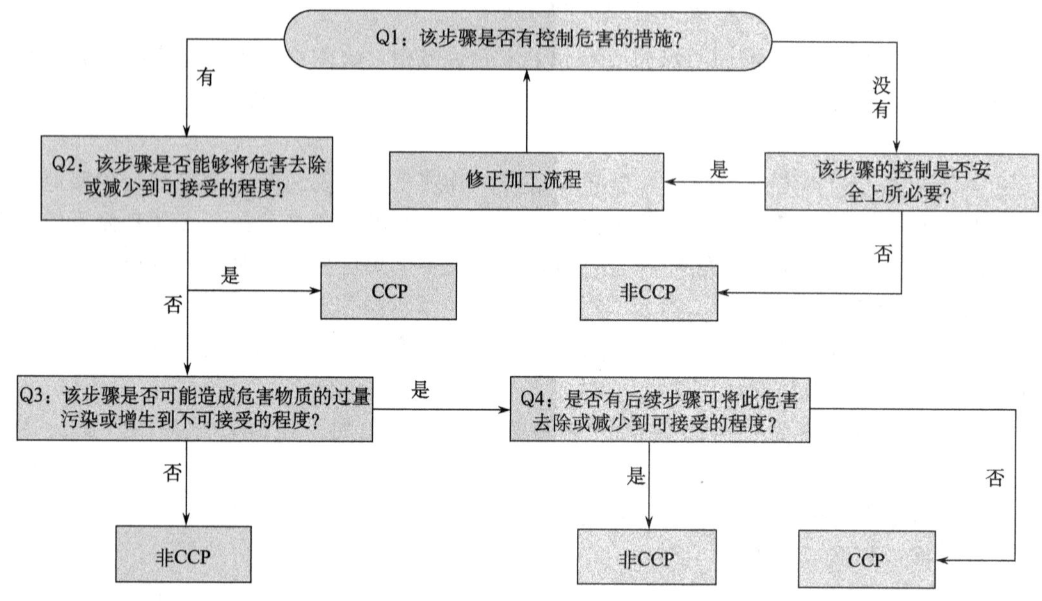

图 5-2　CCP 判断树

7. ［示例］冷冻羊肉生产中的危害性分析及确定关键控制点（CCP）

（1）羊只生长过程中，受周围环境的影响（是、非疫病区），饲养中饲料添加剂、农药残留、兽药在体内的残存和个体的健康因素，以及在运输过程受到病原菌、寄生虫的污染。这种显著危害只有在屠宰前检疫中控制。所以把宰前检疫作为关键控制点，即 CCP1 点。查验“非疫区证”、“产地检疫合格证”、“车辆运输消毒证”，以及对静养期的隔离观察记录，凭“宰前检疫合格证”（送宰前群检，个检，经检验合格的，由兽医签发）屠宰。

（2）待屠宰羊有些疫病和寄生虫病以及局部病变的组织，这种生物危害 CCP1 点得不到有效控制，可通过“内脏检验检疫”和“胴体的检验检疫”加以控制去处，因此把“内脏检验检疫”和“胴体的检验检疫”列为关键控制点来控制，即 CCP2 点。

（3）在剔骨、分割、修整的工序中，因操作不当会把碎骨、软骨、断刀尖、断锯齿残留在肉中，可通过金属探测仪和检验控制，因此将“金属探测仪和检验”列为关键控制点来控制，即 CCP3 点。

（4）胴体羊及分割肉，速冻不及时易产生腐败，因此，产品进入速冻间前，必须将速冻间温度降至－35℃以下，产品进入速冻间后，连续速冻 24h 以内至肉中心温度达到－15℃以下。因此将“速冻”列为关键控制点来控制，即 CCP4 点。

5.4.2.3　原理三：建立关键限值（CL）

关键控制点确定后，必须为每一个关键控制点建立关键限值（critical limit，CL）。在 HACCP 体系的实际运行中，仅有关键限值是不够的，往往需要比关键限值更严格的操作限值（operating limit，OL）来确保危害被消除或控制降低到可接受水平。

1. 关键限值

1）*关键限值（CL）的定义* 食品法典对关键限值（CL）的定义是“一种能区分可接受或不可接受的标准”，即关键限值（CL）是关键控制点（CCP）的每一个控制措施必须达到的安全限值和必须满足的标准，是确保食品可接受与不可接受的界限指标。

关键控制点上为了预防、消除、或把危害降低到可以接受水平所规定的控制指标。关键限值是用来保证一个操作生产出安全产品的界限，每个CCP必须有一个或多个关键限值。例如，某一乳制品加工生产线，针对显著危害病原性微生物的一个CCP是巴氏杀菌工序，其关键限值是杀菌温度≥72℃，杀菌时间≥15s。

2）*关键限值确定的有效性* 关键限值必须有效，即该指标必须能控制已确认的危害。因此，关键限值是安全与不安全之间的界限。制定合适关键限值要求HACCP小组对每一个CCP的安全控制标准应有充分的理解，必须掌握有关潜在危害的详细知识，充分了解各项预防或控制措施的影响因素。关键限值并不一定要和现有的加工参数相同。

3）*关键限值确定原则* 主要包括：①直观（objective）；②易于监测；③仅基于食品安全；④通过控制时间；⑤能使只出现少量被销毁或处理的产品就可采取纠正措施；⑥不能打破常规方式；⑦不是GMP或SSOP措施；⑧不能违背法规。

2. CL的特点 确定关键限值（CL）应注重三项原则：有效、简捷和经济。有效是指在此限值内，显著危害能够被防止、消除或降低到可接受水平；简捷是指易于操作，可在生产线不停顿的情况下快速监控；经济是指较少的人力、财力的投入。

一个好的关键限值应该是可控制且直观、快速、准确、方便和可连续监测。

3. 确定关键限值的信息来源 正确的关键限值需要通过实验研究、资料检索、法律标准、专家咨询等渠道收集信息，予以确定。

（1）一般来源：如收“三证”可以控制检疫与否。

（2）科学刊物：有关食品安全的文章；科学文献中公布的数据，公司和供应商的记录，食品科学及生物技术参考书，政府食品卫生管理指南，进口国食品卫生法规标准，以及相关危害分析和控制指南。

（3）法律法规。

（4）专家建议：来自于咨询专家、大学研究机构专家、食品科学家、管理人员、工厂操作人员、设备制造商、化学清洁剂供应商、微生物专家、病理专家和生产工程师等。

（5）实验数据：可能用于证实有关微生物危害的关键限值。实验数据来源于对产品被污染过程的研究或有关产品及其成分的特别微生物检验，包括厂内实验、对比实验室的实验。

（6）数学模型：通过计算机模拟在食品体系中微生物危害的生存和繁殖特性。

收到数据后要根据企业实际做验证，如得不到信息，应选择一个保守值。

关键限值的确定是根据经验及实际情况而定的，见表5-9。

4. 关键限值指标 构成关键限值的因素或指标可以是化学、物理或微生物方面的，这取决于将要在CCP实施控制的危害类型。通常关键限值所使用的指标包括：①温度及湿度；②时间；③pH；④含盐/糖量；⑤物理参数；⑥可滴定的酸度、有效率、添加剂，以及感官指标如外观和气味等。

5. 操作限值（OL） 操作限值（operation limit）是指由操作者用来防止发生偏离关键限值（CL）的风险，比关键限值更严格的判定标准或最大、最小水平参数。关键控制点

表 5-9 八宝粥罐头关键限值的确认依据

CCP	加工步骤	关键限值	判定依据
CCP_1	原料接收	黄曲霉素限量标准 CL 值分别为：花生：≤20μg/kg；糯米为：≤10μg/kg；BHT 和 DDT 的残留标准 CL 值分别为：BHC≤0.3；DDT≤0.2	根据八宝粥使用花生与糯米原料的共性，这两种原料自身存在着黄曲霉素与 BHT 和 DDT 残留；黄曲霉毒素的 CL 值以国家的产品标准花生：≤20μg/kg；糯米：≤10μg/kg 作为控制标准；农药残留 CL 值依据 GB 2715—1981《粮食卫生标准》，花生、糯米的 BHT 和 DDT 的残留标准为：BHC≤0.3；DDT≤0.2 直接作为控制标准
CCP_2	原料贮存	原料仓库温度不超 31℃；湿度 75%以下；原料存放不超过 1 个月	在糯米、花生中黄曲霉素列为重要管制重点，除了在进料验收控制外，还需防止因仓库储存温湿度变化而产生黄曲霉毒素，因此对仓库的温湿度进行监控。温度在 31℃以下、相对湿度在 75%以下贮存一个月不发生霉变
CCP_3	调配汤液	八宝罐头添加成分及添加量： 甜蜜素：0.0375%； 焦糖液：0.065%； 蔗糖酯：0.0585%； 淀粉：2.925%	对于食品添加剂，公司进行严格管控，食品添加剂的生产厂家为获得国家生产许可证，卫生许可证的工厂，食品添加剂实行严格的标签标识及登记领用管理，并严格在国家限量标准内添加。GB 2760《国家食品安全标准　食品添加剂使用标准》所规定各类添加剂的限量为：甜蜜素：0.65g/kg，即为 0.065%；蔗糖酯的最高限量为：1.5g/kg，即为 0.15%；焦糖液、淀粉，在使用中不作限量，按生产需要适量使用
CCP_4	封口工序	紧密度≥50%；接缝盖钩完整率≥50%；迭接率≥50%	根据 SN0400.3 法规要求，应使卷边迭接率、紧密度、接缝盖钩完整率均在 50%以上，将法规要求直接作为关键限值

的操作限值（OL）是比关键限值更严格的限值，是操作人员用以降低偏离 CL 风险的标准。

在实际工作中，制定出比关键限值更严格的标准即操作限值，可以在出现偏离 CL 迹象，而又没有发生时，采取调整措施使关键控制点处于受控状态，不需采取纠正措施；在加工过程中有偏离 CL 的危险时，能及时采取措施，避免关键限值的偏离，最大限度地避免损失，确保产品的安全。

6. 加工调整　当发生偏离关键限值时，根据生产过程中的产品标记特征，采取措施将加工过程的偏离调整到操作界限之内。具体纠正措施包括分离、隔离偏离期间的产品；对有问题产品和工艺过程，经过有资格的人员评估后进行销毁、返工、降级处理；分析产生的原因，验证、分析纠正措施是否有效，是否还需要改变 HACCP 计划。

5.4.2.4 原理四：监控程序

监控是实施一个有计划的、一定顺序的连续观察和测量，以评估一个过程是否受控，并准确的记录。

1. 监控的目的　监控的目的主要有：跟踪加工或操作过程，检查并识别可能偏离关键限值的趋势；查明何时失控；提供加工控制的书面文件（记录）。

2. 监控程序的内容　监控程序的 4 个主要内容包括 3W 和 1H，即监控什么（What）、怎么监控（How）、何时监控（When）、谁来监控（Who）。

（1）监控什么（监控对象）。监控对象通常是针对 CCP 而确定的加工过程或产品的某个可以测量的特性。如时间、温度等。

（2）怎么监控（监控方法）。对每个 CCP 的具体监控过程取决于关键限值及监控设备和检测方法。一般采用两种基本监控方法：一种方法为在线检测系统，即在加工过程中测量各临界因素；另一种为终端检测系统，即不在生产过程中而是在其他地方抽样测定各临界因素。最好的监控过程是连续在线检测系统，它能及时检测加工过程中的 CCP 状态，防止 CCP 发生失控现象。

（3）何时监控（监控频率）。监控的频率取决于 CCP 的性质及监测过程的类型。

（4）谁来监控（监控人员）。进行 CCP 监控的人员可以是流水线上的人员、设备操作者、监督员、维修人员、质量保证人员。

CCP 监控人员的选择原则：①接受有关 CCP 监控技术的培训；②充分理解 CCP 监控的重要性，具有强烈的责任感；③能及时进行监控活动；④能提供监控活动的准确报告；⑤能及时报告 CL 偏离情况，以便迅速采取纠偏行动。

通过有计划的测试或观察，以确保 CCP 处于被控制状态，其中测试或观察要有记录。监控应尽可能采用连续的理化方法，如无法连续监控，也要求有足够的间隙频率来观察测定每一个 CCP 的变化规律，以保证监控的有效性。凡是与 CCP 有关的记录和文件都应该有监控员的签名。

5.4.2.5 原理五：纠正措施

纠正措施又称纠偏行动，指当监控偏离关键性限值时，采取的程序或行动，如重新加工、处理等。偏离越早被确认，纠偏行动就越容易实施，把不符合要求的产品减少到最小量的可能性就越大。

如有可能，纠正措施一般应在 HACCP 计划中提前决定。有些情况则是 HACCP 计划没有预先决定的纠正措施。必要时，采取纠正措施后还应验证是否有效，如果连续出现偏离时，要进行重新验证 HACCP 计划。

1. 纠正（偏）的目的 纠正（偏）的目的主要是保证进入市场的产品对健康无害或禁止由于偏离 CL 而产生的劣质产品进入市场；产生的偏离已被纠正和消除，CCP 重新受控。

因为任何 HACCP 方案要完全避免偏差几乎是不可能的，因此，需要预先确定纠偏行为计划。如果监控结果表明加工过程失控，应立即采取适当的纠偏措施，减少或消除失控所导致的潜在危害，使加工过程重新处于控制之中。

2. 纠正（偏）措施的功能 纠偏措施的功能包括：①利用监控的结果调整加工方法，以便保持控制；②决定是否销毁失控状态下生产的食品；③纠正或消除导致失控的原因；④保留纠偏措施的执行记录。

3. 纠正措施的实施 第一步：纠正、消除产生偏离的原因，将 CCP 返到受控状态之下。一旦发生偏离 CL，应立即报告，并立即采取纠正措施，所需时间越短，则加工偏离 CL 的时间就越短，这样就能尽快恢复正常生产，重新使 CCP 处于受控之下，而且受到影响的不合格产品就越少，经济损失就越小。

第二步：隔离、评估和处理在偏离期间生产的产品。

发生 CL 偏离时，生产的产品应进行隔离并扣留，评估安全性和决定处置办法。分四个步骤进行：步骤一，确定产品是否存在安全危害。可以根据专家或授权人员，或根据物理的、化学的或微生物的检测，确定这些产品是否存在有食品安全危害；步骤二，根据评估，若不存在安全危害，则可解除隔离，放行出厂；步骤三，根据评估，若存在安全危害，确定产品是否能被：①通过返工或重新加工可将危害降低到可接受水平或改作他用；返回、返工的产品仍然接受监控或控制，也就是确保返工不能造成或产生新的危害，如热稳定的生物学毒素（金黄色葡萄球菌肠毒素）；②改作其他目的安全使用。步骤四，如果存在潜在危害的产品不能按步骤三进行，产品必须销毁，这是最昂贵和最后的处理方式。

当发生偏离 CL 的情况时，加工者可采取按照预先制定的纠偏行动进行；如果没有预定的纠偏措施，可选择以下方案进行：①将产品隔离存放并作安全性评；②将受影响的原料、辅料、半成品移作他用；③重新加工；④不符合要求的原料不再使用；⑤销毁产品。

4. 纠正措施的格式 If（说明情况）/then（叙述采取的纠正措施）。

5. 纠正措施记录 纠正措施记录应包括以下内容：①产品确认（如产品描述、隔离和扣留产品数量）；②偏离的描述；③采取的纠偏措施，包括受影响产品的最终处理；④采取纠偏措施的负责人的姓名；⑤必要时的验证结果。

5.4.2.6 原理六：验证程序

1. 定义 验证指除了监控方法以外，用来确定 HACCP 体系是否按照 HACCP 计划运作或者计划是否需要修改以及再被确认生效使用的方法、程序、检测及审核手段。

虽然经过了危害分析，实施了 CCP 的监控、纠偏措施并保持有效的记录，但是并不等于 HACCP 体系的建立和运行能确保食品的安全性，关键在于：①验证各个 CCP 是否都按照 HACCP 计划严格执行；②确认整个 HACCP 计划的全面性和有效性；③验证 HACCP 体系是否处于正常、有效的运行状态。这三项内容构成了 HACCP 的验证程序。

2. 验证的内容 包括：①确认；②CCP 的验证；③监控设备的校正；④有针对性的取样检测；⑤CCP 记录的复查；⑥HACCP 系统的验证；⑦审核；⑧最终产品的微生物试验；⑨执法机构的验证。

3. 验证的类型 一般分为两类：一类是内部验证，由企业内部的 HACCP 小组进行，可视为内审；另一类是外部验证，由政府检验机构或有资格的第三方进行，可视为外审。

4. 验证的方法 包括生物学的、物理学的、化学的或感官方法。

5. HACCP 方案的确认 确认是指收集和评估科学和技术信息以判断一个 HACCP 是否能够有效地控制已识别的危害。

（1）确认的目的。提供证明 HACCP 计划的所有要素（危害分析、CCP 确定、CL 建立、监控程序、纠偏措施、记录等）都有科学依据的客观证明，从而有根据地证明只要有效实施 HACCP 计划，就可控制影响食品安全的潜在危害。任何一项 HACCP 计划在开始实施前都必须经过确认；HACCP 计划实施后，各要素如发生变化需要再次采取确认行动。

（2）确认方法。包括：①结合基本的科学原则；②运用科学的数据；③依靠专家的意见；④生产中进行观察或检测。

（3）确认对象。HACCP 计划的每一环节，从危害分析到验证对策，都应做出科学技术上的复查。

（4）确认频率。最初的确认。

下列情况下应采取确认：①改变原料；②改变产品或加工；③验证数据出现相反的结果或重复出现偏差；④有关危害和控制手段的新信息；⑤生产中的观察。

（5）谁来确认。HACCP 小组和受过适当培训或经验丰富的人员。

6. CCP 的验证活动的建立 必须对 CCP 制定相应的验证程序，才能保证所有控制措施的有效性及 HACCP 计划的实际实施过程与 HACCP 计划的一致性。

CCP 验证包括对校准、监控和纠偏措施记录的监督复查，以及针对性的取样和检测。具体包括：①CCP 的校准：对监控设备校准，确保监控结果的准确性；校准记录的复查，涉及检查日期、校准方法和试验结果；②针对性的取样检测；③CCP 记录的复查。

每一个 CCP 至少有两种记录类型：监控记录和纠偏记录。

7. HACCP 体系的验证　验证目的是确定企业 HACCP 体系的符合性和有效性。

验证内容包括：①审核、检查产品说明和生产流程的准确性；②检查工艺过程是否按照 HACCP 计划被监控；③检查工艺过程确实在关键界限内操作；④检查记录是否准确、是否按要求进行记录；⑤审核记录的复查活动是否在 HACCP 计划规定的位置进行了监控活动；⑥监控活动是否按 HACCP 计划规定的频率执行；⑦监控表明发生了关键界限的偏差时，是否有了纠偏行动；⑧设备是否按 HACCP 计划进行了校准；⑨最终产品的微生物试验是否保证食品安全指标达到相关法律法规及顾客要求。

8. 执法机构执行验证活动　包括：①对 HACCP 计划及其修改的复查；②对 CCP 监控记录的复查；③对纠偏记录的复查；④对验证记录的复查；⑤检查操作现场、HACCP 计划执行情况及记录保存情况；⑥抽样分析。

9. 其他形式验证　主要包括：消费者投诉、卫生控制的验证、执法机构的检查、成品的检验等。

10. HACCP 体系的验证频率　HACCP 体系的验证就是检查 HACCP 计划所规定的各种控制措施是否被贯彻实施。内、外审核是验证的一个重要部分，是对整个 HACCP 体系的评价。这种验证活动通常每年进行一次。在系统发生故障，或产品、加工等显著改变后，验证频率需相应改变。

5.4.2.7　原理七：文件和记录保持程序

HACCP 具体方案在实施中都要求做例行的、规定的各种记录，同时还要求建立有关适用于这些原理及应用的所有操作程序和记录的档案制度，包括计划准备、执行、监控、记录及相关信息与数据文件等都要准确和完整地保存。以文件证明 HACCP 体系的有效运行，准确的记录保存是一个成功的 HACCP 体系的重要部分，记录提供了关键限值得到满足或当被超过关键限值时采取的纠偏行动的记载，也为加工过程调整、防止 CCP 失控提供了监控手段。

1. 记录的要求

(1) 总的要求是所有记录都必须至少包括以下内容：加工或进口商的名称和地址，记录所反映的工作日期和时间，操作者的签字或署名，适当的时间，产品的特性和代码，以及加工过程或其他信息资料。

(2) 记录产生的一般要求。

a. 严肃性。各项记录是判断 HACCP 是否执行的依据或 CCP 是否受控的证据，须确保记录的严肃性。

b. 真实性。各项记录必须是现场观察记录，不允许提前记录或之后补写记录，更不能伪造记录。

c. 原始性。各项记录必须是原始的第一手记录，一旦正确记录后，不允许任意涂改、删除或窜改。

d. 完整性。各项记录必须完整，不允许缺页、缺项、缺内容。

(3) 记录的保存期限及保存形式。

a. 对于冷藏产品，一般至少保存一年；对于冷冻或货架稳定的商品，应至少保存两年。对于其他说明加工设备、加工工艺等方面的研究报告，科学评估的结果应至少保存两年。

b. 记录可能以不同形式保存下来，它们可能是电子版本或者文字图表。无论使用何种记录形式，都必须包含足够的信息，保证数据完整和统一。

2. 记录的构成　HACCP 需要建立有效的文件和记录管理程序，以便使 HACCP 体系文件化。需保存的文件和记录可以包括：①HACCP 计划和用于制订计划的支持性文件；②关键控制点监控记录，包括关键限值的偏离；③产品描述及识别；④生产流程图；⑤危害分析；⑥验证活动记录（包括 HACCP 审核表）；⑦确定关键限值的偏离；⑧验证关键限值的依据、验证活动的结果；⑨监控记录，包括关键限值的偏离；⑩卫生控制记录；⑪培训记录；⑫产品的标识和可追溯记录；⑬其他预防控制措施记录包括：设备校准记录；清洁记录；害虫控制记录；供应商认可记录；产品回收记录；审核记录及 HACCP 体系的修改记录等。

3. 记录的检查　关键控制点的监控记录、纠偏行动记录、监控设备的校准记录应该由企业管理层的代表定期复查，复查者应接受过系统的 HACCP 培训；所有的记录应由复查者签名并注明日期；对已批准实施的 HACCP 体系文件及体系运行中形成的记录应妥善保管，存档厂应明确收集和保存记录的各级责任人员；所有文件和记录应定期装订成册，以便官方验证或第三方机构认证审核时使用。

5.4.3　制订和实施 HACCP 计划的步骤

HACCP 体系建设在不同的国家有不同的模式，即使在同一国家，不同的管理部门对不同的食品生产推行的 HACCP 也不尽相同。

5.4.3.1　美国 FDA

推荐采用以下 18 个步骤来制订 HACCP 计划，见表 5-10。

表 5-10　FDA 采用的 HACCP 内容

序号	主要内容	序号	主要内容
1	一般资料	10	判断潜在危害
2	描述产品	11	确定潜在危害是否显著
3	描述销售和贮存的方法	12	确定关键控制点
4	确定预期用途和消费者	13	填写 HACCP 计划表
5	建立流程图	14	设置关键限值
6	建立危害分析工作单	15	建立监控程序
7	建立与品种有关的潜在危害	16	建立纠正措施
8	确定与加工过程有关的潜在危害	17	建立记录保存系统
9	填写危害分析工作单	18	建立验证程序

5.4.3.2　食品卫生法典委员会（CCFH）和美国微生物标准咨询委员会（NACMCF）推荐采用以下 12 个步骤来实施 HACCP，见表 5-11。

表 5-11　CCFH 和 NACMCF 采用的 HACCP 内容

序号	主要内容
1	成立 HACCP 小组
2	描述产品
3	确定产品预期用途及消费对象
4	绘制生产工艺流程图
5	现场验证生产工艺流程图
6	危害分析及确定控制措施（原理一）
7	确定关键控制点（原理二）
8	确定关键控制限值（原理三）
9	关键控制点的监控制度（原理四）
10	建立纠偏措施（原理五）
11	建立审核程序（原理六）
12	建立记录和文件管理系统（原理七）

5.4.3.3　CAC 推荐的步骤

根据食品法典委员会《HACCP 体系及其应用准则》详细阐述 HACCP 计划的研究过程，此过程由 12 个步骤组成，涵盖了 HACCP 的 7 项基本原理。

组建 HACCP 小组→产品描述→确定预期用途及消费对象→建立工艺流程图及工厂人流物流示意图→现场验证工艺流程图及工厂人流物流示意图→列出每一步的危害（原理一）→运用 HACCP 判断树确定 CCP(原理二)→建立关键限值(原理三)→建立监控程序(原理四)→建立纠偏措施(原理五)→建立验证程序(原理六)→建立记录保持文件程序（原理七）。

5.4.4　HACCP 计划的制订

制订 HACCP 计划应分两步进行，首先完成制订 HACCP 计划的预备步骤，然后再完成 HACCP 计划的制订。制订 HACCP 计划包括 5 个预备步骤（包括组成 HACCP 小组、产品描述、确定预期用途和产品的消费者、绘制流程图、验证流程图）和 HACCP 7 大原理。

5.4.4.1　成立 HACCP 小组

这一步骤可以在制订 GMP、SSOP 等前提条件之前完成。组成 HACCP 小组是建立 HACCP 计划的重要步骤，它能减少风险，避免关键控制点被错过或某些操作过程被误解。

1. HACCP 小组组长　由管理部门正式指定或聘请 HACCP 小组组长。HACCP 小组组长应具备 HACCP 的相关知识，能够确保 HACCP 小组有效地开展工作。大多数的组长来自品质控制部门。

组长应具备的基本技能或知识：①有食品加工生产的实际工作经验；②具有微生物学及食源性疾病的基本知识；③对良好的环境卫生、良好操作规范及工业化生产有科学的理解；④了解与本企业产品有关的生物危害、化学危害和物理危害及其控制措施，了解食品加工设备基本知识；⑤有表达和组织能力，最为重要的是确保 HACCP 小组成员完全理解 HACCP 计划。

2. HACCP 小组人员组成 HACCP 小组由多部门人员组成，可包括维护、生产、卫生、质量控制、研究开发、采购、运输、销售及直接从事日常操作的人员等。

3. HACCP 小组任务 HACCP 小组的任务主要是：①能够正确地进行危害分析；②识别潜在危害；③识别必须控制的危害；④推荐控制方法、关键限值、监控、验证程序、纠偏行动；⑤如缺乏重要信息，则开展的相关 HACCP 计划的研究工作；⑥确认 HACCP 计划。

4. 对小组进行培训 为了确保 HACCP 小组成员完全理解 HACCP 及其原理，对 HACCP 小组应展开培训，形式包括社会培训和厂内培训等。

5. HACCP 小组的特殊人员——专家 由于危害分析需要有大量的专业技术信息作为支持，企业往往需要有对该行业熟悉的专家来作为危害分析的技术后盾。这样的专家可以是企业内部的，也可以是外部的。专家不仅要完成危害分析的技术工作，还要帮助企业验证危害分析和 HACCP 计划的完整性。

专家应当：①能正确地进行危害分析；②能识别潜在危害以及必须控制的危害；③推荐控制方法、关键限值、监控、验证程序、纠偏行动；④如缺乏重要信息，能指导企业开展相关的 HACCP 计划的研究工作；⑤确认 HACCP 计划。

6. HACCP 小组同外来专家的配合 HACCP 小组应当积极同专家开展配合工作，同时也不能一味地依赖专家来进行 HACCP 计划的制订。毕竟外来专家熟悉的是行业层次上所呈现的技术问题，但是任何一家食品企业也都有自己企业的特殊条件、工艺和环境，不能一劳永逸地套用某一个行业模式，这样，对于企业自身的 HACCP 计划的有效制定和运行都是很不利的。

5.4.4.2 描述产品

HACCP 小组的最终目标是为生产中的每个产品及其生产线制订一个 HACCP 计划。因此，小组首先要对产品及其特性、规格与安全性进行全面描述。

描述食品主要包括（不限于）以下内容：①品名，包括商品名、主要成分的学名和最终产品的形式，如单冻煮熟小龙虾仁；②加工流水线；③食品的成分；④加工的方法（包括主要参数）；⑤包装形式，如塑料袋真空包装、外套纸盒等；⑥销售和贮存方式，即确定产品是如何销售、销售过程中应该如何贮存，如−18℃以下冷冻、0～4℃冷藏、加冰保鲜、干燥、常温保存等。

5.4.4.3 确定产品用途及消费对象

产品的预期消费者是什么样的群体及消费者将如何使用该产品，将直接影响下一步的危害分析结果。

1. 确定食品的消费对象 HACCP 小组首先要考虑的是该食品是否专门针对那些特殊的群体，他们可能易于生病或受到伤害，如老年人、体质虚弱的人、患有高血压的特殊患者、婴儿或免疫系统受到损害的人员。预期用于公共机构、婴儿和特殊患者的食品较那些用于一般公众市场的食品更应给予极大的关注。

2. 确定食品的预期用途　预期用途（intended use）是指该产品的使用方法，要了解消费者将会如何使用他们的产品、会出现哪些错误的使用方法、这样的使用会给消费者的健康带来什么样的后果。即食食品、充分加热后食用的食品或其他作为原料使用的食品，因用途不同，其危害分析结果和危害控制方法是不同的。

5.4.4.4　绘制工艺流程图

1. 加工流程图　加工流程图是用简单的方框或符号，清晰、简明地描述从原料接收到产品储运的整个加工过程，即有关配料等辅助加工步骤。

2. 加工流程图的要求　流程图应覆盖加工的所有步骤和环节，应从原料、辅料及包装材料开始绘制，随着原料进入厂，注意将先后的加工步骤全部列出；流程图给 HACCP 小组和验证审核人员提供了重要的视觉工具；流程图由 HACCP 小组绘制。

5.4.4.5　现场验证工艺流程图

1. 目的　流程图的精确性对危害分析的准确性和完整性是非常关键的。在流程图中列出的步骤必须在加工现场被验证，不经过现场验证，难以确定其的准确性和科学性；如果某一步骤被疏忽，将有可能导致遗漏显著的安全危害。

2. 要求

（1）HACCP 小组必须通过在现场观察操作来确定他们制订的流程图与实际生产是否一致。

（2）HACCP 小组成员在整个生产过程中以“边走边谈”的方式，对生产工艺流程图进行确认。如果有误，应加以修改调整。如改变操作控制条件、调整配方、改进设备等，应对偏离的地方加以纠正，以确保流程图的准确性、适用性和完整性。

（3）HACCP 小组应考虑所有的加工工序及流程，如早班与晚班的生产操作是否一致；如有必要，应对流程图做必要的修改。通过这种深入调查，可使每个小组成员对产品的生产加工有全面的了解。

5.4.4.6　危害分析及确定控制措施

HACCP 体系中对食品危害所作的定义是：“任何生物的、化学的或物理的特性都可能导致难以接受的健康风险”。

1. 危害分析的基础工作　建立 HACCP 小组，描述产品以及分发的方式，确定产品将来可能的消费群体及消费方式，画出流程图和确证流程图。

2. 危害分析　危害分析是 HACCP 最重要的一环。按食品生产的流程图，HACCP 小组要列出各工艺步骤可能会发生的所有危害及其控制措施，包括有些可能发生的事，如突然停电而延迟加工、半成品临时贮存等。

3. 危害分析工作单　危害分析工作单对于组织记录确定食品安全危害是很有用途的，由表头、表格组成，表格有 6 栏。第一栏为加工步骤或原料；第二栏就是可能存在的危害；第三栏是危害的是否显著危害；第四栏对前栏的进一步验证；第五栏是否在该步骤或工序或以后的工序可以控制这些显著危害；第六栏判断是否是 CCP，见表 5-12。

表 5-12 危害分析工作单

企业名称： 产品种类：

企业地址： 贮存及运输方式：

预期用途和消费者：

加工工序（1）	本工序被引入、控制或增加的潜在危害（2）	潜在的危害是否显著（是/否）（3）	第三栏的判定依据（4）	能用于显著危害的预防措施是什么（5）	该工序是不是关键控制点（是/否）（6）
	生物性危害				
	化学性危害				
	物理性危害				
	（过敏原）				

4. HACCP 计划表 HACCP 小组依据 HACCP 的 7 个原理，针对各种产品，制订 HACCP 计划，在此过程同时也是完成“危害分析工作单”和“HACCP 计划表”的过程，具体见表 5-13。

表 5-13 HACCP 计划表

公司名称： 产品种类；

公司地址： 贮存和销售方式：

预期用途和消费者：

签署： 日期：

关键控制点（CCP）（1）	显著危害（2）	关键限值（3）	监控	纠偏行动（8）	验证（9）	记录（10）
			对象（4）			

从以上两个表格可以看出，完成危害分析工作单的过程，就是对各加工工序实施危害分析，判断显著危害，确定关键控制点的过程，换言之，就是应用原理 1 和原理 2 的过程。而完成 HACCP 计划表，则是对所确定的关键控制点确定关键限值，建立监控程序，建立验证程序和建立记录保持程序的过程，即应用原理 3 至原理 7 的过程。这对于制定、运行 HACCP 体系具有重要的作用。

5.4.4.7 确定关键控制点

采用判断树来判定 CCP。如果分析的显著危害在这一步骤可以被控制、被预防、消除或降低到可接受水平，那么这一步骤就是 CCP。CCP 的数量取决于产品工艺的复杂性和性质范围。

5.4.4.8 确定关键控制限值

关键控制限值是一个区别能否接受的标准，即保证食品安全的允许限值。

通常采用的指标包括温度、时间、湿度、pH、对有效氯的测量及感官参数如可见外观等。在生产实践中，一般不用微生物指标作为关键限值。所有用于限值的数据、资料应存档，以作为 HACCP 计划的支持性文件。

5.4.4.9　建立监控程序

对每个 CCP 的关键限值必须监控，以确定 CCP 是否失控。监控应及时提供检测信息，因此化学和物理测量通常优于微生物检验；监控过程所获数据、资料应由专门人员进行评价。

5.4.4.10　建立纠偏措施

纠偏措施是针对关键控制点控制限值所出现的偏差而采取的行动。必须对 HACCP 体系中的每个 CCP 制订特定的纠偏措施，以便出现偏差时进行处理。当监控结果表明 CCP 的控制有失控趋势时，应对过程进行调整，并采取相应的纠偏措施。纠偏措施必须保证 CCP 重新处于控制状态。

5.4.4.11　建立验证程序

验证是用来确定企业建立的 HACCP 计划是否有效和被正确执行的方法、程序和试验。验证的频率应足以证实 HACCP 体系的有效运行。

验证程序应包括：①HACCP 计划的验证；②CCP 的验证；③HACCP 体系的验证。

5.4.4.12　建立文件保持记录

记录是采取措施的书面证据，没有记录等于什么都没有做。因此，认真、及时和精确的记录及资料保存是不可缺少的，且必须有效、准确地保存记录。

记录是采取措施的书面证据，包含了 CCP 在监控、偏差、纠偏措施等过程中发生的历史性信息，不但可用来验证企业是按既定质量、HACCP 计划执行的，而且可利用这些信息建立产品流程档案，一旦发生问题，能从中查询产生问题的实际生产过程，还可为监控提供了一个有效的手段。

复习参考题

1. 名词解释

HACCP　SSOP　GMP　HACCP 体系　HACCP 计划　危害　显著危害　关键控制点判定树　控制措施　关键限值　操作限值　偏差　纠偏措施　监测　确认　验证　HACCP 体系认证

2. 问答题

(1) HACCP 控制体系的特点是什么？实施 HACCP 体系的意义何在？

(2) GMP、SSOP 的内容是什么？我国现行 GB14881 的主要内容有哪些？

(3) HACCP 和 ISO22000、GMP、SSOP 的关系？

(4) 如何区别 SSOP 与 HACCP 控制的危害？

(5) 食品生产加工企业如何建立和实施 HACCP 计划？

(6) HACCP 计划的前提条件是什么？

(7) HACCP 七个原理有哪些？

(8) 如何区别危害与显著危害？

(9) 确定关键限值的信息来源有哪些？

(10) 验证的内容有哪些？

(11) 记录产生的一般要求是什么？

(12) 制订和实施 HACCP 计划的步骤如何？

(13) HACCP 体系认证的特点有哪些？

(14) 食品企业 HACCP 体系建立与认证的意义何在？

(15) 食品生产企业 HACCP 体系认证的步骤如何？

第6章 ISO22000认证

［教学目的和要求］

了解ISO22000的起源与发展，熟悉ISO22000：2005标准，掌握ISO22000认证的程序。

6.1 ISO22000标准概述

6.1.1 ISO22000：2005标准概述

ISO22000：2005《食品安全管理体系——食品链中各类组织的要求》标准是国际标准化组织ISO（International Organization for Standardization）下设的ISO/TC 34食品技术委员会的工作小组WG8（负责食品安全管理体系）开发的。

ISO22000的目的是让食物链中的各类组织执行食品安全管理体系，确保组织将其终产品交付到食品链下一段时，已通过控制措施将其中确定的危害消除和降低到可接受水平。

ISO22000适用于食品链内的各类组织，从饲料生产者、初级生产者到食品制造者、运输和仓储经营者，直至零售分包商和餐饮经营者以及与其关联的组织，如设备、包装材料、清洁剂、添加剂和辅料的生产者。

6.1.1.1 ISO22000食品安全管理体系族标准的产生和发展

ISO为了协调和统一国际食品安全管理体系，由ISO/TC34农产食品技术委员会在HACCP总结的世界上各国多年应用经验的基础上，借鉴了ISO9001国际质量管理体系的编写框架，制定的一套专用于食品链内的食品安全管理体系，并于2005年9月1日向全世界正式颁布。

该标准在HACCP、GMP(良好操作规范)[GAP(良好农业规范)、GHP(良好卫生规范)、GDP(良好分销规范)、GVP(良好兽医规范)、GPP(良好生产规范)、GTP(良好贸易规范)]和SSOP(卫生标准操作规范)的基础上，同时整合了ISO9001：2000的部分要求而形成的。

我国于2006年3月1日颁布了ISO22000：2005《食品安全管理体系 适用于食品链中各类组织的要求》的等同采用（IDT）标准《GB/T22000—2006食品安全管理体系—适用于食品链中各类组织的要求》，并于2006年7月1日开始实施。

6.1.1.2 ISO22000系列国际标准的构成

ISO22000：2005是食品安全管理系列标准中的第一个标准。食品安全管理系列标准正在陆续发布，已发布或将要发布的其他标准包括：ISO22003《食品安全管理体系——ISO22000认证指南》、ISO22004《食品安全管理体系——ISO22000：2005应用指南》、ISO22005《饲料和食品链的可追溯性——体系设计和开发的通用原理和指南》。

6.1.2　ISO22000 标准特点

ISO22000 标准详细描述基于 HACCP 的 7 个原理的食品安全管理体系，可用于审核，亦可用于认证，具有广泛适用性（整个食品链），能将 HACCP 同先决条件以及标准卫生操作程序兼容，其结构与 ISO9000 和 ISO14000 趋同，为国际间 HACCP 概念的交流提供机制。

6.2　ISO22000：2005 标准的理解

为便于理解 ISO22000 起见，先列出标准，然后以理解要点的方式对原标准进行阐述，并且按标准的原编号进行诠释。

0 引言

食品安全与消费环节（由消费者摄入）食源性危害的存在状况有关。由于食品链的任何环节均可能引入食品安全危害，应对整个食品链进行充分的控制，因此，食品安全应通过食品链中所有参与方的共同努力来保证。

食品链中的组织包括：饲料生产者、食品初级生产者及食品生产制造者、运输和仓储经营者、零售分包商、餐饮服务与经营者（包括与其密切相关的其他组织，如设备、包装材料、清洁剂、添加剂和辅料的生产者），也包括相关服务的提供者。

为了确保整个食品链直至最终消费的食品安全，本标准规定了食品安全管理体系的要求，该体系结合了下列普遍认同的关键要素：相互沟通、体系管理、前提方案、HACCP 原理。

为了确保在食品链每个环节所有相关的食品危害均得到识别和充分控制，整个食品链中各组织的沟通必不可少。因此，组织与其在食品链中的上游和下游组织之间均需要沟通。尤其对于已确定的危害和采取的控制措施，应与顾客和供方进行沟通，这将有助于明确顾客和供方的要求（如在可行性、需求和对终产品的影响方面）。

为了确保整个食品链中的组织进行有效的相互沟通，向最终消费者提供安全的食品，认清组织在食品链中的作用和所处的位置是必要的。

图 6-1 表明了食品链中相关方之间沟通渠道的一个实例。

[理解要点]

（1）食品链中的组织类型：饲料生产者、食品初级生产者以及食品生产制造者、运输和仓储经营者、零售分包商、餐饮服务与经营者（包括与其密切相关的其他组织，如设备、包装材料、清洁剂、添加剂和辅料的生产者），也包括相关服务的提供者。对从事食品生产、加工、储运或供应食品的食品链中所有组织而言，食品安全的要求是首要的第一位的。

在食品链上，食品安全的保证和控制必须由食品链中所有参与方共同努力来保证，必须对整个食品链进行充分的控制。

（2）规定了食品安全管理体系的要求及该体系公认的关键原则：相互沟通，体系管理，前提方案，HACCP 原理。

（3）沟通不仅是危害分析及其更新所必要的输入，而且也是特定危害的控制措施。

（4）标准的适用性：适于审核，适用于食品安全；允许小型和(或)欠发达的组织，实施由外部制定和设计的前提方案与 HACCP 计划的组合。

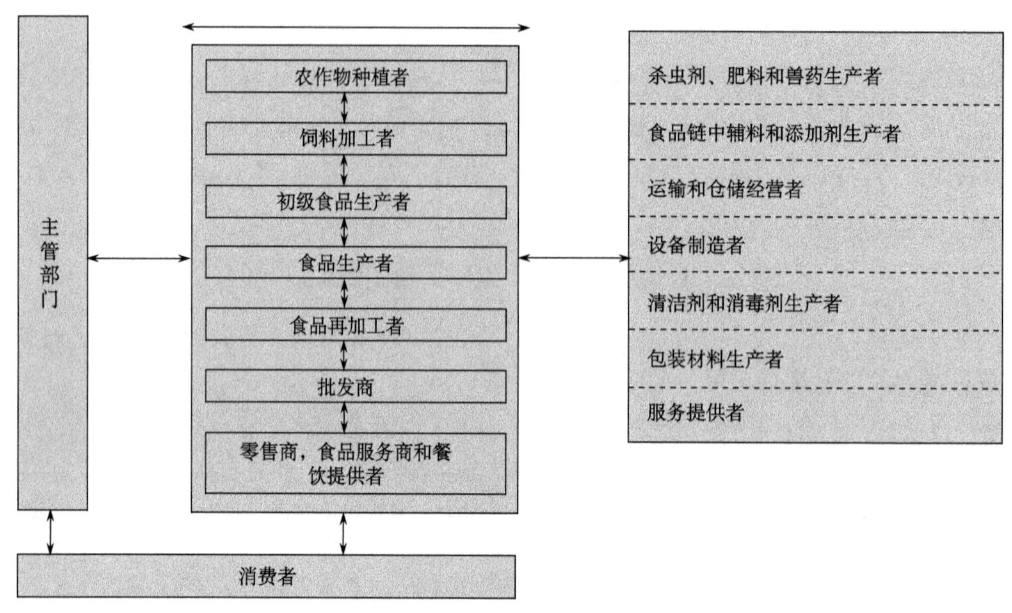

图 6-1 食品链上的沟通实例

此图并未表示沿食品链的跨越式相互沟通的类型

1 范围

本标准规定了食品安全管理体系的要求，以便食品链中的组织证实其有能力控制食品安全危害，确保其提供给人类消费的食品是安全的。

本标准适用于食品链中任何方面和任何规模的、希望通过实施食品安全管理体系以稳定提供安全产品的所有组织。组织可以通过利用内部和（或）外部资源来实现本标准的要求。

［理解要点］

（1）本标准适用于食品链中各种类型、规模，提供各种产品并有下列需求的组织：①证实其有能力控制食品安全危害；②为消费者提供安全的终产品；③增强顾客满意。

（2）本标准规定的内容，使组织能达到以下目的：①策划、设计、实施、运行、保持和更新食品安全管理体系；②与相关方有效沟通，提供安全的终产品；③符合适用的法律、法规要求、食品安全方针的承诺和相关方的要求；④寻求认证或注册。

（3）组织通过食品安全管理体系认证，并不表明其产品也被认证为“安全”产品。

本标准所有要求都是通用的，适用于食品链中各种规模和复杂程度的所有组织。

2 规范性引用文件

下列文件中的条款通过本标准的引用而成为本标准的条款。凡是注日期的引用文件，其随后所有的修改单（不包括勘误的内容）或修订版均不适用于本标准。凡是不注日期的引用文件，其最新版本适用于本标准。

GB/T19000—2000 质量管理体系 基础和术语（idt ISO9001：2000）

3 术语和定义

GB/T19000—2000 确立的以及下列术语和定义适用于本标准。

为方便本标准的使用者，对引用 GB/T19000—2000 的部分定义加以注释，但这些注释仅适用于本标准特定用途。

注：未定义的术语保持其字典含义。定义中黑体字表明参考了本章的其他术语，引用的条款号在括号内。

［理解要点］本标准列出了 17 条术语，并给出定义的出处。

（1）纠正、纠正措施、验证、确认 4 个术语引自《质量管理体系 基础和术语》（GB/T19000—2000）。

控制措施、关键控制点、关键限值、食品安全、食品安全危害 5 个术语引自联合国粮农组织和世界卫生组织于 1997 年在罗马出版的 *Codex Alimentarius Food Hygiene Basic Texts*。

（2）终产品、流程图、食品链、食品安全方针、监视、操作性前提方案、前提方案、更新等 8 个术语是本标准的特有术语。

3.1 食品安全 Food safety

食品在按照预期用途进行制备和（或）食用时，不会对消费者造成伤害的概念。

注 1：改编自文献（11）。

注 2：食品安全与食品安全危害（3.3）的发生有关，但不包括与人类健康相关的其他方面，如营养不良。

［理解要点］预期用途可以指拟定的加工、消费和预期处理以及拟定的消费者。一般在食品标签或合同中需说明预期用途。

（1）食品安全强调食品在按预期用途加工、食用时，不应对消费者的健康造成危害。

（2）需指出的是，如果不按预期用途加工、食用而引起营养不良、身体伤害，不能称该食品不安全。例如，婴儿奶粉标签强调用温开水冲调，而有的年轻父母用凉开水冲调，婴儿吃后引起不适，则不是奶粉有问题。

3.2 食品链 Food chain

从初级生产直至消费的各环节和操作的顺序，涉及食品及其辅料的生产、加工、分销、储存和处理。

注 1：食品链包括食源性动物的饲料生产和用于生产食品的动物的饲料生产。

注 2：食品链也包括用于食品接触材料或原材料的生产。

［理解要点］食品链描述了食品从初级生产直至消费的各环节的顺序，包括饲料生产、初级加工、食品生产、储存、销售和处理等。初级生产包括食源性动物的饲料生产和用于生产食品的动物的饲料生产。

食品链包括食源性动物的饲料生产，用于生产食品的动物的饲料生产，也包括与食品接触材料或原材料的生产。

3.3 食品安全危害 Food safety hazard

食品中所含有的对健康有潜在不良影响的生物、化学或物理的因素或食品存在状况。

注 1：术语“危害”不应和“风险”混淆，对食品安全而言，“风险”是食品暴露于特定危害时对健康产生不良影响的概率（如生病）与影响的严重程度（死亡、住院、缺勤等）之间形成的函数。风险在 ISO/IEC 导则 51 中定义为伤害发生的概率和严重程度的组合。

注 2：食品安全危害包括过敏源。

注 3：对饲料和饲料配料而言，相关食品安全危害是指可能存在或出现于饲料和饲料配料中，再通过动物消费饲料转移至食品中，并由此可能导致人类不良健康后果的因素。对饲料和食品的间接操作（如包装材料、清洁剂等的生产者）而言，相关食品安全危害是指按所提供产品和（或）服务的预期用途，可能直接或间接转移到食品中，并由此可能造成人类不良健康后果的因素。

[理解要点]

(1) 食品安全危害不仅仅是食品中存在的对健康有不良影响的生物性、化学性或物理性危害物质，而且还包括食品的存在状态（如烫的牛奶对婴儿会造成伤害）。

(2) 生物性危害指对食品原料、加工过程和食品造成危害的微生物及其代谢产物，包括致病性微生物（主要指有害细菌）、病毒、寄生虫等；化学性危害是指食用后引起急性中毒或慢性积累性伤害的化学物质，包括天然毒素类（天然存在的化学物质）、食品添加剂和其他污染物（如农药残留等）；物理性危害是指食用后可能导致物理性伤害的异物，如玻璃、金属碎片、石块等。

(3) 风险不能等同于危害。风险是危害发生的概率（可能性）及其严重程度（严重性）这两项指标的综合描述。可能性是指危害情况发生的难易程度。严重性是指危害情况一旦发生后，将造成的人员伤害的程度和大小。两项指标中只要有一个不存在，则认为风险不存在。

(4) 危害发生的概率和严重程度会因消费者、消费方式等方面的不同而有所差异，因此食品安全危害具有相对性。

3.4 食品安全方针 Food safety policy

由组织的最高管理者正式发布的该组织总的食品安全宗旨和方向。

[理解要点]

(1) 食品安全方针是总的食品安全宗旨和方向，是组织建立食品安全目标的基础。

(2) 由组织的最高管理者制定并正式发布的。

3.5 终产品 End product

组织不再进一步加工或转化的产品。

注：需其他组织进一步加工或转化的产品，是该组织的终产品或下游组织的原料或辅料。

[理解要点]

(1) 对组织而言，其终产品是指不再需要进一步加工（包括包装）的成品，可以直接发送、销售。

(2) 组织的终产品，可能是下游组织的原料或辅料，有时是整个食品链的成品。

3.6 流程图 Flow diagram

以图解的方式系统地表达各环节之间的顺序及相互作用。

[理解要点] 流程图是用图形对食品生产的各个步骤或操作之间的次序和相互关系进行系统的表示，直观性强。主要指工艺流程图，也可包括设备布置图、物流图、人流图等。

3.7 控制措施 Control measure

＜食品安全＞能够用于防止或消除食品安全危害（3.3）或将其降低到可接受水平的行动或活动。

［理解要点］控制措施包括防止、消除及降低食品安全危害的措施。

（1）防止食品安全的措施是指生产中采取的避免产生食品安全危害因素的措施，是一种预防手段。消除食品安全危害的措施是指生产中采取的将原本存在的食品安全危害因素消除的措施，是一种消除手段。降低食品安全危害的措施是指生产中采取的将危害因素减小到可接受水平的措施，是一种减少手段。当危害因素不能防止或完全消除时，可采取措施使其降低到可接受水平。

（2）任何符合定义的行动，不论其称谓如何，都叫做控制措施。用 HACCP 计划、前提方案管理的控制措施都属于本术语“控制措施”的范畴。

3.8 前提方案 Prerequisite program（PRP）

＜食品安全＞在整个食品链中为保持卫生环境所必需的基本条件和活动，以适合生产、处理和提供安全终产品和人类消费的安全食品。

注 1：前提方案决定于组织在食品链中的位置及类型（见附录 C），等同术语如：良好农业操作规范（GAP）、良好兽医操作规范（GVP）、良好操作规范（GMP）、良好卫生操作规范（GHP）、良好生产操作规范（GPP）、良好分销操作规范（GDP）、良好贸易操作规范（GTP）。

［理解要点］建立和保持前提方案的目的是保持组织的卫生环境。

（1）前提方案是食品企业为保持卫生环境所必需的基本条件和活动。其中，通过危害分析确定的、必需的前提方案称为“操作性前提方案”。

（2）是食品企业为保证有效控制食品安全危害而首要准备的工作程序和作业指导书，一般要体现在工作程序和作业指导书中。

（3）前提方案是实施 HACCP 计划的基础，在有效实施前提方案的基础上，才可以对关键控制点进行控制。

（4）ISO22000 标准提出了“前提方案”的概念，以替代传统的 GMP 和 SSOP 概念。

3.9 操作性前提方案 Operational prerequisite program（OPRP）

为控制食品安全危害（3.3）在产品或产品加工环境中引入和（或）污染或扩散的可能性，通过危害分析确定的必不可少的前提方案（3.8）。

［理解要点］

（1）操作性前提方案是通过危害分析确定的，企业为保持卫生环境所必需的基本条件和活动。

（2）组织建立和保持操作性前提方案的目的是为了控制食品安全危害引入的可能性和（或）食品安全危害在产品或生产环境中污染或扩散的可能性。

3.10 关键控制点 Critical control point（CCP）

＜食品安全＞能够进行控制，并且该控制对防止、消除某一食品安全危害或将其降低到可接受水平所必需的某一步骤。

［理解要点］

（1）只有某个点用来控制显著的食品安全危害时，这个点才能被认为是关键控制点；

CCP是食品生产中必需的某一点、步骤和过程，通过对其他实施控制能预防、消除食品安全危害或将其减少到可接受水平。这里所指的食品安全危害是指显著危害，需要通过HACCP计划来控制。

（2）选择关键控制点（CCP）的主要原则是：如果显著危害在这一点（或这一步骤/过程）不能得到控制，那么以后就没有控制该显著危害的方法了，则该点（步骤/过程）一定是CCP。

（3）关键控制点是动态的，可随工厂的位置、产品配方、加工过程、设施设备、原料供应、卫生控制和其他支持性计划发生改变而变化。

3.11 关键限值 Critical limit

区分可接受和不可接受的判定值。

注：设定关键限值保证关键控制点（CCP）受控。当超出或违反关键限值时，受影响产品应视为潜在不安全产品进行处理。

［理解要点］

（1）设定关键限值的目的是保证关键控制点受控。关键限值是针对产品本身的安全，因此不能将其同工艺加工参数混淆。

（2）关键限值可以是一个控制点，也可以是一个控制区间，也即关键限值是一个或一组最大值或最小值。

（3）超出或违反关键限值时，应将产品作为潜在不安全产品进行处理。

3.12 监视 Monitoring

为评价控制措施是否按预期运行，对控制参数进行策划并实施一系列的观察或测量活动。

［理解要点］

（1）监视的目的是评价控制措施的有效性；监视的对象是控制措施的控制参数；监视方法是观察或测量。

（2）在进行监视的策划和实施时，要明确：①监视的对象；②监视的内容及标准；③监视的方法；④监视的地点（阶段）；⑤监视的频次；⑥监视的实施者；⑦监视所需的资源和装置；⑧监视需要的文件和记录；⑨监视结果的利用等。

3.13 纠正 Correction

为消除已发现的不合格所采取的措施。［ISO9001：2000，定义3.6.6］

注1：在本标准中，纠正与潜在不安全产品的处理有关，所以可以连同纠正措施一起实施。

注2：纠正可以是重新加工、进一步加工和（或）消除不合格的不良影响（如改做其他用途或特定标识）等。

［理解要点］

（1）纠正是针对已发现的不合格采取的措施，包括重新加工、进一步加工和（或）消除不合格的不良影响（如改作其他用途或将不合格隔离并作好标识）等。

（2）纠正的对象是发现的不合格，只就事论事，不考虑发现的不合格是否再次发生。

（3）纠正是在异常情况下所采取的纠正措施，一般包括恢复受控、重新加工、改作其他用途等。如发现杀菌过程中杀菌参数偏离，将参数调整回原来的状态；同时将评价为不安全的食品重新杀菌，或将加工的食品隔离并做好标识。

3.14 纠正措施 Corrective action

为消除已发现的不合格或其他不期望情况的原因所采取的措施。[ISO9001：2000，定义 3.6.5]

注 1：一个不合格可以有若干个原因。

注 2：纠正措施包括原因分析和采取措施防止再发生。

[理解要点]

（1）纠正是针对已发现的不合格采取的措施，可涉及返工或降级；纠正的对象是发现的不符合，不考虑发现的不合格是否再次发生；纠正措施是从问题的根本原因入手，意图是采取措施后同类问题不再发生。纠正只就事论事，纠正措施要做到举一反三；纠正可以和纠正措施一同采取，也可以分开采取。

（2）纠正措施的步骤包括：①评审不合格；②确定不合格的原因；③纠正措施需求的评价；④确定纠正措施并实施；⑤对纠正措施的有效性进行跟踪评审；⑥记录纠正措施的结果。

3.15 确认 Validation

获得证据以证实由 HACCP 计划和操作性前提方案（OPRP）安排的控制措施有效。

注：本定义基于文献 [11]，比 ISO9001 的定义更适用于食品安全领域。

[理解要点]

（1）确认的目的在于证明 HACCP 计划和 OPRP 管理的控制措施能够达到预期的控制水平。

确认的对象是 HACCP 计划和 OPRP 管理的控制措施。确认的内容包括：①确认所选择的控制措施是否完整，是否具有可操作性；②确认所选择的控制措施是否能够对相应的食品安全危害实现预期的控制。

（2）应在 HACCP 计划、OPRP 实施之前及变更后，对其进行确认。

3.16 验证 Verification

通过提供客观证据对规定要求已得到满足的认定。[ISO9001：2000，定义 3.14]

[理解要点] 验证的目的是证实食品安全管理体系达到规定的要求。

验证与确认不同。确认是运行前和变化后实施的评定，目的在于证明各（或组合的）控制措施具有可操作性，能够达到预期的要求。验证是在运行中和运行后进行评定，目的在于证明确实达到了规定要求。

3.17 更新 Updating

为确保应用最新信息而进行的即时和（或）有计划的活动。

[理解要点]

（1）为了将最新信息应用到现有食品安全管理体系，应即时和(或)有计划地改进现有食品安全管理体系的有关方面。

（2）当对食品安全管理体系进行更新时，应确保食品安全管理体系在更改前、更改中和更改后均能始终适合其当时所处的环境，应确保食品安全管理体系的完整性。总而言之，要保证更新在受控状态下进行。

4 食品安全管理体系

4.1 总要求

组织应按本标准的要求建立有效的食品安全管理体系，并形成文件加以实施和保持，必要时进行更新。

组织应确定食品安全管理体系的范围。该范围应规定食品安全管理体系中所涉及的产品或产品类别、过程和生产场地。

组织应：a）确保在体系范围内合理预期发生的与产品相关的食品安全危害得以识别、评价和控制，以避免组织的产品直接或间接伤害消费者；b）在整个食品链内沟通与产品安全有关的适宜信息；c）在组织内就有关食品安全管理体系建立、实施和更新进行必要的信息沟通，以满足本标准的要求，确保食品安全；d）定期评价食品安全管理体系，必要时更新，以确保体系反映组织的活动并包含需控制的食品安全危害的最新信息。

组织应确保控制所选择的任何可能影响终产品符合性且源于外部的过程，并应在食品安全管理体系中加以识别，并形成文件。

［理解要点］本条文是对组织建立、实施、保持并持续改进食品安全管理体系的总体性要求，要求组织应以系统化、结构化的管理来改进组织的食品安全绩效。

4.2 文件要求

4.2.1 总则

食品安全管理体系文件应包括：a）形成文件的食品安全方针和相关目标的声明（见 5.2）；b）本标准要求的形成文件的程序和记录；c）组织为确保食品安全管理体系有效建立、实施和更新所需的文件。

［理解要点］参见 3.2 节 ISO9001 系列标准的构成中 4.2 文件要求条款。

ISO22000 标准中要求建立文件的程序：4.2.2 文件控制；4.2.3 记录控制；5.7 应急准备和响应；7.6.4 关键控制点的监视系统；7.6.5 监视结果超出关键限值时采取的措施；7.10.1 纠正；7.10.2 纠正措施；7.10.4 撤回；8.4.1 内部审核。

隐含要求形成程序文件：5.2 食品安全方针和目标；7.2 操作性前提方案；7.3.3.3 原料/辅料及产品接触材料的信息；7.3.3.2 终产品特性；7.6.1 HACCP 计划；7.6.3 关键限制选定的合理性证据。

4.2.2 文件控制

食品安全管理体系所要求的文件应予以控制。记录是一种特殊类型的文件，应依据 4.2.3 的要求进行控制。

文件控制应确保所有提出的更改在实施前加以评审，以明确其对食品安全的效果以及对食品安全管理体系的影响。

应编制形成文件的程序，以规定以下方面所需的控制：a）文件发布前得到批准，以确保文件是充分与适宜的；b）必要时对文件进行评审与更新，并再次批准；c）确保文件的更改和现行修订状态得到识别；d）确保在使用处获得适用文件的有关版本；e）确保文件保持清晰、易于识别；f）确保相关的外来文件得到识别，并控制其分发；g）防止作废文件的非预期使用，若因任何原因而保留作废文件时，应确保对这些文件进行适当的标志。

［理解要点］参见第 3 章 3.2 节 ISO9001 系列标准的构成中 4.2.2 及 4.2.3 文件要求条款，对文件管理的责任分配见表 6-1。

表 6-1　文件管理的责任分配

项目	编写	审核	批准	发放	回收	评审
食品安全管理手册	指定人员	食品安全小组组长	总经理	文控中心	文控中心	食品安全小组组长 总经理
程序文件	相关部门	相关部门会审	食品安全小组组长			食品安全小组 相关部门
前提方案	食品安全小组	相关部门会审	食品安全小组组长			食品安全小组
操作性前提方案	食品安全小组	相关部门会审	食品安全小组组长			食品安全小组
HACCP 计划	食品安全小组	相关部门会审	食品安全小组组长			食品安全小组
作业指导书	相关部门	相关部门会审	主管/经理			相关部门
表格	相关部门	相关部门	主管/经理			相关部门
技术规范	技术部门	技术部门主管	技术部门经理			技术部等部门
外来文件	相关部门收集	相关部门经理	食品安全小组组长			食品安全小组组长 相关部门

在本标准中，要求形成文件的程序（共 9 项）如下：4.2.2 文件控制；4.2.3 记录控制；7.2.3 操作性前提方案（也可以是指导书或计划的形式）；7.6.5 监控结果超出关键限值时采取的措施；7.10.1 纠正；7.10.2 纠正措施；7.10.3 潜在不安全产品的处置；7.10.4 撤回；8.4.1 内部审核。

4.2.3 记录控制

应建立并保持记录，以提供符合要求和食品安全管理体系有效运行的证据。记录应保持清晰、易于识别和检索。应编制形成文件的程序，规定记录的标志、贮存、保护、检索、保存期限和处理所需的控制。

[理解要点] 见第 3 章 3.2 节 ISO9001 系列标准的构成中 4.2.4 记录的控制要求条款。

本标准设置记录的要求来自：①ISO22000 标准要求；②程序文件及其他文件规定；③特定证实、追溯的要求；④相关方要求。

ISO22000 标准要求的记录共 24 个，见表 6-2。

表 6-2　ISO22000 标准要求的记录

序号	标准条款	要求的记录
1	4.2.2	文件更改的原因和证据
2	5.4	指定人员采取的适当措施的记录
3	5.6.1	外部沟通的记录
4	5.8.1	管理评审的记录
5	6.2.1	与外部专家签订的协议或合同
6	6.2.2	人员教育、培训、技能和经验记录
7	7.3.1	实施危害分析所需的所有相关信息的记录
8	7.3.2	食品安全小组具备的知识和经验的记录
9	7.3.5.1	经过验证的流程图
10	7.4.2.1	食品安全危害识别的记录
11	7.4.2.3	确定终产品中食品安全危害的可接受水平的依据和结果的记录

续表

序号	标准条款	要求的记录
12	7.4.3	食品安全危害评价结果的记录
13	7.4.4	控制措施评价结果的记录
14	7.5 f)	监视的记录
15	7.6.1 g)	监视的记录
16	7.6.4	关键控制点的监视记录
17	7.8	验证结果的记录
18	7.9	可追溯性的记录
19	7.10.1	受影响产品的评价记录、纠正记录
20	7.10.2	纠正措施记录
21	7.10.4	撤回的原因、范围和结果的记录；撤回方案有效性的记录
22	8.3	校准和验证结果记录；测量和监控装置偏离校准状态后，对原测验结果的评价记录
23	8.4.3	验证活动分析的结果和由此产生的活动的记录
24	8.5.2	体系更新活动的记录

5 管理职责

5.1 管理承诺

最高管理者应通过以下活动，对建立、实施食品安全管理体系并持续改进其有效性的承诺提供证据。a）表明组织的经营目标支持食品安全；b）向组织传达满足与食品安全相关的法律法规、本标准以及顾客要求的重要性；c）制定食品安全方针；d）进行管理评审；e）确保资源的获得。

［理解要点］最高管理者指在最高层指挥和控制组织的一个人或一组人。

（1）本条款阐述了组织最高管理者应做出的公开承诺，即建立、实施食品安全管理体系并持续改进其有效性。

（2）最高管理者的承诺体现。对制定与宣传食品安全方针的参与程度；了解本组织食品安全管理体系的概况及目前状态；了解本组织在食品安全方面的业绩；对与食品安全有关的信息及时采取措施的情况，如对投诉、抱怨的处理；管理评审活动。

（3）最高管理者承诺的证据。正式签署的文件、体系运行的记录（如体系建立与实施的会议记录，培训课程的签到记录、票据和计划内容等），也可是其他任何证据，如与最高管理者交谈、了解其履行承诺的情况。

承诺通过 5 项活动予以证实：①以书面方式确定支持食品安全的经营目标；②组织的最高管理者采取所有的必要措施（包括培训、会议、墙报宣传、文件等方式），确保将有关满足客户、法律、法规、ISO22000 标准要求的重要性传达到组织各级人员，并使各级人员在工作中严格遵守；③以书面方式确定食品安全方针；④定期进行管理评审，确保食品安全管理体系的适宜性、有效性和充分性；⑤针对每一项食品安全活动确定资源要求并提供充分的资源，以使食品安全管理体系有效进行，达到满足食品安全的需要。资源包括经过培训的人员、资金、设施、设备、技术、方法、工作环境、信息等。

5.2 食品安全方针

最高管理者应制定食品安全方针，形成文件并对其进行沟通。a）最高管理者应确保食品安全方针；b）与组织在食品链中的作用相适宜；c）既符合法律法规要求，又符合与顾客商定的对食品安全的要求；d）在组织的各层次进行沟通、实施并保持；e）在持续适宜性方面得到评审（5.8）；f）充分体现沟通（5.6）；g）由可测量的目标来支持。

［理解要点］食品安全方针是由组织的最高管理者正式发布的该组织总的食品安全宗旨和方向，它应是其总方针和战略的组成部分，并与其保持一致。

（1）食品安全方针内容要求，应做到“一个适应，两个符合，一个沟通”，即与组织在食品链中的作用相适应（一个适应），符合与顾客商定的食品安全要求，符合法律、法规的要求（两个符合），说明沟通的安排（一个沟通）。

（2）食品安全方针管理要求。由组织的最高管理者批准发布，形成文件，按文件控制；在组织各层沟通、实施和保持；对方针的持续适宜性进行评审。

（3）食品安全目标要求：①适应性；②可测量；③分层次；④可实现；⑤全方位；⑥一致性；⑦支持食品安全方针。

5.3 食品安全管理体系策划

最高管理者应确保：a）对食品安全管理体系的策划，以满足 4.1 的要求，同时实现支持食品安全的组织目标；b）在对食品安全管理体系的变更进行策划和实施时，保持体系的完整性。

［理解要点］策划是围绕设定的目标，确定相应的过程、过程的活动、相关的资源以实现目标的活动。食品安全管理体系的策划是指组织战略性决策的体现，是在新建或改进食品安全管理体系时的一种活动。

（1）食品安全管理体系策划的目的。进行食品安全管理体系的策划，以实现 ISO22000 之 4.1 条款的总要求和食品安全目标；当食品安全管理体系（如产品、工艺、生产设备、人员等）发生变更时进行策划，确保该变更不会给食品安全带来负面影响，并且确保体系的完整性和持续性。

（2）食品安全管理体系策划的人员及时机。由最高管理者进行策划，一般在下列情况下进行：①按 ISO22000 标准的要求建立食品安全管理体系；②改进或更新现有的食品安全管理体系；③为满足新的要求，调整、充实现存的食品安全管理体系以适合新产品、项目和合同提出的新要求；④管理体系一体化，与组织的其他管理体系，如质量管理体系相融合时对食品安全管理体系的调整。

（3）策划内容应包括：组织机构、职责分配、食品安全方针、目标、文件等。

5.4 职责和权限

最高管理者应确保规定各项职责和权限并在组织内进行沟通，以确保食品安全管理体系有效运行和保持。所有员工都有责任向专门人员报告与食品安全管理体系有关的问题。应授予指定人员明确的职责和权限，以采取措施并予以记录。

［理解要点］为确保食品安全管理体系有效运行和保持，最高管理者应当在适宜的组织机构基础上，对职责、权限做出规定，并要求在职能层次间进行相互沟通。

（1）在确定职责和权限时，应将组织内的部门设置及各部门的职责、权限及相互关系以文件的形式加以规定；应将部门内岗位设置及各岗位的职责、权限和相互关系以文件的形式加以规定。

（2）职责、权限和沟通方式确定得合适与否，应以能否促进组织食品安全活动的协调性与有效性为依据；职责和权限的沟通要用适当的方式。

（3）所有员工有责任汇报与食品安全管理体系有关的问题，但应当明确规定发生问题时应向谁报告；相关的指定人员具有明确的职责和权限，以采取适当措施，并记录结果。

所有员工有责任向指定人员汇报与食品安全管理体系有关的问题；指定人员接到汇报后，应适时采取措施并记录所采取的措施。

指定人员是指由组织任命的负责处理问题的人员。组织应明确指定人员的职责和权限，并明确员工向指定人员汇报问题的途径；要注意对指定人员授权，以便使相关工作得到有效开展。

常见的指定人员包括小组组长、沟通人员、记录人员、验证人员、不合格品评估人员、纠正/纠错人员、召回人员、突发事件权限人员等。

5.5 食品安全小组组长

组织的最高管理者应任命食品安全小组组长，无论其在其他方面的职责如何，应具有以下方面的职责和权限：a）管理食品安全小组（7.3.2），并组织其工作；b）确保食品安全小组成员的相关培训和教育；c）确保建立、实施、保持和更新食品安全管理体系；d）向组织的最高管理者报告食品安全管理体系的有效性和适宜性。

注：食品安全小组组长的职责可包括与食品安全管理体系有关事宜的外部联络。

［理解要点］食品安全小组组长的任命：组织的最高管理者从管理层成员（通常为中高层人员）中指定一名食品安全小组组长，书面明确其职责和权限。

（1）食品安全小组组长应至少具备食品安全的基本知识，不必要求其必须具备专家水平，但小组中其他成员应能够提供相应专家意见。

（2）食品安全小组组长的要求：可以是专职的，也可以是兼职的。如果食品安全小组组长兼任其他职责，则这些职责不应与食品安全小组组长的职责发生利益冲突。

（3）食品安全小组组长的职责和权限主要有：标准 5.5 中 a）～d）的内容及外部联络(需要时)。

5.6 沟通

5.6.1 外部沟通

为确保在整个食品链中能够获得充分的食品安全方面的信息，组织应制定、实施和保持有效的措施，以便与下列各方进行沟通：a）供方和分包方；b）顾客或消费者，特别是在产品信息（包括预期用途、特定贮存要求以及保质期等信息的说明）、问询、合同或订单处理及其修改，以及顾客反馈信息（包括抱怨）等方面进行沟通；c）立法和执法部门；d）对食品安全管理体系的有效性或更新具有影响或将受其影响的其他组织。

外部沟通应提供组织的产品在食品安全方面的信息，这些信息可能与食品链中其他组织相关。这种沟通尤其适用于那些需要由食品链中其他组织控制的已知的食品安全危害。沟通记录应保持。

应获得来自顾客和立法与监管部门的食品安全要求。

指定人员应有规定的职责和权限以进行有关食品安全信息的对外沟通。通过外部沟通获得的信息应作为体系更新（见 8.5.2）和管理评审（见 5.8.2）的输入。

5.6.2 内部沟通

组织应制定、实施和保持有效的安排，以便与有关的人员就影响食品安全的事项进行沟通。

为保持食品安全管理体系的有效性，组织应确保食品安全小组及时获得变更的信息，包括但不限于以下方面：a）产品或新产品；b）原料、辅料和服务；c）生产系统和设备；d）生产场所，设备位置，周边环境；e）清洁和消毒程序；f）包装、贮存和分销系统；g）人员资格水平和（或）职责及权限分配；h）法律法规要求；i）与食品安全危害和控制措施有关的知识；j）组织遵守的顾客、行业和其他要求；k）来自外部相关方的有关问询；l）表明与产品有关的食品安全危害的抱怨；m）影响食品安全的其他条件。

食品安全小组应确保食品安全管理体系的更新（见 8.5.2）包括上述信息。最高管理者应确保将相关信息作为管理评审的输入（见 5.8.2）。

［理解要点］

（1）外部沟通的 4 个相关方：与供方和分包商沟通，共同关注食品安全危害，满足组织要求；与顾客的互动沟通，确定可接受水平，有助于识别、控制食品安全危害，如标签明示；与立法、监管部门的沟通，确定食品安全水平及组织有能力达到该水平提供信息（如获取法律法规信息）；与其他相关方的沟通，以获取相关支持（如获得运行技术支持）。

（2）外部沟通的作用。确保整个食品链中的相关组织获得充分的食品安全方面的信息，便于有效地进行危害识别、评定和控制；获得的信息应作为体系更新和管理评审的输入之一。

（3）外部沟通的内容。只有在从最初生产者到最终消费者的整个食品链中进行沟通，才能确保食品安全。组织在“供方—组织—顾客”的供应链结构中，应和上游供方、下游顾客建立起沟通渠道，进行有关食品安全信息的交流。

组织实施外部沟通的范围是对其食品安全产生影响的其他组织，不是食品链内的所有组织。

（4）外部沟通的要求。主要包括标准 5.6.1a）～d）的条款，组织应制定、实施和保持与外部进行沟通的措施，并形成适当的文件。文件中应就外部沟通中信息的接收、成文、处理、答复及记录做出规定。

（5）内部沟通的作用。旨在确保组织内进行的各种运作和程序都能获得充分的相关信息和数据，不同部门和层次的人员应通过适当的方法及时沟通，以保证信息传递的正确性，有助于提高组织效率；作为体系更新和管理评审的输入之一。

（6）内部沟通的内容是影响食品安全的事项。

（7）内部沟通的要求。内部沟通贯穿于通篇要求，而不仅限于条款 5.6.2。组织应制定、实施和保持内部沟通的措施，并形成适当的文件。文件中应就内部沟通中信息的接收、成文、处理、答复及记录做出规定。

（8）沟通的手段。可采用多种手段，如简报、会议、布告、联络单、意见箱、调查表、内部刊物、备忘录、电子媒体、声像和口头交流等。

5.7 应急准备和响应

最高管理者应建立、实施并保持程序，以管理能影响食品安全的潜在紧急情况和事故，并应与组织在食品链中的作用相适宜。

［理解要点］最高管理者宜确保组织建立和保持相应程序，以识别潜在事故、紧急情况和事件，并对其做出响应。

（1）应急准备和响应目的是尽可能减少或消除由于紧急情况或意外事故所造成的对食品安全的破坏。

（2）应急准备和响应的对象是潜在的事故或紧急情况，主要有火灾、洪水、生物恐怖主义、阴谋破坏、能源故障、直接影响食品安全的突然污染（环境）、新出现的危害、操作过程中的失误、“商业”风险或消费者关注问题、基于食品危害不科学的媒体宣传等。

（3）应急准备和响应的要求：①确定可能发生的事故或紧急情况；②做好预防措施和应急准备预案（包括成立小组、人员职责、资源、办法、措施及程序）；③条件可行时应对应急程序进行演练，以判断和证实有效性；④对潜在紧急情况和事故进行管理的情况，作为管理评审的输入。

5.8 管理评审

5.8.1 总则

最高管理者应按策划的时间间隔评审食品安全管理体系，以确保其持续的适宜性、充分性和有效性。评审应包括评估食品安全管理体系改进的机会和变更的需求，包括食品安全方针。

管理评审的记录应予以保持（见 4.2.3）。

5.8.2 评审输入

管理评审输入应包括但不限于以下信息：a）以往管理评审的跟踪措施；b）验证活动结果的分析（见 8.4.3）；c）可能影响食品安全的环境变化（见 5.6.2）；d）紧急情况、事故（见 5.7）和撤回（见 7.10.4）；e）体系更新活动的评审结果（见 8.5.2）；f）包括顾客反馈的沟通活动的评审（见 5.6.1）；g）外部审核或检验。注：撤回包括召回。

提交给最高管理者的资料的形式，应能使其理解所含信息与已声明的食品安全管理体系目标之间的关系。

5.8.3 评审输出

管理评审输出的决定和措施应与以下方面有关：a）食品安全保证（见 4.1）；b）食品安全管理体系有效性的改进（见 8.5）；c）资源需求（见 6.1）；d）组织食品安全方针和相关目标的修订（见 5.2）。

［理解要点］管理评审是最高管理者的重要职责，是其对食品安全管理体系的适应性、充分性、有效性按策划的时间间隔进行的系统的、正式的评价。

（1）管理评审的依据：①食品安全管理体系审核的结果；②不断变化的客观环境；③组织对持续改进的承诺。

（2）管理评审的目的：①确保食品安全管理体系的持续适宜性、充分性、有效性；②识别对食品安全管理体系，包括食品安全方针、目标进行改进的机会和修改的要求。

（3）管理评审的对象是食品安全管理体系。

（4）管理评审的内容。主要包括 5.8.2 标准 a）～g）的内容。除此之外，还应考虑其当前管理情况、供方的控制情况、组织机构和资源的适宜性、有关组织未来需求的战略策划等信息。

（5）管理评审的形式。比较系统、正式的会议，但这不是标准要求的必须形式。

（6）管理评审的输入。管理评审前应充分准备有关信息资料，一般包括：5.8.2 标准 a)～g) 的条款，也包括改进建议。改进建议指相关方特别是组织内员工改进文件、体系要素等方面的建议。

评审输入信息提交给最高管理者的形式应能便于最高管理者使用，使其能与食品安全管理体系的目标相联系，以便考核目标是否可实现。

（7）管理评审的时机。定期进行管理评审，一般每年进行一次是适宜的。

发生下列情况之一时，应适时进行管理评审：①新的食品安全管理体系进入正式运行时；②在第三方认证前；③企业内、外部环境发生较大变化时，如组织结构、产品结构有重大调整，资源有重大改变，标准、法律法规发生变更等；④最高管理者认为必要时，如发生重大食品安全事故。

（8）管理评审的方式。管理评审由最高管理者负责。管理评审一般以会议的形式进行。会议由最高管理者主持，相关部门负责人参加，与会者就评审输入的内容进行比较和评价。

（9）管理评审的输出。评审输出是管理评审活动的结果，组织应根据输出制定有关的决定和措施予以实施，形成持续改进。

输出形式：管理评审报告、改进计划、纠正/预防措施单。管理评审的输出应写入管理评审报告。

管理评审报告的内容包括：①评审目的；②评审时间；③评审内容；④组织人与参与人员名单；⑤食品安全方针，以及食品安全目标的适宜性、充分性和有效性的评价结论；⑥食品安全管理体系适宜性、充分性和有效性的结论；⑦食品安全管理体系文件是否需要修订的结论；⑧与食品安全保证、食品安全管理体系有效性的改进、资源需求、组织食品安全方针和相关目标的修订方面有关的决定和措施。

（10）管理评审的后续管理。对管理评审结论中的纠正措施进行跟踪验证，验证的结果应记录并上报最高管理者。

（11）记录。管理评审的结果应予以记录并妥善保存，如管理评审计划、各种输入报告、管理评审报告、纠正措施及其验证报告表等。

6 资源管理

6.1 资源提供

组织应提供充足资源，以建立、实施、保持和更新食品安全管理体系。

［理解要点］资源是组织通过建立食品安全管理体系及工程而实现食品安全方针和食品安全目标的必备条件，包括人力资源、基础设施和工作食品安全，即人员、资金、设施、设备、技术、方法、工作环境、信息、文化环境等。

（1）提供资源的目的是实现和保持现有食品安全管理体系并持续改进其有效性，增强顾客的满意度。

（2）确定和提供资源的职责，主要是最高管理者的职责，但也是整个组织的职责。管理者应该主动识别资源缺乏、过剩，还是匹配。

（3）与产品接受准则有关的资源配置包括人员、机器、原料、方法、环境和管理。

资源不足时要寻求外部相关技术支持，如小型欠发达组织等。

6.2 人力资源

6.2.1 总则

食品安全小组和其他从事影响食品安全活动的人员应是能够胜任的，并受到适当的教育和培训，具有适当的技能和经验。

当需要外部专家帮助建立、实施、运行或评估食品安全管理体系时，应在签订的协议或合同中对这些专家的职责和权限予以规定。

6.2.2 能力、意识和培训

组织应：a）确定其活动影响食品安全活动的人员所必需的资格和能力；b）提供必要的培训或采取其他措施以确保人员具有这些必要的能力；c）确保对食品安全管理体系负责监视、纠正、纠正措施的人员受到培训；d）评价上述a）、b）和c）的实施及其有效性；e）确保这些人员认识到其活动对实现食品安全的相关性和重要性；f）确保所有影响食品安全的人员能够理解有效沟通（见5.6）的要求；g）保持b）和c）中规定的培训和措施的适当记录。

[理解要点] 人员的能力是指经证实的应用知识和技能的本领。

（1）食品安全小组和其他从事影响食品安全活动的人员应具有适应其承担职责的能力。这种能力是以教育、培训、技能和经验4个方面为基础的。适当的教育程度可理解为从事不同的食品安全工作所需的最低学历教育；适当的培训可理解为从事某一岗位工作之前需接受的培训，如对内审员的培训要求；适当的技能可理解为从事某项工作应具备的专业技能，如电工需有电工证；适当的经验指为了更有效地完成工作任务所需的工作经验。人员包括食品安全小组的成员、食品安全过程的监视人员、食品检测人员、食品安全信息的外部沟通人员等。若以上人员不能胜任时，可以对其进行相应的教育和培训。组织可根据需要聘请外部专家，但应以协议或合同的方式对专家的职责和权限做出规定并予以保存。

（2）培训的实施。培训的实施包括确定培训需求，制订培训计划，实施培训、培训后的考核、培训结果的处理等，根据培训考核的结果发上岗证或重新培训。

（3）培训的内容。培训的内容必须使员工意识到自己的工作对食品安全的重要性和对食品安全可能的影响，必须使员工认识到有效沟通的必要性，并熟悉掌握有效沟通的要求。

培训的内容一般包括4个方面：①岗位文件、岗位职责；②食品安全知识、技能培训等；③食品安全意识培训；④管理知识培训等。

（4）培训的对象是所有人员，包括兼职、临时雇用、分包方人员等。

（5）特殊工作人员的资格认定。特殊工作人员（如电焊工、电工、天车工、锅炉工、计量员、内审员等），应通过必要的培训，获得资格认定。

（6）记录保存。应保存每个员工的教育、培训、技能、经验和资格鉴定的记录。

6.3 基础设施

组织应提供资源，以建立和保持实现本标准要求所需的基础设施。

[理解要点] 基础设施是指组织运行所必需的设施、设备和服务的体系，可包括建筑物、工作场所和配套设施，具体要求见7.2.2所规定的内容，它是组织实现产品符合性的物质保证。

（1）设施的内涵。本条款中的设施是指为建立和保持食品安全管理体系所需要的设施。组织应根据所生产产品的性质和相关方的要求，参考国际（法典）、国内相关的食品卫生规范和食品链其他环节的要求，提供基础设施。设施可包括但不限于：①建筑物和相关设施的布局和建设；②包括工作空间和员工设施在内的厂房布局；③空气、水、能源和其他基础条件的提供；④包括废弃物和污水处理的支持性服务。

（2）组织设施因组织的特性而已，如对于罐头生产组织，其在基础设施的策划中应遵守GB8950罐头厂卫生规范；而肉类加工组织，则应遵守GB12694肉类加工厂卫生规范的要求策划其基础设施。

6.4 工作环境

组织应提供资源，以建立、管理和保持实现本标准要求所需的工作环境。

［理解要点］工作环境是指“作业时所处的一组条件”，这些条件包括物理的、社会的、人文的、心理的、环境的和食品安全因素。例如，热、卫生、振动、噪声、温度、湿度、污染、光、清洁度、空气流动、绿化等（物理因素）；企业文化建设、制定安全规则和指南、工作方法、运用人体工效学、进行职业策划和开发、宗教信仰要求、员工健康与福利、动物福利等（人的因素）。

本条款工作环境是指“符合食品安全管理体系要求所需的工作环境”，是指对产品质量安全构成影响的环境，如厂区地理位置及周边环境、加工车间内的生产环境（温度、湿度、光线、洁净度、粉尘等）、周围环境中害虫出没和其他卫生控制要求。对食品生产企业而言，卫生环境是食品生产工作环境所必不可少的因素。

7 安全产品的策划和实现

7.1 总则

组织应策划和开发实现安全产品所需的过程。

组织应实施和运行所策划的活动及其变更并确保有效，包括前提方案、操作性前提方案和（或）HACCP 计划。

［理解要点］安全产品的策划和实现的总要求。产品实现过程的策划是指对具体产品、项目或合同的实现过程的策划，是管理体系策划的一部分。

（1）组织应策划和开发实现安全产品所需的过程，应明确过程的三要素，即输入、输出、活动，并在必要时对策划的过程进行更改。

（2）组织应对这些过程进行策划和开发，标准 7.2～7.8 条款说明了这些过程的策划要求，标准 7.9～7.10 条款说明了这些过程的实施要求。

（3）组织应实施、运行策划的活动及其更改（包括前提方案、操作性前提方案、HACCP 计划及其他们的更改），并通过确认、监视和验证确保其有效实施，在安全产品的实现的过程管理中进行 PDCA 方法的总体策划。

7.2 前提方案（PRP）

7.2.1 组织应建立、实施和保持前提方案（PRP），以助于控制：a）食品安全危害通过工作环境引入产品的可能性；b）产品的生物性、化学性和物理性污染，包括产品之间的交叉污染；c）产品和产品加工环境的食品安全危害水平。

7.2.2 前提方案（PRP）应：a）与组织在食品安全方面的需求相适宜；b）与组织运行的规模和类型、制造和（或）处置的产品性质相适宜；c）在整个生产系统中实施，无论是普遍适用还是适用于特定产品或生产线；d）获得食品安全小组的批准。

组织应识别与以上相关的法律法规要求。

7.2.3 当选择和（或）制定前提方案（PRP）时，组织应考虑和利用适当信息（如法律法规要求、顾客要求、公认的指南、国际食品法典委员会的法典原则和操作规范，国家、国际或行业标准）。

注：附录 C 提供了相关法典的出版物清单。

在制定这些方案时，组织应考虑如下信息：a）建筑物和相关设施的构造和布局；b）包括工作空间和员工设施在内的厂房布局；c）空气、水、能源和其他基础条件的供给；d）包括废弃物和污水处理在内的支持性服务；e）设备的适宜性，及其清洁、保养和预防性维护的可实现性；对采购材料（如原料、辅料、化学品和包装材料）、供给（如水、空气、蒸汽、冰等）、清理（如废弃物和污水处理）和产品处置（如贮存和运输）的管理；f）交叉污染的预防措施；g）清洁和消毒；h）虫害控制；i）人员卫生；j）其他有关方面。

应对前提方案的验证进行策划（见 7.8），必要时应对前提方案进行更改（7.7）。应保持验证和更改的记录。文件需规定如何管理前提方案中所包括的活动。

［理解要点］前提方案是针对组织运行的性质和规模而规定的程序或作业指导书；用以改善和保持运行条件，从而更有效地控制食品安全危害，和（或）为控制食品安全危害引入产品和产品加工食品安全及控制危害在产品和产品加工食品安全中污染或扩散的可能性，需得到食品安全小组人员的批准。

（1）前提方案包括或构成了控制措施，其达到的效果是预防、消除、降低食品安全危害。

（2）前提方案的类型，包括基础设施和维护方案、操作性前提方案两种类型。基础设施和维护方案是用于阐述食品卫生的基本要求和可接受的、更具永久特性的良好（操作、农业、卫生等）规范；操作性前提方案是为控制食品安全危害引入的可能性和（或）食品安全危害在食品或加工食品安全中污染或扩散的可能性，通过危害分析确定的，是必需的前提方案。

（3）前提方案的内容。前提方案的涵盖范围是很广泛的，如果是食品生产企业，前提方案不仅包含了企业良好操作规范、卫生标准操作程序的内容，通常还包含了以下要求：①原辅料、化学品和包装材料的采购管理与供方控制；②设备设施的维护保养；③加工过程压缩空气、水、电、蒸汽、热水的保障；④加工车间空气及加工使用空气质量；⑤加工废弃物、煤渣及污水排放与处理；⑥车间、厂区及周边环境消毒；⑦产品贮存和运输的管理。

（4）建立前提方案的步骤包括：①确定设计其前提方案的适用法律、指南、相关标准和相关方的要求；②根据这些要求结合组织的产品性质制定相应的前提方案；③按前提方案的要求执行；④识别前提方案需求的变化，包括相关方需求的变化，或是组织提供资源能力的变化，以保持其持续有效性和适宜性。

7.3 实施危害分析的预备步骤

7.3.1 总则

应收集、保持和更新实施危害分析需要的所有相关信息，形成文件，并保持记录。

［理解要点］本条款是进行危害分析前应做好的准备工作，是准备工作的总原则。

（1）准备工作的总原则是应收集、保持和更新实施危害分析的所有相关信息，并将这些信息形成文件；应保存收集、保持和更新信息的记录。

（2）准备工作的内容：①成立食品安全小组；②进行产品描述；③描述终产品的预期用途；④绘制流程图、描述过程步骤和控制措施。

7.3.2 食品安全小组

应任命食品安全小组。

食品安全小组应具备多学科的知识和建立与实施食品安全管理体系的经验。这些知识和经验包括但不限于组织的食品安全管理体系范围内的产品、过程、设备和食品安全危害。

应保持记录，以证实食品安全小组具备所要求的知识和经验（见 6.2.2）。

［理解要点］食品安全小组应得到最高管理者的任命。

（1）主要工作包括：①5.6.2 内部沟通；②7.2.1 前提方案的批准；③7.3.5.1 验证流程图；④7.4.1 实施危害分析；⑤8.1 食品安全小组应策划和实施对控制措施和（或）控制措施组合进行确认所需的过程，并验证和改进食品安全管理体系；⑥8.4.1 内部审核；⑦8.4.2单项验证结果的评价；⑧8.4.3 验证活动的结果；⑨8.5.2 食品安全管理体系的更新。

（2）食品安全小组由多种专业和具备实施食品安全管理体系经验的人员组成，以确保食品安全相关知识的经验和互补；尽可能包括基础建设方面的人员，也包括来自维护、生产、卫生、质量控制、研究开发、采购、运输、销售以及直接从事日常操作的人员。

（3）大型组织可建立食品安全管理组，下辖分（执行）组。管理组注重于协调、组织、策划和验证食品安全管理体系，分组则注重体系的实施和现场检查等执行方面的职责。

7.3.3 产品特性

7.3.3.1 原料、辅料和与产品接触的材料

应在文件中对所有原料、辅料和与产品接触的材料予以描述，其详略程度应足以实施危害分析（见 7.4）。适宜时，描述内容包括以下方面：a）化学、生物和物理特性；b）配制辅料的组成，包括添加剂和加工助剂；c）产地；d）生产方法；e）包装和交付方式；f）贮存条件和保质期；g）使用或生产前的预处理；h）与采购材料和辅料预期用途相适宜的有关食品安全的接收准则或规范。组织应识别与以上方面有关的食品安全法律法规要求。

上述描述应保持更新，需要时，包括按照 7.7 要求进行的更新。

7.3.3.2 终产品特性

终产品特性应在文件中予以规定，其详略程度应足以实施危害分析（见 7.4），适宜时，描述内容包括以下方面的信息：a）产品名称或类似标志；b）成分；c）与食品安全有关的化学、生物和物理特性；d）预期的保质期和贮存条件；e）包装；f）与食品安全有关的标志和（或）处理、制备及使用的说明书；g）分销方式。

组织应确定与以上方面有关的食品安全法律法规的要求。

上述描述应保持更新，需要时，包括按照 7.7 要求进行的更新。

［理解要点］描述目的是为危害分析和评价提供输入，详细程度和取舍取决于对危害分析的影响。

（1）原料、辅料、产品接触材料的特性描述。应以文件的形式对所有原料、辅料和与产品接触的材料的特性进行描述；描述的详略程度，应以能保证实施危害分析时的需要为原则。适宜时，特性描述的内容包括 7.3.3.1 a）～h）的内容。原料特性描述示例见表 6-3。

表 6-3 原料特性描述

名称或类似标识	鲜、冻分割牛肉
产地	甘肃
重要的特性（化学、生物、物理）	1. 感官： 色泽——鲜红色或深红色，有光泽，脂肪呈乳白色或微黄色； 组织状态——瘦肉切面纹理清晰，皮下脂肪适度、均匀；形态丰满，肉质紧密，有弹性； 黏度——表面湿润，不粘手； 气味——具有牛肉正常气味，无异味； 煮沸后肉汤——基本澄清透明，脂肪团聚于表面，具有牛肉汤应有的鲜味。

续表

名称或类似标识	鲜、冻分割牛肉
重要的特性（化学、生物、物理）	2. 理化指标： 挥发性盐基氮≤15mg/100g；铅（Pb）≤0.20mg/kg；无机砷≤0.05mg/kg； 镉（Cd）≤0.01mg/kg；总汞（以汞计）≤0.05mg/kg
	农药残留按 GB2763 执行；兽药残留按有关国家标准及有关规定执行。
组成	主要有蛋白质、脂肪、水等
生产方式	肉类加工厂生产
交付方式	直接从生产企业或特许经销商处购买
包装类型	鲜肉无包装、冻肉塑料薄膜包装
储存方式	冷藏
使用前的处理	解冻、清洗
接受准则或用途说明	具有检疫合格证明、运输车辆消毒证明

（2）终产品特性的描述。应以文件的形式对终产品的特性进行描述。描述的详略程度，应以能保证实施危害分析时的需要为原则。适宜时，其内容包括 7.3.3.2 a）～g）的内容。

产品标签作为信息沟通的方式，具有食品安全危害的作用。

7.3.4 预期用途

应考虑终产品的预期用途和合理的预期处理，以及非预期但可能发生的错误处置和误用，并应将其在文件中描述，其详略程度应足以实施危害分析（见 7.4）。

应识别每种产品的使用群体，适宜时，应识别其消费群体；并考虑对特定食品安全危害易感的消费群体。

上述描述应保持更新，需要时，包括按照 7.7 要求进行的更新。

［理解要点］预期用途即产品的使用方法及使用要求。预期用途描述的详略程度，应以能保证实施危害分析时的需要为原则；必要时，应按照标准条款 7.7 的要求对预期用途的描述进行更新。

终产品的说明中包括产品预期处理；通过外部沟通控制组织之外的食品安全危害；对可能发生产品错误处理或误用，可将产品的感官评价方法标注在标签上，以示消费者识别产品不安全的状态。

通过标识，如保存期标签、保存说明和“可能含有××××坚果成分”的声明、“过量摄食可能导致腹泻”（低聚糖）、“麸质”、“含苯丙氨酸成分”等，以确保在组织控制之外或控制措施本身，通过控制消费者对危害的摄入来实施特定的控制措施。

除了考虑食物的准备和用途，还要考虑预期使用人和可能的消费者，对其中的易感人群（不宜使用本产品的人群）应特别的说明，如婴儿以及小孩、老年人、免疫系统受损的人群（如 HIV 阳性患者）、因学习能力有缺陷而不能理解说明的人。

7.3.5 流程图、过程步骤和控制措施

7.3.5.1 流程图

应绘制食品安全管理体系所覆盖产品或过程类别的流程图。流程图应为评价可能出现、增加或引入的食品安全危害提供基础。

流程图应清晰、准确和足够详尽。适宜时，流程图应包括：a）操作中所有步骤的顺序和相互关系；b）源于外部的过程和分包工作；c）原料、辅料和中间产品投入点；d）返工点和循环点；e）终产品、中间产品和副产品放行点及废弃物的排放点。

根据 7.8 要求，食品安全小组应通过现场核对来验证流程图的准确性。经过验证的流程图应作为记录予以保持。

7.3.5.2 过程步骤和控制措施的描述

应描述现有的控制措施、过程参数和（或）及其实施的严格度，或影响食品安全的程序，其详略程度足以实施危害分析（见 7.4）。

还应描述可能影响控制措施的选择及其严格程度的外部要求（如来自执法部门或顾客）。

上述描述应根据 7.7 的要求进行更新。

［理解要点］流程图是用简单的方框或符号，清晰、简明地描述从原料接收到产品储运的整个加工过程及有关配料等辅助加工步骤。

（1）流程图的绘制，为评价食品安全危害可能的出现、增加或引入提供了基础。过程流程图为危害分析提供了分析的框架，有助于识别危害、危害评价和控制措施评价。

流程图可包括厂区平面图、车间布置图、工艺流程图、人流图、物流图、水流及废水排放图、气流图等，绘制流程图以显示其他控制措施的相关位置及食品安全危害可能引入和重新分布的情况，一般在工厂平面示意图中表明物流、人流、设备流等。

（2）流程图的内容。组织应绘制食品安全管理体系覆盖的产品或过程的流程图。

内容包括：①操作中所有步骤的顺序和相互关系；②源于外部的过程和分包工作；③原料、辅料和中间产品投入点；④返工点和循环点；⑤终产品、中间产品和副产品放行点及废弃物的排放点。

（3）流程图应清晰、准确和详尽地列出加工的所有步骤和环节，流程图需要验证，并形成记录。

（4）过程步骤和控制措施的描述要求。所谓过程步骤和控制措施描述也就是平常所说的工艺描述，即对过程流程图中的每一步骤的控制措施进行描述。描述的详略程度，应以保证实施危害分析时的需要为原则。

描述应当包括相应过程参数（如温度、添加剂的点或形式、流程等）、应用强度（或严格程度，如时间、水平、浓度等）和加工差异性（相关时）。控制措施包括：①拟包含或已包含于操作性前提方案的控制措施，如防止交叉污染；②在过程流程图里规定步骤中应用的控制措施，如杀菌；③应用于终产品中作为内在因素的控制措施，如终产品的 pH；④由外部组织（如顾客或主管部门）确定的、将包含于危害评价的任何控制措施，如法规中规定的食品添加剂的添加量；⑤应用于食品链其他阶段（如原料供应商、分包方和顾客）和（或）通过社会方案实施（如环保一般措施）并预期包含于危害评价中的控制措施，通过标识提醒顾客产品对易感人群的影响，防止危害发生。

应按标准 7.7 条款的要求适时对工艺描述进行更新。

7.4 危害分析

7.4.1 总则

食品安全小组应实施危害分析，以确定需要控制的危害，确定为确保食品安全所要求的控制程度，并确定所要求的控制措施组合。

7.4.2 危害识别和可接受水平的确定

7.4.2.1 应识别并记录与产品类别、过程类别和实际生产设施相关的所有合理预期发生的食品安全危害。识别应基于以下方面：a）根据 7.3 收集的预备信息和数据；b）经验；c）外部信息，尽可能包括流行病学和其他历史数据；d）来自食品链中，可能与终产品、中间产品和消费食品的安全相关的食品安全危害信息。应指出可能引入每一食品安全危害的步骤（从原料、加工和分销）。

7.4.2.2 在识别危害时，应考虑：a）特定操作的前后步骤；b）生产设备、设施和（或）服务和周边环境；c）在食品链中的前后关联。

7.4.2.3 针对每个识别的食品安全危害，只要可能，应确定终产品中食品安全危害的可接受水平。确定的水平应考虑已发布的法律法规要求、顾客对食品安全的要求、顾客对产品的预期用途，以及其他相关数据。确定的依据和结果应予以记录。

7.4.3 危害评估

应对每种已识别的食品安全危害（7.4.2）进行危害评估，以确定消除危害或将危害降至可接受水平是否为生产安全食品所必需，以及是否需要将危害控制到规定的可接受水平。

应根据食品安全危害造成不良健康后果的严重性及其发生的可能性，对每种食品安全危害进行评估。应描述所采用的方法，并记录食品安全危害评估的结果。

7.4.4 控制措施的选择和评估

基于 7.4.3 的危害评估，应选择适宜的控制措施组合，使食品安全危害得到预防、消除或降低至规定的可接受水平。

在选择的组合中，对 7.3.5.2 中所描述的每个控制措施，评审其控制确定食品安全危害的有效性。

应按照控制措施是需要通过操作性前提方案还是通过 HACCP 计划进行管理，对所选择的控制措施进行分类。

应使用符合逻辑的方法对控制措施选择和分类，逻辑方法包括与以下方面有关的评估：a）针对实施的严格程度，控制措施对确定的食品安全危害的控制效果；b）对控制措施进行监视的可行性（如适时监视以便于立即纠正的能力）；c）相对其他控制措施，该控制措施在系统中的位置；d）控制措施作用失效的可能性或过程发生显著变异的可能性；e）一旦该控制措施的作用失效，结果的严重程度；f）控制措施是否有针对性地建立并用于消除或显著降低危害水平；g）协同效应（即两个或更多措施作用的组合效果优于每个措施单独效果的总和）。

属于 HACCP 计划管理的控制措施应按照 7.6 实施，其他控制措施应作为操作性前提方案按照 7.5 实施；应在文件中描述所使用的分类方法学原理和参数，并记录评估的结果。

[理解要点] 危害分析见 5.4 节 HACCP 原理及应用中原理一危害分析和预防措施的相关内容。

（1）危害分析的输出是 HACCP 计划和操作性前提方案的组合，经过组合确认当前状况不能控制住危害，组织要考虑修改工艺或实施基础设施和维护方案的调整。

危害分析的工具，一般用美国 FDA 推荐的标准化表格——“危害分析工作单”进行危害分析，并确定 CCP“危害分析工作单”，参见第 5 章 HACCP 认证中表 5-11。

（2）控制措施的选择和评价。食品安全小组应针对已评价出的危害选择适宜的控制措施（或控制措施组合），应对控制措施的有效性进行评价。应将对控制措施进行分类的方法和参数形成文件，保存控制措施评价结果的记录。

应对所选择的控制措施进行分类，以决定是否需要通过 OPRP 或 HACCP 计划对其进行管理。

（3）选择和分类的逻辑方法。选择和分类应使用包括评估以下方面的逻辑方法：①针对实施的严格程度、控制措施，对确定的食品安全危害的控制效果；②对该控制措施进行监视的可行性；③相对其他控制措施，该控制措施在系统中的位置；④控制措施作用失效的可能性或过程发生显著变异的可能性；⑤一旦该控制措施的作用失效，后果的严重程度；⑥控制措施是否有针对性地建立，并用于消除或将显著降低危害水平；⑦协同效应。

（4）控制措施的选择方法。

a. 风险度评估方法。组织可以依据危害分析的结果对控制措施进行分类，见表 6-4。前提方案是食品安全控制所必需的基本条件和活动，即当加强管理提高控制能力都无法实现危害的控制时应对其实施改进。

表 6-4　危害分析结果对控制措施的分类

工序风险值（P）	5	4	3	2	1
失控容许程度	决不容许	重大的	中度的	可容许的	可忽略的
控制措施	HACCP 控制	HACCP 控制或 OPRP 控制	OPRP 控制	OPRP 控制或 不予关注	不予关注

b. 逻辑判断的方式。通常组织通过以下方面的评估也可以对控制措施实施分类。

i. 控制措施与确定食品安全危害的控制效果应有密切的相关性，相关性越强，控制措施越可能属于 HACCP 计划。措施所控制的危害对消费者健康的严重性越严重，控制措施越可能属于 HACCP 计划。

ii. 控制措施是否受控应能够被有效监控，及时监视的能力以便能够立即纠正。监视的需要，需要越迫切，控制措施越可能属于 HACCP 计划。

iii. 相对其他控制措施，该控制措施在系统中的位置不同，如果本步骤不能控制后面工序，就没有其他的控制措施可以将危害降低到可接受水平，那么控制措施越有可能属于 HACCP 计划。

iv. 当两个或更多措施作用的组合协同作用才能更有效控制危害时，单一控制措施并不直接体现危害控制能力，应充分考虑各要素的稳定性及影响程度（风险度），可能其中一个控制措施是 HACCP 计划，也可能都是 HACCP 计划。

c. 用“CCP 判断树”法（图 6-2）。控制措施分类判断树是确定控制措施分类的一种有用的工具，控制措施分类判断树针对每一种控制措施设计了一系列逻辑问题，HACCP 小组按顺序回答决策树中的问题，便能决定某一控制措施属于哪一类。但需注意的是，判断树不能代替专业知识。如图所示。用“CCP 判断树”来确定 CCP 是通过回答五个问题来判断该控制措施是否是 HACCP 计划，还是操作性前提方案。第一、第二步对终产品的需控制的危害进行识别与可能性评估，通过第一、第二个问题以识别需要由组织控制的危害，并制定控制措施组织并确认，需要组织控制的危害在每一加工步骤或管理过程通过随后的三个问题进行控制措施分类，以识别出该步骤是操作性前提方案或是 HACCP 计划。

（5）控制措施的评估。应对控制措施的有效性进行评估，有效性需要的信息包括：①对微生物危害［如微化、微静压和（或）预防性的］影响的性质；②将影响哪一类已确定的危害；③控制措施被预期应用的阶段或位置；④生产参数及其操作的不确定性（如操作失败的概率），以及实际操作的严格程度；⑤操作性质，如调整和变动的可能性。

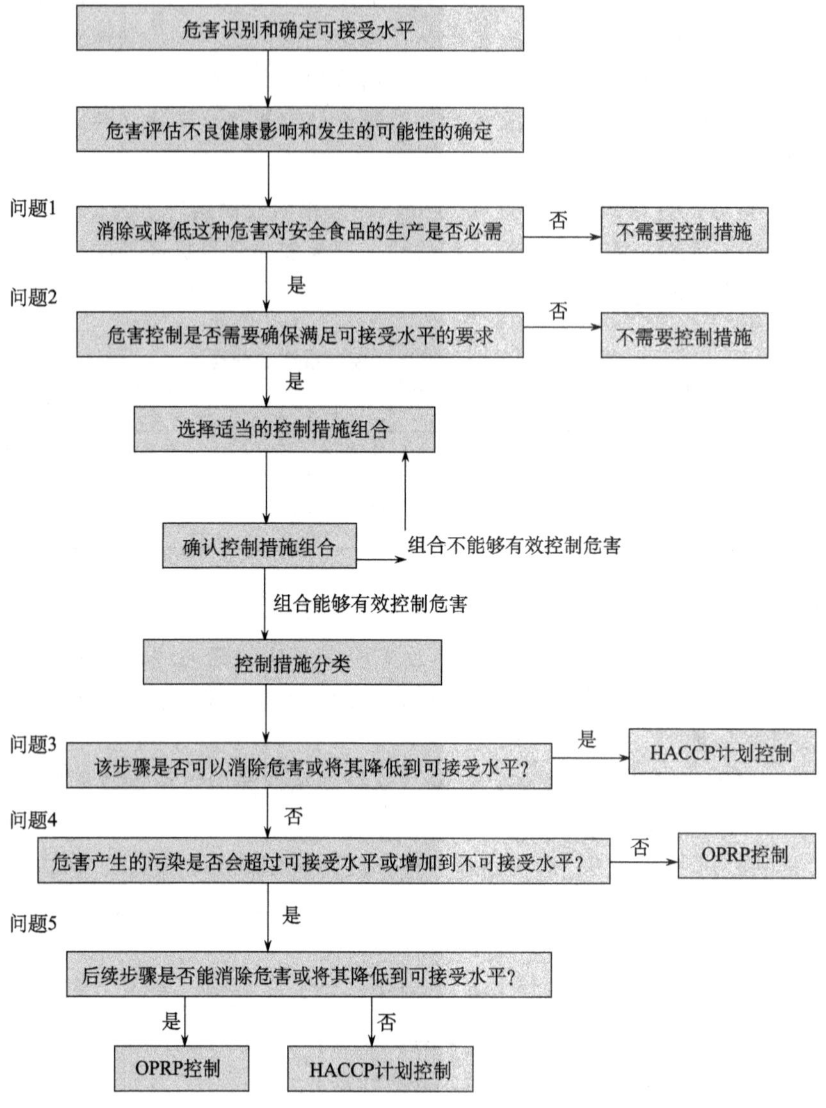

图 6-2　控制措施分类判断树

7.5 操作性前提方案（PRPS）的建立

操作性前提方案应形成文件，其中每个方案应包括如下信息：a）由每个方案控制的食品安全危害（见 7.4.4）；b）控制措施（见 7.4.4）；c）监视程序，以证实实施了操作性前提方案；d）当监视显示操作性前提方案失控时，采取的纠正和纠正措施（分别见 7.10.1 和 7.10.2）；e）职责和权限；f）监视的记录。

［理解要点］

（1）操作性前提方案的内容。应包括：①控制的食品安全危害；②实施的步骤；③方法；④程序；⑤监控的频率；⑥职责和权限；⑦监视的记录；⑧当监视显示操作性前提方案失控时采取的纠正和纠正措施。

（2）操作性前提方案的设计。OPRP 的监视频率低于 HACCP 计划，且与 HACCP 计划所管理的控制措施存在互动；可接受水平的变化以及影响控制措施和确定危害的条件变化都可能导致变化。

OPRP 计划的制订可仿照 HACCP 计划（7.6.1）的设计。可采用包含限值与监视的同样方案，但常采用较低控制程度的监视频率，如对相关参数的每周检查。

（3）操作性前提方案文件化说明。操作性前提方案需要形成文件，文件的形式可以是作业指导书，也可以是程序或计划（如仿照 HACCP 计划设计，见表 6-5 和表 6-6）。

表 6-5 操作性前提方案的设计

确定的食品安全危害	控制措施	管理该控制措施的方案或计划	控制措施实施部门/人员职责和权限	措施的监视参数	监视频率	监视部门/人员的职责和权限	监视方法	监视记录	纠正和纠正措施

7.6 HACCP 计划的建立

7.6.1 HACCP 计划

应将 HACCP 计划形成文件；并针对每个已确定的关键控制点（CCP），包括如下信息：a）关键控制点（见 7.4.4）所控制的食品安全危害；b）控制措施（见 7.4.4）；c）关键限值（见 7.6.3）；d）监视程序（见 7.6.4）；e）当超出关键限值时，应采取的纠正和纠正措施（见 7.6.5）；f）职责和权限；g）监视的记录。

［理解要点］

（1）HACCP 计划说明。组织应编制包括程序或作业指导书的 HACCP 计划，对关键控制点进行管理。

本条款给出了 HACCP 计划的框架要求。HACCP 计划是针对关键控制点实施的管理措施，HACCP 计划应包括的内容是 7.6.1 中 a)～g）的内容。

（2）HACCP 计划的格式。一般按美国 FDA 推荐的一份标准化表格——“HACCP 计划表”来编写 HACCP 计划。“HACCP 计划表”，参见第 5 章 HACCP 认证表 5-12，示例见表 6-7。

7.6.2 关键控制点（CCP）的确定

应对需要 HACCP 计划（见 7.4.4）控制的每种危害，针对确定的控制措施确定关键控制点。

［理解要点］参见 5.4 节 HACCP 原理及应用中原理二确定关键控制点（CCP）的相关内容。

7.6.3 关键控制点的关键限值的确定

应对每个关键控制点所设定的监视确定其关键限值。

建立关键限值应确保终产品（见 7.4.2）食品安全危害不超过已知的可接受水平。

关键限值应是可测量的。

关键限值选定的理由和依据应形成文件。

基于主观信息（如对产品、加工过程、处置的视觉检验等）的关键限值，应有指导书、规范和（或）教育及培训的支持。

表 6-6 操作性前提方案（示例）

编制：　　审核：　　批准：

适用的产品：方糖									
（1）过程名称	（2）控制的危害	（3）控制措施的类别与方法	监控程序				（8）纠偏行动	（9）记录	（10）验证
			（4）对象	（5）方法	（6）频率	（7）人员			
原料糖验收	原料验收人员带入的生物危害：大肠菌群；物理危害：玻璃、木屑、塑料、石头、金属、其他杂质	1. 人员卫生控制 2. 供应商定向采购，进料时外观抽检	1. 人手等食品接触面 2. 原料	洗手 感官检验	进入车间时 每批来料时 投料时	本人/卫生员 检验员 投料工	1. 重新洗手、卫生不符合要求人员的微生物验证、受其接触过的食品的微生物验证 2. 增加除杂工序、退货供应商，要求供应商采取纠正措施、停产整顿	人员/工具清洗消毒记录；原料检验报告；原料、包材投入使用记录	食品接触面的微生物验证记录；终产品验证：产品检验报告，委外测试报告
原料糖贮存	原料仓贮环境不良、人员操作不当引入的生物危害：致病菌、大肠杆菌、霉菌、螨、其他昆虫、虫卵	基础设施维护方案 人员卫生控制 仓库管理制度	仓库 仓管员、进入仓库的人员	检查 洗手	每天 进入仓库前	仓管员 卫生员	5S整顿、监视发现相关人员未遵守或未完遵守本制度时，有权暂停其工作，当场改正后可恢复工作；并实施纠正措施	每日/每周卫生检查记录；人员/工具清洗消毒记录	安全卫生管理员检查并记录
	停产、清仓捕鼠灭虫操作不当引入的化学危害：杀虫剂残留	有毒有害化学品：杀虫剂的使用限制 仓库管理制度	杀虫剂 仓库	检查	使用前/每月	培训合格杀虫剂使用者	规定允许杀虫剂的使用区域；划分禁止使用的范围；规定专门的合格人员使用；中和	有毒有害物质使用记录	食品安全小组组长检查确认并签字
	原料仓贮环境不良、人员操作不当引入物理危害：玻璃、木屑、塑料、金属、其他杂质	基础设施维护方案 人员卫生控制 仓库管理制度	仓库 仓管员、进入仓库的人员	检查 洗手	每天 进入仓库前	仓管员 卫生员	5S整顿、监视发现相关人员未遵守或未完遵守本制度时，有权暂停其工作，当场改正后可恢复工作，并实施纠正措施	每日/每周卫生检查记录；人员/工具清洗消毒记录	安全卫生管理员检查并记录

表 6-7 鲜、冻猪片肉 HACCP 计划表(示例)

企业名称:××县畜禽定点屠宰厂　企业地址:××市　产品名称:鲜、冻生猪肉

预期用途和消费者:肉制品熟制企业、大众　储存方法:冻片猪肉在－18℃以下储存运输　制表人签名:××　制表日期:2013 年 5 月 20 日

(1)	(2)	(3)	(4)	(5)	(6)	(7)	(8)	(9)	(10)
关键控制点 CCP	显著危害	每种控制措施的关键限值	监控				纠偏行动	记录	验证
			对象	方法	频次	人员			
活猪验收及宰前检疫(CCP1)	致病微生物、寄生虫、兽药残留	《畜禽及其产品运输检疫证明》、《畜禽及其产品运载工具消毒证明》、《非疫区证明》及饲养过程中用药情况说明等;精神状态良好;身体健康	《畜禽及其产品运输检证明》、《畜禽及其产品运载工具消毒证明》、《非疫区证明》及饲养过程中用药情况说明等;待宰生猪	活猪进厂时查验《畜禽及其产品运输检疫证明》、《畜禽及其产品运载工具消毒证明》、《非疫区证明》及饲养过程中用药情况说明等;临床感官检查	每批活猪进厂时和宰前查验《畜禽及其产品运输检疫证明》、《畜禽及其产品运载工具消毒证明》、《非疫区证明》及饲养过程中用药情况说明等;临床检查每头待宰生猪	验收及检疫人员	无《畜禽及其产品运输检疫证明》、《畜禽及其产品运载工具消毒证明》、《非疫区证明》及饲养过程中用药情况说明等拒收;精神不佳时隔离检查或送急宰后无害化处理	对《畜禽及其产品运输检疫证明》、《畜禽及其产品运载工具消毒证明》.《非疫区证明》及饲养过程中用药情况说明等的审核记录及拒收记录;宰前检疫记录或急宰后无害化处理记录	卫检负责人每周复核《畜禽及其产品运输检疫证明》、《畜禽及其产品运载工具消毒证明》、《非疫区证明》及饲养过程中用药情况说明等的审核记录及拒收记录;卫检负责人每周复查宰前检疫记录或急宰后无害化处理记录
内脏的检查、掏去和处理(CCP2)	致病微生物、寄生虫	内脏(胃、肠、心、肝、脾、肾、膀胱、腺体、淋巴结等器官组织)出血或变性或坏死;胃肠破裂后其内容物对腔体的污染	内脏(胃、肠、心、肝、脾、肾、膀胱、腺体、淋巴结等器官组织)及腔体	眼观检查	每头	检验人员	切除病变内脏和污染的胴体并对其进行无害化处理;及时清洗处理内脏及被污染的腔体	检查记录和处理记录	卫检负责人每周复核内脏监察和处理记录;每周现场抽查一次内脏检查和处理情况
终检分级(CCP3)	致病微生物寄生虫	胴体无淤血斑、病变组织、污染等	胴体	眼观检查	每片	检验人员	切除胴体上的淤血斑、病变组织、污染物等;大面积发现病变时进行无害化处理	检查记录和处理记录	卫检负责人每周复核检查和处理记录;每周现场抽查一次终检和不合格胴体的处理情况

［理解要点］参见 5.4 节 HACCP 原理及应用中原理三建立关键限值（CL）的相关内容。

7.6.4 关键控制点的监视系统

应对每个关键控制点建立监视系统，以证实关键控制点处于受控状态。该系统应包括所有针对关键限值的、有计划的测量或观察。

监视系统应由相关程序、指导书和记录构成，包括以下内容：a）在适当的时间范围内提供结果的测量或观察；b）所用的监视装置；c）适用的校准方法（见 8.3）；d）监视频次；e）与监视和评价监视结果有关的职责和权限；f）记录的要求和方法。

监视的方法和频率应能够及时确定关键限值何时超出，以便在产品使用或消费前对产品进行隔离。

［理解要点］参见 5.4 节 HACCP 原理及应用中原理四，监控程序的相关内容。

7.6.5 监视结果超出关键限值时采取的措施

应在 HACCP 计划中规定超出关键限值时所采取的策划的纠正和纠正措施。这些措施应确保查明不符合的原因，使关键控制点控制的参数恢复受控，并防止再次发生（见 7.10.2）。

为适当地处置潜在不安全产品，应建立和保持形成文件的程序，以确保对其评价后再放行（见 7.10.3）。

［理解要点］建立和保持形成文件化程序，防止不安全食品的非预期交付。

（1）纠正和纠正措施的组成。

在 HACCP 计划中应规定偏离关键限值时所采取的纠正和纠正措施（也称纠偏措施）。

纠正和消除产生偏离的原因，使 CCP 重新恢复受控，并防止再发生。

隔离、评估和处理在偏离期间产生的产品，按 ISO22000 之 7.10.3 条款的要求隔离、评估和处理在偏离期间生产的产品；应建立潜在不安全产品处置的程序，对偏离期间所产生的产品，应按程序进行处置。处置后的产品经评价合格后才能放行。

例如，原料验收 CCP1 的控制，当发生证件不全或检测报告未出结果时，一般产品还是在待检状态。这时候的纠偏措施是证据不全的，拒绝使用。

（2）纠正和纠正措施的实施。① 纠正和纠正措施应明确负责采取纠偏措施的责任人、具体的纠偏方法、对受关键限值偏离影响的产品的处理、对纠偏行动的记录；② 对于有操作限值的 CCP，当 CCP 偏离操作限值而没有偏离关键限值时，只需采取调整使 CCP 重新回到操作限值即可；当 CCP 偏离操作限值，又同时偏离关键限值时，应按照 HACCP 计划中的规定采取纠正和纠正措施；③ 应对采取的纠正和纠正措施做好记录，记录的内容包括：偏离的描述、产品的评估、采取的纠正和纠正措施、负责采取纠偏措施人员姓名，以及必要的对纠偏措施的验证的结果。

一般而言，当已识别的危害与产品本身或某个单独的加工步骤有关时，必须由 HACCP 计划来控制；当识别的危害只与环境或人员有关时，一般由 OPRP 来控制。有时同一个危害可能由 HACCP 计划和 OPRP 共同控制，如 HACCP 计划控制病菌的杀灭，操作性前提方案控制病菌的再污染等（表 6-8）。

表 6-8　OPRP 与 HACCP 计划的区别

	控制范围	控制目的	管理重点	关键限值	监控手段	监控频率	超限后果	评估人
OPRP	整个生产线	防止引入、扩散、增加	所有区域	可能有	可以滞后	低	评估后确定	主管
HACCP	CCP	防止引入、降低、消除	监控对象	一定有	及时	高	潜在不安全食品	检验员

7.7 预备信息的更新、规定前提方案和 HACCP 计划文件的更新

制定操作性前提方案（见 7.5）和（或）HACCP 计划（7.6）后，必要时，组织应更新如下信息：a）产品特性（见 7.3.3）；b）预期用途（见 7.3.4）；c）流程图（见 7.3.5.1）；d）过程步骤（见 7.3.5.2）；e）控制措施（见 7.3.5.2）。

必要时，应对 HACCP 计划（见 7.6.1）以及描述前提方案（见 7.2）的程序和指导书进行修改。

［理解要点］编制操作性前提方案和（或）HACCP 计划后，要根据需要，适时对 7.7 a）～e）的信息进行更新。

7.8 验证策划

验证策划应规定验证活动的目的、方法、频次和职责。验证活动应确定：a）前提方案得以实施（见 7.2）；b）危害分析（见 7.3）的输入持续更新；c）HACCP 计划（见 7.6.1）中的要素和操作性前提方案（见 7.5）得以实施且有效；d）危害水平在确定的可接受水平之内（见 7.4.2）；e）组织要求的其他程序得以实施且有效。

该策划的输出应采用与组织运作方法相适宜的形式。

应记录验证的结果，且传达到食品安全小组。应提供验证的结果以进行验证活动结果的分析（见 8.4.3）。

当体系验证是基于终产品的测试，且测试样品的结果不满足食品安全危害的可接受水平时（见 7.4.2），受影响批次的产品应作为潜在不安全产品，按照 7.10.3 的规定进行处置。

［理解要点］参见 5.4 节 HACCP 原理及应用中原理六验证程序的相关内容。

本条款要求对食品安全管理体系单一要素和整体绩效两个方面的验证。条款 7.8 关注的是前者而条款 8.4.3 则关注后者。

验证的项目，一般包括前提方案与操作性前提方案的验证、HACCP 计划的验证、CCP 的验证、食品安全管理体系内部审核、最终产品的微生物检测。

（1）前提方案与操作性前提方案的验证。对前提方案与操作性前提方案进行验证，以评价前提方案与操作性前提方案实施的有效性。验证由食品安全小组成员进行。

前提方案与操作性前提方案的验证应定期进行，在产品或工艺过程有显著改变或系统发生故障时，应追加进行前提方案与操作性前提方案的验证。

（2）HACCP 计划的验证。对 HACCP 计划进行验证，以评价 HACCP 计划实施的有效性。验证由食品安全小组成员进行。

（3）CCP 的验证。内容包括：CCP 监视设备的校准、校准记录的审查、针对性的取样检验和 CCP 记录的复查。

（4）食品安全管理体系内部审核，详见 ISO22000 之条款 8.4.1。

（5）最终产品的微生物检测。日常监控中一般不采用微生物检测方法，但微生物检测是验证食品安全的有效工具。

验证的输出方式可以是方案、程序或作业指导书。

7.9 可追溯性系统

组织应建立且实施可追溯性系统，以确保能够识别产品批次及其与原料批次、生产和交付记录的关系。

可追溯性系统应能够识别直接供方的进料和终产品初次分销的途径。

应按规定的期限保持可追溯性记录，以便对体系进行评估，使潜在不安全产品得以处理；在产品撤回时，也应按规定的期限保持纪录。

可追溯性记录应符合法律法规要求、顾客要求，如可以是基于终产品的批次标志。

[理解要点] 可追溯性是指追溯所考虑对象的历史、应用情况或所处场所的能力。

(1) 可追溯性包括的主要含义：①就产品而言，可能包括的内容是原材料和零部件的来源、产品的生产历史、产品出厂后的分布及位置；②就校准而言，是指量测设备和国家或国际标准、基本物理常数或特性参考物质的关系；③就信息收集而言，是指质量环节全过程中产生的统计数据和数据，有时要追溯到对实体的质量要求。

(2) 建立可追溯性系统的目的是组织通过容器和产品上的标识（如批次编码、日期、品名等）和有关的记录，识别产品批次及其与原料批次、生产和交付记录的关系。

组织应保证市场终端—批发商(代理商)—仓库—生产—采购—供应商—产地的过程中，产品的信息能够被追溯。

(3) 可追溯性系统的要求主要有：①可追溯性系统应能够识别直接供方的进料和终产品首次分销途径；②可追溯性标识、记录应符合法律法规、顾客的要求，如产品包装上的批次标识、日期标识、保存期标识必须符合国家的有关标准；③可追溯性记录的保存期，应足以满足体系评价、潜在不安全产品的处置和撤回的需要。

可追溯性记录的保存期应考虑法律、法规、顾客、保质期的要求。

(4) 可追溯性的管理。包括：①明确可追溯性要求；②采用唯一性标识；③记录唯一性的标识；④建立专门的控制系统。

7.10 不符合控制

7.10.1 纠正

当关键控制点的关键限值超出（见 7.6.5）或操作性前提方案失控时，组织应确保根据产品的用途和放行要求，识别和控制受影响的产品。

应建立和保持形成文件的程序，规定：a) 识别和评估受影响的终产品，以确定对它们进行适宜的处置（见 7.9.4）；b) 评审所实施的纠正。

超出关键限值的条件下生产的产品是潜在不安全产品，应按 7.10.3 要求进行处置。不符合操作性前提方案条件下生产的产品，评价时应考虑不符合原因和由此对食品安全造成的后果；必要时，按 7.10.3 进行处置。评价应予以记录。

所有纠正应由负责人批准并予以记录，记录还应包括不符合的性质及其产生原因和后果，以及不合格批次的可追溯性信息。

[理解要点]

(1) 纠正的要求包括：①纠正要形成程序；②确保关键限值超出或操作性前提方案失控时，受影响的产品得到识别和控制；③评审所采取的纠正的有效性；④纠正应得到相关负责人的批准，做好纠正记录，记录包括不符合的性质及其产生原因和后果，以及不合格批次的可追溯信息。

（2）关键限值失控的纠正。① 使 CCP 重新恢复受控。当发生失控时，应及时纠正，以使偏离的参数重新回到关键限值的范围内。组织应对纠正的有效性进行评审。② 隔离、评估和处理在偏离期间生产的产品。按 ISO22000 之 7.10.3 条款的要求隔离、评估和处理在偏离期间生产的产品。

（3）操作性前提方案失控时的纠正。① 使操作性前提方案重新恢复受控。当发生失控时，应及时纠正，以使失控的操作性前提方案重新恢复受控。组织应对纠正的有效性进行评审。② 对于在操作性前提方案失控条件下生产的产品，应根据不符合原因及其对食品安全造成的后果对其进行评价，并在必要时，按 ISO22000 之 7.10.3 的要求处置。评价结果要予以记录。

7.10.2 纠正措施

通过监视操作性前提方案和关键控制点所获得的数据，应由指定的具备足够知识（见 6.2）和权限（见 5.4）的人员进行评价，以启动纠正措施。

当关键限值超出（见 7.6.5）和不符合操作性前提方案时，应采取纠正措施。

组织应建立和保持形成文件的程序，规定适宜的措施以识别和消除已发现的不符合的原因，防止其再次发生，并在不符合发生后，使相应的过程或体系恢复受控状态。这些措施包括：a）评审不符合（包括顾客抱怨）；b）评审监视结果可能向失控发展的趋势；c）确定不符合的原因；d）评价采取措施的需求，以确保不符合不再发生；e）确定和实施所需的措施；f）记录所采取纠正措施的结果；g）评审采取的纠正措施，以确保其有效。

纠正措施应予以记录。

［理解要点］

（1）纠正与纠正措施的区别。纠正是针对已发现的不合格采取的措施，可涉及返工或降级；纠正措施是针对已发现不合格的原因采取的措施，采取纠正措施是为了防止再发生。纠正可以和纠正措施一同采取，也可以分开采取（表 6-9）。

表 6-9 纠正与纠正措施的区别

项目	纠正	纠正措施
对象	发现的不符合	发现不符合的根本原因
目的	就事论事，消除现有不合格，不考虑发现的不符合是否再次发生	从问题原因入手，采取措施后，纠正现有问题，同类问题今后不再发生
实质	对现有不合格的处理，不涉及原因	对现有不合格的处理并涉及不合格的原因

（2）纠正措施的要求：①应授权有能力的人员评价操作性前提方案和关键控制点监视的结果，以便启动纠正措施；②在关键限值、操作性前提方案失控时，必须采取纠正措施；③应建立并保持纠正措施的文件化程序；④对任何不符合都要进行紧急处理，以使相应的过程或体系恢复受控状态。

（3）纠正措施控制程序的建立和实施。应建立并保持纠正措施的文件化的程序，其内容包括：①评审不合格和（或）潜在不合格（包括顾客抱怨）；②确定不合格的原因；③评价纠正措施的需求；④确定纠正措施并实施；⑤对纠正措施的有效性进行跟踪评审；⑥形成并保持记录。

7.10.3 潜在不安全产品的处置

7.10.3.1 总则

除非组织能确保如下情况，否则应采取措施处置所有不合格产品，以防止不合格产品进入食品链：a）相关的食品安全危害已降至规定的可接受水平；b）相关的食品安全危害在进入食品链前将降至确定的可接受水平（7.4.2）；c）尽管不符合，但产品仍能满足相关规定的食品安全危害的可接受水平。

可能受不符合影响的所有批次产品应在评价前处于组织的控制之中。

当产品在组织的控制之外，并继而确定为不安全时，组织应通知相关方，并启动撤回（见 7.10.4）。

注："撤回"包括召回。

处理潜在不安全产品的控制要求、相关响应和授权应形成文件。

7.10.3.2 放行的评价

受不符合影响的每批产品应在符合下列任一条件时，才可作为安全产品放行：a）除监视系统外的其他证据证实控制措施有效；b）证据表明，针对特定产品的控制措施的组合作用达到预期效果（即符合 7.4.2 确定的可接受水平）；c）抽样、分析和（或）其他验证活动的结果证实受影响批次的产品符合确定的相关食品安全危害的可接受水平。

7.10.3.3 不合格品的处理

评价后，当产品不能放行时，产品应按如下方式之一进行处理：a）在组织内或组织外重新加工或进一步加工，以确保食品安全危害得到消除或降至可接受水平；b）销毁和（或）按废物处理。

［理解要点］潜在不安全产品是指 CCP 偏离条件下生产的产品，或者在不符合操作性前提方案条件下生产的、经评估后确定的产品。

（1）不合格品控制的目的是防止不合格产品进入食品链。

（2）不合格品的处理步骤。建立和保持不合格品控制的文件，对不合格品的控制要求、相关响应以及处理的职责和权限做出规定。步骤包括：①识别不合格品/潜在不安全产品；②记录不合格品/潜在不安全产品的状况；③评审不合格品/潜在不安全产品；④实施所决定的处置方式。

（3）不合格品/潜在不安全产品的处理方式。

a. 对不合格品/潜在不安全产品进行评价。评价时，如满足如下要求，产品均可放行进入食品链：①相关的食品安全危害已降至规定的可接受水平；②相关的食品安全危害在产品进入食品链前将降至确定的可接受水平；③尽管不符合，但产品仍能满足相关食品安全危害规定的可接受水平。

b. 评价时，如果符合下列任一条件，潜在不安全产品可以放行：①除监视系统外的其他证据证实控制措施有效；②证据表明，针对特定产品的控制措施的组合作用达到预期效果（即达到按照 ISO22000 标准之 7.4.2 确定的可接受水平），如罐装产品，虽然作为关键控制点的初温发生偏离，但杀菌过程却能充分满足要求；③抽样、分析和（或）其他验证活动证实受影响批次的产品符合相关食品安全危害确定的可接受水平。

c. 评价时，如不符合上面两种情况，则需：①在组织内或组织外重新加工或进一步加工，以确保食品安全危害消除或降至可接受水平；②销毁和（或）按废物处理（如改为其他用途，作饲料使用）；③对已交付的产品，应采取撤回（更换/退货/召回）的方式，以防止危害扩散。

7.10.4 撤回

为能够并便于完全、及时地撤回被确定为不安全批次的终产品：a）最高管理者应指定有权启动撤回的人员和负责执行撤回的人员；b）组织应建立、保持形成文件的程序，以便：1）通知相关方（如立法和执法部门、顾客和（或）消费者）；2）处置撤回产品及库存中受影响的产品；3）安排采取措施的顺序。

撤回的产品在被销毁、改变预期用途、确定按原有（或其他）预期用途使用是安全的或为确保安全重新加工之前，应被封存或在监督下予以保留。

撤回的原因、范围和结果应予以记录，并向最高管理者报告，作为管理评审（见 5.8.2）的输入。

组织应通过应用适宜技术验证并记录撤回方案的有效性（如模拟撤回或实际撤回）。

[理解要点]

（1）撤回的对象：已交付的、确定为不安全批次的终产品。

（2）撤回的要求。

a. 最高管理者应指定有权启动撤回的人员和负责执行撤回的人员，要健全这些人员的通讯联络表。最好成立“产品撤回小组”，小组人员可包括负责生产的主管领导、生产部门、销售部门、品质管理部门的人员和法律顾问。

b. 组织应建立、保持撤回的文件化程序。

c. 对程序进行测试，通过模拟撤回或实际撤回等手段以验证其有效性。

d. 识别撤回的输入和程度，内容包括通知相关方。

e. 必要时，由程序约定的专门的组织结构负责召回，并有法律方面的人员介入。

f. 召回食品的处置方式，必须识别所有批次，包括生产线上、缓放区域、库房、销售链上、顾客手中，并关注检验留样，由授权人员进行评估，按照 7.10.3 条款进行控制。

g. 做好撤回记录，作为管理评审的输入。

8 食品安全管理体系的确认、验证和改进

8.1 总则

食品安全小组应策划和实施对控制措施和（或）控制措施组合进行确认所需的过程，并验证和改进食品安全管理体系。

[理解要点] 食品安全管理体系的确认、验证和改进的总要求。

（1）食品安全小组应对确认控制措施和控制措施组合所需的过程进行策划，策划的输出应形成文件并严格实施，应验证和改进食品安全管理体系。

（2）策划和实施确认、验证和改进活动的要点。

a. 策划时，应明确：①确认、验证和改进活动的对象及应用程度，确认的对象是控制措施和控制措施组合，验证和改进的对象是食品安全管理体系；②方法，包括统计技术；③准则；④地点（阶段）；⑤频次；⑥实施者；⑦需要的资源和装置；⑧需要的文件和记录；⑨结果的利用等。

b. 策划的输出应形成文件并严格实施。

8.2 控制措施组合的确认

对于包含在操作性前提方案中和 HACCP 计划中的控制措施之前以及变更后（见 8.5.2），组织应确认（见 3.15）：a）所选择的控制措施能使其针对的食品安全危害实现预期控制；b）控制措施及其组合时有效，能确保控制已确定的食品安全危害，并获得满足规定可接受水平的终产品。

当确认结果表明不能满足一个或两个上述要素时，应对控制措施和（或）其组合进行修改和重新评估（7.4.4）。

修改可能包括控制措施［即过程参数、严格程度和（或）其组合］的变更和（或）原料、生产技术、终产品特性、分销方式、终产品预期用途的变更。

［理解要点］食品安全危害通过控制措施的组合来控制，控制措施是通过操作性前提方案和HACCP计划来管理。为确保控制措施组合的有效性，应对产品危害控制内容进行确认。

（1）确认的目的：①证实各控制措施或控制措施的组合能使相应的食品安全危害达到预期的控制水平，确定各控制措施或控制措施有限组合对危害的影响（如增高或降低危害水平的数量级，或者预防危害发生的程度）；②证实控制措施的整体结合能使最终产品满足已确定的可接受危害水平，对于关注的确认，基本的一个或多个控制措施的有限结合可以用来确认整个组合。

（2）确认的项目包括OPRP和HACCP计划。

a. OPRP的确认。对OPRP进行确认，确保OPRP从技术和科学的角度都是可靠的，能将相应的食品安全危害控制在预期的水平。确认由食品安全小组成员进行。

b. HACCP计划的确认。对HACCP计划进行确认，以证实其能使相应的食品安全危害达到预期的控制水平。确认由食品安全小组成员进行。

HACCP计划的确认主要对其组成部分做科学或技术上的评估，确认的内容包括：危害分析是否识别了全部危害，CCP点的设定是否合适，关键限值的设定是否科学（对已经得到的信息、实验数据进行重新核对），监控程序是否对CCP实施有效的监控，纠偏程序、验证程序和记录保持系统是否有效。

（3）确认的方法。确认的方法包括但不限于以下几项：①参考他人已完成的确认或历史知识、科学研究/专家的认同；②用试验模拟过程条件或试生产，可要求在试验工场中按比例调整实验室内的试验，以确保该试验能正确反映加工参数和条件；③收集正常操作条件下生物、化学和物理危害的数据；厂内观察和测量；④统计学设计的调查，对于其他方法无法测量的控制措施（如消费者储存易腐食品的习惯）较有用；⑤数学模型。

（4）确认的时机：初始确认，有计划周期性确认，由特殊事件引发的确认。

8.3 监视和测量的控制

组织应提供证据表明采用的监视、测量方法和设备是适宜的，以确保监视和测量程序的成效。

为确保结果有效，必要时，所使用的测量设备和方法应：a）对照能溯源到国际或国家标准的测量标准，在规定的时间间隔或在使用前进行校准或检定。当不存在上述标准时，校准或检定的依据应予以记录；b）进行调整或必要时再调整；c）得到识别，以确定其校准状态；d）防止可能使测量结果失效的调整；e）防止损坏和失效。

校准和检定结果记录应予以保持。此外，当发现设备或过程不符合要求时，组织应对以往测量结果的有效性进行评估。当测量设备不符合时，组织应对该设备以及任何受影响的产品采取适当的措施。这种评估和相应措施的记录应予以保持。当计算机软件用于规定要求的监视和测量时，应确认其满足预期用途的能力。确认应在初次使用前进行。必要时，再确认。

［理解要点］组织应提供证据证明所采用的监视、测量设备和方法是适宜的。

（1）测量设备是测量的基础，其能力和状态直接影响测量结果的正确性，因此组织应确定需使用的测量设备。测量方法是测量的前提，正确的制定和选择适宜的标准方法和操作过程，对测量结果的准确性至关重要。

（2）监视、测量设备和方法实施方面的要求。

a. 首次校准和周期校准。首次使用前，要对监视和测量装置进行校准，使用过程中要定期校准。

因软件不像硬件存在老化、磨损、飘移，所以对软件只进行使用前的确认或必要时的再确认，而无需周期确认。例如，某组织在使用气相、液相色谱仪测定农、兽药残留之前，必须使用专用标准样品，对测量设备的计算机软件进行调试确认，并绘出标准曲线图后方可对样品进行测试。

b. 根据需要，对监测设备进行调整和再调整。

c. 标识监测设备的校准状态。

d. 采取措施，防止调整时校准失效。比如：对操作人员进行资格确认，编制调整作业指导书，对校准点进行铅封等。

e. 采取措施，防止监测设备在搬运、维护和储存时损坏或失效。如提供适宜的环境条件、采取防护措施等。

（3）监视和测量装置失准时的处理。一旦发现监测设备偏离校准状态（失准）时，应对以往检测结果的有效性进行评估并做好记录，并对设备和受影响的产品采取适当的措施。

8.4 食品安全管理体系的验证

8.4.1 内部审核

组织应按照策划的时间间隔进行内部审核，以确定食品安全管理体系是否：a）符合策划的安排、组织所建立的食品安全管理体系的要求和本标准的要求；b）得到有效实施和更新。

审核方案策划应考虑拟审核过程和区域的状况和重要性，以及以往审核（见 8.5.2 和 5.8.2）产生的更新的措施。应规定审核的准则、范围、频次和方法。审核员的选择和审核的实施应确保审核过程的客观性和公正性。审核员不应审核自己的工作。

应在形成文件的程序中规定策划、实施审核、报告结果和保持记录的职责和要求。

负责受审核区域的管理者应确保及时采取措施，以消除所发现的不符合情况及原因，不能不适当地延误。跟踪活动应包括对所采取措施的验证和验证结果的报告。

［理解要点］审核是获得审核证据并对其进行客观的评价，以确定满足审核准则的程度所进行的系统的、独立的并形成文件的过程。

（1）按实施者和目的不同，可分为第一方审核（即内部审核）、第二方审核和第三方审核。本条款指内部食品安全管理体系审核。

（2）内部审核的目的。确定食品安全管理体系是否：①符合策划的安排、组织所建立的食品安全管理体系的要求和 ISO22000 标准的要求；②得到正确的实施和保持。

（3）内部审核的实施。组织应建立和实施内部审核的程序文件。程序文件应对内审的策划（策划的内容包括审核的范围、频次、方法和能力等）、内审的实施、内审结果的报告、内审记录的控制的职责和要求做出规定。组织应定期开展食品安全管理体系的内部审核。一般内部审核时间间隔不超过 12 个月。

a. 内部审核方案的策划。组织要进行内部审核方案的策划，策划时要考虑拟审核过程和区域的状况和重要性，以及以往审核产生的更新措施。

审核方案是针对特定时间段所策划，并具有特定目的的一组（一次或多次）审核。内容包括：审核准则；审核范围，包括审核的地理区域、部门或体系要素；审核频次；审核方法；审核时间；审核人员的能力要求；资源需求等。审核方案的安排应确保审核过程的客观与公正（包括审核员的选择、审核的实施），应保证审核人员不审核自己的工作。

对企业而言，一般一年策划一次审核方案，策划的输出为“年度内部食品安全管理体系审核方案”。

b. 内审的实施。

i. 审核准备。组成审核组，编制审核实施计划，编写检查表。

审核实施计划是安排审核日程、审核人员分工等内容的文件。每次审核时，都应编制审核实施计划，它是年度审核方案的细化。审核实施计划包括：审核目的、审核范围、审核准则、审核组成员及其分工、审核时间及进度安排。

ii. 审核实施。包括：召开首次会议（≤30min）；现场审核；不符合项的确定和不符合报告的编写；审核结果的汇总分析；召开末次会议；编写审核报告。审核报告包括审核结论等内容，审核报告应发放到与受审有关的部门、最高管理者、食品安全小组组长。

iii. 纠正措施的实施与验证。审核期间发现不符合项部门的管理者必须针对该不符合项适时采取纠正和纠正措施。

审核组成员应对纠正措施进行跟踪和验证，并提出验证报告。

8.4.2 单项验证结果的评价

食品安全小组应系统地评价所策划的验证（见 7.8）的每个结果。

当验证证实不符合策划的安排时，组织应采取措施达到规定的要求。该措施应包括但不限于评审以下方面：a）现有的程序和沟通渠道（见 5.6 和 7.7）；b）危害分析的结论（见 7.4）、已建立的操作性前提方案（见 7.5）和 HACCP 计划（见 7.6.1）；c）前提方案（见 7.2）；d）人力资源管理和培训活动（见 6.2）的有效性。

［理解要点］

（1）应实施按 ISO22000 标准之 7.8 条款策划的验证。

（2）对验证的结果应进行评价，以确定验证结果的正确与完整。当验证表明不符合时，组织应采取措施达到要求。采取措施时，应至少考虑对下列方面进行评审，看看是否这些方面出现了问题：①现有的程序和沟通渠道；②危害分析的结论、已建立的操作性前提方案和 HACCP 计划；③前提方案；④人力资源管理和培训活动的有效性。

8.4.3 验证活动结果的分析

食品安全小组应分析验证活动的结果，包括内部审核（见 8.4.1）和外部审核的结果。应进行分析以便：a）证实体系的整体运行满足策划的安排和本组织建立食品安全管理体系的要求；b）识别食品安全管理体系改进或更新的需求；c）识别表明潜在不安全产品高事故风险的趋势；d）确定信息，用于策划与受审核区域状况和重要性有关的内部审核方案；e）提供证据证明已采取纠正和纠正措施的有效性。

分析的结果和由此产生的活动应予以记录，并以相关的形式向最高管理者报告，作为管理评审（见 5.8.2）的输入，也应用作食品安全管理体系更新的输入（见 8.5.2）。

［理解要点］验证活动结果的分析是评价食品安全管理体系的方法之一，其结论一般将成为与公共卫生主管部门和顾客沟通的重要信息。

（1）验证活动结果的分析之目的，包括：①证实体系的整体运行满足策划的安排和本组织建立食品安全管理体系的要求；②识别食品安全管理体系改进或更新的需求；③识别表明潜在不安全产品高事故风险的趋势；④确定信息，用于策划与受审核区域状况和重要性有关的内部审核方案；⑤提供证据证明已采取纠正和纠正措施的有效性。

（2）验证活动结果的分析之要求：①分析的结果和由此产生的活动应予以记录，并以相关的形式向最高管理者报告，作为管理评审的输入；②分析的结果应作为食品安全管理体系更新的输入。

8.5 改进

8.5.1 持续改进

最高管理者应确保组织通过以下活动，持续改进食品安全管理体系的有效性：沟通（见 5.6）、管理评审（见 5.8）、内部审核（见 8.4.1）、单项验证结果的评价（见 8.4.2）、验证活动结果的分析（见 8.4.3）、控制措施组合的确认（见 8.2）、纠正措施（见 7.10.2）和食品安全管理体系更新（见 8.5.2）。

注：GB/T19001 阐述了质量管理体系有效性的持续改进。GB/T19004 在 GB/T19001 基础之上提供了质量管理体系有效性和效率持续改进的指南。

[理解要点] 持续改进（continual improvement）是指增强满足要求的能力的循环活动。

制定改进目标和寻求改进机会的过程是一个持续过程，该过程使用审核发现和审核结论、数据分析、管理评审或其他方法，其结果通常导致纠正措施或预防措施。

（1）持续改进的目的是提高食品安全管理体系的有效性，也就是提高食品安全管理体系实现所策划的结果的能力。

（2）在实施食品安全管理体系的持续改进时，可充分利用下列活动与方法：①通过内外部沟通、内部审核、单项验证结果的评价、验证活动结果的分析、控制措施组合的确认，不断寻求改进的机会，并做出适当的改进活动安排；②在管理评审中评价改进效果，确定新的改进目标和改进措施；③实施纠正措施和食品安全管理体系更新以实现改进。

8.5.2 食品安全管理体系的更新

最高管理者应确保食品安全管理体系持续更新。

为此，食品安全小组应按策划的时间间隔评价食品安全管理体系，应考虑评审危害分析（7.4）、已建立的操作性前提方案（7.5）和 HACCP 计划（7.6.1）的必要性。

评价和更新活动应基于：a）5.6 中所述的内部和外部沟通信息的输入；b）与食品安全管理体系适宜性、充分性和有效性有关的其他信息的输入；c）验证活动结果分析（8.4.3）的输出；d）管理评审的输出（见 5.8.3）。

体系更新活动应以适当的形式予以记录和报告，作为管理评审的输入（见 5.8.2）。

[理解要点] 最高管理者对于及时更新食品安全管理体系负有领导责任，更新的具体执行由食品安全小组落实。本标准对更新的输入做了具体规定，并明确规定应有输出记录，同时向最高管理者报告。

（1）食品安全小组应在定期分析下列信息的基础上，对食品安全管理体系做出评价，以决定是否对其进行更新，以便将最新信息应用到现有食品安全管理体系。必要时，还需要对危害分析、OPRP、HACCP 计划进行评审，以决定是否对它们进行更新。

（2）体系更新的输入内容：①来自内部和外部沟通的输入；②验证活动结果分析的输出；③来自有关食品安全管理体系适宜性、充分性和有效性的其他信息的输入；④管理评审的输出。

（3）应记录食品安全管理体系的更新情况。更新所引发的文件更改，应按文件控制的要求进行。应将食品安全管理体系的更新情况形成报告，作为管理评审的输入。

6.3 ISO22000认证

6.3.1 ISO22000认证的定义

食品安全管理体系（food safety management system，FSMS）是国际标准化组织ISO于2005年9月1日发布的关于ISO9001与HACCP整合的食品安全管理体系。

该标准是对各国现行的食品安全管理标准和法规的整合，是一个通用的、统一的国际性标准，我国已将其等同转化成国家标准GB/T 22000—2006。本标准可应用于食品链内的各类组织，从饲料生产者、初级生产者、食品制造商、运输和仓储工作者、转包商到零售商和食品服务环节以及相关的组织，如设备、包装材料生产者、清洗行、添加剂和配料生产者，是一个“从种子到餐桌”的全程监管体系。

6.3.2 ISO22000认证依据

认证依据由基本认证依据和专项技术要求组成。

6.3.2.1 基本认证依据

GB/T 22000《食品安全管理体系 食品链中各类组织的要求》。

6.3.2.2 专项技术要求

认证机构实施食品安全管理体系认证时，在以上基本认证依据要求的基础上，还应将本规则规定的专项技术规范作为认证依据同时使用。

为提高食品安全管理体系认证的科学性和有效性，本规则未提供专项技术规范的，认证机构在对相应组织实施食品安全管理体系认证前，应当依据以上基本认证依据的要求，按照GB/T 22003《食品安全管理体系 审核与认证机构要求》附录A中行业类别或种类的划分，制定对该类别产品和（或）服务种类组织的专项技术规范，并按照《认证技术规范管理办法》要求予以备案。

食品安全管理体系认证专项技术规范如GB/T 27301《食品安全管理体系 肉及肉制品生产企业要求》、CNCA/CTS 0008《食品安全管理体系 食用植物油生产企业要求》、CNCA/CTS 0027《食品安全管理体系 茶叶加工企业要求》等。

6.3.2.3 ISO22000认证应用范围

（1）直接介入食品链中一个或多个环节的组织，如饲料加工，种植生产，辅料生产，食品加工、零售，配餐服务，提供清洁、运输、贮存和分销服务的组织。

（2）间接介入食品链的组织，如设备供应商、清洁剂和包装材料及其他食品接触材料的供应商。

6.3.2.4 ISO22000认证的意义

在不断出现食品安全问题的现状下，基于本标准建立食品安全管理体系的组织，可以通过对其有效性的自我声明和来自组织的评定结果，向社会证实其控制食品安全危害的能力，持续、稳定地提供符合食品安全要求的终产品，满足顾客对食品安全要求；使组织将其食品安全要求与其经营目的有机地统一。食品安全要求是第一位的，它不仅直接威胁到消费者，而且还直接或间接影响到食品生产、运输和销售组织或其他相关组织的商誉，甚至还影响到食品主管机构或政府的公信度。因此，ISO22000 认证是具有重要作用和深远意义的。

6.3.2.5　ISO22000 认证对于食品企业的作用

ISO22000 标准使食品安全管理范围延伸至整个食品链，是管理领域先进理念与 HACCP 原理的有效融合，强调交互式沟通的重要性，能满足法律法规要求，是风险控制理论在食品安全管理体系中的体现。其作用在于：①可以有效地识别和控制危害，降低企业的风险；②可以有效地降低企业的运营成本；③可以提高消费者的信任度，提升企业的市场知名度；④通过 ISO22000 认证后食品企业可以增加投标成功率，也可以促进国际贸易的发展。

6.3.3　ISO22000 认证程序

6.3.3.1　认证申请

1. 申请人应具备以下条件　申请人具备的条件包括：①取得国家工商行政管理部门或有关机构注册登记的法人资格（或其组成部分）；②已取得相关法规规定的行政许可（适用时）；③生产、加工的产品或提供的服务符合中华人民共和国相关法律、法规、安全卫生标准和有关规范的要求；④已按认证依据要求，建立和实施了文件化的食品安全管理体系，一般情况下体系需有效运行 3 个月以上；⑤在一年内，未因食品安全卫生事故、违反国家食品安全管理相关法规或虚报、瞒报获证所需信息，而被认证机构撤销认证证书。

2. 申请人应提交的文件和资料　申请人应提交的文件和资料包括：①食品安全管理体系认证申请；②有关法规规定的行政许可文件证明文件（适用时），如营业执照复印件、QS 证书、生产许可证、企业组织机构代码证书复印件、有效期内的生产许可证复印件、污水排放证明复印件；③食品安全管理体系文件、操作性前提方案和 HACCP 计划；④生产用水水质检验报告复印件；⑤申请认证产品明细表，加工生产线、HACCP 项目和班次的详细信息；⑥认证产品工艺流程图、厂区平面图、生产车间布局图、物流图、人流图、气流图、防虫捕鼠图等；⑦生产、加工或服务过程中遵守（适用）的相关法律、法规、标准和规范清单；产品执行企业标准时，提供加盖当地政府标准化行政主管部门备案印章的产品标准文本复印件；⑧承诺遵守法律法规、认证机构要求、提供材料真实性的自我声明；⑨产品符合卫生安全要求的相关证据和（或）自我声明；⑩生产、加工设备名称及型号、生产能力清单，检验设备清单及检测项目；⑪属于本次认证范围的分公司情况，包括名称（中英文）、地址、邮编、负责人、联系人、电话、人数、认证产品等。

6.3.3.2　认证受理

1. 认证机构应公开的信息　认证机构应向申请人至少公开以下信息：①认证业务范围；②认证工作程序；③认证依据；④证书有效期；⑤认证收费标准。

2. 申请评审　认证机构应根据认证依据、程序等要求，在 15 个工作日对申请人提交的申请文件和资料进行评审并保存评审记录，以确保：①认证要求规定明确、形成文件并得到理解；②认证机构和申请人之间在理解上的差异得到解决；③对于申请的认证范围、申请人的工作场所和任何特殊要求，认证机构均有能力开展认证服务。

3. 评审结果处理 申请材料齐全、符合要求的，予以受理认证申请；未通过申请评审的，应书面通知认证申请人在规定时间内补充、完善，或不同意受理认证申请并明示理由。

6.3.3.3 现场审核

1. 审核的启动 认证机构在审核启动时需要进行以下工作：①指定审核组长；②确定审核目的、范围和准则；③确定审核的可行性；④选择审核组；⑤初访（由审核组决定是否进行）。

认证机构应根据审核需要，组成审核组。审核组应具备的基本条件：①审核组应具备对审核所要求的特定种类运用前提方案、危害分析与关键控制点的能力；②审核组成员的专业能力已经认证机构评定；③审核组成员身体健康，并有健康证明；④审核组如果需要技术专家提供支持，技术专家应具有大学本科以上的学历，身体健康具有健康证明，并满足 GB/T 22003《食品安全管理体系 审核与认证机构要求》对技术专家的教育、工作经历及能力要求。

2. 认证审核 认证审核分两个阶段进行，两个阶段的审核都应该在受审核方的场所实施。第一阶段审核应满足 GB/T 22003《食品安全管理体系 审核与认证机构要求》对第一阶段审核的要求；第二阶段审核应满足 GB/T 22003《食品安全管理体系 审核与认证机构要求》对第二阶段审核的要求。

1）文件评审 在现场审核前应评审受审核方文件，以确定文件所述的体系与审核准则的符合性。

2）现场审核的准备 现场审核前审核组需要做好审核的准备工作：编制审核计划；审核组工作分配和准备工作文件。

3）现场审核的实施 现场审核中包括以下程序：①举行首次会议（由审核组长主持）；②审核中的沟通；③信息的收集和证实；④形成审核发现；⑤准备审核结论；⑥审核报告的编制、批准和分发。审核报告由审核组长进行编制，有认证机构的技术委员会进行审核批准，按照合同约定进行分发。

3. 初次认证审核组 初次认证审核组至少由两名审核员组成，第一、二阶段审核组组长宜为同一人，第二阶段审核组中至少应包含一名第一阶段审核员。同一审核员不能连续两次在同一生产现场审核时担任审核组组长，不能连续三次对同一生产现场实施认证审核。

4. 认证审核时间 现场审核应安排在审核范围覆盖产品种类的生产期进行，审核组在现场观察该产品种类的生产活动。

5. 多场所审核 当受审核方体系覆盖了多个场所时，认证机构应对每一生产场所实施现场认证审核，以确保审核的有效性。当受审核方将影响食品安全的重要生产过程采用委托加工等方式进行时，除非被委托加工组织的被委托加工活动已获得相应的危害分析与关键控制点（HACCP）体系或食品安全管理体系认证，否则应对委托加工过程实施现场审核。

6. 不符合项 对于审核中发现的不符合，应出具书面不符合报告，要求受审核方在规定的期限内分析原因，并说明为消除不符合已采取或拟采取的具体纠正和纠正措施，提出明确的验证要求。认证机构应审查受审核方提交的纠正和纠正措施，以确定其是否可被接受。

7. 产品安全性验证 为验证危害分析的输入持续更新、危害水平在确定的可接受水平之内、HACCP 计划和操作性前提方案得以实施且有效，特别是产品实物的安全状况等情况，适用时，在现场审核或相关过程中需要采取对申请认证产品进行抽样检验的方法验证产品的安全性。

认证机构可根据有关指南、标准、规范或相关要求策划抽样检验活动。抽样检验可采用以下三种方式：①委托具备相应能力的检测机构完成；②由现场审核人员利用申请人的检验设施完成；③由现场审核人员确认由其他检验机构出具的检验结果的方式完成。

当采用利用申请人的检验设施完成检验时，认证机构应提出对所用检验设施的控制要求。当采用确认由其他检验机构出具检验结果的方式完成检验时，认证机构对此应提出以下相应的控制要求：检验结果时效性的合理界定；出具检验结果的检验机构应具备的条件；检验结果中的检验项目不全时的处理方式。

8. 审核时间　认证机构应根据食品链中的行业类别、产品生产加工过程复杂程度、申请人的规模、认证要求和其所承担的风险等，在满足 GB/T 22003《食品安全管理体系 审核与认证机构要求》对最少审核时间要求的基础上，策划审核时间，以确保审核的充分性和有效性。

9. 食品行业 FSMS 认证审核特别关注点　食品行业 FSMS 认证审核要特别关注：①组织的法律地位与资质的符合性；②组织执行标准的适宜性；③原料与配料控制的符合性；④产品检验的有效性；⑤设备设施与环境的符合性；⑥生产过程控制的有效性；⑦产品标签的符合性；⑧储、运、销过程控制的有效性；⑨应急系统的有效性；⑩食品质量安全事故及处置的适宜性。

10. 纠正措施的验证　审核组在现场审核中开具的不符合项，受审核方的相关部门要及时进行原因分析和采取有效的纠正措施。审核组通常以书面的形式进行纠正措施的验证。

6.3.3.4　认证决定

1. 综合评价　认证机构应根据审核过程中收集的信息和其他有关信息，对审核结果进行综合评价，特别是对产品的实际安全状况进行评价。必要时，认证机构应对申请人满足所有认证依据的情况进行风险评估，以做出申请人所建立的食品安全管理体系能否获得认证的决定。

认证机构在做出认证决定时，应获得 GB/T 22003《食品安全管理体系 审核与认证机构要求》有关初次认证的所有信息，且所有不符合已关闭。

2. 认证决定　对于符合认证要求的申请人，认证机构应颁发认证证书；对于不符合认证要求的申请人，认证机构应以书面的形式明示其不能通过认证的原因。

3. 颁发认证证书　认证机构在审核组对企业的纠正措施进行验证并证明有效后，对于符合标准要求的企业颁发认证证书，并告知企业认证证书的使用方法，认证证书的有效期是 3 年。

4. 对认证决定的申诉　申请人如对认证决定结果有异议，可在 10 个工作日内向认证机构申诉，认证机构自收到申诉之日起，应在一个月内进行处理，并将处理结果书面通知申请人。

申请人如认为认证机构行为严重侵害了自身合法权益的，可以直接向认证监管部门投诉。

6.3.3.5　跟踪监督

1. 监督频次和覆盖产品　认证机构应根据获证体系覆盖的产品或提供服务的特点以及所承担的风险，合理确定跟踪监督审核的时间间隔或频次。当获证组织食品安全管理体系发生重大变更，或发生重大食品安全事故时，认证机构应增加跟踪监督的频次。

跟踪监督审核的最长时间间隔不超过12个月，季节性产品应在生产季节进行监督。每次跟踪监督审核应尽可能覆盖食品安全管理体系认证范围内的所有产品。由于产品生产的季节性原因，在每次跟踪监督审核时难以覆盖所有产品，在认证证书有效期内的跟踪监督审核必须覆盖食品安全管理体系认证范围内的所有产品。

跟踪监督审核应满足GB/T 22003《食品安全管理体系 审核与认证机构要求》对监督活动的要求。

必要时，跟踪监督审核应对产品的安全性进行验证。

2. 跟踪监督结果评价　对于跟踪监督审核合格的获证组织，认证机构应做出保持其认证资格的决定；否则，应暂停、撤销其认证资格。

3. 信息通报　为确保获证组织的食品安全管理体系持续有效，认证机构应通过与认证申请人签订合同的方式予以明确约定，要求获证组织建立信息通报制度，及时向认证机构通报信息。

4. 信息分析　认证机构应对上述信息进行分析，视情况采取相应措施，包括增加跟踪监督频次在内的措施和暂停或撤销认证资格的措施。

6.3.3.6　再认证

认证证书有效期满前3个月，获证组织可申请再认证。再认证程序与初次认证程序一致，但可不进行第一阶段审核。当体系或运作环境（如法律法规、食品安全标准等）有重大变更并经评价需要时，再认证需实施第一阶段审核。

认证机构应根据再认证审核的结果，以及认证周期内的体系评价结果和获证组织相关方的投诉，做出再认证决定。

6.3.3.7　认证范围的变更

获证组织拟变更业务范围时，应向认证机构提出申请，并按认证机构的要求提交相关材料；认证机构根据获证组织的申请，策划并实施适宜的审核活动，并按要求做出认证决定。这些审核活动可单独进行，也可与获证组织的监督或再认证审核一起进行；对于申请扩大获证业务范围的，适用时，应在审核中验证其产品的安全性。

6.3.3.8　认证证书

1. 认证证书有效期　食品安全管理体系认证证书有效期为3年。认证证书式样应符合相关法律、法规要求。

认证证书应涵盖以下基本信息（但不限于）：①证书编号；②企业名称、地址；③认证覆盖范围［含产品生产场所、生产车间、具体产品和（或）服务种类等信息］；④认证依据；⑤颁证日期、证书有效期；⑥认证机构名称、地址。

2. 认证证书的管理

1）暂停　获证组织有下列情形之一的，认证机构应当暂停其使用认证证书，暂停期限为3～6个月。暂停情形是：①获证组织未按规定使用认证证书；②获证组织发生食品安全卫生事故、质量监督或行业主管部门抽查不合格等情况，尚不需立即撤销认证证书的；③获证组织的体系或体系覆盖的产品不符合认证依据要求，但不需要立即撤销认证证书；④获证组织未能按规定间隔期实施监督的；⑤获证组织未按要求对信息进行通报；⑥获证组织与认证机构双方同意暂停认证资格的。

2）撤销　有下列情形之一的，认证机构应当撤销其认证证书。

撤销情形包括：①获证组织体系或体系覆盖的产品不符合认证依据或相关产品标准要求，需要立即撤销认证证书的；②认证证书暂停期间，获证组织未采取有效纠正措施的；③获证组织出现食品安全卫生事故、质量监督或行业主管部门抽查不合格等情况，需要立即撤销认证证书的；④获证组织不再生产体系覆盖内产品的；⑤获证组织对相关方重大投诉未能采取有效处理措施的；⑥获证组织虚报、瞒报获证所需信息的；⑦获证组织违反国家食品安全管理相关法律法规的；⑧获证组织申请撤销认证证书的；⑨获证组织不接受相关监管部门或认证机构对其实施监督的。

6.3.3.9　信息报告

认证机构应当按照要求及时将下列信息通报相关政府监管部门：①当受审核方为出口企业时，认证机构应当对受审核方进行认证现场审核 5 个工作日前，向受审核方所在地的直属出入境检验检疫局通报审核计划，其他的应向省级质量技术监督局通报；②认证机构应当在 10 个工作日内将撤销、暂停认证证书的获证组织名单和原因，向国家认监委和该组织所在地的省级质量监督、检验检疫、工商行政管理部门报告，并向社会公布；③认证机构在获知获证组织发生食品安全事故后，应当及时将相关信息向国家认监委和获证组织所在地的省级质量监督、检验检疫、工商行政管理部门通报；④认证机构应当通过国家认监委指定的信息系统，按要求报送认证信息。报送内容包括获证组织、证书覆盖范围、审核报告、证书发放、暂停和撤销等方面的信息；⑤认证机构应当于每年 11 月底之前将本年度食品安全管理体系认证工作报告报送国家认监委，报告内容包括颁证数量、获证食品生产企业质量分析、暂停和撤销认证证书清单及原因分析等。

6.3.3.10　认证收费

按照国家价格主管部门规定的质量管理体系认证收费管理办法和收费标准收取。

6.3.3.11　监督审核与复评

一个认证周期是 3 年，为了验证企业食品安全管理体系持续的有效性，认证机构在一个认证周期内每年对食品企业进行一次监督审核，第三次监督审核也称复评，即对企业进行重新的审核。

6.3.3.12　食品企业 ISO22000 食品安全管理体系的建立

1. 管理体系的准备阶段　ISO22000 标准是目前国际上管理食品安全最好的手段，它以系统的方法，从食品安全危害分析到控制措施的确定再到验证控制措施的有效性，思路清晰，逻辑严谨，整个食品安全管理体系的有效运行牵涉到企业内从最高管理层到最基层的全体员工。因此，组织建立一个食品安全管理体系是一项系统、严密、扎实而又艰巨的工作，需要领导者的支持和全体员工的共同参与。为了保证食品安全管理体系对组织的适宜性，需要认真策划和准备，发动全体员工，积极调动各方面力量，最终完成食品安全管理体系的建设。

（1）领导决策，统一思想，达成共识。

（2）组织落实，成立食品安全小组和精干的工作班子。

（3）编制工作计划。

（4）学习培训。

以上工作中，企业管理层的认识与投入是食品安全管理体系建立与实施的关键，组织和计划是保证，教育和培训是基础。如果企业在这方面缺乏专家，可以聘请咨询机构为企业建立和实施食品安全管理体系提供咨询。

2. 食品安全管理体系的策划和总体设计 体系策划阶段主要是依据食品安全现状诊断的结论，制定食品安全方针，制定组织食品安全目标，重新划分或明确组织机构和职责，编制前提方案，进行危害分析，并在危害分析的基础上，制定操作性前提方案、HACCP计划。

食品安全管理体系的策划和总体设计包括以下方面的工作。

（1）企业组织食品安全现状诊断。食品安全现状诊断是体系认证中明确食品安全管理现状的一种手段，是对认证体系的食品安全问题、食品安全行为及有关食品安全食品管理活动进行初步分析。

企业组织食品安全现状诊断的重点主要是组织目前的经营情况和现有食品安全管理体系的实施情况。主要涉及内容为：①从事与食品安全工作有关的管理、执行和验证工作的人员，其职责、权限和相互关系是否明确，实施效果及存在问题；②正在开发和已完成开发的项目，在开发过程中存在的影响食品安全的主要问题；③部门之间、上下级领导之间，以及与分包商之间的协调关系是否存在问题；④食品行业中所采用的各类国际、国内标准（规范），或企业内部标准/规范是否适宜，其执行情况及存在的问题；⑤各类管理、技术文件、报表及食品安全记录的适用性、完整性。

对上述情况分析汇总，形成企业组织现状报告。

（2）制订实施工作计划。组织建立食品安全管理体系，必须制订建立食品安全管理体系的完整的工作计划，全面完整地对整个过程的各个阶段进行安排。计划内容包括：分哪几个主要阶段，各项工作的要求和时间进度，每项工作的负责人和参加人员，各阶段及总的经费预算等。

（3）确定食品安全方针和食品安全目标。体系策划阶段主要是依据食品安全现状诊断的结论，制定食品安全方针，制定食品安全目标，重新划分或明确组织机构和职责，编制实施方案，进行危害分析，并在危害分析的基础上，确定方案可行性。

（4）确定实现食品安全目标必需的过程和职责。为实现食品安全目标，组织应系统识别并确定为实现食品安全目标所需的过程，包括一个过程应包括哪些子过程和活动。在此基础上，明确每一过程的输入和输出的要求；用网络图、流程图或文字，科学而合理地描述这些过程或子过程的逻辑顺序、接口和相互关系；明确这些过程的责任部门和责任人，并规定其职责。

（5）确定和提供实现食品安全目标必需的资源。为了实现ISO22000标准要求，应确保食品安全管理体系拥有必需的资源，对短缺的资源应及时地进行补充。资源配套以达成目标、满足法律法规为度，并非越多越好。

（6）确定食品安全管理体系结构。食品安全管理体系由组织结构、程序、过程和资源构成。组织结构是指组织的全体员工为了实现组织的目标而进行分工协作，在职务范围、权利方面形成必要的结构体系。不同的企业，应当有不同的组织结构。在食品安全管理体系的设计过程中，组织结构的设计是本阶段工作的重点和难点。组织结构的设置应坚持精简、效率原则，职能完备且各部门之间无重叠、重复或抵触现象存在。

除此之外，ISO22000 食品安全管理体系的策划和总体设计还要进行以下工作。

（7）编制前提方案。

（8）危害分析。

（9）制定操作性前提方案、HACCP 计划并对它们进行确认。

3. 食品安全体系文件的编制　食品安全管理体系文件是描述食品安全管理体系的一整套文件，是食品安全管理体系的具体表现和食品安全管理体系运行的法规，也是食品安全管理审核的依据。编制适合企业自身特点并具有可操作性的食品安全管理体系文件是食品安全管理体系建立过程中的中心任务。这项工作包括：食品安全管理体系文件结构的策划、体系文件的编制，以及文件审核、批准和发放。

1）确定要编制的文件清单　整理现有的各类食品安全管理体系文件，并与 ISO22000 的条款进行对照，以确定要新编与修订的文件清单。

2）编写指导性文件　为了使食品安全管理体系文件统一协调，达到规范化和标准化要求，应编制指导性文件，就食品安全管理体系文件的要求、内容、体例和格式等做出规定，如编写程序文件编写规则、文件编号规定等。

3）制订文件编写计划　针对需要编写的文件，制订编写计划。在编写计划中应规定：①编写、讨论、审核、批准的人员；②编写、讨论、审核、批准的进度、要求和完成日期。

4）食品安全管理体系文件的编写

（1）文件编写：食品安全管理手册可以由一个人编写，也可由一食品安全小组共同完成；前提方案、操作性前提方案、HACCP 计划、程序文件及相关表格一般由食品安全小组完成；作业指导书及相关表格一般由各职能部门完成。

（2）文件的讨论、审核与批准：文件的编写完成后，应进行讨论、修改，最后进行审核和批准。除了食品安全管理手册、前提方案、操作性前提方案、HACCP 计划由企业最高领导者批准之外，其余文件可由各级负责人审批。

4. 培训内部审核员　内部审核员执行内部食品安全管理体系审核，承担企业管理层与各职能部门、企业与供方、企业与顾客、企业与审核机构之间的联系工作。内部审核员最好在从事企业食品安全管理管理工作、有一定生产经验的人员中挑选，经过严格培训，达到以下要求：①掌握实施食品安全管理体系审核所必需的知识和技能；②遵守审核人员的行为准则，忠于职守、准确公正、尊重事实、勤奋并具有判断力。

按照 ISO22000 标准的要求，凡是推行 ISO22000 的组织，每年都要进行一定频次的内部食品安全管理体系审核。内部食品安全管理体系审核由经过培训的有资格的内审员来执行审核任务。企业可根据具体情况，培训若干名内审员，内审员可由各部门人员兼职担任。

5. 食品安全管理体系的实施运行　完成上述各阶段工作后，进入食品安全管理体系试运行。

1）试运行前的培训　在食品安全管理体系文件正式发布或即将发布而未正式实施之前，各部门、各级人员都要通过学习，清楚地了解食品安全管理体系文件对本部门、本岗位的要求以及与其他部门、岗位的相互关系的要求，应进行食品安全管理体系文件的培训，使企业各部门人员明确食品安全管理体系文件的要求，明白自己该做什么、该怎么做，只有这样才能确保食品安全管理体系文件在整个组织内得以有效实施。

2）*试运行前的准备*　试运行是食品安全管理体系由不完善到完善、由不配套到配套、由不习惯到习惯、由没记录到记录完整、由不符合到符合的过渡过程。

主要工作包括：①检查资源配置到位情况，确认硬件改造已全部完成；②制备各类印章、标签和标识用品、记录表格、表卡等；③试运行前或试运行初期做好计量工作；④对已有的供应商进行评估、登记；⑤宣传鼓动，通过板报、标语等形式向企业员工宣讲食品安全方针、ISO22000 认证计划等。

试运行中要做好下列工作：①食品安全小组指导和监督企业各部门按照文件的规定进行管理和操作；②对操作性前提方案、HACCP 计划适宜性和有效性进行验证；③对单项验证结果进行评价，对验证活动结果进行分析。

3）*食品安全管理体系文件的发布和试运行*　食品安全管理体系文件在正式发布前应认真听取多方面意见，并经授权人批准发布；食品安全管理手册必须经最高管理者签署发布；食品安全管理手册的正式发布实施即意味着食品安全管理手册所规定的食品安全管理体系正式开始实施和运行。

试运行是食品安全管理体系由不完善到完善、由不配套到配套、由不习惯到习惯、由没记录到记录完整、由不符合到符合的过渡过程。试运行中要重视对操作性前提方案、HACCP 计划适宜性和有效性进行验证，对单项验证结果进行评价，对验证活动进行结果分析等工作环节的运行效果。

4）*整改完善，正式运行*　对试运行中的问题，应及时地采取纠正措施。如果是文件问题，应及时修订改正，然后按修订完善的食品安全管理体系文件的要求，全面正式运行。

食品安全管理体系运行主要反映在两个方面：一是组织所有食品安全活动都依据食品安全策划的安排以及食品安全管理体系文件要求实施；二是组织所有食品安全活动都在提供证实，证实食品安全管理体系运行符合要求并得到有效实施和保持。

5）*食品安全管理体系内部审核*　组织在食品安全管理体系运行一段时间后，应组织内审员对食品安全管理体系进行内部审核，以确定食品安全管理体系是否符合食品安全管理手册和程序文件的规定、能否正常运行，以及对于实现企业食品安全方针的有效性。

组织申请食品安全管理体系认证之前至少要进行过一次内部食品安全管理体系审核。对审核中的不符合项采取纠正措施，加以解决。

6）*管理评审*　认证前，至少进行一次管理评审。

管理评审是由企业最高管理者，根据食品安全方针和食品安全目标，对食品安全管理体系的现状和适应性进行的正式评价，确保食品安全管理体系持续的适宜性、充分性和有效性。管理评审包括评价食品安全管理体系改进的机会和变更的需要，包括食品安全方针、目标变更的需要。组织申请食品安全管理体系认证之前至少要进行过一次管理评审。

管理评审与内部审核都是组织自我评价、自我完善机制的一种重要手段，组织应每年按策划的时间间隔坚持实施管理评审。通过内部审核和管理评审，在确认食品安全管理体系运行符合要求且有效的基础上，组织可向食品安全管理体系认证机构提出认证的申请。

6. 食品安全管理体系认证前的准备

1）选择认证机构　　企业进行食品安全管理体系认证是为了向顾客提供足够的信任，这种信任是间接由认证机构来证明的。因此，企业应选择具有较强技术专业能力的权威认证机构，提高信誉。

2）对食品安全管理体系文件的全面清理　　食品安全管理体系文件是食品安全管理体系审核的主要依据之一。在接受审核前，对企业的食品安全管理体系文件进行一次全面的整理，并将有关文件和记录放在可让审核组容易看到的地方。

3）有关接受审核的教育培训　　明确食品安全管理体系审核的目的、意义、审核组的工作等，审核中应注意的问题，如何积极主动配合审核组。

7. 审核认证

1）认证申请与受理申请　　企业向认证机构提出认证申请，并提交食品安全管理手册及有关文件和资料。认证机构对企业（受审核方）的申请资料进行初步检查，确定是否有受理申请。如果发现不符合的地方，认证机构通知企业进行修正或补充。

2）第一阶段审核　　认证机构对企业提供的质量管理手册等文件进行审查，如果发现不符合的地方，认证机构通知企业进行修正或补充。文件审核后进行第一阶段现场审核准备工作，包括确定现场审核日期、编制第一阶段现场审核计划和编制检查表。第一阶段审核完成后，审核组应编制审核报告，报告内容包括审核实施情况与审核结论、发现的问题及下一步工作的重点。

3）第二阶段审核　　审核组综合考虑第一阶段审核结论及受审核方对不符合项的纠正情况，确定第二阶段审核的时机和条件是否成熟。在此基础上，审核组进行第二阶段的准备工作：确定现场审核日期、编制第二阶段现场审核计划、编制检查表。现场审核后，审核组应编制审核报告，做出审核结论。审核组将审核报告提交认证机构。

复习参考题

1. 名词解释

纠正　纠正措施　验证　确认　控制措施　关键控制点　关键限值　食品安全　食品安全危害　终产品　流程图　食品链　食品安全方针　监视　操作性前提方案　前提方案　更新

2. 问答题

（1）ISO22000 认证对于食品企业的作用是什么？

（2）何谓食品安全方针？如何制定？

（3）如何进行安全产品的策划和实现？

（4）试简述 ISO22000 认证的程序。

（5）企业如何建立 ISO22000 食品安全管理体系？

第7章 食品产品质量认证

[教学目的和要求]

了解产品质量认证的基本知识，熟悉“四品一标”及其认证。

7.1 产品质量认证概述

7.1.1 产品质量认证

7.1.1.1 产品质量认证的定义

产品质量认证（product quality certification）是指依据产品标准和相应的技术要求，经认证机构确认并通过颁发认证证书和认证标志来证明某一产品符合相应标准和相应技术要求的活动。

ISO在修订的《标准化、认证和试验室认可的一般术语及其定义》中规定，产品质量认证是指“由可以充分信任的第三方证实某一经过鉴定的产品或服务符合特定标准或其他技术规范的活动”。

7.1.1.2 产品质量认证的依据

相应的产品标准及其补充的技术要求，是产品质量认证的基本依据。产品质量认证所采用的标准一经确认，那么标准中规定的各项技术指标和要求就必须严格、准确地执行。

根据《产品质量认证管理条例实施办法》的规定：产品质量认证依据的标准应当是具有国际水平的国家标准或者行业标准。标准的内容除应包括产品技术性能指标之外，还应当包括产品检验方法和综合判定准则。当现行国家标准或者行业标准内容不能满足产品质量认证需要时，还应当补充制定技术条件性标准。

7.1.1.3 产品质量认证的对象

产品质量认证的对象是产品。这是与企业质量体系认证的显著区别之一。目前，我国已经开展的食品产品质量认证主要有无公害食品认证、绿色食品认证、有机食品认证等。

7.1.1.4 产品质量认证的性质

《标准化法》第十五条规定：企业对有国家标准或者行业标准的产品，可以向国务院标准化行政主管部门或者国务院标准化行政主管部门授权的部门申请产品质量认证。法律中使用“可以”一词是授权属性，即确立产品质量认证的自愿性原则。

我国《产品质量法》规定，企业根据自愿原则可以向国务院产品质量监督管理部门或者国务院产品质量监督管理部门授权的部门认可的认证机构申请产品质量认证。

7.1.1.5　产品质量认证的原则

我国的产品质量认证实行第三方认证制度的原则。

第三方认证制度是指在产品质量认证活动中，从事认证的机构作为独立于生产方和购买方之外的第三方机构，公正地证明某一产品或服务的质量符合规定的标准，并在批准认证后，继续对其实施监督的一种认证制度。

第三方认证制度是目前国际认证组织指导各国建立的典型认证制度。实行这种认证制度的国家，才能被批准加入国际认证组织，参与国际认证活动。该产品的认证，才能被国际和国内所接受和承认。

7.1.2　产品质量认证的目的和意义

7.1.2.1　产品质量认证的目的

我国开展产品质量认证工作的目的，主要包括三个方面：一是为了保证和提高产品质量；二是为了提高产品信誉，增强产品的竞争能力；三是为了扩大和促进对外贸易和发展国际间的产品质量认证合作，提高我国产品在国际市场上的地位。

7.1.2.2　产品质量认证的意义

实行产品质量认证制度的意义，在于它可以由公正的认证机构对产品提供一个正确可靠的质量信息。这种制度既符合生产方的利益，也符合购买方的利益。因此，针对需要和使用这种质量信息的不同对象，其发挥着不同的作用。对于消费者来说，经过产品质量认证的产品，为他们选购满意的商品提供了质量信息。

认证标志成为指导消费者选购商品的指南。对于企业来说，实际上起着质量信誉证的作用，是产品销往国际、国内市场的“通行证”。质量是企业的生命，信誉是利润的源泉。因此，产品质量认证是推动企业管理的一种动力。

7.1.2.3　产品质量进行认证工作的益处

主要表现在它对产品、工艺和服务提出正确、可靠的质量信息；产品质量认证将给企业带来信誉和提高产品竞争力，可节约大量的检验费用；通过产品质量认证能不断推动企业产品质量的提高，出口贸易互认、相互免检；能促进企业质量体系的提高、完善和发展；企业通过产品认证，可以在管理上出效益。

总之，产品质量认证工作是一项持续发展的、有效的、世界各国公认的提高企业素质的途径。

7.1.3　产品质量认证的程序

7.1.3.1　申请条件

中国企业和外国企业以及其他申请人，只要符合规定的申请条件，都可以向相应的认证机构提出认证申请。凡申请产品质量认证的，都必须具备以下条件。

（1）中国企业及其他申请人应当持有工商行政管理部门颁发的《企业法人营业执照》或《营业执照》；外国企业应当持有外国有关机构的登记注册证明。申请人能够承担民事责任。

（2）产品质量应当符合我国国家标准、行业标准或经国家质量技术监督局确认的其他标准及其补充技术条件的要求。

（3）产品质量稳定，能正常批量生产，并提供有关证明材料。衡量产品质量是否稳定、是否能正常批量生产，一般通过检查工艺流程、工艺装备、随机抽样检验产品等方法进行综合评定。

（4）企业的质量体系应当符合国家质量管理和质量保证系列标准（ISO9000）的要求。外国企业的质量体系应当符合所在国等同采用ISO9000质量管理和质量保证标准及其补充要求。

7.1.3.2 办理申请

中国企业申请产品质量认证，应当向该产品归属的行业认证委员会提交申请书；外国企业或者其他申请人（如代销商），应当直接向国家质量技术监督局或其指定的行业认证委员会提交申请书及其认证所需的有关资料。

申请书的格式由国家质量技术监督局统一规定。

申请书的内容主要包括：

（1）申请单位的基本情况，如申请单位名称、地址、营业执照编号、联系人姓名等。

（2）申请认证产品生产企业的基本情况，如企业名称、地址、法人代表姓名、职务等。

（3）申请认证类别和产品状况，如申请安全认证或合格认证，所使用的认证标志，申请认证产品名称、规格型号、商标、产量、产值等。

（4）申请单位的声明，说明愿意遵守《认证条例》的有关规定，接受工厂检查、产品检验及事后监督，按时交纳认证费用等。

在企业递交申请书的同时，还应当提供申请认证产品的生产企业的质量手册副本和认证产品的有关标准。

申请书经过审核被接受后，认证机构即向申请单位发出“接受认证申请通知书”。申请单位应当按照规定，交纳认证申请费。

7.1.3.3 工厂审查和产品检验

企业的产品质量认证申请被受理后，应当对申请认证的生产企业进行质量体系审查，对产品及时进行检验。

工厂进行审查的目的是检查、评定申请认证产品的生产企业的质量体系是否满足认证机构的要求，以证实该生产企业确实具备持续稳定地生产符合标准要求的产品的能力。工厂审查由认证委员会检查机构组织国家注册检查员及有关专家进行。

审查的内容是企业的质量体系。工厂审查完成后，国家注册检查员负责签署由国家质量技术监督局统一规定的“企业质量体系检查报告”，并负责将检查报告报送认证委员会。检查报告是对工厂审查、评定结果的重要证明文件。检查报告经认证机构审查通过后，按照规定对企业申请认证的产品进行现场抽样。同时，企业应当按照规定，向认证机构交纳工厂审查费和样品检验费。对于工厂审查未通过的企业，不抽取样品，不收取样品检验费，仅交纳工厂审查费。

产品检验由经过国家质量技术监督局审查认可的产品质量检验机构负责。产品检验按照认证机构指定的标准，对样品进行型式试验，并编写“样品检验报告”，经检验机构负责人签字后，报送认证机构。检验报告应当对每个检验项目明确填写检验数据、检验结果以及该项目的检验结论（合格或者不合格）。对外国企业的质量体系审查和产品检验，可以由国家质量技术监督局指定的认证委员会根据与外国认证机构签订的认证合作协议，委托代理我国认证机构的国外认证机构进行。

7.1.3.4　审批和颁发证书

工厂审查和产品检验结束后，认证机构负责对工厂审查组报送来的“企业质量体系检查报告”和检验机构报送的“样品检验报告”进行全面审查。对于符合规定条件的企业，予以批准认证，并向申请认证单位颁发产品质量认证证书，准许使用规定的认证标志。

认证证书应当注明：证书持有单位的名称，批准认证产品的名称、规格、型号，采用标准的名称和代号，许可使用的认证标志，证书有效期等。对于经审查不符合规定条件的企业，认证委员会应当书面通知申请认证单位并说明理由。如果生产企业能在 6 个月内采取有效措施予以改正并经认证委员会进行必要的复查，确实达到了规定条件的，仍可予以批准认证，颁发认证证书。对经复查仍达不到规定要求的，撤销认证申请，待具备条件后，可以再次提出申请。

7.1.3.5　认证证书

认证证书是证明产品质量符合认证要求和许可产品使用认证标志的法定证明文件。认证证书须统一组织印制并统一规定编号。

7.2　“四品一标”及其认证

7.2.1　质量认证概念

质量认证（quality certification）也叫合格评定，是国际上通行的管理产品质量的有效方法。质量认证按认证的对象分为产品质量认证和质量体系认证两类；按认证作用可分为安全认证和合格认证。

产品质量认证的对象是特定产品，包括服务。认证的依据或者说获准认证的条件是对（服务）质量要符合指定的标准的要求，质量体系要满足指定质量保证标准要求，证明认证的方式是通过颁发产品认证证书和认证标志。其认证标志可用于获准认证的产品。

产品质量认证又有两种：一种是安全性产品认证，它通过法律、行政法规或规章规制执行认证；另一种是合格认证，属自愿性认证，是否申请认证，由企业自行决定。

7.2.2　质量体系认证与产品质量认证的异同

7.2.2.1　产品质量认证与质量体系认证的联系

1. 具有质量认证的特征　产品质量认证与质量体系认证同属质量认证的范畴，都具有质量认证的特征：①两种认证类型都有具体的认证对象；②产品质量认证与质量体系认证都是以特定的标准作为认证的基础；③两种认证类型都是第三方所从事的活动。

2. 需要检查评定　二者都要求企业建立质量体系，都要求对企业质量体系进行检查评定，产品认证进行质量体系审核时应充分利用质量体系认证的审核结果，质量体系认证进行质量体系审核时也应充分利用产品认证的质量体系审核结果，不仅体现了认证工作的科学性，也保证了认证工作的质量。

7.2.2.2 产品质量认证与质量体系认证的区别

产品质量认证与质量体系认证的区别见表 7-1。

表 7-1 产品质量认证与质量体系认证的区别

项目	产品质量认证	质量体系认证
认证对象	批量生产的定型产品	企业的质量保证体系
证明方式	产品认证证书及产品认证标志，证书和标志证明产品质量符合产品标准	质量体系认证证书和体系认证标记，证书和标记只证明该企业的质量体系符合某一质量保证标准，不证明该企业生产的任何产品符合产品标准
证明使用	产品质量认证证书不能用于产品，标志可用于获准认证的产品上	质量体系认证证书和标记都不能在产品上使用
实施质量体系审核的依据	一般按 GB/T 19002—ISO 9002 检查体系	依据审核企业要求，可能是 GB/T 19001—ISO 9001、GB/T 19002—ISO 9002、GB/T 19003—ISO 9003 其中之一
申请企业类型	是生产特定的产品型企业	企业可以是生产、安装型企业，可以是设计/开发、制造、安装服务型企业，也可以是出厂检查和检验型企业

综上所述，产品质量认证与质量体系认证既有区别，又互相联系。只有清楚了解两类认证的区别和互相关系，才能确定应该实施产品认证，还是应该实施质量体系认证。

7.2.3 食品质量安全认证

食品质量安全认证（food quality and safety certification）是指由经国家权威机构认可的认证机构对企业或组织生产的食品的安全性进行的产品认证，一般是非强制性的，企业或组织可根据自身的需要申请不同种类的食品质量安全认证。

食品质量安全认证是一种将技术手段和法律手段有机结合起来的生产监督行为，是针对食品安全生产的特征而采取的一种管理手段。其对象是全部的安全食品和其生产单元，目的是要为安全食品的流通创造一个良好的市场环境，维护安全食品这类特殊商品的生产、流通和消费秩序。

7.2.3.1 食品质量安全认证的目标

食品质量安全认证的目标是保证食品应有的质量和安全性，保障消费者的身体健康和生命安全，同时以法律的形式向消费者保证安全食品具备无污染、安全、优质、营养等品质，引导消费行为；它有利于推动各个系列的安全食品的产业化进程，有利企业树立品牌意识，争创名牌，及早与国际惯例接轨。

7.2.3.2 安全食品标志管理的对象

安全食品标志管理的对象是安全的食品产品，安全食品认证和标志许可使用的依据是安全性食品系列标准，安全食品标志管理的方式是颁发相应的证书和标志，并予以登记注册和公告。

（1）从实质上讲，安全食品标志管理是一种质量管理。

（2）从管理的内容上看，安全食品标志管理是一种认证性质的管理。

（3）从突出标志作用这一形式而言，安全食品标志管理是一种证明商标的管理，其标志的使用受商标法的保护。

7.2.3.3　食品产品质量安全认证的类型

中国国家认证认可监督管理委员会统一管理、监督和综合协调全国的认证认可工作，加强认证市场整顿，规范认证行为，现已基本形成了统一管理、规范运作、共同实施的食品、农产品认证认可工作局面，基本建立了“从农田到餐桌”全过程的食品、农产品认证认可体系。

认证类别主要包括：①无公害农产品认证；②绿色食品认证；③有机产品认证；④饲料产品认证；⑤良好农业规范（GAP）认证；⑥绿色市场认证等。其中，食品产品认证主要有三类认证，即绿色食品认证、有机食品认证和无公害食品认证。

7.2.3.4　食品产品质量安全认证的目的

第三方认证机构实施的食品产品质量安全认证活动，主要目的为：①通过产品认证，加快与国际化接轨进程；②科学引导消费；③规范生产企业在生产过程中的质量、卫生管控，为企业创建中国食品类名牌产品提供保障；④规范行业恶性竞争，创造良好市场环境。

7.2.3.5　食品产品质量安全认证的意义

食品产品质量安全认证的主要益处：①有利于改善生态环境，促进农业可持续发展，增加农民收入；②有利于提高农产品质量，保障消费者健康，满足市场需求；③有利于应对绿色壁垒，增强农产品国际竞争力。

7.2.4　“三品一标”

“三品一标”是指无公害农产品、绿色食品、有机食品和农产品地理标志的统称。

无公害农产品发展始于 21 世纪初，是在适应入世和保障公众食品安全的大背景下推出的，农业部为此在全国启动实施了“无公害食品行动计划”；绿色食品产生于 20 世纪 90 年代初期，是在发展高产优质高效农业大背景下推动起来的；有机食品、决不食品可以说是人们对化学农业、基因农业反思、改革、发展的结果，其中“决不食品”也体现了农业、食品安全与互联网、移动互联网的结合。农产品地理标志则是借鉴欧洲发达国家的经验，为推进地域特色优势农产品产业发展的重要措施。

2013 年度中央一号文件《中共中央、国务院关于加快发展现代农业、进一步增强农村发展活力的若干意见》发布后，致力于推进现代农业、农业信息化和中国食品安全的“决不食品”安全工程启动，“三品一标”（无公害农产品、绿色食品、有机食品和农产品地理标志）向“四品一标”（无公害农产品、绿色食品、有机食品、决不食品和农产品地理标志）转型升级的序幕正式拉开。

2013 年底召开的中央农村工作会议在强调关于农产品质量和食品安全时指出：“要大力培育食品品牌，用品牌保证人们对产品质量的信心”。无公害农产品、绿色食品、有机食品、决不食品本质上都是食品安全品牌，它们应在解决中国食品安全问题的征程中承担更多责任。

“无公害农产品”、“绿色食品”、“有机食品”、“决不食品”和“农产品地理标志”统称“四品一标”，它是在“三品一标”的基础上发展而来的。

无公害农产品（the pollution free agriculture product）是产地环境、生产过程和产品质量符合国家有关标准和规范的要求，经认证合格获得认证证书并允许使用无公害农产品标志的、未经加工或者初加工的食用农产品。

绿色食品（green food）是指遵循可持续发展原则，按照特定生产方式生产，经专门机构认定，许可使用绿色食品标志，无污染的安全、优质、营养类食品。

中华人民共和国国家标准 GB/T19630—2011《有机产品》中定义：有机产品是指生产、加工和销售符合中国有机产品国家标准的供人类消费、动物食用的产品。除有机食品外，还有有机化妆品、有机纺织品、有机林产品、生物农药、有机肥料等，统称为有机产品。

决不食品（no food）是指在要求参照并贯彻落实有机食品标准的基础上，进一步达到“决不标准”要求的食品。“决不标准”在质量安全和生产经营过程的核心要求各有 6 项，即“决不地沟油，决不转基因，决不非法添加，决不假冒伪劣，决不有毒有害，决不昧良心”。对生产经营过程的 6 项核心要求是“公开承诺、透明生产、开放互动、专业鉴证、保险赔偿、有奖监督”。

决不食品作为对食品安全有着更高要求的新型食品，在世界、在我国都刚刚起步，与无公害农产品、绿色食品、有机食品不同，“决不食品”并非第三方认证，不要求检测，所以商家不需要缴纳认证费用和检测费用 。

农产品地理标志（geographical indications of agricultural product）是指标示农产品来源于特定地域，产品品质和相关特征主要取决于自然生态环境和历史人文因素，并以地域名称冠名的特有农产品标志。所称农产品是指来源于农业的初级产品，即在农业活动中获得的植物、动物、微生物及其产品。

7.2.5 “三品一标”农产品质量安全认证

农产品质量安全认证（the agricultural product quality safety certification）是由经国家权威机构认可的认证机构对企业或组织生产的农产品的安全性进行的产品认证。一般是非强制性的企业或组织可以根据自身的需要申请不同种类的农产品质量安全认证。

7.2.5.1 农产品质量认证的起源

“三品”属于农产品质量认证的范畴。农产品质量认证始于 20 世纪初美国开展的农作物种子认证，并以有机食品认证为代表。到 20 世纪中叶，随着食品生产传统方式的逐步退出和工业化比重的增加，国际贸易的日益发展，食品安全风险程度的增加，许多国家引入“农田到餐桌”的过程管理理念，把农产品认证作为确保农产品质量安全和同时能降低政府管理成本的有效政策措施。于是，出现了 HACCP（食品安全管理体系）、GMP（良好生产规范）、欧洲 EUREPGAP、澳大利亚 SQF 等体系认证，以及日本 JAS 认证、韩国亲环境农产品认证、法国农产品标识制度、英国的小红拖拉机标志认证等多种农产品认证形式。

我国农产品认证始于 20 世纪 90 年代初农业部实施的绿色食品认证。2001 年，在中央提出发展高产、优质、高效、生态、安全农业的背景下，农业部提出了无公害农产品的概念，并组织实施“无公害食品行动计划”，各地自行制定标准开展了当地的无公害农产品认证。在此基础上，2003 年实现了“统一标准、统一标志、统一程序、统一管理、统一监督”

的全国统一的无公害农产品认证。20 世纪 90 年代后期，国内一些机构引入国外有机食品标准，实施了有机食品认证。有机食品认证是农产品质量安全认证的一个组成部分。

另外，我国还在种植业产品生产中推行 GAP（良好农业操作规范），在畜牧业产品、水产品生产加工中实施 HACCP 食品安全管理体系认证。当前，我国基本上形成了以产品认证为重点、体系认证为补充的农产品认证体系。

7.2.5.2 农产品质量认证的特点

农产品认证除具有认证的基本特征外，还具备其自身的特点，这些特点是由农业生产的特点所决定的，主要表现为：农产品生产周期长、认证的时令性强；农产品认证的过程长、环节多；农产品认证的个案差异性大；农产品认证的风险评价因素复杂；农产品认证的地域性特点突出。

“三品一标”认证的意义在于提高了我国农产品质量安全水平，增强了生产者质量安全意识，引导了农产品生产和消费，推动了农业生产方式转变。

“三品一标”（无公害农产品、绿色食品、有机农产品和农产品地理标志）是政府主导的安全优质农产品公共品牌，也是当前和今后一个时期我国农产品消费的主导产品。

7.2.5.3 “三品一标”中“三品”的联系和区别

“无公害农产品、绿色食品、有机食品、决不食品”本质上都是食品安全品牌，集中体现了“优质、高产、高效、生态、安全、信息化”的现代农业的要求，意味着它们将在解决中国食品安全问题、推动现代农业发展的征程中承担更多责任。

1. “三品”的联系 无公害食品保证人们对食品质量安全最基本的需要，是最基本的市场准入条件；绿色食品达到了发达国家的先进标准，满足人们对食品质量安全更高的需求；有机食品则又是一个更高的层次，是国际通行的概念。

（1）无公害农产品、绿色食品、有机食品都是经质量认证的安全农产品，都属于农产品质量安全范畴，都是农产品质量安全认证体系的组成部分。

（2）无公害农产品是绿色食品和有机食品发展的基础，绿色食品和有机食品是在无公害农产品基础上的进一步提高。

（3）无公害农产品、绿色食品、有机食品都注重生产过程的管理，无公害农产品和绿色食品侧重对影响产品质量因素的控制，有机食品侧重对影响环境质量因素的控制。

（4）无公害食品、绿色食品和有机食品都具有无公害、无污染、安全、平衡营养等特征。

2. “三品”的区别 “三品”的区别主要体现在概念、品牌定位、具体要求、应用范围、主导机构及主管部门、历史背景、理论基础、认证程序、认证和检测费用、标志不同等方面。

截至目前，“三品一标”的认证登记总量已达 9.5 万多个，涉及企业 3.8 万多家，认定产地近 8 万个；主要认证产品年产量已占同类农产品商品量的 40%以上，认定的种植业产地占全国耕地 45%以上。“三品一标”的快速发展，对提升农产品质量安全水平、促进农业标准化生产和推动农业发展方式转变都发挥了重要的作用。

复习参考题

1. 名词解释

产品质量认证　食品质量安全认证　三品一标　四品一标

2. 问答题

(1)“四品”的联系和区别是什么?

(2) 食品产品质量安全认证的类型有哪些?

(3) 简述质量体系认证与产品质量认证的异同。

(4) 产品质量进行认证工作的益处是什么?

第 8 章 无公害食品认证

[教学目的和要求]

了解无公害食品的起源与发展，熟悉并掌握无公害食品认证。

8.1 无公害食品概述

8.1.1 无公害食品

8.1.1.1 无公害农产品（食品）的定义

根据《无公害农产品管理办法》的规定，无公害食品是指产地环境、生产过程和最终产品符合无公害食品标准和规范，经专门机构认定，许可使用无公害农产品（食品）标识的食品。

无公害食品生产过程中允许限量、限品种、限时间地使用人工合成的、安全的化学农药、兽药、鱼药、肥料、饲料添加剂等。

1. 无公害农产品的生产类型

（1）完全不施用农药、化肥等农用化学物质而生产出来的无公害农产品。

（2）限量、限时使用少量农药、化肥的无公害农产品。

2. 无公害食品和无公害农产品 关于无公害食品和无公害农产品的称谓问题，这是由于我国历史、体制等方面的原因，将食物分为农产品和食品，国际上统称食物（food）。为了体现农产品质量安全“从农场到餐桌”全程控制和政府抓农产品消费安全的切入点，农业部在“农业部无公害食品行动计划”和行业标准中使用的是无公害食品；行业标准是技术法规，需要全社会共同遵循，包括生产领域和流通领域，所以叫无公害食品。

“农业部无公害食品行动计划”是受国务院委托，由农业部牵头，各相关方面共同推进，故称“农业部无公害食品行动计划”。

为了便于各级农业部门根据职能分工抓住工作重点，农业部在各项规章、制度和办法中使用的是农业部无公害食品的概念。

8.1.1.2 无公害农产品认证的运作模式和市场定位

根据《无公害农产品管理办法》（农业部、国家质检总局令第 12 号），无公害农产品认证分为产地认定和产品认证，产地认定由省级农业行政主管部门组织实施，产品认证由农业部农产品质量安全中心组织实施，获得无公害农产品、产地认定证书的产品方可申请产品认证。2006 年开始，二者结合进行一体化认证。

8.1.1.3 产品结构

无公害农产品定位是保障基本安全、满足大众消费。无公害农产品主要是百姓日常生活离不开的"菜篮子"和"米袋子"等大宗未经加工及初加工的农产品。

8.1.1.4 技术制度

无公害农产品推行"标准化生产、投入品监管、关键点控制、安全性保障"的技术制度。

8.1.1.5 认证方式

无公害农产品认证采取产地认定和产品认证相结合的方式，产地认定主要解决产地环境和生产过程中的质量安全控制问题，是产品认证的前提和基础；产品认证主要解决产品安全和市场准入问题。

8.1.1.6 发展机制

无公害农产品认证是为保障农产品生产和消费安全而实施的政府质量安全担保制度，属于公益事业，实行政府推动的发展机制，认证不收费。

8.1.1.7 标志管理

无公害农产品认证标志是农业部和国家认证认可监督管理委员会联合公告的，依据《无公害农产品标志管理办法》实施全国统一标志管理。

图 8-1 无公害食品标志

1. 无公害食品标志的含义 无公害农产品标志图案主要由麦穗、对勾和无公害农产品字样组成，麦穗代表农产品，对勾表示合格，金色寓意成熟和丰收，绿色象征环保和安全（图 8-1）。

2. 无公害农产品认证材料的编号 认证材料编号贯穿于认证工作全过程，随着认证申报产品数量的增加，实行统一的认证材料编号，对于做好本地区、本部门认证材料的流转、归档，以及申报材料的审查、评审、查询和证后监督等工作都具有十分重要的意义。

统一认证材料编号工作的根据是《无公害农产品认证审查分工调整实施意见》（农质安发［2004］12 号）。

1）认证材料编号格式及含义　认证材料编号由行政区划代码、行业代码和当年上报产品总排序号三部分组成，用三位英文字母和四位阿拉伯数字表示，基本格式为图 8-2。

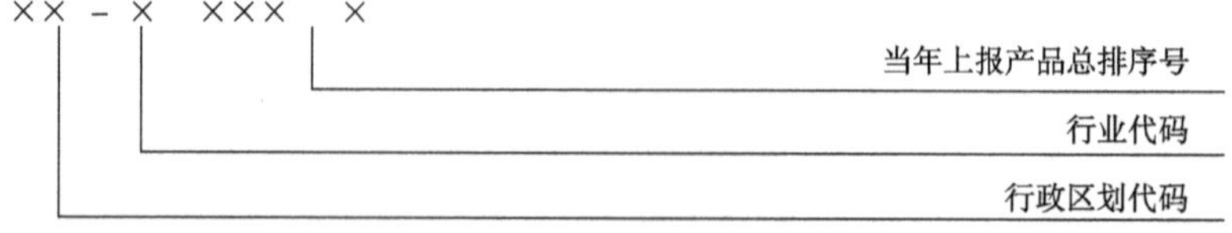

图 8-2 认证编号格式

2）行政区划代码　位于第一至第二位，表示无公害农产品省级承办机构所在的省（自治区、直辖市及计划单列市），采用 GB/T2260—1999《中华人民共和国行政区划代码》中规定的代码，用两个大写英文字母表示（表 8-1）。

表 8-1　各省（自治区、直辖市）和计划单列市行政区划代码表

BJ　北京	TJ　天津	HE　河北	SX　山西	NM　内蒙古	LN　辽宁
JL　吉林	HL　黑龙江	SH　上海	JS　江苏	ZJ　浙江	AH　安徽
FJ　福建	JX　江西	SD　山东	HA　河南	HB　湖北	HN　湖南
GD　广东	GX　广西	HI　海南	CQ　重庆	SC　四川	GZ　贵州
YN　云南	XZ　西藏	SN　陕西	GS　甘肃	NX　宁夏	QH　青海
XJ　新疆	SZ　深圳	DL　大连	QD　青岛	XM　厦门	NB　宁波
BT　新疆兵团					

注：代码摘自 GB/T 2260—1999《中华人民共和国行政区划代码》。

3）行业代码　位于第三位，用大写英文字母 Z 代表种植业、X 代表畜牧业、Y 代表渔业。

4）当年上报产品总排序号　位于第四至第七位，表示无公害农产品省级承办机构当年上报产品总排序号，用四位阿拉伯数字表示，如编号 BJ-Z 0168 的含义为北京承办机构当年上报的种植业第 168 个产品的认证材料。

8.1.2　无公害食品的特点

无公害食品是指有害有毒物质控制在安全允许范围内的产品，具有安全性、优质性、高附加值三个明显特征。

1. 安全性　无公害农产品严格参照国家标准，执行省地方标准，具体有三个保证体系：生产全过程监控；实行归口专项管理；实行抽查复查和标志有效期制度。

2. 优质性　无公害农产品（食品）在初级生产阶段严格控制化肥、农药用量，禁用高毒、高残留农药，建议施用生物肥药、具有环保认证标志肥料及有机肥；严格控制农用水质（要达到Ⅲ类以上）。

3. 高附加值　无公害农产品（食品）是由省级农业环境监测机构认定的标志产品，在省内具有较大影响力，价格较同类产品高。

8.1.3　无公害食品生产的重要意义

推广无公害农产品生产技术，发展无公害农产品生产，其意义在于：①提高农产品质量、增强农产品市场竞争力的有效技术手段；②保障人民群众身体健康和生命安全的有效技术措施；③促进农业可持续发展的技术保障；④按无公害技术标准进行全程质量控制，有利于消费者身体健康；⑤有利于促进农产品市场竞争；有利于出口创汇和增加农民收入；有利于保护生态环境，维护生态平衡；⑥有利于开发无公害农产品名优品牌和绿色食品品牌，提高农业经济效益；⑦推广无公害农产品生产技术，发展无公害农产品生产，提高农产品安全质量意识，清洁生产无污染的、安全的、优质营养无公害农产品，能有效促进农业生产方式的转变，激励粗放型农业向集约型农业、传统农业向现代农业变革，是调整和优化农业生产结构的需要；⑧提高人民生活水平、保障人民身体健康、适应和满足国内农产品商品市场需求、保障农产品有效供给、增加农民收入的现实需要；⑨提高我国农产品在国际市场中竞争能力、创立农产品名优品牌、加快外向型农业发展的战略选择；⑩合理开发和利用农业资

源、保护生态环境、促进农业和农村经济持续发展的有效途径。因此，推广无公害农产品生产技术，发展无公害农产品生产具有现实战略意义和深远的历史意义。

8.2　无公害食品标准

无公害食品标准以全程质量控制为核心，主要包括产地环境质量标准、生产技术标准和产品标准三个方面。无公害食品标准主要参考绿色食品标准的框架而制定。

8.2.1　无公害食品标准的组成

8.2.1.1　无公害食品标准框架

无公害食品标准是无公害农产品认证的技术依据和基础，是判定无公害农产品的尺度。为了使全国无公害农产品生产和加工按照全国统一的技术标准进行，消除不同标准差异，树立标准一致的无公害农产品形象，农业部组织制定了一系列产品标准以及包括产地环境条件、投人品使用、生产管理技术规范、认证管理技术规范等通则类的无公害食品标准，标准系列号为 NY 5000。

无公害食品标准框架见图 8-3。

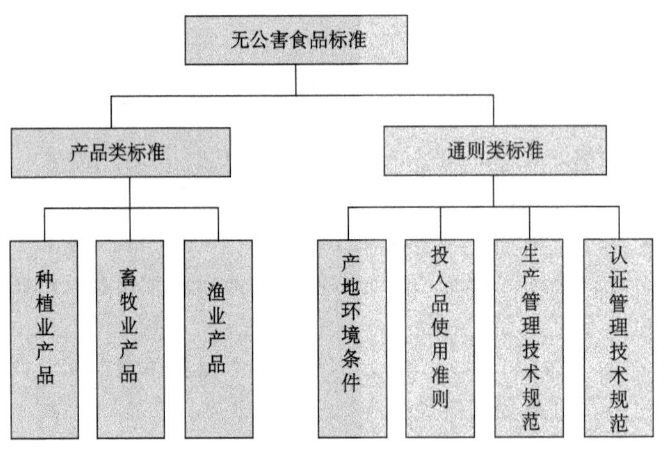

图 8-3　无公害食品标准框架

8.2.1.2　无公害食品标准特点

无公害食品标准体现了“从农田到餐桌”全程质量控制的思想。标准包括产品标准、投入品使用准则、产地环境条件、生产管理技术规范和认证管理技术规范 5 个方面，贯穿了“从农场到餐桌”全过程所有关键控制环节。无公害食品标准是目前使用较广泛的一套标准。

其特点如下：①无公害食品标准中的产品标准应用范围广，基本覆盖了包括种植业产品、畜牧业产品和渔业产品在内 90%的农产品及其初加工产品，为无公害农产品认证和监督检查提供了技术保障；②无公害食品标准注重标准间的协调性，与我国有关法律、法规和标准的要求以及国外标准体系制定的原则基本协调一致；③兽药、农药残留限量等同采用国家卫生标准、农业行业标准和有关文件；④无公害食品标准具有可操作性；⑤产品标准、投入品使用准则、产地环境条件、生产管理技术规范和认证管理技术规范，促进了无公害农产品生产、检测、认证及监管的科学性和规范化。

8.2.2　农业部无公害食品行业标准体系

无公害食品标准主要包括无公害食品行业标准和农产品安全质量国家标准，二者同时颁布。无公害食品行业标准由农业部制定，是无公害农产品认证的主要依据；农产品安全质量国家标准由国家质量技术监督检验检疫总局制定。

8.2.2.1　无公害食品产地环境质量标准

无公害食品的生产首先受地域环境质量的制约，即只有在生态环境良好的农业生产区域内才能生产出优质、安全的无公害食品。产地环境中的污染物通过空气、水体和土壤等环境要素直接或间接地影响产品的质量。因此，无公害食品产地环境质量标准对产地的空气、农田灌溉水质、渔业水质、畜禽养殖用水和土壤等的各项指标以及浓度限值做出规定：一是强调无公害食品必须产自良好的生态环境地域，以保证无公害食品最终产品的无污染、安全性；二是促进对无公害食品产地环境的保护和改善。

1. 无公害农产品产地条件

（1）产地环境符合无公害农产品产地环境的标准要求。

（2）区域范围明确。

（3）具备一定的生产规模。

2. 无公害食品与绿色食品产地环境质量标准的区别

（1）无公害食品同一类产品不同品种制定了不同的环境标准，而这些环境标准之间没有或有很小的差异，其指标主要参考了绿色食品产地环境质量标准。

（2）绿色食品是同一类产品制定一个通用的环境标准，可操作性更强。

8.2.2.2　无公害食品生产技术标准

无公害食品生产过程的控制是无公害食品质量控制的关键环节，无公害食品生产技术操作规程是按作物种类、畜禽种类等和不同农业区域的生产特性分别制定的，用于指导无公害食品生产活动，规范无公害食品生产，包括农产品种植、畜禽饲养、水产养殖和食品加工等技术操作规程。

1. 无公害农产品的生产管理　应当符合的条件：①生产过程符合无公害农产品生产技术的标准要求；②有相应的专业技术和管理人员；③有完善的质量控制措施，并有完整的生产和销售记录档案。

2. 无公害食品与绿色食品生产技术标准的区别

（1）无公害食品生产技术标准主要是无公害食品生产技术规程标准，只有部分产品有生产资料使用准则，其生产技术规程标准在产品认证时仅供参考，由于无公害食品的广泛性决定了无公害食品生产技术标准无法坚持到位。

（2）绿色食品生产技术标准包括了绿色食品生产资料使用准则和绿色食品生产技术规程两部分，这是绿色食品的核心标准，绿色食品认证和管理重点坚持绿色食品生产技术标准到位，也只有绿色食品生产技术标准到位才能真正保证绿色食品质量。

8.2.2.3　无公害食品产品标准

无公害食品产品标准是衡量无公害食品终产品质量的指标尺度。它虽然跟普通食品的国家标准一样，规定了食品的外观品质和卫生品质等内容，重点突出了安全指标，安全指标的制订与当前生产实际紧密结合。无公害食品产品标准反映了无公害食品生产、管理和控制的水平，突出了无公害食品无污染、食用安全的特性。

8.2.2.4　《无公害食品 葱蒜类蔬菜》等132项废止标准

根据《食品安全法》规定，农业部对无公害食品标准进行了清理，决定废止《无公害食品 葱蒜类蔬菜》等132项无公害食品农业行业标准，此132项标准自2014年1月1日起停止施行。停止施行日期之前，上述132项标准均可作为组织生产的依据。停止施行后，需用这些标准组织生产的，生产企业应当及时转化为企业标准后，按标准组织生产。对于停止施行日期之后，应当转化为企业标准组织生产而没有转化的，同时标准所规定指标没有违背国家相关规定、产品检测又符合食品安全国家质量标准的，可提醒生产企业及时转化为本企业的企业标准。

8.2.3　无公害农产品的产品安全要求

农产品安全质量国家标准由国家质量监督检验检疫总局制定。产品安全要求GBl8406—2001分为以下4个部分。

8.2.3.1　《农产品安全质量　无公害蔬菜安全要求》(GBl8406.1—2001)

本标准对无公害蔬菜中重金属、硝酸盐、亚硝酸盐和农药残留给出了限量要求和试验方法，这些限量要求和试验方法采用了现行的国家标准，同时也对各地开展农药残留监督管理而开发的农药残留量简易测定给出了方法原理，旨在推动农药残留简易测定法的探索与完善。

8.2.3.2　《农产品安全质量　无公害水果安全要求》(GBl8406.2—2001)

本标准对无公害水果中重金属、硝酸盐、亚硝酸盐和农药残留给出了限量要求和试验方法，这些限量要求和试验方法采用了现行的国家标准。

8.2.3.3　《农产品安全质量　无公害畜禽肉安全要求》(GBl8406.3—2001)

本标准对无公害畜禽肉产品中重金属、亚硝酸盐、农药和兽药残留给出了限量要求和试验方法，并对畜禽肉产品微生物指标给出了要求，这些有毒有害物质限量要求、微生物指标和试验方法采用了现行的国家标准和相关的行业标准。

8.2.3.4　《农产品安全质量　无公害水产品安全要求》(GBl8406.4—2001)

本标准对无公害水产品中的感官、鲜度及微生物指标做了要求，并给出了相应的试验方法，这些要求和试验方法采用了现行的国家标准和相关的行业标准。

8.3　无公害食品认证

8.3.1　无公害食品认证概述

8.3.1.1　无公害农产品（食品）认证

根据《无公害农产品管理办法》第二条的规定：无公害农产品（食品）是指产地环境、生产过程和产品质量符合国家有关标准和规范要求，经认证合格获得认证证书并允许使用无公害农产品标志的未经加工或者初加工的食用农产品。

无公害农产品认证是由农业部农产品质量安全中心依据认证认可规则和程序，按照无公害农产品质量安全标准，对未经加工或初加工的食用农产品产地环境、农业投入品、生产过程和产品质量等环节进行审查验证，向经评定合格的农产品颁发无公害农产品认证证书，并允许使用全国统一的无公害农产品标志的活动。

8.3.1.2 主体资质及产地规模

主体应当具备国家相关法律法规规定的资质条件，具有组织管理无公害农产品生产和承担责任追溯能力的农产品生产企业、农民专业合作经济组织。

产地应集中连片，规模符合《无公害食品 产地认定规范》（NY/T 5343—2006）要求，或者各省（自治区、直辖市）制定的产地规模准入标准。

8.3.1.3 无公害农产品认证的性质

无公害农产品认证是政府行为，认证不收费。

无公害农产品认证执行的是无公害食品标准，认证的对象主要是百姓日常生活中离不开的“菜篮子”和“米袋子”产品。也就是说，无公害农产品认证的目的是保障基本安全，满足大众消费，是政府推动的公益性认证。

8.3.1.4 无公害农产品认证类型

无公害农产品认证包括产地认定和产品认证两个方面。产地认定是产品认证的前提和必要条件，是由省级农业行政主管部门组织实施，认定结果报农业部农产品质量安全中心备案、编号；产品认证是在产地认定的基础上对产品生产全过程的一种综合考核评价，由中心统一组织实施，认证结果报农业部、国家认监委公告。

凡具有无公害农产品生产条件的单位或个人均可申请无公害农产品产地认定。各级建设的农产品生产基地具备无公害农产品生产条件的，可优先申请无公害农产品产地认定。

8.3.1.5 无公害农产品认证的特点

无公害农产品认证是我国农产品认证主要形式之一，目前虽然是自愿性认证，但与其他的自愿性产品认证相比有本质的区别。

1. 政府推行的公益性认证 无公害农产品是政府推出的一种安全公共品牌，目的是保障基本安全，满足大众消费。无公害农产品执行的标准是强制性无公害农产品行业标准，产品主要是老百姓日常生活离不开的“菜篮子”和“米袋子”产品，如蔬菜、水果、茶叶、猪牛羊肉、禽类、乳品禽蛋和大米、小麦、玉米、大豆等大宗初级农产品。因此，无公害农产品认证实质上是为保障食用农产品生产和消费安全而实施的政府质量安全担保制度，属于公益性事业，实行政府推动的发展机制，认证不收费。

2. 产地认定与产品认证相结合 无公害农产品认证采取产地认定与产品认证相结合的模式，运用了“从农场到餐桌”全过程管理的指导思想，打破了过去农产品质量安全管理分行业、分环节管理的理念，强调以生产过程控制为重点、以产品管理为主线、以市场准入为切入点，以保证最终产品消费安全为基本目标。产地认定主要解决生产环节的质量安全控制问题；产品认证主要解决产品安全和市场准入问题。无公害农产品认证的过程是一个自上而下的农产品质量安全监督管理行为；产地认定是对农业生产过程的检查监督行为，产品认证是对管理成效的确认，包括监督产地环境、投入品使用、生产过程的检查及产品的准入检测等方面。

3. 推行全程质量控制 无公害农产品认证运用全过程质量安全管理的指导思想，强调以生产过程控制为重点，以产品管理为主线，以市场准入为切入点，以保证最终产品消费安全。无公害农产品认证推行“标准化生产、投入品监管、关键点控制、安全性保障”的技术制度。从产地环境、生产过程和产品质量三个重点环节控制危害因素含量，保障农产品的质量安全。

8.3.2 无公害农产品一体化认证申报

根据农业部关于印发《无公害农产品产地认定与产品认证一体化推进实施意见》的通知(农质安发［2006］9号)，我国从2007年开始实行无公害农产品产地认定与产品认证一体化推进。一体化推进从根本上解决了无公害农产品产地认定与产品认证脱节问题，提高了产地认定和产品认证的工作效率，加快了产地认定与产品认证步伐。

8.3.2.1 无公害农产品产地认定与产品认证一体化推进实施意见

1. 无公害农产品产地认定与产品认证一体化实施的总体思路 紧紧围绕全国无公害农产品“全面加快发展，全力打造品牌”中心任务，以提升农产品质量安全水平为目标，以贯彻实施《农产品质量安全法》为契机，以行政推动和依法管理相结合为发展基本方向，在现有制度框架基础上，围绕提高无公害农产品产地认定与产品认证工作质量和效率，在操作层面按照“统一规范、简便快捷”和“循序渐进、稳步推进”的工作原则，用一体化推进的理念和要求，统筹产地认定与产品认证全过程，不断创新工作方式方法，简便工作程序和流程，强化各环节相互衔接，充分发挥体系队伍的管理和技术优势，突出工作重点，做好整体推进工作。全面实现无公害农产品产地认定与产品认证工作一体化推进、产地认定与产品认证工作机构一体化运作、产地认定产品认证与证后监管同步实施、证书核发与标志使用同步进行的工作目标。

2. 推进重点 根据总体思路，按照无公害农产品产地认定与产品认证一体化推进工作流程规范，一体化推进的重点主要集中在以下5个方面。

1）*将产地认定与产品认证申请书合二为一* 将产地认定的“县级—地级—省级”和产品认证的“县级—地级—省级—部直分中心—部中心”两个工作流程、8个环节整合为“县级—地级—省级—部直分中心—部中心”一个工作流程、5个环节。申请人提交一次申请书，即可完成产地认定和产品认证申请。

2）*将产地认定与产品认证申请材料合二为一* 将目前产地认定和产品认证需要分别提交的两套申请材料共20个附件合并简化为一套申请材料7个附件，一套申报材料同时满足产地认定和产品认证两个方面的需要。

3）*将产地认定和产品认证审查工作合并进行* 在整个产地认定和产品认证过程中需要技术审查与现场检查的，同步安排，技术审查和现场检查的结果在产地认定与产品认证审批发证时共享。

4）*改单一产品独立申报为多产品合并申报* 同一产地、同一申请人可以通过一份申请书和一套附报材料一次完成多个产品认证的同时申报。

5）*放宽申请人资格条件* 凡是具有一定组织能力和责任追溯能力的单位和个人，都可以作为无公害农产品产地认定和产品认证申报的主体，包括部分乡镇人民政府及其所属的各种产销联合体、协会等服务农民和拓展农产品市场的服务组织。

8.3.2.2　产地认定和产品认证一体化申报

1. 产地认定和产品认证一体化申报的依据

(1)《无公害农产品管理办法》。

(2)《无公害农产品产地认定程序》。

(3)《无公害农产品认证程序》。

2. 无公害农产品一体化认证申报提交的材料

1) 首次申报　根据 2014 年无公害农产品产地认定与产品认证申请和审查报告(2014 版)申请须知,首次认证随《无公害农产品产地认定与产品认证申请和审查报告》须报以下材料:①国家法律法规规定申请人必须具备的资质证明文件复印件;②《无公害农产品内检员证书》复印件;③无公害农产品生产质量控制措施(内容包括组织管理、投入品管理、卫生防疫、产品检测、产地保护等);④最近生产周期农业投入品(农药、兽药、渔药等)使用记录复印件;⑤《产地环境检验报告》及《产地环境现状评价报告》(省级工作机构选定的产地环境检测机构出具)或《产地环境调查报告》(省级工作机构出具);⑥《产品检验报告》原件或复印件加盖检测机构印章(农业部农产品质量安全中心选定的产品检测机构出具);⑦《无公害农产品认证现场检查报告》原件(负责现场检查的工作机构出具);⑧无公害农产品认证信息登录表(电子版);⑨其他要求提交的有关材料。

2) 产品扩项　申请产品扩项认证的,除《无公害农产品产地认定与产品认证申请和审查报告》外,附报材料须提交④、⑥、⑦、⑧和《无公害农产品产地认定证书》及已获得的《无公害农产品证书》。

3) 复查换证　申请复查换证的,除《无公害农产品产地认定与产品认证申请和审查报告》外,附报材料须提交⑦、⑧。

4) 整体认证　申请整体认证的,除《无公害农产品产地认定与产品认证申请和审查报告》外,附报材料须提交①～⑧,以及土地使用权证明、3 年内种植(养殖)计划清单、生产基地图等。

3. 申请条件　无公害农产品认证申请主体应当具备国家相关法律法规规定的资质条件,具有组织管理无公害农产品生产和承担责任追溯的能力。从 2009 年 5 月 1 日起,不再受理乡镇人民政府、村民委员会和非生产性的农技推广、科学研究机构的无公害农产品认证申请。

4. 一体化认证检测产品抽样数量原则

1) 检测产品抽样数量　同一产地、同一生长周期、适用同一无公害食品标准生产的多种产品在申请认证时,检测产品抽样数量原则上采取按照申请产品数量开二次平方根(四舍五入取整)的方法确定,并按规定标准进行检测。

2) 无公害农产品(畜牧业产品)一体化认证现场检查　对无公害农产品(畜牧业产品)一体化认证中公司加农户、畜禽养殖协会以及农业经济合作组织等带有农户的申请人开展现场检查时,除了按照《无公害农产品认证现场检查规范》(农质安发〔2005〕5 号)和《无公害农产品(畜牧业产品)认证现场检查评定细则》(农质安发〔2007〕9 号)要求开展现场检查外,应对其所带农户养殖情况进行抽查。

(1) 抽查的比例,对所带农户总数小于或等于 100 户的申请人至少抽查 4 户,大于

100 户的申请人至少抽查 8 户。

(2) 对抽查农户的养殖情况要按照《无公害农产品（畜牧业产品）认证现场检查评定细则》（农质安发［2007］9 号）判定，其中有一户判定为不通过时，则本次现场检查不通过，要限期整改并派员对整改结果进行确认。

(3) 对农户养殖情况的抽查结果要在现场检查报告中进行描述。

3) 申请之日前两年内部、省监督抽检质量安全不合格的产品应包含在检测产品抽样数量之内。

8.3.2.3 一体化认证的工作流程

一体化认证的工作流程由原来的 8 个环节整合为“县级—地级—省级—部直分中心—部中心”5 个环节（表 8-2）。

表 8-2 一体化认证的工作流程表

序号	流程	主要工作内容	工作日
1	申请	申请人填写《无公害农产品产地认定与产品认证（复查换证）申请书》，并向认证机构提交相关的附报材料	
2	县审	县级工作机构自收到申请之日起 10 个工作日内，负责完成对申请人申请材料的形式审查。符合要求的，在《无公害农产品产地认定与产品认证报告》签署推荐意见，连同申请材料报送地级工作机构审查。不符合要求的，书面通知申请人整改、补充材料	10 个工作日内
3	地审	地级工作机构自收到申请材料、县级工作机构推荐意见之日起 15 个工作日内，对全套申请材料进行符合性审查，符合要求的，在《认证报告》上签署审查意见（北京、天津、重庆等直辖市和计划单列市的地级工作合并到县级一并完成），报送省级工作机构。不符合要求的，书面告之县级工作机构通知申请人整改、补充材料	15 个工作日内
4	省审	省级工作机构自收到申请材料及县、地两级工作机构推荐、审查意见之日起 20 个工作日内，应当组织或者委托地县两级有资质的检查员按照《无公害农产品认证现场检查工作程序》进行现场检查，完成对整个认证申请的初审，并在《认证报告》上提出初审意见	20 个工作日内
5	部直分中心复审	通过初审的，报请省级农业行政主管部门颁发《无公害农产品产地认定证书》，同时将申请材料、《认证报告》和《无公害农产品产地认定与产品认证现场检查报告》及时报送部直各业务对口分中心复审。未通过初审的，书面告之地县级工作机构通知申请人整改、补充材料	
6	部中心审核及颁证	农业部农产品质量安全中心审核，颁发《无公害农产品证书》；颁发无公害农产品证书前，申请人应当获得《无公害农产品产地认定证书》或者省级工作机构出具的产地认定证明	

《无公害农产品产地认定与产品认证一体化工作流程规范》未对无公害农产品产地认定和产品认证作调整的内容，仍按照原有无公害农产品产地认定与产品认证相应规定执行。

8.3.3 无公害农产品整体认证

8.3.3.1 整体认证的目的意义

为适应农业发展的形势需要，实现无公害农产品认证与现代农业示范区和标准化生产示范园（场）建设等工作的有机衔接，充分发挥无公害农产品在制度规范、技术标准、全程控制、档案记录、包装标识、质量安全追溯等方面的优势，大力推进农业标准化生产，积极推动农业生产方式转变，从生产源头提升农产品质量安全水平，根据《无公害农产品管理办法》、《无公害农产品产地认定程序》和《无公害农产品认证程序》规定，2011 年农业部印发《关于实施无公害农产品整体认证的意见》（农质安发［2011］12 号），实施无公害农产品整体认证。

8.3.3.2　总体思路

紧紧围绕无公害农产品“保障消费安全、满足公众需求”的发展任务，以强化质量安全为主线，以提高无公害农产品认证有效性、保障质量安全为目的，在坚持现有认证制度条件下，创新工作推进机制，将申请人最近 3 年计划种植（养殖）所有产品的认证由过去的需要多次申报调整为一次申报的整体认证方式，实现从保障单一产品安全向控制基地生产过程安全的方式转变、从产品合格性评定向生产主体综合性评价的方式转变，改进标志的使用方式，强化标志的质量证明和质量追溯的功能，发挥无公害农产品标准化生产的示范带动作用，全面加快无公害农产品又好又快发展。

8.3.3.3　整体认证申报条件

申请人须具有一定生产规模，组织化程度高，质量安全自律性强，并按有关要求提交申报材料。

（1）主体资质要求。人应具有集体经济组织、农民专业合作社或企业等独立法人资格。

（2）产地规模要求。生产基地应集中连片，产地区域范围明确，产品相对稳定，具有一定生产规模。

（3）生产管理要求。由法定代表人统一负责生产、经营、管理，建立了完善的投入品管理（含当地政府针对农业投入品使用方面的管理措施）、生产档案、产品检测、基地准出、质量追溯等全程质量管理制度。近 3 年内没有出现过农产品质量安全事故。

（4）申报材料要求。除现有无公害农产品认证需要提交的材料外，还要提交土地使用权证明、3 年内种植（养殖）计划清单、生产基地图等 3 份材料。其中《无公害农产品产地认定与产品认证申请书》封面的材料编号在原编号基础上加后缀“ZT”，申报类型选择整体认证。

8.3.3.4　无公害农产品整体认证申报材料

无公害农产品整体认证申报材料清单及要求包括：①《无公害农产品产地认定与产品认证申请书》；②附报材料目录（含页码）；③国家法律法规规定申请人必须具备的资质证明文件，包括《营业执照》、《商标注册证书》（有商标产品）、《食品卫生许可证》或《食品生产许可证》（初加工产品）等复印件；④《无公害农产品内检员证书》；⑤无公害农产品生产质量控制措施，包括申请人基本生产情况简介、组织管理机构图及其相关人员的责任和权限（具体到人）、产品检测管理、记录管理、教育培训、质量安全控制、产地环境保护、病虫草害防治、农（兽）药使用管理、肥料使用管理等方面的相关文件和制度，产品检测的原始档案等；⑥无公害农产品生产操作规程提交申请人现有种植（养殖）产品的生产操作规程，但需制订计划生产清单上每个产品的操作规程备查；⑦生产记录，提交购买各种生产资料、农（兽）药使用（包括名称、用量、防治对象、使用和停用日期或收获日期等）、肥料使用（包括名称、用法、用量等）记录；⑧《产地认定证书》或者《产地环境检验报告》和《产地环境现状评价报告》或者《产地环境调查报告》；⑨《产品检验报告》，提交申请人申报时可收获产品按照现行产品抽样数量原则检测的《产品检验报告》；⑩土地使用权证明，提交土地租赁或承包合同、滩涂或水域的养殖证等土地使用权的证明性材料；⑪3 年内种植（养殖）计划清单，含种植（养殖）的品种、面积（规模）、产量、种植（养殖）周期等内容的种植（养殖）计划清单；⑫生产基地图；⑬其他材料。

8.3.3.5 整体认证审查和监管要求

1. 加强认证材料审查，严格把握整体认证条件 各级工作机构要按照各自认证审查重点，针对整体认证资质条件要求严格审核，尤其要加强质量控制体系、农业投入品使用、生产记录档案等农产品生产质量安全控制能力的审核把关，切实增强责任意识。

2. 科学检测产品，防范质量安全风险 对申报时可收获产品严格按照现行抽样原则确定检测产品数量，对尚未生产的产品，要在产品上市前依据同样的原则进行补充检测，补充检测产品检测结果报省级工作机构审核并留存。

3. 加强现场检查，科学评定主体质量安全生产能力 实施现场检查时，应根据实际情况，在《无公害农产品认证现场检查评定项目表》基础上，适当增加、细化评定项目内容，核实申报产品的具体信息，突出生产主体质量安全生产能力以及风险防范能力的检查。部中心和各专业认证分中心要增加整体认证产品的现场核查比例，加强对申请人资质条件和产品检测等情况的核查工作。

4. 建立证后监管的长效机制，确保农产品质量安全 各级工作机构要依据无公害农产品监督管理相关法律法规和规范性文件的要求，制定切实可行的监管措施，突出对整体认证产品的全程监管，加强对产地环境、生产记录、投入品使用和包装标识等重点环节的监控，适当增加整体认证产品的抽检比例。要探索完善标志使用模式，引导整体认证申请人依法规范使用无公害农产品标志，增强无公害农产品标志的权威性和影响力。对产品认证后补充检测和监督抽检中出现不合格产品的获证人，要暂停全部产品认证证书的使用，并责令限期改正。

8.3.3.6 无公害农产品（食品）的认证管理

根据《无公害农产品管理办法》（农业部、国家质检总局令第 12 号），凡符合《无公害农产品管理办法》规定，生产产品在《实施无公害农产品认证的产品目录》内，具有无公害农产品产地认定有效证书的单位和个人（以下简称“申请人”）均可申请无公害农产品认证。只有经省级承办机构、农业部农产品质量安全中心专业分中心、中心的严格省查、评审，符合无公害农产品的标准，同意颁发无公害农产品证书并许可加贴标志的农产品，方可冠以“无公害农产品”称号。

1. 无公害农产品的认证有效期 无公害农产品认证有效期为 3 年。期满需要继续使用的，应当在有效期满 90 日前申请续期。

2. 标志管理

（1）无公害农产品标志应当在认证的品种、数量等范围内使用。

（2）获得无公害农产品认证证书的单位或个人，可以在证书规定的产品、包装、标签、广告、说明书上使用无公害农产品标志。

3. 监督管理

（1）农业部、国家质量监督检验检疫总局、国家认证认可监督管理委员会和国务院有关部门根据职责分工依法组织对无公害农产品的生产、销售和无公害农产品标志使用等活动进行监督管理。包括：①查阅或者要求生产者、销售者提供有关材料；②对无公害农产品产地认定工作进行监督；③对无公害农产品认证机构的认证工作进行监督；④对无公害农产品检测机构的检测工作进行检查；⑤对使用无公害农产品标志的产品进行检查、检验和鉴定；⑥必要时对无公害农产品经营场所进行检查。

（2）认证机构对获得认证的产品进行跟踪检查，受理有关的投诉、申诉工作。

（3）任何单位和个人不得伪造、冒用、转让、买卖无公害农产品产地认定证书、产品认证证书和标志。

复习参考题

1. 名词解释

无公害农产品（食品）　天然食品添加剂　无公害农产品产地　无公害农产品产地认定　无公害农产品认证

2. 问答题

（1）无公害食品和无公害农产品的区别何在？

（2）无公害食品标志的含义是什么？

（3）无公害农产品产地认定程序如何？

（4）如何申报无公害农产品一体化认证？

（5）简述无公害农产品一体化认证的程序。

第 9 章 绿色食品认证

[教学目的和要求]

了解绿色食品认证的基本知识，熟悉绿色食品的标准体系，掌握绿色食品标志的申报与认证。

9.1 绿色食品认证概述

9.1.1 绿色食品及其相关概念

绿色食品（green food）是指遵循可持续发展原则，按照特定生产方式生产，经专门机构认定，许可使用绿色食品标志，无污染的安全、优质、营养类食品。为了更加突出这类食品出自良好生态环境，因此定名为绿色食品，分为 AA 级绿色食品和 A 级绿色食品。

AA 级绿色食品生产资料（green food production data class AA）是指由专门机构认定，符合绿色食品生产要求，并正式推荐用于 A 级和 AA 级绿色食品生产的生产资料。

A 级绿色食品生产资料（green food production data class A）是指由专门机构认定，符合绿色食品生产要求，并正式推荐用于 A 级绿色食品生产的生产资料。

绿色食品产地环境质量（environmental quality of green food production area）是指绿色食品植物生长地和动物养殖地的空气环境、水环境和土壤环境质量。

天然食品添加剂（natural food additive）是指以物理方法从天然物中分离出来，经毒理学评价确认其食用安全的食品添加剂，或者由人工合成的，其化学结构、性质与天然物质完全相同，经毒理学评价确认其食用安全的食品添加剂。

化学合成添加剂（additives chemical synthesis）是指由人工合成的，其化学结构、性质与天然物质不相同，经毒理学评价确认其食用安全的食品添加剂。

生物源农药（biological pesticide）是指直接利用生物活体或生物代谢过程中产生的具有生物活性的物质，或从生物体提取的物质作为防治病虫草害的农药。

绿色食品工程（green food engineering）是指将农学、生态学、环境科学、营养学、卫生学等多种学科的基本原理运用到食品的生产、加工、贮藏、运输、销售以及相关的教学、科研等各环节中，从而按工程学的要求形成一个完整的、无污染的安全优质食品产供销协调发展系统。

绿色食品工程包含了生产加工、质量保障、食品营销、服务与管理的整个系统实施过程，要求以市场为先导，以无污染的原料基地为基础，以环境监测和食品检验为保证，以教育培训和宣传为推广手段，以科技为动力，以食品安全为工作的目标和准则，以经济、社会、生态、科技的协调与可持续发展为宗旨。

9.1.2　绿色食品必须具备的条件

绿色食品特定的生产方式是指按照标准生产、加工，对产品实施全程质量控制，依法对产品实行标志管理。其应具备的条件包括：产品或产品原料产地必须符合绿色食品生态环境质量标准；农作物种植、畜禽饲养、水产养殖及食品加工过程和投入品的使用必须符合绿色食品的相关标准要求；产品必须符合绿色食品相关产品质量标准；产品外包装必须符合国家食品标签通用标准，符合绿色食品特定的包装、贮藏、运输和标签的相关规定。

9.1.3　绿色食品的特征及优势

9.1.3.1　绿色食品的特征

无污染、安全、优质、营养是绿色食品的基本特征。与普通食品相比较，具有以下三个显著特点。

1. 产品出自最佳生态环境　　绿色食品生产从原料产地的生态环境入手，通过对原料产地及其周围的生态环境因子严格监测，判定其是否具备生产绿色食品的基础条件。

2. 对产品实行全程质量控制　　绿色食品生产实施“从农场到餐桌”全程质量控制。通过产前环节的环境监测和原料检测，产中环节具体生产、加工操作规程的落实，产后环节产品质量、卫生指标、包装、保鲜、运输、储藏、销售控制，确保绿色食品的整体产品质量，并提高整个生产过程的技术含量。

3. 对产品依法实行标志管理　　绿色食品标志是一个质量证明商标，属知识产权范畴，受《中华人民共和国商标法》保护。

绿色食品内在质量特征为“无污染的安全、优质、营养类食品”。无污染是指除食品固有物理、化学和生物学特性外，没有能引起食用危害的物理、化学和生物学因素。而在安全、优质、营养的特征中，绿色食品首先强调的是安全性，这是绿色食品的基本特性。除了安全性以外，优质和营养也是绿色食品的重要质量特征，即绿色食品应具有优良的感官、品质质量和较高的营养价值。

9.1.3.2　绿色食品的优势

绿色食品的优势在于：①提出了环保、安全的鲜明概念；②确立了“从农场到餐桌”全程质量控制的技术路线；③建立了一套具有国际先进水平的技术标准体系；④创建了农产品质量安全认证制度；⑤开创了我国质量证明商标的先河；⑥创新了符合国情和事业特点的工作运行机制。

9.1.4　绿色食品的标志

绿色食品标志是指“绿色食品”、“Green Food”、绿色食品标志图形及这三者相互组合四种形式，注册在以食品为主的五大类食品上。

绿色食品标志作为一种产品质量证明商标，其商标专用权受《中华人民共和国商标法》保护。标志使用是食品通过专门机构认证，许可企业依法使用。

绿色食品的标志图形有四种形式，包括中文“绿色食品”四个字 、英文“Green food”、中英文与标志图形的组合形式（图 9-1）。

图 9-1　绿色食品标志

绿色食品标志是由中国绿色食品发展中心在国家工商行政管理局商标局正式注册的质量证明商标，用以证明食品商品具有无污染的安全、优质、营养的品质特性，它包括绿色食品标志图形、中文“绿色食品”、英文“Green Food”及中英文与图形组合四种形式。

绿色食品标志图形由三部分构成：上方的太阳、下方的叶片和中心的蓓蕾，象征自然生态；颜色为绿色，象征着生命、农业、环保；图形为正圆形，意为保护。AA 级绿色食品标志与字体为绿色，底色为白色；A 级绿色食品标志与字体为白色，底色为绿色。整个图形描绘了一幅明媚阳光照耀下的和谐生机，告诉人们绿色食品是出自纯净、良好生态环境的安全、无污染食品，能给人们带来蓬勃的生命力。绿色食品标志还提醒人们要保护环境和防止污染，通过改善人与环境的关系，创造自然界新的和谐。

绿色食品标志管理的手段包括技术手段和法律手段。技术手段是指按照绿色食品标准体系对绿色食品产地环境、生产过程及产品质量进行认证，只有符合绿色食品标准的企业和产品才能使用绿色食品标志商标；法律手段是指对使用绿色食品标志的企业和产品实行商标管理。

9.1.5　绿色食品商标的性质

绿色食品商标是中国绿色食品发展中心在国家工商行政管理总局商标局注册的证明商标。用以证明遵循可持续发展原则，按照特定方式生产，经专门机构认定的无污染、安全、优质、营养类的食品。

9.1.6　绿色食品商标的注册

注册证号：第 892107 至 892139 号，共 33 件

商标注册人：中国绿色食品发展中心

绿色食品产品新编号形式：LB—××—××××××××××A（AA）（表 9-1）

表 9-1　绿色食品产品新编号形式

LB	—	××	—	××	××	××	××××	A、AA
标志代码		产品分类		批准年度	批准月份	国别省份	产品序号	产品分级

例如，LB—40—9801010123A，LB 代表“绿标”，40 代表“产品类别”，98 代表“年份”，01 代表“月份”，01 代表“北京”，0123 代表“当年批准的第 123 个产品”，A 代表“A 级绿色食品”（AA 级绿色产品）。

9.1.7　生产绿色食品应遵循的原则

生产和发展绿色食品都应遵守可持续发展原则。“可持续发展”是指既满足当代人的各种需要，又保护生态环境，且不对后代人的生存和发展构成危害的发展方式，它特别关注的是各种经济活动的生态合理性。遵守可持续发展原则，是绿色食品事业的出发点，也是绿色食品生产、加工要遵循的基本原则。具体要求就是绿色食品生产产地应选择在符合要求的洁净的环境中；生产过程（包括农业种植、畜牧养殖、水产养殖、食品加工等过程）不能加入有毒有害物质，且生产时期副产品和衍生物又要保证其副产物（如废料、废水等）不对环境造成污染；产品（即绿色食品）要达到绿色食品标准；包装物也必须是无毒无害可回收或易降解的，包装和贮藏运输过程也要符合要求。

9.1.8　绿色食品的分级

绿色食品分为 AA 级和 A 级两类。

AA 级绿色食品（AA grade green food）是指生产产地的环境符合 NY/T 391—2000 的要求，生产过程中不使用化学合成的肥料、农药、兽药、饲料添加剂、食品添加剂和其他有害于环境和身体健康的物质，按有机生产方式生产，产品质量符合绿色食品产品标准，经专门机构认定，许可使用 AA 级绿色食品标志的产品（AA 级绿色食品实质上就是有机食品）。

A 级绿色食品（A grade green food）是指生产产地的环境符合 NY/T 391—2000 的要求，生产过程中严格按照绿色食品生产资料使用准则和生产操作规程要求，限量使用限定的化学合成生产资料，产品质量符合绿色食品产品标准，经专门机构认定，许可使用 A 级绿色食品标志的产品。

9.1.9　我国绿色食品事业的发展模式

从 1990 年 5 月 15 日中国正式宣布开始发展绿色食品以来，中国绿色食品事业已经经历了十年发展历程。这个历程又可分为三个阶段：第一阶段，从农垦系统启动的基础建设阶段（1990～1993 年）；第二阶段，向全社会推进的加速发展阶段（1994～1996 年）；第三阶段，向社会化、市场化、国际化全面推进阶段（1997 年以来）。

绿色食品实行以技术标准为基础、质量认证为形式、商标管理为手段，实行质量认证制度与证明商标管理制度相结合的运行模式。

绿色食品标准参照联合国粮农组织（FAO）与世界卫生组织（WHO）的国际食品法典委员会（CAC）标准以及欧盟、美国、日本等发达国家标准制定，整体上达到国际先进水平。

绿色食品认证按照国际标准化组织（ISO）和我国相关部门制定的基本规则及规范来开展，具备科学性、公正性和权威性。

绿色食品标志为质量证明商标，依据我国《商标法》、《集体商标、证明商标注册和管理办法》和《农业部绿色食品标志管理办法》等法律法规来监督和管理，以维护绿色食品的品牌信誉，保护广大消费者的合法权益。

绿色食品按照“从农场到餐桌”全程质量控制的技术路线，创建了“两端监测、过程控制、质量认证、标识管理”的质量安全保障制度。重点监控 4 个环节，包括：①产地环境的监控，由环境监测机构依据环境质量标准对产品及原料产地环境实施监测和评价；②生产过程的管理，要求农户和企业严格按照生产操作规程和技术标准组织生产；③产品质量的检测，由产品检测机构依据产品质量标准对产品实施检测；④包装标识的规范，要求产品包装标识符合相关设计规范。

绿色食品满足食品质量安全更高层次需求，既是一项增进消费者身体健康、保护生态环境、具有鲜明社会公益性特点的事业，又能够有效地提高生产者的经济效益，因而采取政府推动与市场运作相结合的发展机制。政府推动主要体现在制定技术标准、政策、法规及规划、组织实施质量管理和市场监督等方面；市场运作是指利用优质优价市场机制的作用，引导企业和农户发展绿色食品。

绿色食品推行“以品牌为纽带、龙头企业为主体、基地建设为依托、农户参与为基础”的产业一体化组织形式。这样既有利于落实标准化生产，保障原料和产品质量，实行产品质量安全可追溯制度，又有利于打造绿色食品整体品牌形象，提高产品的市场竞争力，实现品牌价值，推动农业产业化和“订单农业”的发展，促进企业增效、农民增收。

绿色食品事业创立的发展模式，不仅是我国安全优质农产品生产、加工、流通组织方式的创新，而且也是食品安全保障制度和健康消费方式的创新。这两个既具有中国特色和时代特征的“创新”，奠定了绿色食品的制度优势、品牌优势和产品优势，全面提升了绿色食品事业发展的核心竞争力。

9.1.10　发展绿色食品的必要性和意义

9.1.10.1　发展绿色食品的必要性

绿色食品是无污染、安全、优质营养类食品，绿色食品的生产和消费融入了保护环境、崇尚自然促进人类社会可持续发展的理念。启动绿色食品消费市场，形成绿色食品生产和消费潮流很有必要。发展绿色食品是我国融入世界经济全球化的必然选择，是农业由传统的粗放经营方式向现代的绿色经营方式转变，是发展现代农业的需要，也是由传统的种养业向农工商综合经营转变的需要，还是由传统的分散经营向现代的贸工农一体化的产业化经营转变的需要。

9.1.10.2　发展绿色食品的意义

各类绿色食品管理服务机构是我国绿色食品产业发展的组织依托。中国绿色食品发展中心成立于1992年，是负责全国绿色食品开发和管理工作的专门机构，隶属农业部。绿色食品的发展正好满足了当代人们的消费观念的变化，产品市场前景广阔，大力发展绿色食品有着十分重大的现实意义和深远的历史意义，主要体现在：①保护环境，发展生态农业的需要；②保障人民身体健康的需要；③发展现代农业的重要战略需要；④提高农产品市场竞争力和经济效益的需要。

9.1.11　我国绿色食品的发展情况

2013年，全国绿色食品产地环境监测面积达到2.6亿亩，企业总数达到7696家，产品总数达到19 076个，分别比2012年增长12.2%和11.4%。其中，国家级、省级农业产业化龙头企业、农民专业合作社分别达到289家、1307家、1417家，均呈两位数增长。中心和省级工作机构共抽检3891个绿色食品产品，抽检比例达22.7%，合格率为99.46%。绿色食品产品国内年销售额3625.2亿元，出口额26亿美元，经济效益显著。全国已创建511个绿色食品原料标准化生产基地，面积1.3亿亩，总产量7867万吨，对接企业1712家，带动农户1722万户，直接增加农民收入8.6亿元以上，示范作用明显。

9.2 绿色食品的标准体系

9.2.1 绿色食品政策法规

9.2.1.1 绿色食品生产的相关政策法规

绿色食品生产加工过程中需贯彻执行的政策和法规主要有：《国务院关于开发“绿色食品”有关问题的批复》，《农业部关于印发〈绿色食品标志管理办法〉的通知》，《绿色食品标志管理办法》，《国家工商行政管理局、农业部关于依法使用、保护“绿色食品”商标标志的通知》，《中华人民共和国农业法》，《中华人民共和国商标法》，《中华人民共和国反不正当竞争法》，《中华人民共和国产品质量法》，《中华人民共和国环境保护法》，《中华人民共和国标准化法》，《中华人民共和国食品安全法》，《中华人民共和国消费者权益保护法》，《国务院关于进一步加强食品安全工作的决定》，《关于加强食品安全标准体系建设的意见》，《关于印发〈食品安全监管信息发布暂行管理办法〉的通知》，《关于印发〈农业部关于加快绿色食品发展的意见〉的通知》，《中华人民共和国认证认可条例》，《国家发展改革委关于印发〈绿色食品认证及标志使用收费管理办法〉的通知》，《农业部〈关于进一步加强农产品质量安全管理工作的意见〉》，《农业部〈关于发展无公害农产品绿色食品有机农产品的意见〉》，《中共中央国务院关于推进社会主义新农村建设的若干意见》，《中共中央关于制定国民经济和社会发展第十一个五年规划的建议》，《国家重大食品安全事故应急预案》，《国务院办公厅关于印发2006年全国食品安全专项整治行动方案的通知》，《中华人民共和国农产品质量安全法》等。

9.2.1.2 绿色食品生产加工过程中的相关规定

绿色食品生产加工过程中的相关规定主要有：《绿色食品食品添加剂使用准则》，《绿色食品渔药使用准则》，《绿色食品兽药使用准则》，《绿色食品农药使用准则》，《绿色食品肥料使用准则》，《绿色食品产地环境质量》，《绿色食品产地环境调查、监测与评价规范》，《关于执行〈绿色食品 配制酒〉等十四项标准的通知》，《关于执行〈绿色食品 果蔬粉〉等十二项标准的通知》，《关于执行〈绿色食品 茶叶〉和〈绿色食品 代用茶〉两项标准的通知》，《关于发布实施〈绿色食品 啤酒〉等标准的通知》，《关于发布实施〈绿色食品 豆类〉等标准的通知》，《关于发布实施〈绿色食品 虾〉等五项标准的通知》，《关于发布实施〈绿色食品 葡萄酒〉等十三项标准及〈绿色食品 贮藏运输准则〉等十项绿色食品技术规范的通知》，《关于下发〈绿色食品申报企业执行标准确认审批程序〉的通知》，《中华人民共和国农业部公告第314号》，《中华人民共和国农业部公告第402号》，《中华人民共和国农业部公告第450号》，《关于印发〈关于绿色食品标准执行问题的若干规定〉和〈绿色食品产品适用标准目录〉的通知》，《关于调整〈绿色食品产品适用标准目录〉的通知》，《中国绿色食品发展中心关于印发〈绿色食品产品适用标准目录〉（2015版）的通知》等。

9.2.1.3 绿色食品的许可审查制度规范

绿色食品的许可审查制度规范主要包括：《省级绿色食品工作机构续展审核工作实施办

法》,《绿色食品检查员工作绩效考评暂行办法》,《绿色食品标志许可审查程序》,《绿色食品标志管理办法》,《绿色食品检查员注册管理办法》等。

9.2.1.4 绿色食品标志管理规定

绿色食品标志管理制度主要包括:《绿色食品认证档案管理办法》(2012 年 7 月 30 日中华人民共和国农业部令 2012 年第 6 号公布),《绿色食品商标标志设计使用规范手册》,《绿色食品标志管理办法》,关于印发《绿色食品企业内部检查员管理办法》的通知(中绿质[2010] 47 号),《绿色食品企业年度检查工作规范》,《关于实行绿色食品新编号制度的通知》,《国家扶贫开发工作重点县企业绿色食品标志使用费减免规定》,《绿色食品标志市场监察实施办法(试行)》,《绿色食品标志监督管理员注册管理办法》,《关于印发绿色食品认证及标志使用收费管理办法实施意见的通知》,《国家工商行政管理局、农业部关于依法使用、保护“绿色食品”商标标志的通知》,《绿色食品产品质量年度抽检工作管理办法补充规定》,《绿色食品产品质量年度抽检工作管理办法》,《绿色食品标志管理公告、通报实施办法》,《绿色食品标志商标使用证管理办法》,《关于改革颁证程序的通知》[中绿字(2003)第 37 号],《关于推进绿色食品续展审核改革工作的通知》(中绿认[2013] 75 号)等。

9.2.1.5 绿色食品质量监管规范

包括:《绿色食品质量安全预警管理规范(试行)》,《绿色食品企业年度检查工作(简称年检)》,《绿色食品产品质量年度抽检工作(简称抽检)》,《绿色食品质量监管体系流程图》等。

9.2.1.6 绿色食品检测机构制度规范

包括:《绿色食品产品、环境质量检测机构》,《关于印发〈绿色食品检测机构管理办法〉等文件的通知》等,其他制度规范还有《绿色食品认证费收费标准》等。

9.2.2 绿色食品标准的概念和构成

9.2.2.1 绿色食品标准

绿色食品标准是应用科学技术原理,结合绿色食品生产实践,借鉴国内外相关标准所制定的,在绿色食品生产中必须遵守、绿色食品质量认证时必须依据的技术性文件。

绿色食品标准是绿色食品认证和管理的依据和基础,是整个绿色食品事业的重要技术支撑,它是全体从事绿色食品工作的同志们长期经验总结和智慧结晶;它是由农业部发布的推荐性农业行业标准(NY/T),是绿色食品生产企业必须遵照执行的标准。

9.2.2.2 制定绿色食品标准的作用和意义

制定绿色食品标准的作用和意义主要在于:①它是绿色食品质量认证和质量体系认证的基础,也是标志许可的依据;②是开展绿色食品生产活动的技术、行为规范;③是推广先进生产技术、提高绿色食品生产水平的指导性技术文件;④是维护绿色食品生产者和消费者利益的技术和法律依据;⑤是提高我国食品质量、增强我国食品在国际市场的竞争力、促进产品出口创汇的技术手段;⑥是开展可持续农产品及有机农产品平等贸易的技术保障,为我国农业,特别是生态农业、可持续发展农业在对外开放过程中提高自我保护、自我发展能力创造了条件。

9.2.2.3　绿色食品质量标准体系的构成框架结构

绿色食品的标准为农业部发布的推荐性行业标准，但是对于绿色食品生产企业来说，为强制性执行标准。它对绿色食品产前、产中和产后全过程质量控制技术和指标做了全面的规定，构成了一个科学、完整的标准体系（图 9-2）。

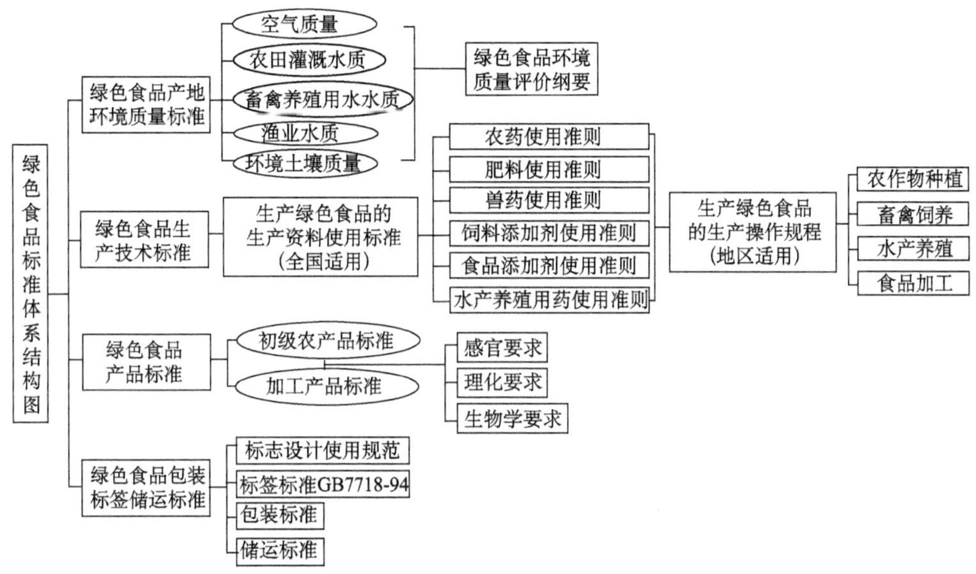

图 9-2　绿色食品质量标准体系结构图

1. 绿色食品产地环境标准　　根据农业生态的特点和绿色食品生产对生态环境的要求，充分依据现有国家环保标准，对控制项目进行优选，分别对空气、农田灌溉水、养殖用水和土壤质量等基本环境条件做出了严格规定。

2. 绿色食品生产技术标准　　根据国内外相关法律法规、标准，结合我国现实生产水平和绿色食品的安全优质理念，分别制定了生产资料基本使用准则和生产认证管理通则，包括肥料使用准则、农药使用准则、兽药使用准则、食品添加剂使用准则等，以及畜禽饲养防疫准则、海洋捕捞水产品养殖规范等。同时上述基本准则，制定具体种植、养殖和加工对象的生产技术规程。

3. 绿色食品产品标准　　根据国内外相关产品标准要求，坚持安全与优质并重、先进性与实用性相结合的原则，针对具体产品制定相应的品质和安全性项目和指标要求，是绿色食品产品认证检验和年度抽检的重要依据。

9.2.2.4　绿色食品包装贮藏运输标准

为确保绿色食品在生产后期包装和运输过程中不受外界污染而制定一系列标准，主要包括包装通用准则和贮藏运输准则两项标准。

9.2.2.5　绿色食品标准的特点

从绿色食品标准本身而言，具有以下三个突出特点。

1. 实行全过程质量控制　　要求对绿色食品生产、管理和认证进行“从农场到餐桌”全过程质量控制和行为规范，既要求保证产品质量和环境质量，又要求规范生产操作和管理运作。

2. 融入可持续发展的技术内容 绿色食品标准从发展经济与保护生态环境相结合的角度规范生产者的经济行为。在保证产品产量的前提下，最大限度地通过促进生物循环、合理配置资源，减少经济行为对生态环境的不良影响和提高食品质量，维护和改善人类生存和发展环境。

3. 有利于农产品国际贸易发展 AA 级绿色食品标准的制度完全符合国际有机农业运动联盟（IFOAM）标准框架和基本要求，并充分考虑了欧盟、美国、日本等国家有机农业及其农产品管理条例或法案要求。A 级绿色食品标准制定也较多地采纳了联合国食品法典委员会（CAC）标准内容和欧盟标准，便于与国际相关标准接轨。

9.2.2.6 绿色食品标准与普通食品标准

绿色食品标准与普通食品标准的不同主要体现在以下两个方面：首先在标准属性方面，绿色食品标准不是针对某一产品的单一标准，而是由一系列标准构成的标准体系；其次在标准技术内容方面，普通食品标准的技术指标要求一般只包括产品的质量等级要求、感官和理化要求，而没有具体的安全卫生指标要求。

例如，国家标准 GB 1353—2009《玉米》规定了玉米的质量要求和卫生要求：质量要求规定了水分、杂质、不完善粒等指标；卫生要求则是按照国家粮食卫生标准和饲料卫生标准的规定执行。而绿色食品标准《绿色食品玉米及玉米制品》中，对于初级农产品，其规定的技术指标至少包括产地环境要求、产品感官要求、理化要求以及卫生要求 4 部分（产地环境、原料要求、质量要求和卫生要求均有详细的规定，其中卫生要求所涉及的安全指标就达 19 项）；对于加工产品，其规定的技术指标则除上述产品的感官、理化和卫生要求外，还包括产品原料的产地环境和质量要求以及加工环境的要求等方面。

9.2.3 绿色食品产品适用标准

中国绿色食品发展中心于 2015 年 1 月重新修订编制了《绿色食品产品适用标准目录》（2015 版），进一步明确了绿色食品产品标准的涵盖产品范围，并根据有关规定和标准对具体适用产品做了增减调整。

该适用标准目录共有标准 116 项，包括种植业产品标准 37 个，畜禽产品标准 6 个，渔业产品标准 9 个，加工产品标准 58 个，参照执行的国家标准和行业标准 6 个，贯穿绿色食品生产全过程（表 9-2）。

9.2.4 绿色食品生产过程标准

绿色食品生产过程控制是绿色食品质量控制的关键环节，绿色食品生产过程标准是绿色食品标准体系的核心。绿色食品生产过程标准包括两部分：生产资料使用准则和生产操作规程。

9.2.4.1 绿色食品生产资料使用准则

生产资料使用准则是对生产绿色食品过程中物质投入的一个原则性的规定，它包括农药、肥料、兽药、水产养殖用药、食品添加剂和饲料添加剂的使用准则。

表 9-2　绿色食品产品适用标准目录

序号	标准编号	标准名称	序号	标准编号	标准名称
一、种植业产品标准					
1	NY/T 285-2012	绿色食品 豆类	20	NY/T 1324-2007	绿色食品 芥菜类蔬菜
2	NY/T 288-2012	绿色食品 茶叶	21	NY/T 1325-2007	绿色食品 芽苗类蔬菜
3	NY/T 2140-2012	绿色食品 代用茶	22	NY/T 1326-2007	绿色食品 多年生蔬菜
4	NY/T 289-2012	绿色食用 咖啡	23	NY/T 1405-2007	绿色食品 水生蔬菜
5	NY/T 418-2014	绿色食品 玉米及玉米粉	24	NY/T 1506-2007	绿色食品 食用花卉
6	NY/T 419-2014	绿色食品 稻米	25	NY/T 750-2011	绿色食品 热带、亚热带水果
7	NY/T 420-2009	绿色食品 花生及制品	26	NY/T 844-2010	绿色食品 温带水果
8	NY/T 426-2012	绿色食品 柑橘类水果	27	NY/T 891-2014	绿色食品 大麦及大麦粉
9	NY/T427-2007	绿色食品 西甜瓜	28	NY/T 892-2014	绿色食品 燕麦及燕麦粉
10	NY/T 654-2012	绿色食品 白菜类蔬菜	29	NY/T 893-2014	绿色食品 粟米及粟米粉
11	NY/T 655-2012	绿色食品 茄果类蔬菜	30	NY/T 894-2014	绿色食品 荞麦及荞麦粉
12	NY/T 743-2012	绿色食品 绿叶类蔬菜	31	NY/T 895-2004	绿色食品 高粱
13	NY/T 744-2012	绿色食品 葱蒜类蔬菜	32	NY/T 901-2011 其制品	绿色食品 香辛料及其制品
14	NY/T 745-2012	绿色食品 根菜类蔬菜	33	NY/T 429-2000	绿色食品 黑打瓜籽
15	NY/T 746-2012	绿色食品 甘蓝类蔬菜	34	NY/T 902-2004	绿色食品 瓜子
16	NY/T 747-2012	绿色食品 瓜类蔬菜	35	NY/T 1042-2014	绿色食品 坚果
17	NY/T 748-2012	绿色食品 豆类蔬菜	36	NY/T 1043-2006	绿色食品 人参和西洋参
18	NY/T 749-2012	绿色食品 食用菌	37	NY/T 1051-2014	绿色食品 枸杞及枸杞制品
19	NY/T 1049-2006	绿色食品 薯芋类蔬菜			
二、畜禽产品标准			三、渔业产品标准		
38	NY/T 657-2012	绿色食品 乳制品	44	NY/T 840-2012	绿色食品 虾
39	NY/T 752-2012	绿色食品 蜂产品	45	NY/T 841-2012	绿色食品 蟹
40	NY/T 753-2012	绿色食品 禽肉	46	NY/T 842-2012	绿色食品 鱼
41	NY/T 754-2011	绿色食品 蛋及蛋制品	47	NY/T 1050-2006	绿色食品 龟鳖类
42	NY/T 843-2009	绿色食品 肉及肉制品	48	NY/T 1329-2007	绿色食品 海水贝
43	NY/T 1513-2007	绿色食品 畜禽可食用副产品	49	NY/T 1514-2007	绿色食品 海参及制品
			50	NY/T 1515-2007	绿色食品 海蜇及制品
			51	NY/T 1516-2007	绿色食品 蛙类及制品
			52	NY/T 1709-2011	绿色食品 藻类及其制品

续表

序号	标准编号	标准名称	序号	标准编号	标准名称
四、加工产品标准					
53	NY/T 273-2012	绿色食品 啤酒	82	NY/T 1330-2007	绿色食品 方便主食品
54	NY/T 274-2014	绿色食品 葡萄酒	83	NY/T 1406-2007	绿色食品 速冻蔬菜
55	NY/T 421-2012	绿色食品 小麦及小麦粉	84	NY/T 1407-2007	绿色食品 速冻预包装面米食品
56	NY/T 422-2006	绿色食品 食用糖	85	NY/T 1507-2007	绿色食品 山野菜
57	NY/T 431-2009	绿色食品 果（蔬）酱	86	NY/T 1508-2007	绿色食品 果酒
58	NY/T 432-2014	绿色食品 白酒	87	NY/T 1509-2007	绿色食品 芝麻及其制品
59	NY/T 433-2014	绿色食品 植物蛋白饮料	88	NY/T 1510-200	绿色食品 麦类制品
60	NY/T 434-2007	绿色食品 果蔬汁饮料	89	NY/T 1511-2007	绿色食品 膨化食品
61	NY/T 435-2012	绿色食品 水果、蔬菜脆片	90	NY/T 1512-2014	绿色食品 生面食、米粉制品
62	NY/T 436-2009	绿色食品 蜜饯	91	NY/T 1710-2009	绿色食品 水产调味品
63	NY/T 437-2012	绿色食品 酱腌菜	92	NY/T 1711-2009	绿色食品 辣椒制品
64	NY/T 751-2011	绿色食品 食用植物油	93	NY/T 1712-2009	绿色食品 干制水产品
65	NY/T 897-2004	绿色食品 黄酒	94	NY/T 1713-2009	绿色食品 茶饮料
66	NY/T 898-2004	绿色食品 含乳饮料	95	NY/T 1714-2009	绿色食品 婴幼儿谷粉
67	NY/T 899-2004	绿色食品 冷冻饮品	96	NY/T 1884-2010	绿色食品 果蔬粉
68	NY/T 900-2007	绿色食品 发酵调味品	97	NY/T 1885-2010	绿色食品 米酒
69	NY/T 1039-2014	绿色食品 淀粉及淀粉制品	98	NY/T 1886-2010	绿色食品 复合调味料
70	NY/T 1040-2012	绿色食品 食用盐	99	NY/T 1887-2010	绿色食品 乳清制品
71	NY/T 1041-2010	绿色食品 干果	100	NY/T 1888-2010	绿色食品 软体动物休闲食品
72	NY/T 1044-2007	绿色食品 藕及其制品	101	NY/T 1889-2010	绿色食品 烘炒食品
73	NY/T 1045-2014	绿色食品 脱水蔬菜	102	NY/T 1890-2010	绿色食品 蒸制类糕点
74	NY/T 1046-2006	绿色食品 焙烤食品	103	NY/T 2104-2011	绿色食品 配制酒
75	NY/T 1047-2014	绿色食品 清渍类蔬菜罐头	104	NY/T 2105-2011	绿色食品 汤类罐头
76	NY/T 1048-2012	绿色食品 笋及笋制品	105	NY/T 2106-2011	绿色食品 谷物类罐头
77	NY/T 1052-2014	绿色食品 豆制品	106	NY/T 2107-2011	绿色食品 食品馅料
78	NY/T 1053-2006	绿色食品 味精	107	NY/T 2108-2011	绿色食品 熟粉及熟米制糕点
79	NY/T 1323-2007	绿色食品 固体饮料	108	NY/T 2109-2011	绿色食品 鱼类休闲食品
80	NY/T 1327-2007	绿色食品 鱼糜制品	109	NY/T 2110-2011	绿色食品 淀粉糖和糖浆
81	NY/T 1328-2007	绿色食品 鱼罐头	110	NY/T 2111-2011	绿色食品 调味油
五、参照执行的国家标准和行业标准					
111	GB 8537-2008	饮用天然矿泉水	114	GB 9678.1-2003	糖果卫生标准
112	GB 20369-2006	啤酒花制品	115	GB 2733-2005	鲜、冻动物性水产品卫生标准
113	GB 19298-2014	食品安全国家标准 包装饮用水	116	GB 1350-2009	稻谷

1. 生产绿色食品农药使用准则　绿色食品生产应从“作物—病虫草”等整个生态系统出发，综合运用各种防治措施，创造不利于病虫草害孳生和有利于各类天敌繁衍的环境条件，保持农业生态系统的平衡和生物多样化，减少各类病虫草害所造成的损失。

准则中的农药被禁止使用的原因有如下几种：①高毒、剧毒，使用不安全；②高残留，高生物富集性；③各种慢性毒性作用，如迟发性神经毒性；④二次中毒或二次药害，如氟乙酰胺的二次中毒现象；⑤“三致”作用，即致畸、致癌、致突变；⑥含特殊杂质，如三氯杀螨醇中含有 DDT；⑦代谢产物有特殊作用，如代森类代谢产物为致癌物 ETU（乙撑硫脲）；⑧对植物不安全、药害；⑨对环境、非靶标生物有害。

对允许限量使用的农药，除严格规定品种外，还对使用量和使用时间作了详细的规定。对安全间隔期（种植业中最后一次用药距收获的时间，在养殖业中最后一次用药距屠宰、捕捞的时间称休药期）也作了明确的规定。为避免同种农药在作物体内的累积和害虫的抗药性，准则中还规定在 A 级绿色食品生产过程中，每种允许使用的有机合成农药在一种作物的生产期内只允许使用一次，确保环境和食品不受污染。

2. 生产绿色食品的肥料使用准则　绿色食品生产使用的肥料必须：①保护和促进使用对象的生长及崐其品质的提高；②不造成使用对象产生和积累有害物质，不影响人体健康；③对生态环境无不良影响。规定农家肥是绿色食品的主要养分来源。

准则中规定生产绿色食品允许使用的肥料有七大类 26 种。在 AA 级绿色食品生产中除可使用 Cu、Fe、Mn、Zn、B、Mo 等微量元素及硫酸钾、煅烧磷酸盐外，不使用其他化学合成肥料，完全和国际接轨。A 级绿色食品生产中则允许限量地使用部分化学合成肥料（但仍禁止使用硝态氮肥），以对环境和作物（营养、味道、品质和植物抗性）不产生不良后果的方法使用。

3. 生产绿色食品的其他生产资料及使用原则　生产绿色食品的其他主要生产资料还有兽药、水产养殖用药、食品添加剂、饲料添加剂等，它们的正确合理使用与否，直接影响到绿色食品畜禽产品、水产品、加工品的质量。例如，兽药残留影响到人们身体健康，甚至危及生命安全。为此中国绿色食品发展中心制定了《生产绿色食品的兽药使用准则》、《生产绿色食品的水产养殖用药使用准则》、《生产绿色食品的食品添加剂使用准则》、《生产绿色食品的饲料添加剂使用准则》，对这些生产资料的允许使用品种、使用剂量、最高残留量和最后一次休药期天数做出了详细的规定，确保绿色食品的质量。

9.2.4.2　绿色食品生产操作规程

绿色食品生产操作规程是绿色食品生产资料使用准则在一个物种上的细化和落实，包括农产品种植、畜禽养殖、水产养殖和食品加工等 4 个方面。

1. 种植业生产操作规程　系指农作物的整地播种、施肥、浇水、喷药及收获等 5 个环节中必须遵守的规定。其主要内容是：①植保方面，农药的使用在种类、剂量、时间和残留量方面都必须符合《生产绿色食品的农药使用准则》；②作物栽培方面，肥料的使用必须符合《生产绿色食品的肥料使用准则》，有机肥的施用量必须达到保持或增加土壤有机质含量的程度；③品种选育方面，选育尽可能适应当地土壤和气候条件，并对病虫草害有较强的抵抗力的高品质优良品种；④在耕作制度方面，尽可能采用生态学原理，保持特种的多样性，减少化学物质的投入。

2. 畜牧业生产操作规程　系指在畜禽选种、饲养、防治疫病等环节的具体操作规定。

其主要内容是：①选择饲养适应当地生长条件的抗逆性强的优良品种；②主要饲料原料应来源于无公害区域内的草场、农区、绿色食品种植基地和绿色食品加工产品的副产品；③饲料添加剂的使用必须符合《生产绿色食品的饲料添加剂使用准则》，畜禽房舍消毒用药及畜禽疾病防治用药必须符合《生产绿色食品的兽药使用准则》；④采用生态防病及其他无公害技术。

3. 水产养殖业生产操作规程　系水产养殖过程中的绿色食品生产操作规程。其主要内容是：①养殖用水必须达到绿色食品要求的水质标准；②选择饲养适应当地生长条件的抗逆性强的优良品种；③鲜活饵料和人工配合饲料的原料应来源于无公害生产区域；④人工配合饲料的添加剂使用必须符合《生产绿色食品的饲料添加剂使用准则》；⑤疾病防治用药必须符合《生产绿色食品的水产养殖用药使用准则》；⑥采用生态防病及其他无公害技术。

4. 食品加工业绿色食品生产操作规程　其主要内容包括：①加工区环境卫生必须达到绿色食品生产要求；②加工用水必须符合绿色食品加工用水标准；③加工原料主要来源于绿色食品产地；④加工所用设备及产品包装材料的选用必须具备安全无污染条件；⑤在食品加工过程中，食品添加剂的使用必须符合《生产绿色食品的食品添加剂使用准则》。

9.3　绿色食品标志的申报与认证

9.3.1　绿色食品标志的认证程序

绿色食品标志是经中国绿色食品发展中心注册的质量证明商标，企业如需在其生产的产品上使用绿色食品标志，须按图 9-3 的程序提出申报。

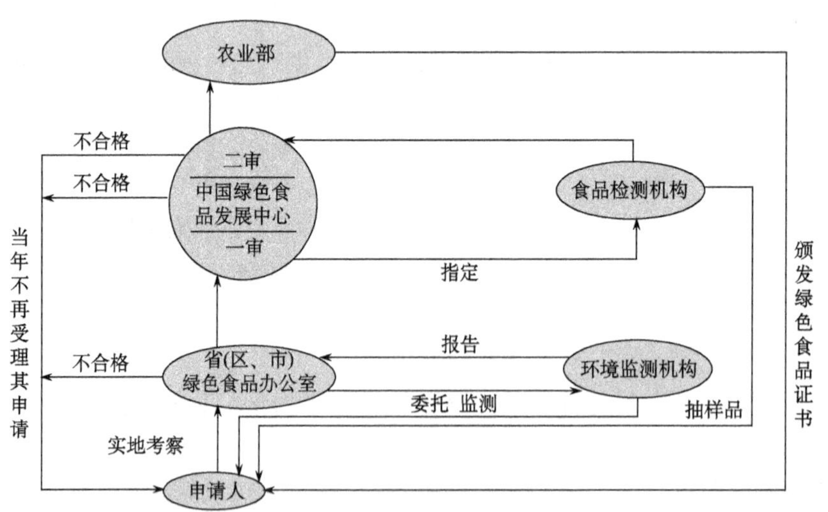

图 9-3　绿色食品认证程序

（1）申请人向所在省绿色食品委托管理机构提交正式的书面申请，并填写《绿色食品标志使用申请书》(一式两份)、《企业生产情况调查表》。

（2）省绿色食品委托管理机构将依据企业的申请，委派至少两名绿色食品标志专职管理人员赴申请企业进行实地考察。如考察合格，省绿色食品委托管理机构将委托定点的环境监测机构对申报产品或产品原料产地的大气、土壤和水进行环境监测和评价。

（3）绿色食品委托管理机构的标志专职管理人员将结合考察情况及环境监测和评价的结果对申请材料进行初审，并将初审合格的材料上报中国绿色食品发展中心。

（4）中国绿色食品发展中心对上述申报材料进行审核，并将审核结果通知申报企业和省绿色食品委托管理机构。合格者，由省绿色食品委托管理机构对申报产品进行抽样，并由定点的食品监测机构依据绿色食品标准进行检测。不合格者，当年不再受理其申请。

（5）中国绿色食品发展中心对检测合格的产品进行终审。

（6）终审合格的申请企业与中国绿色食品发展中心签订绿色食品标志使用合同。不合格者，当年不再受理其申请。

（7）中国绿色食品发展中心对上述合格的产品进行编号，并颁发绿色食品标志使用证书。

（8）申报企业对环境监测结果或产品检测结果有异议的，可向中国绿色食品发展中心提出仲裁检测申请。中国绿色食品发展中心委托两家或两家以上的定点监测机构对其重新检测，并依据有关规定做出裁决。

9.3.2 申报管理

只有完善的科学的申报管理，才能保证绿色食品生产基地的申报和审核确实符合绿色食品生产的各项条件。申报管理包括以下内容。

9.3.2.1 申请人的资格

凡自认为符合绿色食品基地标准的绿色食品生产单位均可作为绿色食品生产基地的申请人。申请人必须是企业法人，社会团体、民间组织、政府和行政机构等不可作为绿色食品的申请人。

同时，还要求申请人具备以下条件：①具备绿色食品生产的环境条件和技术条件；②生产具备一定规模、具有较完善的质量管理体系和较强的抗风险能力；③加工企业须生产经营一年以上方可受理申请；④有下列情况之一者，不能作为申请人：与中心和省绿办有经济或其他利益关系的；可能引致消费者对产品来源产生误解或不信任的，如批发市场、粮库等；纯属商业经营的企业（如百货大楼、超市等）。

9.3.2.2 申报材料

（1）申请人向所在向省绿办提出认证申请时，应提交以下文件，每份文件一式两份，一份省绿办留存，另一份报中心。

申报材料包括：《绿色食品标志使用申请书》；《企业及生产情况调查表》；保证执行绿色食品标准和规范的声明；生产操作规程（种植规程、养殖规程、加工规程）；公司对“基地＋农产”的质量控制体系（包括合同、基地图、基地和农产清单、管理制度）；产品执行标准；产品注册商标文本（复印件）；企业营业执照（复印件）；企业质量管理手册。

对于不同类型的申请企业，依据产品质量控制关键点和生产中投入品的使用情况，还应分别提交以下材料：矿泉水申请企业，提供生产许可证、采矿许可证及专家评审意见复印件。

（2）对于野生采集的申请企业，提供当地政府为防止过度采摘、水土流失而制定的许可采集管理制度。

(3) 对于屠宰企业，提供屠宰许可证复印件。

(4) 从国外引进农作物及蔬菜种子的，提供由国外生产商出具的非转基因种子证明文件原件及所用种衣剂种类和有效成分的证明材料。

(5) 提供生产中所用农药、商品肥、兽药、消毒剂、渔用药、食品添加剂等投入品的产品标签原件。

(6) 生产中使用商品预混料的，提供预混料产品标签原件及生产商生产许可证复印件；使用自产预混料（不对外销售），且养殖方式为集中饲养的，提供生产许可证复印件；使用自产预混料（不对外销售），但养殖管理方式为“公司＋农户”的，提供生产许可证复印件、预混料批准文号及审批意见表复印件。

(7) 外购绿色食品原料的，提供有效期为一年的购销合同和有效期为三年的供货协议，并提供绿色食品证书复印件及批次购买原料发票复印件。

(8) 企业存在同时生产加工主原料相同和加工工艺相同（相近）的同类多系列产品或平行生产（同一产品同时存在绿色食品生产与非绿色食品生产）的，提供从原料基地、收购、加工、包装、贮运、仓储、产品标识等环节的区别管理体系。

(9) 原料（饲料）及辅料（包括添加剂）是绿色食品或达到绿色食品产品标准的相关证明材料。

(10) 预包装产品，提供产品包装标签设计样。

9.3.2.3 实地考察

省绿色食品委托管理机构在接到申请单位申请书一个月内，派绿色食品基地监督员赴申报单位实地考察，核实生产规模、管理、生态环境及产品质量控制情况，写出现场检查报告并署名盖章。

现场检查报告的主要内容应包括：申报单位的基本概况、产品的基本情况、生产规模、管理技术水平、生产操作规程、病虫害及肥料的使用情况（添加剂的使用情况）、获得标志后产品的市场情况、农业生态环境质量状况、产品质量控制情况及发展前景等。

9.3.2.4 审核

(1) 审核的主要项目。包括：①申报材料是否齐全；②填报材料是否真实、规范；③环境监测材料是否有效（时间上是否有效、监控面积是否能控制整个基地面积）；④生产操作是否符合绿色食品生产操作规程；⑤基地示意图是否明晰、规范；⑥省委托管理机构考察报告是否符合要求等。

(2) 抽样。如材料合格，将书面通知省绿色食品委托管理机构对申报产品进行抽样。省绿色食品委托管理机构接到中心的抽样单后，将委派 2 名或 2 名以上绿色食品标志专职管理人员赴申报企业进行抽样；抽样由抽样人员与被抽样单位当事人共同执行。抽取样品，于样品包装物上贴好封条，并由双方在抽样单上签字、加盖公章；抽样后，申报企业带上检测费、产品执行标准复印件、绿色食品抽样单、抽检样品送至绿色食品定点食品监测中心。

(3) 申报产品检测。绿色食品定点监测中心依据绿色食品产品标准检测申报产品。监测中心应于收到样品三周内出具检验报告，并将结果直接寄至中心标志管理处，不得直接交予企业。对于违反程序，无抽样单的产品，监测中心应不予检测，否则，检测结果一律视为无效。

9.3.2.5　颁证程序、确定编号

终审合格后，中国绿色食品发展中心将书面通知企业前往中心办理领证手续。三个月内未办理手续者，视为自动放弃。领取绿色食品标志使用证书时，需同时办理如下手续。

（1）缴纳标志服务费：每个产品 8000 元，同类的（57 小类）系列初级产品，超过两个的部分，每个产品 1000 元；主要原料相同和工艺相近的系列加工产品，超过两个的部分，每个产品 2000 元；其他系列产品，超过两个的部分，每个产品 3000 元。

（2）送审产品使用绿色食品标志的包装设计样图。

（3）如不是法人代表本人来办埋，需出示法人代表的委托书。

（4）订制绿色食品标志防伪标签。

（5）与中心签订《绿色食品标志许可使用合同》。中国绿色食品发展中心将对履行了上述手续的产品实行统一编号，并颁发绿色食品使用证书，证书的有效期为三年。

2002 年 10 月 18 日农业部绿色食品管理办公室和中国绿色食品发展中心对绿色产品的编号又做了重新修订，新的编号形式如下。

LB —— ×× —— ×× —— ×× —— ×× —— ×××× —— A（AA）

绿标 产品类别　认证年份　认证月份　省份（国别）产品序号　产品级别

重新修订的编号形式规定：产品类别代码仍为两位数，而产品分类则由原来的 7 大类 55 小类调整为目前的 5 大类 57 小类，并按小类编号；认证时间代码由两位数增加到四位数，时间由年份延伸至月份；将原产品国别代码和绿办代码合并为省份（国别）代码，各省（区、市）按行政区划的序号编码如表 9-3 所示；国外产品，则从第 51 号开始，按各国第一个绿色食品产品认证的先后顺序编排该国家代码如表 9-4 所示；中国不编代码；产品序号代码由三位数增加到现在的四位数；将表示 A 级产品、AA 级产品的 1、2 代码分别改为英文字母 A、AA。

表 9-3　我国绿色产品类别代码

绿色产品大类名称	产品小类及编号			
	小类编号	产品名称	小类编号	产品名称
农业产品及其加工产品	01	小麦	13	杂粮
	02	小麦粉	14	杂粮加工品
	03	大米	15	蔬菜
	04	大米加工品	16	冷冻、保鲜蔬菜
	05	玉米	17	蔬菜加工品
	06	玉米加工品	18	鲜果类
	07	大豆	19	干果类
	08	大豆加工品	20	果类加工品
	09	油料作物产品	21	食用菌及山野菜
	10	食用植物油及其制品	22	食用菌及山野菜加工
	11	糖料作物产品	23	其他食用农林产品
	12	机制糖	24	其他农林加工食品

续表

绿色产品大类名称	产品小类及编号			
	小类编号	产品名称	小类编号	产品名称
畜禽类产品	25	猪肉	31	禽蛋
	26	牛肉	32	蛋制品
	27	羊肉	33	液体乳
	28	禽肉	34	乳制品
	29	其他肉类	35	蜂产品
	30	肉食加工品		
水产类产品	36	水产品	37	水产加工品
饮品类产品	38	瓶（罐）装饮用水	44	精制品
	39	碳酸饮料	45	其他茶
	40	果蔬汁及其饮料	46	白酒
	41	固体饮料	47	啤酒
	42	其他饮料	48	葡萄酒
	43	冷冻饮品	49	其他酒类
其他产品	50	方便主食品	54	食盐
	51	糕点	55	淀粉
	52	糖果	56	调味品类
	53	果脯蜜饯	57	食品添加剂

表 9-4　省份（国别）代码

省份（国别）代码	省份（国别）代码	省份（国别）代码	省份（国别）代码	省份（国别）代码
01 北京	09 上海	17 湖北	25 西藏	33 台湾
02 天津	10 江苏	18 湖南	26 陕西	34 重庆
03 河北	11 浙江	19 广东	27 甘肃	51 法国
04 山西	12 安徽	20 广西	28 宁夏	52 澳大利亚
05 内蒙古	13 福建	21 海南	29 青海	53 芬兰
06 辽宁	14 江西	22 四川	30 新疆	54 加拿大
07 吉林	15 山东	23 贵州	31 香港	
08 黑龙江	16 河南	24 云南	32 澳门	

9.3.3　可申报绿色食品标志的产品

9.3.3.1　商标类别划分

按国家商标类别划分的第 5、29、30、31、32、33 类中的大多数产品均可申请认证，如第 29 类的肉、家禽、水产品、奶及奶制品、食用油脂等；第 30 类的食盐、酱油、醋、米、面粉及其他谷物类制品、豆制品、调味用香料等；第 31 类的新鲜蔬菜、水果、干果、种子、活生物等；第 32 类的啤酒、矿泉水、水果饮料及果汁、固体饮料等；第 33 类的含酒精饮料。

9.3.3.2　“食”或“健”字

以“食”或“健”字，经卫生部以登记的新开发产品可以申请认证。

9.3.3.3　药食同源

经卫生部公告既是药品也是食品的产品，如紫苏、菊花、白果、陈皮、红花等，可以申请认证。

9.3.3.4　不受理产品

暂不受理油炸方便面、叶菜类酱菜（盐渍品）、火腿肠及作用机理不甚清楚的产品（如减肥茶）的申请。

9.3.3.5　转基因产品

绿色食品拒绝转基因技术，由转基因原料生产（饲养）加工的任何产品均不受理。

9.3.3.6　药品、香烟

药品、香烟不可申报绿色食品标志。

9.3.4　绿色食品标志的使用与管理

9.3.4.1　绿色食品标志的使用

获得绿色食品标志使用权的企业，应尽快使用绿色食品标志。

绿色食品产品标签、包装必须符合《中国绿色食品商标标志设计使用规范手册》要求。

绿色食品生产企业在产品内、外包装及产品标签上使用绿色食品标志时，绿色食品标志的标准图形、标准字体、图形与字体的规范组合、标准色、编号规范必须按照《中国绿色食品商标标志设计使用规范手册》要求执行，并报中国绿色食品发展中心审核、备案。

包装、标签上必须做到“四位一体”，即绿色食品标志图形、“绿色食品”文字、编号及防伪标签须全部体现在产品包装上。凡标志图形出现时，必须附注册商标符号“R”。在产品编号正后或正下方须注明“经中国绿色食品发展中心许可使用绿色食品标志”的文字，其规范英文为“Certified China Green Food Product”。

产品标签还必须符合《食品标签通用标准》GB7718。标签上必须标注：食品名称；配料表；净含量及固形物含量；制造者、销售者的名称和地址；日期标志（生产日期、保质期/保存期）和贮藏指南；质量（品质等级）和产品标准号。另外，还须注明防腐剂、色素等所用种类及用量。

在宣传广告中使用绿色食品标志必须符合《中国绿色食品商标标志设计使用规范手册》要求，绿色食品生产企业不能扩大绿色食品标志使用范围。

9.3.4.2　许可使用绿色食品标志企业的管理

1. 中国绿色食品发展中心对企业的监督管理

（1）标志专职管理人员对企业的监督检查。绿色食品标志专职管理人员对所辖区域内绿色食品生产企业每年至少进行一次监督检查，将企业履行合同情况，种植、养殖、加工等规程执行情况向中心汇报。

（2）产品及环境抽检。中国绿色食品发展中心每年年初下达抽检任务，指定定点的食品监测机构，环境监测机构对企业使用标志的产品及其原料产地生态环境质量进行抽检，抽检不合格者取消其标志使用权，并公之于众。

2. 市场监督 所有消费者对市场上的绿色食品都有监督的权利。消费者有权了解市场中绿色食品的真假，对有质量问题的产品向中心举报。

3. 出口产品使用绿色食品标志的管理 获得绿色食品标志使用权的企业，在其出口产品上使用绿色食品标志时，必须经中国绿色食品发展中心许可，在中心备案。

4. 技术支持 中国绿色食品发展中心在新的绿色食品标准（产品、农药、肥料、食品添加剂及操作规程等）出台后，应及时提供给企业，并在技术、信息方面给企业以支持。

9.3.4.3 获得绿色食品标志使用权企业的要求

1. 缴纳标志使用费 企业必须严格履行《绿色食品标志许可使用合同》，按期缴纳标志使用费，对于未如期缴纳费用的企业，中国绿色食品发展中心有权取消其标志使用权，并公之于众。

2. 标志使用期 绿色食品标志许可使用有效期为三年。若欲到期后继续使用绿色食品标志，须在使用期满前三个月进行续展，续展按照《绿色食品续展认证程序》执行。未按时限要求进行续展者，视为自动放弃使用权，收回绿色食品证书并进行公告。

3. 培训 企业应积极参加各级绿色食品管理部门的绿色食品知识、技术及相关业务的培训。

4. 防伪标签使用 企业按照中国绿色食品发展中心要求，定期提供：有关获得标志使用权的产品的当年产量，原料供应情况，肥料、农药的使用种类、方法、用量，添加剂使用情况，产品价格，防伪标签使用情况等内容。

5. 变更备案 获得绿色食品标志使用权的企业不得擅自改变生产条件、产品标准及工艺，企业名称、法人代表等变更须及时报中国绿色食品发展中心备案。

复习参考题

1. 名词解释

绿色食品 AA级绿色食品生产资料 A级绿色食品生产资料 绿色食品产地环境质量 天然食品添加剂 绿色食品工程 绿色食品标准

2. 问答题

(1) 绿色食品标志的含义是什么？
(2) 简述绿色食品标志认证的程序。
(3) 生产AA级绿色食品的肥料使用原则是什么？
(4) 简述AA级绿色食品与A级绿色食品的区别。
(5) 绿色食品标准体系内涵和具体内容是什么？
(6) 简述我国绿色食品发展历程、特征及优势。
(7) 绿色食品的包装材料要求是什么？
(8) 为什么说绿色食品标志管理是一种质量管理？
(9) 简述绿色食品质量标准体系构成的框架结构。
(10) 谈谈我国绿色食品的发展趋势及必要性和意义。

第 10 章 有机食品认证

[教学目的和要求]

了解有机产品的基本知识，熟悉有机食品的标准，掌握有机食品认证及管理。

10.1 有机食品概述

10.1.1 有机食品的相关概念

有机食品在不同的语言中有不同的名称。国外最普遍的叫法是 organic food，在其他语种中也有称生态食品、生物食品、自然食品等（表 10-1）。

表 10-1 不同文种关于有机食品的称谓

文种	原文	汉译文
英文（English）	Organic food	有机食品
西班牙文（Spanish）	Eoclgico	生态食品
丹麦文（Danish）	Okologisk	生态食品
德文（German）	ǒkologisch	生态食品
希腊文（Greek）	βιολογλκο	生物食品
法文（Franch）	Biologique	生物食品
意大利文（Italian）	Biologico	生物食品
荷兰文（Holland）	Biologisch	生物食品
葡萄牙文（Portuguese）	Biolgico	生物食品
日文（Japanese）	有机食品	有机食品
中文（Chinses）	有机（生态）食品	有机（生态）食品

有机（organic）：指有机认证标准描述的生产体系，以及由该体系所生产的具有特定品质的产品，而不是化学上的定义。

有机产品（organic product）：指按照《有机产品》标准生产、加工、销售的供人类消费、动物食用的产品。除有机食品外，还包括有机纺织品、皮革、化妆品、林产品、家具等产品，以及生物农药、有机肥料等农业生产资料。

有机食品（organic food）：指来自于有机生产体系，根据有机认证标准生产、加工，并经具有资质的独立的认证机构认证的一切农副产品，如粮食、蔬菜、水果、奶制品、畜禽产品、水产品、蜂产品及调料等。

天然产品（natural food）：指收获于具有明确物理边界环境中、未受任何人工影响的自然生长的生物产品。

常规食品（conventional food）：指未获有机认证或有机转换认证的生产体系中所生产出的初级及加工食品。

常规（conventional）：生产体系及其产品未按照本标准实施管理的。

转换期（conversion period）：从按照《有机产品》标准开始管理至生产单元和产品获得有机认证之间的时段。

平行生产（parallel production）：在同一生产单元中，同时生产相同或难以区分的有机、有机转换或常规产品的情况。

缓冲带（buffer zone）：在有机和常规地块之间有目的设置的、可明确界定的用来限制或阻挡邻近田块的禁用物质漂移的过渡区域。

投入品（input）：在有机生产过程中采用的所有物质或材料。

养殖期（animal life cycle）：从动物出生到作为有机产品销售的时间段。

顺势治疗（homeopathic treatment）：一种疾病治疗体系，通过将某种物质系列稀释后使用来治疗疾病，而这种物质若未经稀释在健康动物上大量使用时能引起类似于所欲治疗疾病的症状。

植物繁殖材料（propagating material）：在植物生产或繁殖中使用的除一年生植物的种苗以外的植物或植物组织，包括但不限于根茎、芽、叶、扦插苗、根、块茎。

生物多样性（biodiversity）：地球上生命形式和生态系统类型的多样性，包括基因的多样性、物种的多样性和生态系统的多样性。

基因工程技术（转基因技术）（genetic engineering；genetic modification）：指通过自然发生的交配与自然重组以外的方式对遗传材料进行改变的技术，包括但不限于重组脱氧核糖核酸、细胞融合、微注射与宏注射、封装、基因删除和基因加倍。

基因工程生物（转基因生物）（genetically engineered organism；genetically modified organism）：通过基因工程技术/转基因技术改变了其基因的植物、动物、微生物。不包括接合生殖、转导与杂交等技术得到的生物体。

辐照（irradiation；ionizing radiation）：放射性核素高能量的放射，能改变食品的分子结构，以控制食品中的微生物、病菌、寄生虫和害虫，达到保存食品或抑制诸如发芽或成熟等生理过程。

配料（ingredients）：在制造或加工产品时使用的、存在（包括改性的形式存在）于产品中的任何物质，包括添加剂。

食品添加剂（food additives）：为改善食品品质和色、香、味，以及为防腐、保鲜和加工工艺的需要而加入食品中的人工合成或者天然物质。

饲料添加剂（feed additives）：在饲料加工、制作、使用过程中添加的少量或者微量物质，包括营养性饲料添加剂和一般饲料添加剂。

加工助剂（processing aids）：本身不作为产品配料用，仅在加工、配料或处理过程中为实现某一工艺目的而使用的物质或物料（不包括设备和器皿）。

标识（labeling）：在销售的产品上、产品的包装上、产品的标签上或者随同产品提供的说明性材料上，以书写的、印刷的文字或者图形的形式对产品所作的标示。

认证标志（certification mark）：证明产品生产或者加工过程符合有机标准并通过认证的专有符号、图案或者符号、图案以及文字的组合。

销售（marketing）：指批发、直销、展销、代销、分销、零售或以其他任何方式将产品投放市场的活动。

有机产品生产者（organic producer）：按照本标准从事有机种植、养殖以及野生植物采集，其生产单元和产品已获得有机产品认证机构的认证，产品已获准使用有机产品标志的单位或个人。

有机产品加工者（organic processor）：按照本标准从事有机产品加工，其加工单位和产品已获得有机产品认证机构的认证，产品已获准使用有机产品标志的单位或个人。

有机产品经营者（organic handler）：按照本标准从事有机产品的运输、贮存、包装和贸易，其经营单位和产品获得有机产品认证机构的认证，产品获准使用有机产品认证标志的单位和个人。

内部检查员（internal inspector）：指有机产品生产、加工、经营组织内部负责有机管理体系审核，并配合有机认证机构进行检查、认证的管理人员。

10.1.2　有机食品的必备条件

根据国际有机农业运动联盟的定义：有机食品是根据有机农业和有机食品生产、加工标准而生产、加工出来的，经过授权的有机食品颁证组织颁发给证书，供人们食用的一切食品。有机食品是一类真正源于自然、富营养、高品质的环保型安全食品。

有机食品必备的 4 个条件包括：①有机原料，即原料必须来自于建立的或正在建立的有机农业生产体系，或采用有机方式采集的野生天然产品；②有机过程，即产品在整个生产过程中严格遵循有机食品的生产、加工、包装、贮藏、运输标准；③有机跟踪，即生产者在有机食品生产和流通过程中，有完善的质量跟踪审查体系和完整的生产及销售记录（档案）；④有机认证，即必须通过独立的有机食品认证机构的认证。

10.1.3　有机农业

有机农业（organic agriculture）是指遵照特定的农业生产原则，在生产中不采用基因工程获得的生物及其产物，不使用化学合成的农药、化肥、生长调节剂、饲料添加剂等物质，遵循自然规律和生态学原理，协调种植业和养殖业的平衡，采用一系列可持续的农业技术以维持持续稳定的农业生产体系的一种农业生产方式。

国际有机农业运动联合会（IFOAM）的定义为：有机农业包括所有能促进环境、社会和经济良性发展的农业生产系统。这些系统将农地土壤肥力作为成功生产的关键。通过尊重植物、动物和景观的自然能力，达到使农业和环境各方面质量都最完善的目标。有机农业通过禁止使用化学合成的肥料、农药和药品而极大地减少外部物质投入，相反，利用强有力的自然规律来增加农业产量和抗病能力。

欧洲把有机农业描述为一种通过使用有机肥料和适当的耕作措施，以达到提高土壤的长效肥力的系统。有机农业生产中仍然可以使用有限的矿物质，但不允许使用化学肥料。通过自然的方法而不是通过化学物质控制杂草和病虫害。

美国农业部对有机农业的描述是：有机农业是一种完全不用或基本不用人工合成的肥

料、农药、生产调节剂和畜禽饲料添加剂的生产体系。在这一体系中，在最大的可行范围内尽可能地采用作物轮作、作物秸秆、畜禽烘肥、豆科作物、绿肥、农场以外的有机废弃物和生物防治病虫害的方法来保持土壤生产力和耕性，供给作物营养并防止病虫害和杂草的一种农业。尽管该定义还不够全面，但该定义描述了有机农业的主要特征，规定了有机农民不能做什么、应该做什么。

从有机农业的提出到如今的快速发展，经历了近一个世纪，美国称之为再生农业，英国和西欧称生物农业，日本称自然农法，中国台湾称有机农业，还有的称为生态农业、生物动力农业、低投入农业或持续农业等。

世界有机农业的发展从 20 世纪初开始到如今，大致经历了 4 个阶段，即 19 世纪初期的萌芽阶段、20 世纪 50～60 年代的沉寂阶段、70～90 年代初的探索阶段和 90 年代中后期的飞跃阶段。

随着世界有机农业迅速发展，全世界 194 个国家中，超过 141 个国家包括 90 个发展中国家，已在结合其独特的自然和社会条件基础上进行有机农业生产实践，并继续辐射影响到邻近许多其他国家的土地和农场。

有机农业与目前农业相比较，其特点是向社会提供无污染、好口味、食用安全的环保食品，有利于保障人民身体健康，减少疾病发生；可以减轻环境污染，有利恢复生态平衡；有利提高我国农产品在国际上的竞争力，增加外汇收入；有利于增加农村就业、农民收入，提高农业生产水平。

10.1.4 我国发展有机农产品的生产优势

有机食品的首要条件是无公害、无污染的生态环境，而我国是农业大国，农业生产历史悠久，所以具备优越的发展有机食品的独特的优势条件，包括：具有良好的技术优势和生产经验，具有丰富的资源优势（包括生物资源丰富、产品优势明显及劳动力资源比较丰富等），生态环境多样化，地区优势明显，市场份额低等。

10.1.5 国际有机食品组织

10.1.5.1 国际有机农业运动联合会（IFOAM）

IFOAM 于 1972 年 11 月 5 日在法国成立，成立初期只有英国、瑞典、南非、美国和法国 5 个国家的 5 个单位的代表。经过 40 多年的发展，IFOAM 组织已成为当今世界上最广泛、最庞大、最权威的一个拥有来自 115 个国家 800 多个会员组织的国际有机农业组织。IFOAM 是一个民间的联盟，其主要的活动是由 IFOAM 理事会、各委员会和一些特别工作组来进行的。

IFOAM 的主要目标包括：①在会员之间交流知识和专业技能，并向人们宣传有机农业运动；②在世界范围内，在议会、政府和一些制定政策的会议上（如在联合国的咨询机构），倡导开展有机农业运动；③制定和定期修改国际“IFOAM 有机农业和食品加工的基本标准”，制定一个真正的有机农业质量保证书；④IFOAM 的颁证资格授权计划保证了世界范围内颁证程序的可靠性。

10.1.5.2 有机农业协调与统一国际组织（ITF）

2002 年 2 月，国际有机运动联盟（IFOAM）、联合国粮农组织（FAO）、联合国贸发会议（UNCTAD）在德国召开第一次会议，成立了“有机农业协调与统一国际组织”（ITF）。

ITF是一个在有机农业贸易和行动规范方面为政府和民间机构提供的开方式对话平台。其目标是便利国际贸易及发展中国家进入国际市场，其口号是“消除有机农业贸易中的技术壁垒”。

10.1.5.3 国际食品与法典委员会（CAC）

自1961年第十一届粮农组织大会和1963年第十六届世界卫生大会分别通过了创建食品法典委员会（Codex Alimentarius Commission，CAC）的决议，1963年，联合国的两个组织，即联合国粮食和农业组织（FAO）和联合国世界卫生组织（WHO）共同创建了FAO/WHO食品法典委员会，并使其成为一个促进消费者健康和维护消费者经济利益，以及鼓励公平的国际食品贸易的国际性组织，该组织的宗旨在于保护消费者健康，保证开展公正的食品贸易和协调所有食品标准的制定工作。

10.2 有机产品标准

目前，我国已建立起了较为完善的有机产品认证认可法律法规和认证规范、规则和技术标准体系。国务院2003年11月发布实施的《中华人民共和国认证认可条例》，是我国规范境内认证认可活动及境外认证机构在中国境内活动和开展国际互认的行政法规。该法律文本较全面地阐明并规定了认证认可原则、认证机构、认证、认可、监督管理、法律责任等准则，共分7章、78条。这部行政法规，是当前国内认证机构进行认证活动必须遵守的重要文件。为加强对认证认可活动的管理，我国还制定发布了《国家认可机构监督管理办法》、《认证培训机构管理办法》、《认证咨询机构管理办法》、《认证证书和标志管理办法》等规章。

10.2.1 有机产品标准的组成及主要内容

中华人民共和国国家标准《有机产品》（GB/T 19630—2011）包括如下内容。

（1）GB/T 19630.1 有机产品 第1部分：生产。规定了植物、动物和微生物产品的有机生产通用规范和要求；适用于植物、动物和微生物产品的生产、收获和收获后处理、包装、贮藏和运输。

（2）GB/T 19630.2 有机产品 第2部分：加工。规定了有机加工的通用规范和要求，适用于以按GB/T 19630.1生产的未加工产品为原料进行的加工及包装、储藏和运输的全过程，包括食品、饲料和纺织品。

（3）GB/T 19630.3 有机产品 第3部分：标识与销售。规定了有机产品标识和销售的通用规范及要求；适用于按GB/T 19630.1、GB/T 19630.2生产或加工并获得认证的产品的标识和销售。

（4）GB/T 19630.4 有机产品 第4部分：管理体系。规定了有机产品生产、加工、经营过程中应建立和维护的管理体系的通用规范和要求；适用于有机产品生产、加工、经营者。

10.2.2 有机产品通则

10.2.2.1 生产通则（GB/T 19630.1）

1. 生产单元范围 有机生产单元的边界应清晰，所有权和经营权应明确，并且已按照 GB/T 19630.4 的要求建立并实施了有机生产管理体系。

2. 转换期 由常规生产向有机生产发展需要经过转换，经过转换期后播种或收获的植物产品或经过转换期后的动物产品才可作为有机产品销售。生产者在转换期间应完全符合有机生产要求。

3. 基因工程生物/转基因生物

(1) 不应在有机生产体系中引入或在有机产品上使用基因工程生物/转基因生物及其衍生物，包括植物、动物、微生物、种子、花粉、精子、卵子、其他繁殖材料及肥料、土壤改良物质、植物保护产品、植物生长调节剂、饲料、动物生长调节剂、兽药、渔药等农业投入品。

(2) 同时存在有机和非有机生产的生产单元，其常规生产部分也不得引入或使用基因工程生物/转基因生物。

4. 辐照

不应在有机生产中使用辐照技术。

5. 投入品

(1) 生产者应选择并实施栽培和（或）养殖管理措施，以维持或改善土壤理化和生物性状，减少土壤侵蚀，保护植物和养殖动物的健康。

(2) 在栽培和（或）养殖管理措施不足以维持土壤肥力和保证植物和养殖动物健康，需要使用有机生产体系外投入品时，可以使用《有机产品》附录 A 和附录 B 列出的投入品，但应按照规定的条件使用。在附录 A 和附录 B 涉及有机农业中用于土壤培肥和改良、植物保护、动物养殖的物质不能满足要求的情况下，可以参照附录 C 描述的评估准则对有机农业中使用除附录 A 和附录 B 以外的其他投入品进行评估。

(3) 作为植物保护产品的复合制剂的有效成分应是附录 A 表 A.2 列出的物质，不应使用具有致癌、致畸、致突变性和神经毒性的物质作为助剂。

(4) 不应使用化学合成的植物保护产品。

(5) 不应使用化学合成的肥料和城市污水污泥。

(6) 认证的产品中不得检出有机生产中禁用物质。

10.2.2.2 加工通则（GB/T 19630.2）

应当对所涉及的加工及其后续过程进行有效控制，以保持加工后产品的有机属性，具体表现在如下方面：①配料主要来自 GB/T 19630.1 所描述的有机农业生产体系，尽可能减少使用非有机农业配料，有法律法规要求的情况除外；②加工过程尽可能地保持产品的营养成分和原有属性；③有机产品加工及其后续过程在空间或时间上与非有机产品加工及其后续过程分开。

有机产品加工应当符合相关法律法规的要求。有机食品加工厂应符合 GB 14881 的要求，有机饲料加工厂应符合 GB/T 16764 的要求，其他加工厂应符合国家及行业部门有关规定。

有机产品加工应考虑不对环境产生负面影响或将负面影响减少到最低。

10.2.2.3 标识与销售通则（GB/T 19630.3）

(1) 有机产品应按照国家有关法律法规、标准的要求进行标识。

（2）“有机”术语或其他间接暗示为有机产品的字样、图案、符号，以及中国有机产品认证标志只应用于按照 GB/T 19630.1、GB/T 19630.2 和 GB/T 19630.4 的要求生产和加工并获得认证的有机产品的标识，除非“有机”表述的意思与本标准完全无关。

（3）“有机”、“有机产品”仅适用于获得有机产品认证的产品，“有机转换”、“有机转换产品”仅适用于获得转换产品认证的产品。不得误导消费者将常规产品作为有机转换产品或者将有机转换产品作为有机产品。

（4）标识中的文字、图形或符号等应清晰、醒目。图形、符号应直观、规范。文字、图形、符号的颜色与背景色或底色应为对比色。

（5）进口有机产品的标识和有机产品认证标志也应符合本标准的规定。

10.2.2.4　管理体系通则（GB/T 19630.4）

（1）有机产品生产、加工、经营者应有合法的土地使用权和合法的经营证明文件。

（2）有机产品生产、加工、经营者应按 GB/T 19630.1、GB/T 19630.2、GB/T19630.3 的要求建立和保持有机生产、加工、经营管理体系，其应形成本部分 4.2 要求的系列文件，加以实施和保持。

10.2.3　有机食品认证的法律法规

针对有机产品认证，我国发布了《有机产品认证管理办法》和《有机产品认证实施规则》。

《有机产品认证管理办法》是我国现行对有机产品认证、流通、标识、监督管理的强制性要求，以国家质检总局 2004 年第 67 号令发布，自 2005 年 4 月 1 日起实施，共分 7 章、44 条；2013 年 4 月 23 日国家质量监督检验检疫总局局务会议审议通过，国家质量监督检验检疫总局（第 155 号）对修订的《有机产品认证管理办法》给予公布，自 2014 年 4 月 1 日起施行，共分 7 章、63 条，主要内容包括：第一章 总则，第二章 认证实施，第三章 有机产品进口，第四章 认证证书和认证标志，第五章 监督管理，第六章 罚则，第七章 附则。

国家认证认可监督管理委员会于 2005 年 6 月发布的《有机产品认证实施规则》，是对认证机构开展有机产品认证程序的统一要求，分别对认证申请、受理、现场检查的要求、提交材料和步骤、样品和产品地环境检测的条件和程序、检查报告的记录与编写、做出认证决定的条件和程序、认证证书和标志的发放与管理方式、收费标准等做出了具体的规定；《有机产品认证实施规则》已于 2011 年进行了修订，自 2012 年 3 月 1 日起实施，同时国家认监委 2005 年第 11 号公告自 2012 年 3 月 1 日起废止。

《有机产品》（GB/T 19630）是我国有机产品认证的依据，发布于 2005 年，2011 年进行了修订。《有机产品》虽是国家标准，但在《有机产品认证管理办法》中规定有机产品认证必须依据这个国家标准。因此，《有机产品》国家标准也是中国有机产品法规、标准体系的重要组成部分。

10.2.3.1　有机产品认证相关法规、文件

有机产品认证相关法规、文件包括：国家质量监督检验检疫总局令第 67 号《有机产品认证管理办法》；国家质量监督检验检疫总局令第 67 号《有机产品认证管理办法》（英文版）*Organic Product Certification Management Rule*；《关于做好有机产品认证统计工作的通知》；《关于农产品和食品认证标志备案的通知》；《关于国家有机产品认证标志印制和发放有

关问题的通知》；《关于有机食品认证认可管理工作移交事项的通知》；《关于公布有机产品检测机构名录有关问题的通知》；《关于公布有机产品认证证书格式的通知》；《关于公布有机产品认证证书格式的通知附件》；《关于发布〈有机产品认证实施规则〉的公告》；《有机产品认证实施规则》（国家认监委 2011 年第 34 号 CNCA-N-009：2011）；《关于发布〈有机产品认证目录〉的公告》；《有机产品认证目录》（国家认监委 2012 年第 2 号）；《关于国家有机产品认证标志印制和发放有关问题的通知》（国认注［2005］34 号）；《关于进一步加强国家有机产品认证标志管理的通知》（国认注［2011］68 号）；《关于国家有机产品认证标志备案管理系统有关事项的通知》。

10.2.3.2 相关农业、农产品法律法规

相关农业、农产品法律法规包括：《中华人民共和国农业法》；《中华人民共和国食品安全法》；《中华人民共和国食品安全法实施条例》；《中华人民共和国农产品质量安全法》；《中华人民共和国种子法》；《中华人民共和国进出境动植物检疫法》；《中华人民共和国农药管理条例》；《中华人民共和国兽药管理条例》；《饲料和饲料添加剂管理条例》；《中华人民共和国植物检疫条例》；《中华人民共和国进出境动植物检疫法实施条例》；《农业转基因生物安全管理条例》；《中华人民共和国认证认可条例》；《认证机构管理办法》（国家质检总局令 2011 第 141 号）；《认证证书和认证标志管理办法》（国家质检总局令 2004 第 63 号）；《认证咨询机构管理办法》（国家认监委 2004 年第 14 号公告）等。

10.2.3.3 有机产品生产、加工过程符合性标准

1. GB/T 19630—2011《有机产品》 包括：①GB/T 19630.1—2011《有机产品：生产》；②GB/T 19630.2—2011《有机产品：加工》；③GB/T 19630.3—2011《有机产品：标识与销售》；④GB/T 19630.4—2011《有机产品：管理体系》。

2. 与有机食品认证相关的其他标准 包括：①农田灌溉水标准（GB 5084）；②土壤环境质量标准（GB15618）；③农田灌溉水质标准（GB5084）；④环境空气质量标准（GB3095）；⑤保护农作物的大气污染物最高允许浓度（GB9137）；⑥渔业水质标准（GB11607）；⑦畜禽养殖业污染物排放标准（GB18596）；⑧食品企业通用卫生规范（GB14881）；⑨生活饮用水卫生标准（GB5749）；⑩食品添加剂使用卫生标准（GB 2760）；⑪食品中真菌毒素限量（GB 2761）；⑫食品中污染物限量（GB 2762）；⑬食品中农药的最大残留限量（GB 2763）；⑭生态纺织品技术要求（GB/T18885）；⑮纺织染整工业水污染物排放标准（GB4287）等。

10.2.4 国际有机食品标准与认证管理体系

10.2.4.1 有机农业的国际标准

1. 前提条件 包括：①凡标上“有机”标签的产品，生产者和农场必须属 IFOAM 成员；②不属于 IFOAM 的个体生产者不可以声明他们是按 IFOAM 标准进行生产的；③IFOAM标准包括农场审查和颁证方案的建议。

2. 目标（即基本标准框架） 包括：①生产足够数量具有高营养的食品；②维持和增加土壤的长期肥力；③在当地农业系统中尽可能利用可再生资源；④在封闭系统中尽可能进行有机物质和营养元素方面的循环利用；⑤给所有的牲畜提供生活条件，使它们按自然的

生活习性性活；⑥避免由于农业技术带来的所有形式的污染；⑦维持农业系统遗传基质的多样性，包括植物和野生动物环境的保护；⑧允许农业生产者获得足够的利润；⑨考虑农业系统较广泛的社会和生态影响。

根据上述框架各国组织制定发展自己的标准。

10.2.4.2　国际有机农业和有机农产品的法规与管理体系

国际有机农业和有机农产品的法规与管理体系主要分为国际性（联合国）、国际性非政府组织、国家三个层次。国家层次的有机食品标准以欧盟、美国和日本为代表。

1. 国际有机食品标准与管理体系　联合国层次的有机食品标准是由联合国粮农组织（FAO）与世界卫生组织（WHO）制定的，是《食品法典》的一部分，即国际食品法典委员会（CAC）的《有机食品生产、加工、标识和销售指南》（CAC/GL32-1999），属于建议性标准。《食品法典》的标准结构、体系和内容等基本上参考了欧盟有机农业标准 EU2092/91 以及国际有机农业运动联盟（IFOAM）的《基本标准》，可以为各成员国提供制定有机农业标准的依据。

2. 国际性非政府组织有机食品标准与管理体系　国际有机农业运动联盟（IFOAM）致力于制定和定期修改国际《IFOAM 有机农业和食品加工的基本标准》。作为非政府组织制定的一个有机农业标准，其所具有的广泛民主性和代表性，已影响到联合国粮农组织和许多国家有机农业标准的制定。

3. 欧盟的有机食品标准与管理体系　欧盟于 1991 年颁布了《关于农产品的有机生产和相关农产品及食品的有关规定》（EEC2092/91），它是至今为止实施最成功的一个法规。该法规对有机农产品的生产、标识、检查体系、从第三国进口以及在欧共体内部自由流通等进行了规范，它对欧洲成为世界最大的有机食品市场起到了重要的作用。

欧盟的有机农业法规（EC No.834/2007 和 EC No. 889/2008）属于非政府组织制定的有机农业标准，每两年召开一次会员大会进行基本标准的修改。条款对有机农业和有机农产品的生产、加工、贸易、检查、认证以及物品使用等全过程进行了具体规定。欧盟标准适用于 15 个成员国的所有有机农产品的生产、加工、贸易（包括进出口），即所有进口到欧盟的有机农产品的生产过程应该符合欧盟的有机农业标准。

4. 美国的有机食品标准与管理体系　1990 年，美国制定的《有机食品产品法案 1990》（Organic Food Production Act of 1990），对国家有机食品的生产程序、有机食品的国家标准、国家的认证程序等作了规定，并成立了国际有机农业标准委员会（NOSB），由美国农业部市场司领导。标准委员会由 15 个成员组成，分别代表了有机农产品的生产、消费、贸易、管理、研究等不同的领域。

2002 年 10 月，美国农业部发布了美国有机农业法规（NOP），该法规对有机农产品的定义、适用性、有机农作物等进行了详细的界定，列出了有机农产品中允许和禁止使用的物质。美国的有机标准基本上与欧盟的类似，区别在于美国的标准是把检查、认证等完整列入。该条例是强制性的，根据条例要求，所有出口到美国的有机农产品必须接受美国农业部认可的认证机构的检查和认证。未通过 NOP 认证的产品一律不得进入美国有机产品市场。

5. 日本的有机食品标准与管理体系　2000 年，日本农林水产省重新修订了《农林物资规范化和质量表示标准法则》，于同年 1 月 20 日颁布了《有机农产品和加工食品的日本农林规格》，6 月 9 日颁布了《有机食品认证技术标准》。2001 年以后，日本制定了有机农业法

(JAS)，具体内容与欧盟标准的95％以上是相似的。在新的JAS法中明文规定：只有在完全不使用农药和化肥的农场栽培，并通过指定机构检测的农产品，才能作为有机农产品贴上标签在市场上出售，到海外采购也主要以有机农产品为主，并于2001年4月1日起正式执行。JAS规定，凡是进入日本的产品，必须由获得日本农林水产省注册批准的有机认证机构认证后，才能作为有机产品在日本市场上销售。

10.2.5 中国合格评定国家认可委员会（CNAS）有机产品认证认可评审使用文件

10.2.5.1 认可规则

认可规则包括：①CNAS-R01：2006《认可标识和认可状态声明管理规则》（2007年第1次修订）；②CNAS-R02：2006《公正性和保密规则》；③CNAS-R03：2006《申诉、投诉和争议处理规则》；④CNAS-RC01：2006《认证机构认可规则》；⑤CNAS-RC02：2006《认证机构认可资格的暂停与撤销规则》；⑥CNAS-RC03：2006《认证机构信息通报规则》；⑦CNAS-RC04：2007《认证机构认可收费管理规则》；⑧CNAS-RC05：2006《多场所认证机构认可规则》；⑨CNAS-RC07：2007《具有境外关键场所的认证机构认可规则》。

10.2.5.2 认可准则

认可准则包括：①CNAS-CC21：2006《产品认证机构通用要求》（ISO/IEC Guide 65：1996/GB/T27065：2004）；②CNAS-CC23：2006《〈产品认证机构通用要求〉有机产品认证的应用指南》。

10.2.5.3 认可指南

认可指南包括：①CNAS-GC21：2006《产品认证机构认证业务范围管理实施指南》；②CNAS-GC01：2006《认证证书管理实施指南》。

10.2.5.4 认可说明

认可说明包括：①CNAS-EC-001关于认证决定人员的定位；②CNAS-EC-005关于确保认证机构运作公正性的组织结构；③CNAS-EC-010关于产品认证中产品标准变更的相关要求的说明；④CNAS-EC-011关于有机产品认证业务范围的认可分类；⑤CNAS-EC-014有关获证组织档案数字化存储的说明；⑥CNAS-EC-016不予受理认证机构认可申请和暂停、撤销认证机构认可资格有关规定的说明；⑦CNAS-EC-022关于CNAS-RC01：2006《认证机构认可规则》相关要求的说明。

10.3 有机食品认证

10.3.1 有机食品认证

有机产品认证（certification of organic product）是指认证机构依照相关规定，按照有机产品认证规则，对相关产品的生产、加工和销售活动符合中国有机产品国家标准进行的合格评定活动。

有机食品认证（certification of organic food）是指认证机构按照《有机产品》国家标准、《有机产品认证管理办法》和《有机产品认证实施规则》的规定对有机食品生产、加工和销售过程进行评价的活动。在我国境内销售的有机食品品均需经认证机构认证。

10.3.2　有机产品及有机食品的认证范围

根据《有机产品认证管理办法》、《有机产品认证实施规则》（国家认监委公告［2011］第 34 号）规定，国家认证认可监督管理委员会在各认证机构已认证产品的基础上，按照风险评估的原则，组织相关专家制定了《有机产品认证目录》，自 2012 年 3 月 1 日起施行。现已获得认证，但不在《有机产品认证目录》范围内的认证证书，证书有效期满自动失效。

10.3.2.1　有机产品认证目录

《有机产品认证目录》规定的认证范围包括 127 类产品，其中生产类产品有：植物类（含野生植物采集），包括谷物、蔬菜、水果与坚果、豆类与其他油料作物、花卉、香辛料作物产品、制糖植物、其他类植物、种子与繁殖材料、植物类中药；畜禽类，包括活体动物、动物产品或副产品；水产类，包括鲜活鱼、甲壳与无脊椎动物、水生脊椎动物、水生植物；加工类产品有肉制品及副产品加工、水产品加工、加工或保藏的蔬菜、果汁和蔬菜汁、加工和保藏的水果及坚果、植物油加工、经处理的液体奶或奶油、其他乳制品、谷物磨制、淀粉与淀粉制品、加工饲料、烘焙食品、面条等谷物粉制品；不另分类的食品；白酒；葡萄酒和果酒等发酵酒；啤酒；纺纱用其他天然纤维及服装等。

10.3.2.2　有机产品认证目录增补目录（一）

根据《有机产品认证管理办法》、《有机产品认证实施规则》（国家认监委公告［2011］第 34 号）规定，按照有序推进、动态调整的原则，结合有机产品生产实际需求及相关方面的意见建议，经有机产品认证技术工作组全体会议审议，国家认监委中国国家认证认可监督管理委员会发布了《有机产品认证增补目录（一）》公告（国家认监委 2012 年第 21 号）。

10.3.2.3　有机产品认证目录增补目录（二）

根据《有机产品认证管理办法》（国家质检总局令［2013］第 155 号）、《有机产品认证实施规则》（公告［2014］第 11 号）规定，按照有序推进、动态调整的原则，结合有机产品生产实际需求及相关方面的意见建议，并经有机产品认证技术工作组评议，公布了《有机产品认证增补目录(二)》（国家认监委 2014 年第 24 号）。

10.3.3　有机食品认证的意义、依据及基本要求

10.3.3.1　有机食品认证的意义

有机食品认证可向社会提供富营养、口味好的环保安全食品，保障人体健康，满足人类对优质生活的需求，是保护消费者利益的重大举措；有利于农村和自然生态环境的保护，减少不可再生资源的消耗，促进我国农业可持续发展，提高食品质量安全水平；有利于打破国际贸易技术平壁垒、促进农产品出口，增加农产品市场竞争力，促进经济的协调发展；有利于推进农业机构调整，获得良好的经济效益；有机农业也是一种劳动密集型产业，可以增加就业机会；加大科技投入、加快科技成果转化、实施高技术农业方面将产生极其重要的作用；是农产品质量安全工作的主要组织部分，是推动优质品牌农产品开发的有效措施；有利于整顿、规范市场经济秩序，促进标准化生产、标识化流通、规范化管理、健康化消费。

10.3.3.2 有机食品认证依据

有机食品认证依据包括 GB/T 19630—2011《有机产品》及有机产品认证实施规则(CNCA-N-009—2011)。

10.3.3.3 有机食品认证基本要求

1. 有机产品生产的基本要求 包括：①生产基地在最近三年内未使用过农药、化肥等违禁物质；②种子或种苗来自于自然界，未经基因工程技术改造过；③生产基地应建立长期的土地培肥、植物保护、作物轮作和畜禽养殖计划；④生产基地无水土流失、风蚀及其他环境问题；⑤作物在收获、清洁、干燥、贮存和运输过程中应避免污染；⑥从常规生产系统向有机生产转换通常需要两年以上的时间，新开荒地、撂荒地需至少经 12 个月的转换期才有可能获得颁证；⑦在生产和流通过程中，必须有完善的质量控制和跟踪审查体系，并有完整的生产和销售记录档案。

2. 有机产品加工/贸易的基本要求 包括：①原料必须是来自已获得有机认证的产品和野生（天然）产品；②已获得有机认证的原料在终产品中所占的比例不得少于 95%；③只允许使用天然的调料、色素和香料等辅助原料和《OFDC 有机认证标准》中允许使用的物质，不允许使用人工合成的添加剂；④有机产品在生产、加工、贮存和运输的过程中应避免污染；⑤加工/贸易全过程必须有完整的档案记录，包括相应的票据。

10.3.4 有机食品的认证机构和咨询机构

10.3.4.1 有机食品的认证机构

按照相关规定，需经国家认监委批准后才能开展有机产品认证。截止到目前，经批准可以开展有机产品认证的机构有 23 家（表 10-2）。

香港和台湾现有 5 家有机食品认证机构，它们是香港有机认证中心（HKOCC）、香港有机资源中心（HKORC)、慈心有机农业发展基金会（TOAF)、国际美育自然生态基金会(MOA)、台湾省有机农业生产协会（TOPA)。

表 10-2 有机产品认证机构名单

序号	认证机构名称	序号	认证机构名称
1	中国质量认证中心	13	辽宁辽环有机食品认证中心
2	杭州万泰认证有限公司	14	北京五岳华夏管理技术中心
3	方圆标志认证集团有限公司	15	新疆生产建设兵团环境保护科学研究所
4	广东中鉴认证有限责任公司	16	西北农林科技大学认证中心
5	浙江公信认证有限公司	17	南京国环有机产品认证中心（可开展出口有机产品认证）
6	中食恒信（北京）质量认证中心有限公司	18	北京东方嘉禾认证有限责任公司
7	北京中安质环认证中心	19	杭州中农质量认证中心
8	黑龙江省农产品质量认证中心	20	北京爱科赛尔认证中心有限公司（开展出口有机产品认证）
9	中环联合（北京）认证中心有限公司	21	南京英目认证有限公司（仅限出口有机产品认证）
10	北京五洲恒通认证有限公司	22	北京中合金诺认证中心有限公司
11	北京中绿华夏有机食品认证中心	23	上海色瑞斯认证有限公司（仅限出口有机产品认证）
12	辽宁方园有机食品认证有限公司		

国外在国内的有机食品认证机构包括欧盟国际生态认证中心（ECOCERT）、国际有机作物改良协会（OCIA）中国联盟、瑞士生态市场研究所（IMO）中国代表及德国有机 BCS China 等。

10.3.4.2　有机食品的咨询机构

有机产品认证业务不能“代理”。如果需要申请认证，应该找国家认监委批准的正规的有机产品认证机构。“认证咨询机构”可以帮助企业满足有机产品认证的要求，全国经过批准的有机产品认证咨询机构有 25 家（表 10-3）。《中华人民共和国认证认可条例》明确规定：咨询机构不能开展认证活动，同时也禁止认证机构开展认证咨询。

表 10-3　有机产品咨询机构名单

序号	咨询机构名称	序号	咨询机构名称
1	北京东方易初标准技术有限公司	14	沈阳环标认证咨询有限公司
2	北京万丰伟业质量认证咨询有限公司	15	沈阳友和欣认证咨询有限公司
3	北京中标世纪认证咨询有限公司	16	大连事伟服特信息咨询服务有限公司
4	北京辉标族质量体系认证咨询中心	17	成都诚通咨询有限公司
5	北京瑞华馨园技术咨询有限公司	18	四川省海宇管理顾问有限公司
6	北京食安管理顾问有限公司	19	山东鲁检认证咨询中心
7	北京东方五洲认证咨询有限公司	20	湖南中质信管理技术有限公司
8	北京经典智业认证咨询中心	21	广州誉杰管理咨询有限公司
9	北京高科圣德认证咨询中心	22	黑龙江冠日企业管理咨询有限公司
10	北京比瑞思科技服务中心	23	哈尔滨奥林管理咨询有限公司
11	北京国经兆维管理咨询中心	24	郑州博达质量体系认证咨询有限公司
12	北京润成国际标准技术有限公司	25	南京环球有机食品咨询中心
13	沈阳宇信认证咨询有限公司		

10.3.5　有机食品认证流程

有机食品认证流程见图 10-1。

要获得有机产品认证，需要由有机产品生产或加工企业或者其认证委托人向具备资质的有机产品认证机构提出申请，按规定将申请认证的文件，包括有机生产加工基本情况 、质量手册、操作规程和操作记录等提交给认证机构进行文件审核、评审合格后认证机构委派有机产品认证检查员进行生产基地（养殖场）或加工现场检查与审核并形成检查报告，认证机构根据检查报告和相关的支持性审核文件做出认证决定、颁发认证证书等。获得认证后，认证机构还应进行后续的跟踪管理和市场抽查，以保证生产或加工企业持续符合《有机产品》国家标准和《有机产品认证实施规则》的规定要求。

10.3.6　有机食品认证的程序

根据《有机产品认证实施规则》，其有机食品的认证程序如下。

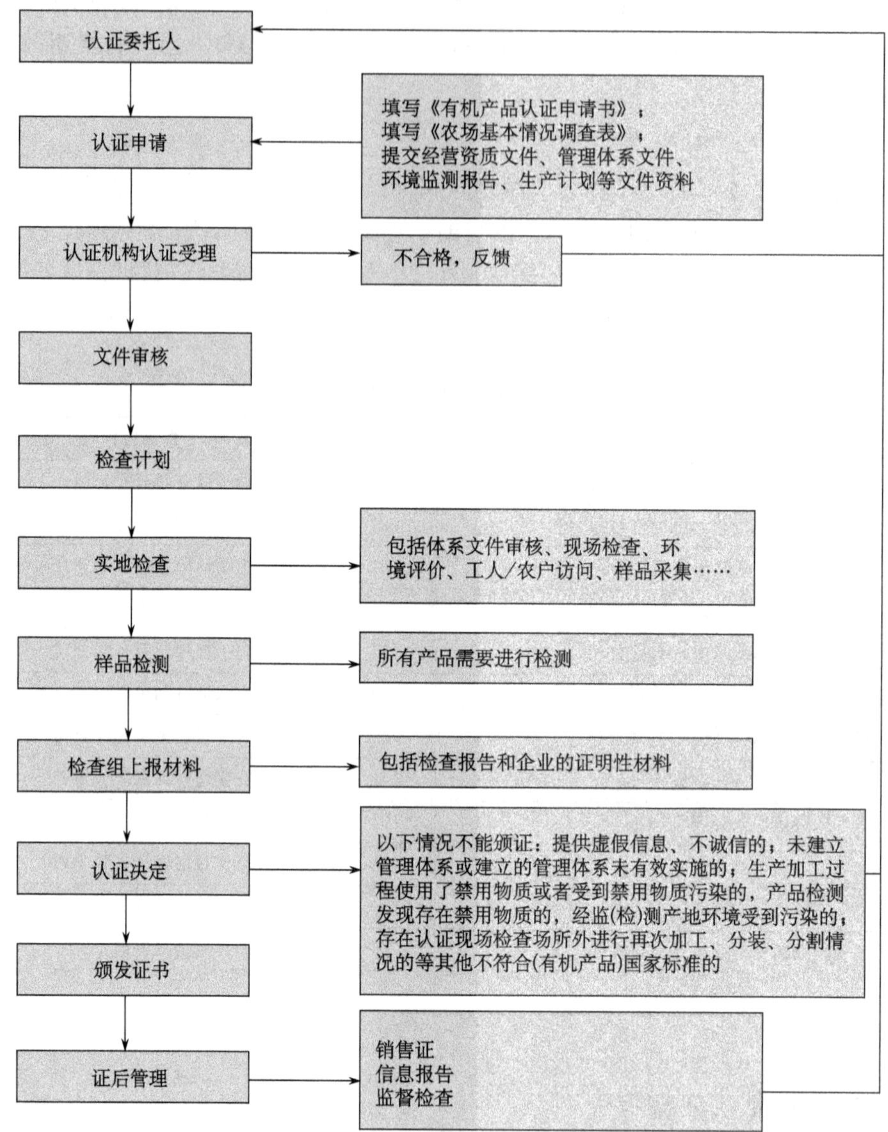

图 10-1　有机食品认证流程图

10.3.6.1　认证申请

1. 认证委托人应具备的条件　认证委托人应具备的条件包括：①取得国家工商行政管理部门或有关机构注册登记的法人资格；②已取得相关法规规定的行政许可（适用时）；③生产、加工的产品符合中华人民共和国相关法律、法规、安全卫生标准和有关规范的要求；④建立和实施了文件化的有机产品管理体系，并有效运行 3 个月以上；⑤申请认证的产品种类应在国家认监委公布的《有机产品认证目录》内；⑥在 5 年内未因《有机产品认证实施规则》8.5 中（1）～（4）的原因，被认证机构撤销认证证书；⑦在一年内未因《有机产品认证实施规则》8.5 中（5）～（11）的原因，被认证机构撤销认证证书。

2. 认证委托人应提交的文件和资料　认证委托人应提交的文件和资料包括：①认证

委托人的合法经营资质文件复印件，如营业执照副本、组织机构代码证、土地使用权证明及合同等。②认证委托人及其有机生产、加工、经营的基本情况：a）认证委托人名称、地址、联系方式；当认证委托人不是产品的直接生产、加工者时，生产、加工者的名称、地址、联系方式；b）生产单元或加工场所概况；c）申请认证产品名称、品种及其生产规模包括面积、产量、数量、加工量等；同一生产单元内非申请认证产品和非有机方式生产的产品的基本信息；d）过去三年间的生产历史，如植物生产的病虫草害防治、投入物使用及收获等农事活动描述；野生植物采集情况的描述；动物、水产养殖的饲养方法、疾病防治、投入物使用、动物运输和屠宰等情况的描述；e）申请和获得其他认证的情况。③产地（基地）区域范围描述，包括地理位置、地块分布、缓冲带及产地周围邻近地块的使用情况等；加工场所周边环境描述、厂区平面图、工艺流程图等。④有机产品生产、加工规划，包括对生产、加工环境适宜性的评价，对生产方式、加工工艺和流程的说明及证明材料，农药、肥料、食品添加剂等投入物质的管理制度以及质量保证、标识与追溯体系建立、有机生产加工风险控制措施等。⑤本年度有机产品生产、加工计划，上一年度销售量、销售额和主要销售市场等。⑥承诺守法诚信，接受行政监管部门及认证机构监督和检查，保证提供材料真实、执行有机产品标准、技术规范的声明。⑦有机生产、加工的管理体系文件。⑧有机转换计划（适用时）。⑨当认证委托人不是有机产品的直接生产、加工者时，认证委托人与有机产品生产、加工者签订的书面合同复印件。⑩其他相关材料。

10.3.6.2　认证受理

1. 认证机构应公开的信息　认证机构应公开的信息包括：①认证资质范围及有效期；②认证程序和认证要求；③认证依据；④认证收费标准；⑤认证机构和认证委托人的权利与义务；⑥认证机构处理申诉、投诉和争议的程序；⑦批准、注销、变更、暂停、恢复和撤销认证证书的规定与程序；⑧获证组织使用中国有机产品认证标志、认证证书和认证机构标识或名称的要求；⑨获证组织正确宣传的要求。

2. 申请评审　对符合 5.1 要求的认证委托人，认证机构应根据有机产品认证依据、程序等要求，在 10 个工作日内对提交的申请文件和资料进行评审并保存评审记录，以确保：①认证要求规定明确、形成文件并得到理解；②认证机构和认证委托人之间在理解上的差异得到解决；③对于申请的认证范围、认证委托人的工作场所和任何特殊要求，认证机构均有能力开展认证服务。

3. 评审结果处理　申请材料齐全、符合要求的，予以受理认证申请。

对不予受理的，应当书面通知认证委托人，并说明理由。

10.3.6.3　现场检查准备与实施

1. 组成检查组　根据所申请产品的对应的认证范围，认证机构应委派具有相应资质和能力的检查员组成检查组；每个检查组应至少有一名相应认证范围注册资质的专业检查员；对同一认证委托人的同一生产单元不能连续 3 年以上（含 3 年）委派同一检查员实施检查。

2. 检查任务　认证机构在现场检查前应向检查组下达检查任务书，其内容包括但不限于：①认证委托人的联系方式、地址等；②检查依据，包括认证标准、认证实施规则和其他规范性文件；③检查范围，包括检查的产品种类、生产加工过程和生产加工基地等；④检查组成员，检查的时间要求；⑤检查要点，包括管理体系、追踪体系、投入物的使用和包装标识等；⑥上年度认证机构提出的不符合项（适用时）。

3. 文件评审 在现场检查前，应对认证委托人的管理体系文件进行评审，确定其适宜性、充分性及与认证要求的符合性，并保存评审记录。

4. 检查计划

（1）检查组应制定检查计划，并在现场检查前得到认证委托人的确认。

认证监管部门对认证机构检查方案、计划有异议的，应至少在现场检查前 2 天提出。认证机构应当及时与该部门进行沟通，协调一致后方可实施现场检查。

（2）现场检查时间应当安排在申请认证产品的生产、加工的高风险阶段。因生产季等原因，初次现场检查不能覆盖所有申请认证产品的，应当在认证证书有效期内实施现场补充检查。

（3）应对生产单元的全部生产活动范围逐一进行现场检查；多个农户负责生产（如农业合作社或公司＋农户）的组织应检查全部农户；应对所有加工场所实施检查；需在非生产、加工场所进行二次分装/分割的，也应对二次分装/分割的场所进行现场检查，以保证认证产品的完整性。

现场检查还应考虑以下因素：①有机与非有机产品间的价格差异；②组织内农户间生产体系和种植、养殖品种的相似程度；③往年检查中发现的不符合项；④组织内部控制体系的有效性；⑤再次加工分装分割对认证产品完整性的影响（适用时）。

5. 检查实施 根据认证依据的要求对认证委托人的管理体系进行评审，核实生产、加工过程与认证委托人按照 5.1.2 条款所提交的文件的一致性，确认生产、加工过程与认证依据的符合性。检查过程至少应包括：①对生产、加工过程和场所的检查，如生产单元存在非有机生产或加工时，也应对其非有机部分进行检查；②对生产、加工管理人员、内部检查员、操作者的访谈；③对 GB/T 19630.4 所规定的管理体系文件与记录进行审核；④对认证产品的产量与销售量的汇总核算；⑤对产品和认证标志追溯体系、包装标识情况的评价和验证；⑥对内部检查和持续改进的评估；⑦对产地和生产加工环境质量状况的确认，并评估对有机生产、加工的潜在污染风险；⑧样品采集；⑨对上一年度提出的不符合项采取的纠正和（或）纠正措施进行验证（适用时）。

检查组在结束检查前，应对检查情况进行总结，向受检查方及认证委托人明确并确认存在的不符合项，对存在的问题进行说明。

6. 样品检测

（1）应对申请认证的所有产品进行检测，并在风险评估基础上确定检测项目；认证证书发放前无法采集样品的，应在证书有效期内进行检测。

（2）认证机构应委托具备法定资质的检测机构对样品进行检测。

（3）有机生产或加工中允许使用物质的残留量应符合相关法规、标准的规定。有机生产和加工中禁止使用的物质不得检出。

7. 产地环境质量状况 认证委托人应出具有资质的监（检）测机构对产地环境质量进行的监（检）测报告以证明其产地的环境质量状况符合 GB/T 19630《有机产品》规定的要求。土壤和水的检测报告委托方应为认证委托人。

8. 有机转换要求

(1) 未能保持有机认证的生产单元，需重新经过有机转换才能再次获得有机认证。

(2) 有机转换计划须获得认证机构批准，并且在开始实施转换计划后每年须经认证机构核实、确认。未按转换计划完成转换的生产单元不能获得认证。

9. 投入品

(1) 有机生产或加工过程中允许使用 GB/T 19630.1 附录 A、附录 B 及 GB/T 19630.2 附录 A、附录 B 列出的物质。

(2) 对未列入 GB/T 19630.1 附录 A、附录 B 或 GB/T19630.2 附录 A、附录 B 的投入品，认证委托人应在使用前向认证机构提交申请，详细说明使用的必要性和申请使用投入品的组分、组分来源、使用方法、使用条件、使用量以及该物质的分析测试报告（必要时），认证机构应根据 GB/T 19630.1 附录 C 或 GB/T 19630.2 附录 C 的要求对其进行评估。经评估符合要求的，由认证机构报国家认监委批准后方可使用。

(3) 国家认监委可在专家评估的基础上，公布有机生产、加工投入品临时补充列表。

10. 检查报告

(1) 认证机构按规定检查报告的格式编写检查报告。

(2) 通过检查记录、检查报告等书面文件，提供充分的信息使认证机构能做出客观的认证决定。

(3) 检查报告的内容包括：检查组通过风险评估对认证委托人的生产、加工活动与认证要求符合性的判断，对其管理体系运行有效性的评价，对检查过程中收集的信息以及对符合与不符合认证要求的说明，对其产品质量安全状况的判定等内容。

(4) 检查组应对认证委托人执行标准的总体情况做出评价，但不应对认证委托人是否通过认证做出书面结论。

10.3.6.4　认证决定

1. 认证决定　认证机构应基于对产地环境质量在现场检查和产品检测评估的基础上做出认证决定。

认证决定时应考虑的因素包括：产品生产、加工特点、企业管理体系稳定性、当地农兽药管理和社会整体诚信水平等。

对于符合认证要求的认证委托人，认证机构应颁发认证证书；对于不符合认证要求的认证委托人，认证机构应以书面的形式明示其不能通过认证的原因。

2. 批准认证的条件　认证委托人符合下列条件之一，予以批准认证：①生产加工活动、管理体系及其他审核证据符合本规则和认证标准的要求；②生产加工活动、管理体系及其他审核证据虽不完全符合本规则和认证依据标准的要求，但认证委托人已经在规定的期限内完成了不符合项纠正或（和）纠正措施，并通过认证机构验证。

3. 不予批准认证的情况　认证委托人的生产加工活动存在以下情况之一，不予批准认证：①提供虚假信息、不诚信的；②未建立管理体系或建立的管理体系未有效实施的；③生产加工过程使用了禁用物质或者受到禁用物质污染的；④产品检测发现存在禁用物质的；⑤申请认证的产品质量不符合国家相关法规和（或）标准强制要求的；⑥存在认证现场检查场所外进行再次加工、分装、分割情况的；⑦一年内出现重大产品质量安全问题或因产品质量安全问题被撤销有机产品认证证书的；⑧未在规定的期限完成不符合项纠正或者（和）纠正措施，或者提交的纠正或者（和）纠正措施未满足认证要求的；⑨经监（检）测产地环境受到污染的；⑩其他不符合本规则和（或）有机标准要求，且无法纠正的。

4. 申诉 认证委托人如对认证决定结果有异议，可在10个工作日内向认证机构申诉，认证机构自收到申诉之日起，应在30个工作日内进行处理，并将处理结果书面通知认证委托人。

认证委托人如认为认证机构的行为严重侵害了自身合法权益，可以直接向认证监管部门申诉。

10.4 有机食品认证管理

10.4.1 有机认证标识与认证标志

《有机产品》(GB/T 19630—2011)对有机认证标识（organic certification mark）的定义是：在销售的产品上、产品的包装上、产品的标签上或者随同产品提供的说明性材料上，以书写的、印刷的文字或者图形的形式对产品所作的标示。

有机认证标志是指证明产品生产或者加工过程符合有机标准并通过认证的专有符号、图案或者符号、图案以及文字的组合。

由此可见，标识的内涵大于标志，除图形或符号外，还涵盖了“非固定性”文字说明。

认证标志是判断是否为有机产品的一种直接证明，如注册成为商标，则称为有机认证证明商标。有机认证标志由有机认证机构或认证机构的监管部门设计和申请注册，而不是由有机证书的持有者设计和申请注册。有机认证标志分为国际标志、国家标志和认证机构标志三个层次。

有机产品认证证书是指有机产品通过认证所获得的证明性文件。有机产品认证证书包括的基本内容有：委托人名称、地址；产品名称、型号、规格，需要时对产品功能、特征的描述；产品商标、制造商名称、地址；产品生产厂名称、地址；认证依据的标准、技术要求；认证模式；证书编号；发证机构、发证日期和有效期及其他需要说明的内容。

10.4.2 有机产品认证标志

10.4.2.1 国际和区域性有机认证标志

1. 国际有机农业运动联盟（IFOAM）标志 IFOAM组织是世界各国有机农业发展机构进行合作的国际性非政府组织，IFOAM的标志属于国际标志，如图10-2所示。被国际有机农业运动联盟认可的欧盟（EU）有机认证标志如图10-3所示。

2. 欧盟（EU）有机认证标志 目前世界上只有欧盟采取统一的认证标准(EEC2092/91)，根据欧盟条例EC834/2007第23～26条，以及EC 889/2008第37～38条和附件Ⅺ的规定，有机产品至少要由95%的有机农业源配料构成，并自2010年7月1日起在欧盟包装和销售的有机产品必须使用统一的欧盟有机产品标志（图10-3），除此外可以同时使用认证机构的有机认证标志。

图 10-2　IFOAM 的标志

图 10-3　欧盟（EU）有机认证标志

10.4.2.2　不同国家有机认证标志

为加强国家层面的有机产品认证管理，一些国家如美国、日本、瑞士、加拿大和中国，制定了本国的有机认证标准，规定在该国销售的有机产品必须符合其制定的有机产品认证标准，并使用统一的该国有机认证标志（图 10-4）。国家有机认证标志的统一和标识的规定，一方面有利于国家管理；另一方面，对于有机产品出口商来说，又无疑形成了一个潜在的技术壁垒。

美国　欧盟　中国　日本

图 10-4　不同国家有机产品标志

1. 美国有机认证标志　美国的有机产品认证和标志的使用依据是 1990 年的《有机食品产品法案》(Organic Food Production Act of 1990）和 2002 年 10 月 21 日正式实施的由美国联邦农业部（United States Department of Agriculture，USDA）制定的美国有机农业条例（NOP）。美国有机产品认证的标志上绿色的圆形标记有英文的“有机”和“美国农业部”字样（图 10-5）。美国农业部规定，凡是有机程度达到或超过 95％的产品，经美农业部批准的专门机构认证，方可贴上有机产品标志。有机程度在 70％～95％之间的产品，不可使用标志，但可在标签上注明本产品“包含有机成分”。标准不仅适用于美国国内的产品，也适用于从外国进口的产品。

图 10-5　美国（NOP）的有机认证标志

图 10-6　日本（JAS）的有机认证标志

2. 日本有机认证标志 1999 年 7 月日本国会通过了包含有机农产品的认证和标示制度的《有关农林物资的规格化和品质表示的正当化法律的部分修正案》（简称 JAS 法），该法案规定：从 2001 年 4 月 1 日在日本开始实施《有机农产品和有机加工食品的农林规格》（简称《有机 JAS 规格》），以后不断完善，以规范对有机农产品进行认证和标示，标志见图 10-6。进口有机农产品与国产有机农产品等同，如果在有机农产品上没有贴付全国统一的“有机 JAS 商标”，那么不能将农产品按有机农产品销售。在进口农产品上贴付“有机 JAS 商标”可以采取如下三种方式，以确保符合有机食品生产、加工、标识及销售指南。其一，由经过国内登录认证机构认证的进口商进行；其二，由经过农林水产省认定的国外登录认证机构所认证的生产管理者进行；第三，由经过日本国内登录认证机构认证的国外生产者进行。

3. 我国有机认证标志 我国有机认证标志的使用要遵照中国《有机产品》（GB/T 19630）国家标准的规定，在标志使用上为了加强统一管理，方便公众识别，经 2004 年 9 月 27 日国家质量监督检验检疫总局局务会审议通过，2005 年 4 月 1 日起施行的《有机产品认证管理办法》中规定了中国有机产品的认证标志（如图 10-7 和图 10-8），强调了在中国销售的有机产品必须加贴全国统一中国有机产品认证标志，从而改变了先前各认证机构各自使用本机构标志的混乱局面。除此之外，我国对产品的标识在相关法规如《商标法》、《商标法实施细则》、《消费品使用说明 总则》、《食品标签通用标准》中有明确的要求。

《有机产品认证管理办法》中将有机产品认证标志分为“中国有机产品认证标志”和“中国有机转换产品认证标志”。这两个标志的图案基本一致，只是在颜色上有所区别，分别为绿色和土黄色。

1）中国有机产品认证标志含义 中国有机产品认证标志和中国有机转换产品认证标志的图形与颜色要求如图 10-7、图 10-8 所示，其有机产品标志含义如下。

图 10-7 中国有机产品认证标志

C:100 M:40 Y:100 K:40
C:0 M:60 Y:100 K:0

图 10-8 中国有机转换产品认证标志

图 10-9 有机食品标志

中国有机产品认证标志形似地球，象征和谐、安全，圆形中的“中国有机产品”和“中国有机转换产品”字样为中英文结合方式，既表示中国有机产品与世界同行，也有利于国内外消费者识别；标志中间类似种子图形代表生命萌发之际的勃勃生机，象征了有机产品是从种子开始的全过程认证，同时昭示出有机产品就如同刚刚萌生的种子，正在中国大地上茁壮成长；种子图形周围圆润自如的线条象征环形的道路，与种子图形合并构成汉字“中”，体现出有机产品植根中国，有机之路越走越宽广；同时，处于平面的环形又是英文字母“C”的变体，种子形状也是“O”的变形，意为“China Organic”；转换产品认证标志的褐黄色代表肥沃的土地，表示有机产品在肥沃的土壤上不断发展；有机产品认证标志的绿色代表环保、健康，表示有机产品给人类的生态环境带来完美与协调；橘红色代表旺盛的生命力，表示有机产品对可持续发展的作用。

2）中国有机食品认证标志含义　我国有机食品标志为国家有机食品发展中心所拥有，已在国家工商行政管理局商标局注册，是一种质量认证的标志。

有机食品标志采用人手和叶片为创意元素，其景象特征为一只手向上持着一片绿叶，寓意人类对自然和生命的渴望；两只手一上一下握在一起，将绿叶拟人化为自然的手，寓意人类的生存离不开大自然的呵护，人与自然需要和谐美好的生存关系（图 10-9）。

10.4.3　有机产品认证证书编号规则

有机产品认证采用统一的认证证书编号规则。认证机构在食品农产品系统中录入认证证书、检查组、检查报告、现场检查照片等方面相关信息后，经格式校验合格后，由系统自动赋予认证证书编号，认证机构不得自行编号（图 10-10）。

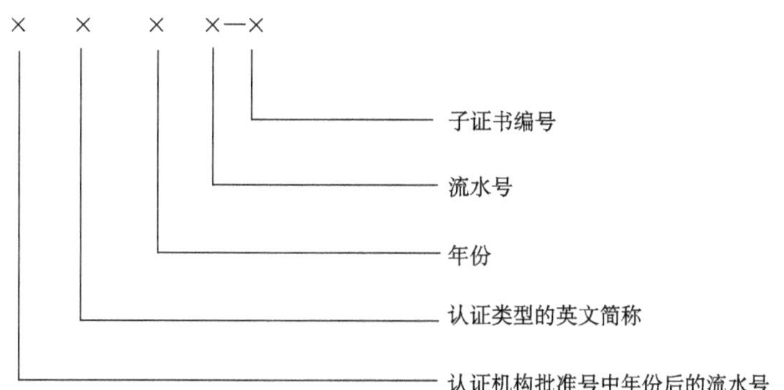

图 10-10　有机产品认证证书编号

10.4.3.1　认证机构批准号的编号格式

认证机构批准号的编号格式为“CNCA—R/RF—年份—流水号”，其中，R 表示内资认证机构，RF 表示外资认证机构，年份为 4 位阿拉伯数字，流水号分别是内资、外资流水编号。

内资认证机构认证证书编号为该机构批准号的 3 位阿拉伯数字批准流水号；外资认证机构认证证书编号为：F＋该机构批准号的 2 位阿拉伯数字批准流水号。

10.4.3.2　认证类型的英文简称

有机产品认证英文简称为 OP。

10.4.3.3　年份

采用年份的最后 2 位数字，如 2011 年为 11。

10.4.3.4　流水号

为某认证机构在某个年份该认证类型的流水号，5 位阿拉伯数字。

10.4.3.5　子证书编号

如果某张证书有子证书，那么在母证书号后加“—”和子证书顺序的阿拉伯数字。

10.4.3.6　其他

再认证时，证书号不变。

10.4.4　国家有机产品认证标志编码

10.4.4.1　国家有机产品认证标志编码规则

1. 国家有机产品认证标志编码的组成　国家有机产品认证标志编码又称为“有机码”，为保证国家有机产品认证标志的基本防伪与追溯，防止假冒认证标志和获证产品的发生，各认证机构在向获证组织发放认证标志或允许获证组织在产品标签上印制认证标志时，应当赋予每枚认证标志一个唯一的编码，其编码由认证机构代码、认证标志发放年份代码和认证标志发放随机码组成。

2. 国家有机产品认证标志编码要求　“有机码”是为保证有机产品的可追溯性，国家认监委要求认证机构在向获得有机产品认证的企业发放认证标志或允许有机生产企业在产品标签上印制有机产品认证标志前，必须按照统一编码要求赋予每枚认证标志的一个唯一编码，该编码由17位数字组成，其中认证机构代码3位、认证标志发放年份代码2位、认证标志发放随机码12，并且要求在17位数字前加“有机码”三个字（图10-11）。

示例：

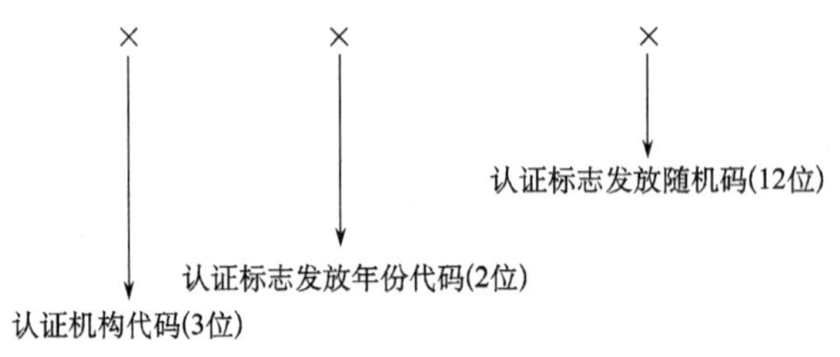

图10-11　国家有机产品认证标志编码

每一枚有机标志的有机码都需要报送到“中国食品农产品认证信息系统”（网址http://food.cnca.cn），任何个人都可以在该网站上查到该枚有机标志对应的有机产品名称、认证证书编号、获证企业等信息。

1）认证机构代码（3位）　认证机构代码由认证机构批准号后三位代码形成。内资认证机构为该认证机构批准号的3位阿拉伯数字批准流水号；外资认证机构为：9＋该认证机构批准号的2位阿拉伯数字批准流水号。

2）认证标志发放年份代码（2位）　采用年份的最后2位数字，如2011年为11。

3）认证标志发放随机码（12位）　该代码是认证机构发放认证标志数量的12位阿拉伯数字随机号码。数字产生的随机规则由各认证机构自行制定。

10.4.4.2　国家有机产品认证标志编码备案

国家有机产品认证标志编码备案应包括以下信息：①获证组织机构代码；②获证组织名称；③认证证书编号；④认证证书有效期；⑤获证产品名称；⑥获证产品核算总量；⑦本次认证标志发放数量；⑧本次发放认证标志编码信息；⑨使用产品包装规格；⑩认证标志已发放数量；⑪认证标志使用方式（加贴、印制）；⑫本次认证标志发放日期；⑬认证标志加贴

（印制）产品包装样本照片；⑭其他信息。

注：①发放的认证标志编码必须与获证产品对应；②采取印制方式的，应当填送获证组织印制标签式样。

10.4.5　有机认证标志的使用要求

根据《认证证书和认证标志管理办法》，申请人在产品获得认证后，在证书有效期内，可在获证产品及其外包装上使用标志。申请人根据获证产品特点，按以下规定选取使用方式。

（1）标准规格标志，必须加施在获证产品本体的显著位置。

（2）印制、模压标志的，应加施在获证产品标签、说明书及广告宣传材料的显著位置。

（3）在获证产品的本体不能加施标志的，必须将标志加施在产品的最小包装及随附文件中。在获证产品或者产品最小包装上加施有机产品认证标志的同时，应当在相邻部位标注有机产品认证机构的标识或者机构名称，相关图案或者文字应当不大于有机产品认证标志。

10.4.6　有机食品认证证书管理

10.4.6.1　申请人应遵守的规定

（1）建立标志使用和管理制度，对标志的使用情况如实记录存档。

（2）保证使用标志的产品符合认证要求。

（3）只在证书所限定的产品上加贴标志。

（4）在广告、产品介绍等宣传材料中正确地使用认证标志，不得利用认证标志误导、欺诈消费者。

（5）接受认证中心对标志使用情况的监督检查。

10.4.6.2　标志的监督管理

（1）认证中心对标志的制作、发放和使用实施统一的监督、管理。

（2）认证有效期内的产品不符合认证要求，中心将责令申请人限期改正，在纠正期间不得使用认证标志。

（3）如果发现获证方有影响有机产品完整性的违规行为的，获证方应将认证标志或任何其他认证证明从所有与违规行为有关的全部产品中撤销。

（4）对做出撤销、暂停使用有机产品认证证书的有关单位或个人，中心在做出撤销、暂停使用有机产品认证证书的决定的同时，将监督有关单位或个人停止使用、暂时封存或者销毁有机产品认证标志。

（5）伪造、变造、盗用、冒用、买卖和转让认证标志以及其他违反认证标志管理规定的，认证中心将按照暂停、撤销认证的条件和程序的有关规定对其进行暂停或撤销认证证书的处理；触犯法律的，依法追究其法律责任。

10.4.7　认证证书的管理

10.4.7.1　认证证书基本格式

有机产品认证证书有效期为一年，认证证书基本格式应符合《有机产品》（GB/T

19630）附件 1、2 的规定。

认证证书的编号应当从“中国食品农产品认证信息系统”中获取，认证机构不得自行编制认证证书编号发放认证证书。

10.4.7.2 认证证书的变更

获证产品在认证证书有效期内，有下列情形之一的，认证委托人应当向认证机构申请认证证书的变更：①有机产品生产、加工单位名称或者法人性质发生变更的；②产品种类和数量减少的；③有机产品转换期满的；④其他需要变更的情形。

10.4.7.3 认证证书的注销

有下列情形之一的，认证机构应当注销获证组织认证证书，并对外公布：①认证证书有效期届满前，未申请延续使用的；②获证产品不再生产的；③认证委托人申请注销的；④其他依法应当注销的情形。

10.4.7.4 认证证书的暂停

有下列情形之一的，认证机构应当暂停认证证书 1～3 个月，并对外公布：①未按规定使用认证证书或认证标志的；②获证产品的生产、加工过程或者管理体系不符合认证要求，且在 30 日内不能采取有效纠正或（和）者纠正措施的；③未按要求对信息进行通报的；④认证监管部门责令暂停认证证书的；⑤其他需要暂停认证证书的情形。

10.4.7.5 认证证书的撤销

有下列情况之一的，认证机构应当撤销认证证书，并对外公布：①获证产品质量不符合国家相关法规、标准强制要求或者被检出禁用物质的；②生产、加工过程中使用了有机产品国家标准禁用物质或者受到禁用物质污染的；③虚报、瞒报获证所需信息的；④超范围使用认证标志的；⑤产地（基地）环境质量不符合认证要求的；⑥认证证书暂停期间，认证委托人未采取有效纠正或者（和）纠正措施的；⑦获证产品在认证证书标明的生产、加工场所外进行了再次加工、分装、分割的；⑧对相关方重大投诉未能采取有效处理措施的；⑨获证组织因违反国家农产品、食品安全管理相关法律法规，受到相关行政处罚的；⑩获证组织不接受认证监管部门、认证机构对其实施监督的；⑪认证监管部门责令撤销认证证书的；⑫其他需要撤销认证证书的。

10.4.7.6 认证证书的恢复

认证证书被注销或撤销后，不能以任何理由予以恢复。

被暂停证书的获证组织，需认证证书暂停期满且完成不符合项纠正或（和）纠正措施并经认证机构确认后方可恢复认证证书。

10.4.7.7 证书与标志使用

认证证书和认证标志的管理、使用应当符合《认证证书和认证标志管理办法》、《有机产品认证管理办法》和《有机产品》国家标准的规定。

中国有机产品认证标志分为中国有机产品认证标志和中国有机转换产品认证标志。获证产品或者产品的最小销售包装上应当加施中国有机产品认证标志及其唯一编号（编号前应注明“有机码”以便识别）、认证机构名称或者其标识。

初次获得有机转换产品认证证书一年内生产的有机转换产品，只能以常规产品销售，不得使用有机转换产品认证标志及相关文字说明。

认证证书暂停期间，认证机构应当通知并监督获证组织停止使用有机产品认证证书和标志，暂时封存仓库中带有有机产品认证标志的相应批次产品；获证组织应将注销、撤销的有机产品认证证书和未使用的标志交回认证机构或获证组织应在认证机构的监督下销毁剩余标志和带有有机产品认证标志的产品包装。必要时，召回相应批次带有有机产品认证标志的产品。

10.4.7.8　信息报告

认证机构应当按照要求及时将下列信息通报相关政府监管部门：①认证机构应当按要求，及时向“中国食品农产品认证信息系统”填报认证活动信息，现场检查计划应在现场检查5个工作日前录入信息系统；②认证机构应当在10个工作日内将撤销、暂停认证证书的获证组织名单和原因，向国家认监委和该组织所在地的省级质量监督、检验检疫、工商行政管理部门报告，并向社会公布；③认证机构在获知获证组织发生产品质量安全事故后，应当及时将相关信息向国家认监委和获证组织所在地的省级质量监督、检验检疫、工商行政管理部门通报；④认证机构应当于每年3月底之前将上年度有机产品生产/加工（如包含加工企业时）企业认证工作报告报送国家认监委，报告内容至少包括颁证数量、获证产品质量分析、暂停和撤销认证证书清单及原因分析等。

10.4.7.9　认证收费

认证机构应根据相关规定收取认证费用。

复习参考题

1. 名词解释

有机农业 有机食品 有机转换期 平行生产 缓冲带 作物轮作

2. 问答题

(1) 有机食品的必备条件是什么？

(2) 综述当前国内外有机食品加工现状，分析我国在发展有机食品方面与国际上先进国家相比存在哪些差距。

(3) 简述有机食品生产与加工标准的主要内容。

(4) 谈谈我国发展有机食品的必要性和意义。

第 11 章 清真食品认证

[教学目的和要求]

了解清真食品的基本知识，熟悉国际清真食品标准及认证，掌握我国清真食品标准及认证。

11.1 清真食品概述

清真食品是我国食品的重要组成部分，遵循“以养为本，以洁为重，以得为先”，具有独树一帜的民族品牌特征。在中国，清真食品菜肴有2000多种，小吃有1000多种，其口味兼具“酸、辣、香、甜”，而“色、香、体、味”更受世人赞赏，已成为我国的一大美食品牌。清真食品有着很深厚的文化底蕴及内涵，很多食品是我国食品中的一绝。

11.1.1 清真食品常用术语和定义

伊斯兰教：宗教名称，是阿拉伯文的音译。该词有两重含义：①归顺、服从；②平安、安宁、和平。

穆斯林：是阿拉伯语音译，指信仰伊斯兰教的人，是“和平者”、“归顺者和服从者”的意思。

回教：伊斯兰教在中国的称呼。

清真：是中国穆斯林民众根据汉语语境选择借用的专用词汇，是称颂真主安拉“纯洁无污”、“真乃独立”。清真之本在于“遵命而认化生之主”，实际暗含对伊斯兰信仰行为的界定。

清真食品：是指符合伊斯兰教法的食品，即合法食品（Halal food）。具体来讲，即按照伊斯兰教饮食规约屠宰、加工、制作的符合伊斯兰教法的食品、饮品。

清真“三食”：指清真饮食、清真副食品、清真食品。

清真“四专”：指生产、销售清真食品的专用运输车辆，专用生产、计量器具，专用贮藏容器和加工（贮存、销售）的专用场地。

迄今为止，关于清真食品的定义有以下几种说法：①清真食品的本质是符合伊斯兰教法（Halal）食品的统称；②清真食品统指按照信仰伊斯兰教的民族之生活习惯与信仰要求所生产的以供食用的食品；③清真食品是指按照回族等10个信仰伊斯兰教民族的饮食习惯生产、加工、贮运、销售的食品；④确定清真食品的界定标准要既能够反映信仰伊斯兰教少数民族的饮食风俗习惯，又能体现清真食品的宗教内涵与本质，同时，这种界定也应得到国际社会的认可；⑤清真食品是指在原料来源、生产、加工、储存及销售等各个环节都符合伊斯兰教法与教律的各类食品；⑥清真饮食文化是信仰伊斯兰教的族群在遵守《古兰经》和“圣训”

等宗教戒律的前提下，通过有特点的生态和历史人文环境的互动，围绕着进食这一行为而产生的一系列文化范畴。

从以上不尽相同的文字表述中，满足清真食品的首要条件是遵从伊斯兰教教法规约的食品。

11.1.2　清真食品标志

11.1.2.1　清真食品标志的含义

（1）必须符合国内/外销售的相关法律法规。

（2）通过认证，在有效期内，在包装上标注清真的标志和认证的标识。

（3）一般使用传统绿色（也有棕色、黑色、蓝色等）。

11.1.2.2　清真食品的书写

一般是阿拉伯语书写的“合法食品（合乎伊斯兰教法）”或者“穆斯林食品”。

目前我国清真食品没有形成全国统一的标志。清真食品标志的本意是宗教食品，其本质特征和基本功能就是证明特定内在品质的食品，即证明有关物品是伊斯兰教法许可的供人食用或饮用的成品和原料，以及传统的既是食品又是药品的物品（但不包括以治疗为目的的物品）。

在国内许多清真餐馆的招牌、门面或清真食品品牌上多标有阿拉伯语“艾勒艾特阿姆，艾勒伊斯拉姆”，意为“伊斯兰食品”，也就是清真食品。在国际上，无论是穆斯林国家，还是非穆斯林国家，清真食品都统一以“Halal”食品标注，清真食品的外包装上，都有明显“Halal”字样标志。

11.1.2.3　信仰伊斯兰教的 10 个民族

通常在我国，官方界定清真食品为符合“回族、维吾尔族、哈萨克族、东乡族、柯尔克孜族、撒拉族、塔吉克族、乌孜别克族、塔塔尔族、保安族等 10 个民族饮食习惯（或 10 个信仰伊斯兰教的民族饮食习惯）的食品的统称”，泛指相关原料、用具、场所等符合各民族的饮食习惯。但各民族之间对清真食品的理解也因风俗、环境等差异而不完全相同。对于回族人来说，自然也就是符合本民族饮食传统的食品，场所、原料等即为“清真”。

11.1.2.4　哈俩里食品与哈拉目食品

“Halal”即“哈俩里食品”，是阿拉伯语的汉语音译，在国际上通用的意思是合乎伊斯兰教教法的食物，泛指与伊斯兰教饮食相关的场所、原料、用具。与之相反的对应词是“Haram”即“哈拉目食品”，指不合乎伊斯兰教教法的食物，泛指伊斯兰教饮食禁忌的相关场所、原料、用具。这里所说的“法”就是伊斯兰教法，也就是说清真饮食要完全符合伊斯兰的教法。

清真标志的使用具有现实意义。首先，清真标志的直接作用是区分清真食品和非清真食品，有利于广大穆斯林群众在众多食品中选择自己的所需，保护食用清真食品各民族穆斯林群众以及清真食品生产、经营企业和个人的合法权益。其次，清真标志具有承诺作用，即产品生产者向消费者承诺该产品是遵循伊斯兰教法、按照清真食品标准生产的。第三，清真标志的使用有利于对清真食品行业进行法律规制，提高我国清真食品行业在国内外的市场竞争力。所以，正确使用清真标志有利于我国同其他伊斯兰国家的经贸往来。

11.1.2.5 清真食品包装及标识要求

包装物的原材料规定包括：①应符合穆斯林的有关规范；②包装物的文字、形状和图案不得有违反穆斯林规约或伤害穆斯林感情的任何内容；③也不得使用“太斯米”、“清真言”或来自《古兰经》、“圣训”的语句样式的内容；④包装物应在显著位置印制清真标识和《清真食品准营证》编号、清真食品国际认证标识和编号，并应当符合GB7718规定；⑤在包装物上一般使用中文、英文和阿拉伯文或进口国文字。

11.1.3 中国清真饮食文化的基本特点

中国清真饮食文化是中华民族传统文化的一部分，博大精深，不仅对回族、维吾尔族等10个民族的发展进步发挥了重要作用，对中华文明的进步与发展也具有重要的影响。杨柳主编、马云福主审的《中国清真饮食文化》中提出：“纵观1300多年中国清真饮食文化的发展历程，可以清楚地看到一条贯穿整个清真饮食文化的主线，那就是‘以养为本，以洁为要，以德为先’的思想与践行。”

中国的清真饮食不但承继了中国传统饮食的特色，而且在遵从《古兰经》和“圣训”的相关规定下，又独创了其“清真”特色，主要体现在严格的禁忌性、历史的悠久性、鲜明的地域性、品种的多样性及食用的广泛性等。

11.1.5 清真食品管理

11.1.5.1 国内清真食品管理

从目前清真食品的法制化进程来看，全国性的制度尚未出台。省级的地方性法规、自治条例及政府规章等形式发布的有：《甘肃省清真食品管理条例》、《黑龙江省清真食品生产经营管理条例》、《陕西省清真食品生产经营管理条例》、《山西省清真食品生产经营管理办法》、《吉林省清真食品生产经营管理若干规定》、《辽宁省清真食品生产经营管理办法》、《天津市生产经营清真食品管理办法》、《北京市关于生产经营清真食品必须尊重少数民族风俗习惯的若干规定》、《宁夏回族自治区清真食品管理暂行规定》、《河南省清真食品管理办法》等。

省会城市出台的有：《银川市清真食品管理规定》、《兰州市清真食品管理办法》、《乌鲁木齐市清真食品管理办法》、《南京市清真食品管理条例》、《昆明市清真食品管理办法》等。

区域自治的州县出台的有：《临夏回族自治州清真食品管理办法》、《昌吉回族自治州清真食品生产、经营管理办法》、《孟村回族自治县清真食品管理条例》等。

还有一些地方在制定的民族工作规定或条例中专门设定清真食品的条款，如广东、河北、山东、江西、上海、安徽、江苏等省（直辖市）。截至目前，全国总计已有16个省（自治区、直辖市）及18个省会城市和副省级城市出台了有关清真食品管理的法规或文件。但由于对清真食品的属性和管理等方面存在不同的认识和一些实际困难，一时难以理清，致使全国性的清真食品管理法规至今未能出台。

11.1.5.2 国外清真食品的管理

从世界各国对清真食品的管理来看也各具特色：沙特阿拉伯商业部制定了《沙特阿拉伯王国进口肉类产品所应遵循的规章及要求》，沙特标准局制定了《符合伊斯兰法的动物屠宰要求》等规范性文件，对来自境外的食品进行监控；马来西亚标准局和马来西亚伊斯兰教发展局分别制定了《清真食品生产、配制、加工和储存的一般准则》和《动物屠宰与清真食品配制和加工的一般准则》等文件，其权威性得到了世界的公认，其认识标志通行全球，工作方式为多国效仿。

美国从 2001 年开始在穆斯林人口较多的州陆续进行了清真食品的专门立法。明尼苏达州、得克萨斯州、伊利诺伊州、密歇根州、新泽西州等相继制定了本州的清真食品法案。美国的清真食品规制体系主要通过围绕如何保护清真食品消费者的权益进行制定，并提供了以协商、裁决、仲裁、诉讼等渠道为主的纠纷解决机制。

11.1.5.3　清真食品的国际认证组织

目前承担清真食品规则、协调职能的国际组织和非官方组织主要有东南亚国家联盟、世界食品法典委员会、世界清真论坛、中国伊斯兰教协会（China Islamic Association）、美国伊斯兰食品和营养协会（The Islamic Food and Nutrition Council of America，IFANCA）、清真产业发展局（Halal Industry Development Corporation，HDC）、新加坡伊斯兰宗教理事会（Majlis Ugama Islam Singapura，MUIS）、印度尼西亚乌拉玛委员会（Majelis Ulama Indonesia，MUI）、马来西亚伊斯兰教发展署（Jabatan Kemajuan Islam Malaysia，JAKIM）、伊斯兰教食品研究中心（Islamic Food Research Centre，IFRC）、菲律宾伊斯兰宣教理事会（Islamic Da'wah Council of the Philipines，IDCP）、美国的清真食品理事会-HFCI（Halal Food Council International，HFCI）。

近年来，清真食品产业年平均保持 10%以上的增速。以“饮食唯良、必慎必择、严格卫生、讲究营养、注重保健”为特点自成体系的清真食品，正迎来高速发展的契机。未来的清真食品向清真、安全、卫生、保健、方便的方向发展是必然趋势。

11.2　国际清真食品标准及认证

清真食品认证是通向国际市场的通行证，认证是一个监测、规范产品和服务质量的系统；认证标准旨在严格保证清真食品的“洁”，保障清真食品的质量安全，保障穆斯林的清真食品安全。

11.2.1　清真食品认证的意义

清真食品认证的意义在于：①清真食品认证满足穆斯林消费者的需求；②清真食品认证是满足海外穆斯林国家的需求；③清真食品认证是开拓海外穆斯林市场重要工具；④清真产品更加符合健康要求；⑤清真标识独显自身优势；⑥清真产品是企业诚信的一个标尺。

11.2.2　国际清真食品（Halal）认证

11.2.2.1　Halal 认证

Halal 认证即清真认证，是产品销往伊斯兰国家及地区的必备证件之一。“Halal”在阿拉伯语中的意思为“合法的”，即用于生产 Halal 食品的原料都必须经 Halal 认证。全世界有超过 13 亿的穆斯林每天食用 Halal 食品，而那些并不信奉伊斯兰教的人选择 Halal 食品则是因为它的卫生、纯净和健康。世界上每 4 个消费者中就有 1 个是 Halal 食品的消费者。

在北美洲，有超过800万的穆斯林。对于穆斯林来说，只要是吃的食物就必须是Halal；在主要的穆斯林国家中进口食品必须要经过Halal认证，在其他一些国家，也要求Halal认证以满足穆斯林消费者的需求。

11.2.2.2 Halal认证的食品和禁忌成分

1. Halal认证的食品 一般说来，下列产品可以视为Halal的：①乳（或羊乳、骆驼乳）；②蜂蜜；③鱼类；④植物类（非醉人的和无毒的）；⑤新鲜或冷冻的蔬菜；⑥新鲜水果及其干果；⑦豆类及花生、腰果、榛子、胡桃等坚果类；⑧谷物类，如小麦、稻米、黑麦、燕麦等。

牛、羊、鹿、驼鹿、鸡、鸭，以及猎取的可食野生动物如鹿、麋鹿，禽类如鸽子、野鸡、鹌鹑等也是Halal的，但动物的屠宰有严格的要求，是保证动物性食品清真不清真的关键程序，屠宰技术条件应当符合GB/T 17237及相关标准和有关规定；被屠宰的动物应当是穆斯林认为合法的动物；动物应当是活的或屠宰前认定是活的，并符合《中华人民共和国动物防疫法》。屠宰过程符合伊斯兰教法屠宰方式，具体过程如下：屠宰者必须是穆斯林（或其他有经人如犹太教徒、基督教徒），将待宰杀的动物置于地上（很小的动物可以手持），用锋利的刀子在被宰动物的颈部喉头切断动物的气管、食管、静动脉血管，一刀完成，如不能完成需补刀，但抽刀时不可用力。宰杀者须同时念诵安拉的尊名或其他带安拉尊名的赞词。

2. Halal认证禁忌成分 Halal认证规定申请之产品或原料必须在较高的清洁和卫生标准下加工、生产和包装；如果产品或原料与任何非Halal物质污染或交叉污染的话，就绝对不能使用于Halal食品的生产过程中。Halal认证中，总的原则是：凡合法的、用于穆斯林消费的食品均可获得认证许可；非洁的或禁忌的不能进行认证，如①酒精和毒品；②血（液态或凝固的）；③食肉的动物和鸟类；④死去的动物和鸟类（指自然死亡）；⑤祭祀用的食品；⑥猪及其衍生产品。

11.2.2.3 国际Halal清真认证流程

1. IFANCA Halal认证流程图

如图11-2所示。

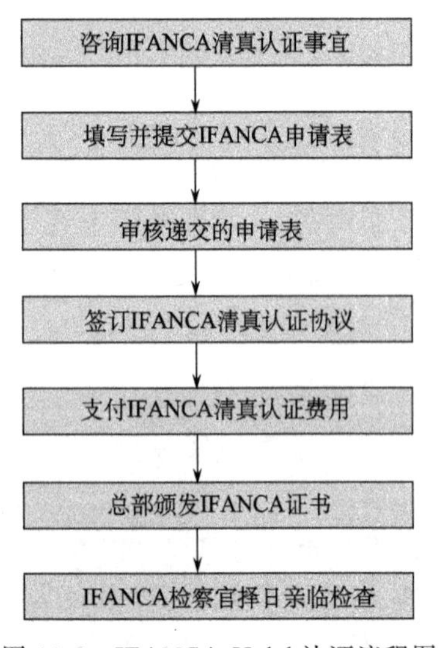

图11-2 IFANCA Halal认证流程图

2. IFANCA Halal认证流程说明

（1）以电子版方式递交IFANCA清真认证的申请资料（IFANCA Halal Certification Application Form，若有肉类原料或从动物提取的添加剂，还需提供清真屠宰证明或Halal证书）。

（2）检察官到工厂检查的主要事项：①检查申请表所填写的配料与生产中实际所用的配料是否一致；②考察设备状况，要求设备干净、生产工艺符合Halal法规；③检查其他用于生产非Halal产品的配料、运输工具等是否与Halal产品有交叉掺混现象；若有其他用于生产非Halal产品的配料，要求其与Halal产品不得互相污染。

（3）认证周期：一般1个月以上。

（4）证书有效性：全球通用。

（5）证书有效期：12个月。

（6）Halal证书续证：第二年及以后每年续证程序同第一年的认证程序。

（7）复审。

11.2.2.4　Halal认证工厂需要做的准备工作

1. 工厂卫生彻底清洁　清洁工作包括：①仓库的清洁（包括成品库、半成品库、原料库等）；②生产车间的清洁（包括地面、墙面、工作台、操作工具、相关设备等）；③场区卫生（包括地面保持干净、场区堆放物品摆放整齐）；④加工场所不得有穆斯林禁忌的任何物品，避免清真食品及配料被污染的风险。

2. 资料核查　申请表及补充资料上的配料情况与仓库中的配料情况是否一致，尤其申请表提交资料与现场审核情况相符是认证能否通过的关键。

3. 人员值班　保证各部门人员在岗或有专人值班，以便于检察官能具体了解工厂各部门的工作情况，便于检察官根据实际需求如需要查看相应部门（如原料库、成品库等）能及时找到相关的负责人员。

4. 正常生产　保证验厂当天工厂正常生产，以便检察官更全面了解生产流程和工艺操作。

5. 翻译　配备翻译一名，需懂工厂生产流程及工艺，可以避免因翻译不准确，让检察官产生不必要的误会，从而延迟发证时间。

6. 专业人员　检察官的验厂顺序，先从生产线的第一道工序开始看起，一直到最后的成品，在看的过程中，检察官会问到有关生产的问题，要有专业人员给予解答。

7. 保持联系　确保验厂当日负责人的手机开通，以便在检察官验厂期间，可以随时和工厂负责人保持联系，如有问题便于及时沟通。

8. 检察官接送　现场审核当天，公司安排车接送检察官（如从××机场或××工厂）。

11.2.2.5　著名的Halal认证机构

著名的Halal认证机构主要有：美国IFANCA-Halal认证机构、马来西亚IFRC-Halal认证机构、新加坡MUIS-Halal认证机构、印度尼西亚MUI-Halal认证机构、菲律宾IDCP-Halal认证机构、荷兰HFFIA-Halal认证机构（清真饲料和食品检验局，Halal Feed and Food Inspection Authority）等。

11.3　中国清真食品标准及认证

中国目前尚未制定清真食品认证国家标准。中国的穆斯林人口超过2200万人，清真食品消费日益增长。另外，全世界近13亿（2002年）穆斯林形成了产值达2.1万亿美元的清真产业，中国清真食品企业开拓海外市场的步伐也越来越快。

11.3.1　国内清真食品认证现状

为了统一清真食品认证工作需求，适应与阿拉伯国家、世界其他穆斯林地区清真标准互认和清真产品准入，宁夏、甘肃、青海、陕西、云南五省（自治区）于 2012 年 12 月 21 日在甘肃兰州召开会议，审定通过了由宁夏、甘肃、青海、陕西、云南五省（自治区）清真产业标准化委员会汇总整理的《清真食品认证通则》（简称《通则》）联盟标准，决定以地方标准形式发布，自 2013 年 3 月 1 日起实施，填补了我国清真食品认证空白。《通则》内容包括 8 个部分，涵盖了清真食品生产的全过程。其中包括清真餐饮服务、清真乳制品加工、清真面制品、清真肉奶专用饲料、清真制品包装 5 项通用标准和 1 项清真羊肉生产准则。

2014 年 9 月 30 日，宁夏清真食品国际贸易认证中心机构获批新闻发布会在银川举行。宁夏清真食品国际贸易认证中心是经国家认监委批准正式开展试认证工作的全国唯一的清真食品认证中心。目前，该中心与国际上 11 家认证机构签署了清真食品标准互认合作协议；与国内 4 个省（自治区）达成了清真食品地方联盟标准。

11.3.2 《清真食品认证通则》

11.3.2.1 《清真食品认证通则》实施的目的

随着国内清真产业的快速发展及国际清真产品贸易往来日益频繁，为充分尊重食用清真食品的少数民族饮食习俗，规范清真食品生产经营和管理活动，保障广大穆斯林群众的食品安全与健康，由宁夏回族自治区民委、宁夏回族自治区质量技术监督局发起，甘肃、青海、陕西、云南四省民委、质监局响应，于 2012 年 9 月 12 日在宁夏银川成立了清真食品认证地方联盟，并在广泛征求五省（自治区）各有关方面意见的基础上，讨论通过了《清真食品认证通则》。

《清真食品认证通则》是以《宁夏回族自治区清真食品认证通则》为基础，参考国际上有关清真食品认证标准，在广泛征求各地宗教团体、食品监管及标准化部门意见的基础上，共同制定的 5 省区联盟认证标准。

11.3.2.2 《清真食品认证通则》实施的意义

《清真食品认证通则》由五省（自治区）分别以地方标准形式在统一时间发布，统一实施。《清真食品认证通则》联盟标准的制定和发布，将实现清真产品生产经营的规范化、标准化、集约化和国际化，促进国内清真产业统一市场的形成和国际贸易的正常发展，并实现与世界穆斯林各国的清真标准对接与互认。将有效弥补我国清真食品认证方面的空白，对解决清真食品认证难和管理难的问题将会提供重要的标准依据和技术性支撑，对于发展清真食品产业、拓宽清真食品的国际市场和促进经济发展将起到重要的推动和保障作用。

11.3.2.3 《清真食品认证通则》框架结构

《清真食品认证通则》共分 8 个部分，结构以部分、条、款、目 4 级构成，共 30 条、11 款、34 目。

《清真食品认证通则》的 8 个部分包括：适用范围、规范性引用文件、术语与定义、总则、申请认证的清真食品生产经营企业的资质要求、清真食品原材料的要求、清真食品加工规范要求、清真食品的包装标志运输存贮要求，涵盖了清真食品生产全部过程，从而保证了清真食品安全管理符合国际通用的“从农场到餐桌”的整体过程控制理念。

11.3.3 《清真食品认证通则》的内容

11.3.3.1 范围

本标准规定了清真食品认证通则的术语与定义、总则、清真食品生产经营企业资质要求、清真食品原材料的要求、清真食品加工规范要求及清真食品的标志、包装、运输、存贮。

本标准适用于清真食品生产经营企业，是规范清真食品生产经营资格、生产准备、操作、包装、运输、存贮、销售的认证通则，是清真食品生产经营企业使用“清真（HALAL）食品”标识名称应当遵循的基本准则，也适用于清真食品安全管理监督。

11.3.3.2 规范性引用文件

下列文件对于本文件的应用是必不可少的。凡是注日期的引用文件，仅所注日期的版本适用于本文件。凡是不注日期的引用文件，其最新版本（包括所有的修改单）适用于本文件。

GB 2760 食品安全国家标准　食品添加剂使用标准

GB 7718 食品安全国家标准　预包装食品标签通则

GB/T 17237 畜类屠宰加工通用技术条件

GB 14881 食品安全国家标准　食品生产通用卫生规范

11.3.3.3 术语和定义

下列术语和定义适用于本标准：

穆斯林：阿拉伯语音译，指信仰伊斯兰教的人。

穆斯林饮食规约：在清真基础上发展、形成的世界穆斯林所通用饮食规约。

清真：伊斯兰教指称的“合法性”行为。

清真食品：伊斯兰教法许可的食品。

穆斯林禁忌成分：穆斯林饮食规约所禁忌的物品及其衍生物。

11.3.3.4 总则

（1）本标准旨在严格保证清真食品的纯洁性，保障清真食品的质量安全。

（2）本标准应符合国家和地方清真食品管理法律法规。本标准认证的清真食品应符合国家和地方清真食品卫生标准、质量标准、出入境管理标准和出口国的相关标准。

（3）本标准促进与世界穆斯林国家和地区的认证相关标准对接、互认。

（4）本标准是清真食品的标准化生产、投入品监管、关键点控制、清真安全保障的技术规范，是采取产地认定和产品认证的技术规范，是确保清真产品独特文化、品质和安全性的技术规范。

11.3.3.5 申请认证的清真食品生产经营企业资质要求

（1）申请认证的清真食品生产经营企业，应取得当地工商营业执照、卫生许可证、食品生产许可证和清真食品生产经营相关证书。

（2）国外申请清真食品认证的企业，应当提交所在国权威机构 Halal 认证文件，以资审查、协商、认可。

(3) 企业的名称、商标不得有穆斯林禁忌的内容。

(4) 企业负责人或主要管理人员中应有穆斯林。

(5) 采购、保管和主要制作人员应是穆斯林。

(6) 肉类生产加工企业的屠宰主刀人员应是阿訇、满拉或经过专业培训的穆斯林。

(7) 企业员工应有一定数量的穆斯林，生产清真食品的企业应当符合清真食品管理规定的要求。

(8) 企业员工应经过清真食品生产经营知识培训后上岗。

(9) 企业应符合 GB14881 规定，并具有清真食品生产的环境、技术、设备、管理制度、人文等方面的条件。

(10) 企业产品应经清真食品检验检疫机构检验合格。

(11) 企业应有完善的质量控制措施，有完备的生产销售记录档案。

11.3.3.6 清真食品禁忌的原料

清真食品的原料不得含有穆斯林禁忌的成分（包括原料和衍生物）。

(1) 以动物为原料的食品，主要包括：①猪类；②狗、蛇、鼠、猫和猴类；③带有利爪和尖牙的食肉类动物，如狮、虎、熊及类似动物；④带利爪的掠食类鸟类，如鹰、秃鹫及类似鸟类；⑤害虫类，如蜈蚣、蝎子及类似动物；⑥伊斯兰教禁止杀害的动物，如蚂蚁、蜜蜂和啄木鸟；⑦一般令人讨厌的动物，如虱子、苍蝇等类似动物；⑧青蛙、鳄鱼等两栖动物；⑨骡、驴类；⑩未按照伊斯兰教法屠宰的任何可食动物；⑪除肉类和肝脏等器官自带之外的血液及其任何衍生物；⑫任何转基因动物及制品；⑬其他禁忌动物及衍生物；⑭将上述动物身体上任何成分加入食品的；⑮法律禁止食用的，如法律保护的动物以及侵占、偷盗的。

(2) 以植物为原料的食品：使人兴奋并对人有毒害的植物（毒素和有害物经过处理被排除的不在限制之内）。

(3) 饮料：①含有酒精和以酒命名的饮料；②令人兴奋并对人有害的饮料。

11.3.3.7 清真食品加工规范要求

1. 产品

(1) 产品及其名称、形状、图案不得带有穆斯林禁忌的内容。

(2) 所生产经营的食品不得标识为宗教祭祀食品。

2. 清真食品的生产

(1) 农产品加工业养殖基地：①不得饲养猪类；②养殖所用饲料和饲料添加剂不得含有穆斯林禁忌的成分，如果不能保证，屠宰前应当经过 40 天净化饲养。

(2) 屠宰：①屠宰技术条件应当符合 GB/T 17237 及相关标准和有关规定；②屠宰人员应当是阿訇、满拉或经过专业培训的穆斯林；③被屠宰的动物应当是穆斯林认为合法的动物；④动物应当是活的或屠宰前认定是活的，并符合《中华人民共和国动物防疫法》的相关要求；⑤屠宰的环境应当清洁；⑥屠宰时被宰动物应当喉部朝向麦加方向；⑦屠宰刀具应当是锋利的，不得使用钝器、枪械；⑧屠宰的下刀处应当在被宰动物的颈部喉头，应当按照穆斯林屠宰的规范程序进行：a）下刀前应当按照相关程序诵念；b）应当用刀切断被宰动物的气管、食管、主动脉及颈部的纹理；c）最佳的宰牲为一刀完成，如不能完成需补刀，但抽刀时不可用力；⑨ 在屠宰过程中，不得有不人道的行为：a）让动物感到恐惧；b）在活体上采割和剥皮；c）在血沥尽前采割、剥皮、开膛。

3. 清真食品加工

（1）加工场所应当符合穆斯林所要求的清洁环境。清真食品的生产线、检疫设备等，包括其原料和制作工艺应当符合穆斯林的规范，并保证专用。非清真食品加工企业经当地清真食品管理部门批准转为清真食品加工企业，其生产过非清真食品的设备和器具，应当在生产清真食品前严格按照穆斯林的清洁规范和程序清洗，不能清洗的设备用具不得用于清真食品生产。

（2）加工场所应当在显著位置悬挂清真食品生产经营许可、清真食品认证标识。

（3）加工场所不得有穆斯林任何禁忌物品。

（4）加工场所的工作人员不得有穆斯林禁忌的任何行为。

（5）应当使用经过清真食品认证的主料进行加工，所使用辅料不得对清真食品安全存在影响和潜在危害。

（6）生产、清洗、消毒过程应当符合穆斯林的规范，并不得使用禁忌的消毒剂。

（7）食品添加剂的质量应符合相应的标准和有关规定，食品添加剂的使用范围和使用量应符合 GB2760 的规定，并不得含有穆斯林禁忌成分。

11.3.3.8　清真食品的包装、标志、运输、存储要求

（1）计量设备、包括其原料和制作工艺应符合穆斯林的规范，并保证专用。

（2）包装物的原材料应符合穆斯林规约。

（3）包装物的文字、形状和图案不得有违反穆斯林规约或伤害穆斯林感情的任何内容；也不得使用伊斯兰教经文和用语等内容。

（4）包装物应在显著位置印制清真标识和清真食品生产经营许可编号、清真食品国际认证标识和编号，并应当符合 GB7718 规定。

（5）清真食品运输、存储应当符合以下要求：①运输与存储的设备、设施和器具等应专用。②大型综合性的运输存储经营企业应保障所存储、运输、经营的清真食品与非清真食品有一定距离的隔离，运输设备在每次运输清真食品前要按穆斯林规范程序清洗。

复习参考题

1. 名词解释

清真食品　清真“三食”　清真“四专”　Hahal 认证　Kosher 认证

2. 问答题

（1）中国清真饮食文化的基本特点是什么？

（2）清真食品对原料、生产要求的原则是什么？

（3）清真食品认证的好处有哪些？

（4）《清真食品认证通则》实施的目的、意义是什么？

（5）《清真食品认证通则》内容有哪些？

第12章 良好农业规范认证

[教学目的和要求]

了解良好农业规范的基本知识，熟悉良好农业规范认证标准，掌握良好农业规范认证实施程序。

12.1 良好农业规范概述

12.1.1 良好农业规范（GAP）

12.1.1.1 GAP的定义

根据联合国粮农组织的定义，GAP是Good Agricultural Practices的缩写，中文意思是“良好农业规范”。广义而言，是应用现有的知识来处理农场生产和生产后的过程环境、经济和社会可持续性，从而获得安全而健康的食物和非食用农产品。

良好农业规范作为一种适用方法和体系，通过采用经济的、环境的和社会的可持续发展措施，来保障食品安全和食品质量。它是以危害预防（HACCP）、良好卫生规范、可持续发展农业和持续改良农场体系为基础，避免农产品在生产过程中受到外来物质的严重污染和危害。

良好农业规范认证关注农产品种植、养殖、采收、清洗、包装、贮藏和运输过程中有害物质和有害生物的控制及其保障能力，保障农产品质量安全，同时还关注生态环境、动物福利、职业健康等方面的保障能力。

12.1.1.2 GAP认证的相关术语和定义

注册（registration）：农业生产经营者向农业生产经营者组织进行登记；申请人在认证机构登记；政府要求的申请人的登记。

分包方（subcontractor）：是与农业生产经营者或其组织签订合同以执行特定任务的组织或自然人。

缓冲带（buffer zone）：靠近受控制区域的边缘，或在具有不同控制目标的两个区域之间的过渡地区。

农作物植保产品的风险分析（crop protection product risk analysis）包括下列内容：超出最高残留量（exceeding maximum residue limits）；法律登记问题（legal registration issues）；残留分析判定（residue analysis decision taking）；残留分析决策的依据（reasons behind decision taking for residue analysis）。

综合作物管理（integrated crop management）：是满足长期可持续发展要求的耕作体系，是根据环境条件，适应当地土壤、天气和经济条件，有利地管理产品的完整农田战略。可长期保持农田的自然状态。综合作物管理并非严格定义的产品生产形式，而是明智地利用和适应最新研究、技术、建议和经验的动态体系。

综合农田管理（integrated farm management）：通过产品轮作、中耕，选择适宜产品种类和谨慎使用输入材料等组合措施，旨在平衡生产与经济和环境的耕作方法。

有害生物综合防治（integrated pest control）：通过合理采用农业、物理、生物技术、化学等综合措施，将有害生物控制在经济危害水平以下，降低植保产品的最低使用量。

有害生物综合管理（integrated pest management）：是谨慎考虑所有可用虫害控制技术及其随后适宜措施的组合，旨在防止虫害种群发展，控制杀虫剂和其他干预手段维持在适宜成本水平，并降低或将对人类健康和环境造成危害的风险减少到最小。

产品追踪（product tracking）：产品在供应链的不同机构中传递时，其特定部分可被跟踪的能力。

产品追溯（product tracing）：根据供应链前段的记录来确定供应链中特定个体或产品批次来源的能力。追溯产品的目的包括产品召回和顾客投诉调查等。

应激（stress）：机体对不利条件或环境所产生的生理反应，如由于饥饿、疾病、妊娠、运输、不良气候、惊吓、陌生环境造成家畜精神和生理负担，能影响其代谢和生理健康及其生产性能。

动物福利（animal welfare）：对待农场动物要在饲养、运输过程中给予良好的照顾，避免动物遭受惊吓、痛苦或伤害，宰杀时要用人道方式进行。

人道屠宰（humanism slaughter）：采取快速的、与其他动物隔离的方式进行屠宰。

农场（farm）：是一个具有同样的操作程序和管理措施的农业生产单元或农业生产单元的组合。

农业生产经营者（agricultural production operator）：代表农场的自然人或法人，并对农场出售的产品负法律责任，如农户、农业企业。

农业生产经营者组织（organization of agricultural production operator）：农业生产经营者联合体，该农业生产经营者联合体具有合法的组织结构、内部程序和内部控制，所有成员按照良好农业规范的要求注册，并形成清单，说明注册状况。农业生产经营者组织必须和每个注册农业生产经营者签署协议，并确定一个承担最终责任的管理代表，如农村集体经济组织、农民专业合作经济组织、农业企业加农户组织。

农业生产经营者和农业生产经营者组织两者的区别及检查要求见表 12-1。

表 12-1　农业生产经营者和农业生产经营者组织两者的区别

项目	农业生产经营者	农业生产经营者组织
定义	代表农场的自然人或法人，并对农场出售的产品负法律责任，如农户、农业企业。	农业生产经营者联合体，该农业生产经营者联合体具有合法的组织结构、内部程序和内部控制，所有成员按照良好农业规范的要求注册，并形成清单，说明注册状况，如农村集体经济组织、农民专业合作经济组织、农业企业加农户组织
认证标准	GAP 系列标准	GAP 系列标准 良好农业规范实施规则：农业生产经营者 组织质量管理体系
检查要求	对质量管理体系无要求	要求建立质量管理体系，有质量管理文件
检查次数	通知检查：1 次/年 不通知检查：10%抽查	通知检查：1 次/年 不通知检查：1 次/年

农产品处理（agricultural products processing）：指归属农业生产经营者或农业生产经营者组织收获后的大田作物、果蔬，在农场或离开农场进行的低风险的处理，如包装、存贮、化学处理、修整、清洗，或使产品有可能和其他原料或物质有物理接触的处理方法，运出农场；但不包括收获和从收获地到第一个存贮/包装地的农场内运输及农产品加工。

12.1.2　GAP 认证

12.1.2.1　GAP 产生的背景

近年来，随着农药、兽药、化肥、饲料添加剂等投入品在农牧业生产活动中的广泛使用，从而导致农产品质量安全问题、动物福利问题、环保问题日趋严重。良好农业规范在此背景下应运而生，其基本思想是通过建立规范的农业生产经营体系，关注食品安全、环境保护、动物福利和员工健康 4 个方面的要求，在保证农产品产量和质量安全的同时，更好地配置资源，寻求农业生产和环境保护之间平衡，实现农业的可持续发展。

目前，许多国家农业生产经营者组织农产品生产经营企业零售商为保证农产品质量的安全和使消费者满意，制定了相关良好农业规范。

12.1.2.2　国际良好农业规范（GAP）的发展

1. 食品加工商和零售商的 GAP 标准　私营部门尤其是工业加工商和零售商，为实现质量保证、消费者满意以及在整个食物链中从生产安全优质食品中获利而使用 GAP，如欧洲零售商组织制定的 EUREPGAP 标准、美国零售商组织制定的 SQF/1000 标准、可持续农业举措（Unilever、Nestle、Danone 和其他）以及 EISA 综合农业统一规范。食品加工商和零售商通过促进 GAP 规范为农产品提供了潜在的增值机会而形成鼓励措施，促使农民采用可持续农作方法。

1）EUREPGAP　1997 年欧洲零售商农产品工作组（EUREP）在零售商的倡导下提出了“良好农业规范(GAP)”，简称为 EUREPGAP。这是欧洲零售商自发组织起来制定的农产品标准，通过第三方的检查认证和国际规则来协调农业生产者、加工者、分销商和零售商的生产、贮藏和管理，从根本上降低农业生产中食品安全的风险。2001 年 EUREP 秘书处首次将 EUREPGAP 标准对外公开发布。EUREPGAP 标准主要针对初级农产品生产的种植业和养殖业，分别制定和执行各自的操作规范，鼓励农民减少农用化学品和药品的使用，保证初级农产品生产安全质量，形成关注动物福利、环境保护、职工的健康、安全和福利的整套规范体系，提倡动态管理、循序渐进、自我完善的新概念。

EUREPGAP 标准内容是以危害分析与过程控制点（类似 HACCP）形式规定相关的良好农业生产行为和条件，并充分赋予可持续发展和不断改进的新理念，避免农产品在生产过程中受到外来物质的严重污染和危害，充分体现与履行企业或组织的社会责任。

EUREPGAP 的基准体系也包括农产品生产框架下的有害物综合治理（IPM）和农作物综合管理（ICM）体系。EUREPGAP 已经制定了综合农场保证（IFA-包括作物、果蔬、畜禽）、综合水产养殖保证（IAA）、花卉和咖啡的技术规范，其中综合农场保证包括农场基础模块、作物基础模块、大田作物模块、果蔬模块、畜禽基础模块、牛羊模块、奶牛模块、生猪模块、家禽模块、畜禽运输模块。2005 年 3 月 EUREP 已经对除了畜禽运输模块的其他 9 个模块作了修改，正式发布实施第二版。每类技术规范包括相应的认证通则和检查表，通则规定了执行标准的总原则，检查表规定了认证机构对企业进行外部检查的依据，也是农户对企业每年进行内审的依据。

目前，EUREPGAP 认证已经被世界范围的 60 多个国家的 24 000 多家农产品生产者所接受，而且现在更多的生产商正在加入此行列。

2）全球良好农业操作　GLOBALGAP 认证是全球良好农业操作认证。相对于 GAP 认证来说，在区域性上又有一个巨大提升，是在全球市场范围内作为良好农业操作规范的主要参考而建立的。GLOBALGAP 认证将消费者对于农产品的需求转化到农业种植中，并迅速在很多国家被认可。

GLOBALGAP 认证标准版本包含以下 5 个单元：①作物（包含新鲜水果和蔬菜标准、鲜花和观赏植物标准、大田作物标准、绿色咖啡标准、茶叶标准模块）；②家畜家禽（包含牛羊、奶牛、生猪、家禽模块）；③水产（包含鲑鱼模块）；④动物饲料；⑤繁殖材料。

2008 年 EUREPGAP 改为 GLOBALGAP，以适应全球对 GAP 认证的需求。

2. 政府的 GAP 规范　美国、加拿大、法国、澳大利亚、马来西亚、新西兰、乌拉圭等国家都制定了本国良好农业规范标准或法规；拉脱维亚、立陶宛和波兰采用了与波罗的海农业径流计划有关的良好方法；巴西的国家农业研究组织（EMBRAPA）正在与粮农组织合作，以 GAP 规范为基础为香瓜、芒果、水果和蔬菜、大田作物、乳制品、牛肉、猪肉和禽肉等制定一系列具体技术准则，供大、中、小型生产者使用。

3. FAO《农业管理规范框单》　2003 年 3 月，FAO 在意大利罗马召开的农业委员会第十七届会议上，提出了良好农业规范应遵循的四项原则和基本内容要求，指导各国和相关组织良好农业规范的制定和实施。

1）四项原则　FAO 良好农业规范应遵循的四项原则是：经济而有效地生产充足、安全而富有营养的食物；保持和加强自然资源基础；保持有活力的农业企业和促进可持续生计；满足社会的文化和社会需求。

2）基本内容要求　FAO《农业管理规范框单》的基本内容包括：与土壤有关的良好规范；与水有关的良好规范；与作物和饲料生产有关的良好规范；与作物保护有关的良好规范；与家畜生产有关的良好规范；与家畜健康和福利有关的良好规范；与收获和农场加工及储存有关的良好规范；与能源和废物管理有关的良好规范；与人的福利、健康和安全有关的良好规范；与野生生物和地貌有关的良好规范。

12.1.2.3　ChinaGAP 由来及历史

中国 GAP 是结合中国国情，根据中国的法律法规，参照 EUREPGAP 的有关标准制定的用来认证安全和可持续发展农业的规范性标准。

2003 年我国卫生部发布了“中药材 GAP 生产试点认证检查评定办法”，作为官方对中药材生产组织的控制要求；2003 年 4 月国家认证认可监督管理委员会首次提出在中国食品链源头建立“良好农业规范”体系，并于 2004 年启动了 ChinaGAP 标准的编写和制定工作，ChinaGAP 标准起草主要参照 EUREPGAP 标准的控制条款，并结合中国国情和法规要求编写而成。

为建立我国 GAP 认证和标准体系，自 2004 年起，国家认监委组织有关方面的专家已制定并由国家标准委发布了 24 项 GAP 国家标准，内容涵盖种植、畜禽养殖、水产养殖。具体包括：术语、农场基础控制点与符合性规范、作物基础控制点与符合性规范、大田作物控制点与符合性规范、水果和蔬菜控制点与符合性规范、畜禽基础控制点与符合性规范、牛羊控制点与符合性规范、奶牛控制点与符合性规范、生猪控制点与符合性规范、家禽控制点与符合性规范。

2006年1月，国家认监委制定了《良好农业规范认证实施规则(试行)》；2007年8月，国家认监委又对2006年1月发布的《良好农业规范认证实施规则(试行)》进行了修订，自2008年1月1日起实施。同时，为与GLOBALGAP标准（3.0版）实现互认，国家认证认可监督管理委员会组织有关专家对农场基础等9项GAP国家标准（GB/T 20014.2—20014.10）进行了修订，并于2008年10月1日起实施。

截至目前，我国已颁布了GB/T 20014.1—20014.27共27项良好农业规范国家标准，内容涵盖种植、畜禽养殖和水产养殖等农业生产领域。

12.1.2.4 GAP认证与认可的国际互认

目前，全球良好农业规范（GLOBALGAP）更新了其承认的认可机构名单，中国合格评定国家认可委员会（CNAS）认可结果获得了GLOBALGAP的承认。

根据GLOBALGAP和国际认可论坛（IAF）签署的谅解备忘录，要求实施GLOBALGAP认证方案的认证机构需获得已签署IAF产品多边互认协议认可机构的认可。CNAS已于2008年10月与IAF签署了产品多边互认协议，为中国良好农业规范认证机构的认可获得GLOBALGAP的承认奠定了基础。CNAS认可结果获得了GLOBALGAP承认以后，经国家认监委批准且获得CNAS认可的中国良好农业规范（ChinaGAP）认证机构可以根据相关要求向GLOBALGAP申请使用GLOBALGAP的认证标志，其认证结果将得到GLOBALGAP的承认。

12.1.2.5 GAP认证的益处和实施认证的意义

GAP认证的益处在于全程质量管理，更安全、更健康；可提升产品竞争力，提升企业形象，提高企业效益，促进可持续发展。

良好农业规范是主要针对初级农产品生产的种植业和养殖业的一种操作规范，关注动物福利、环境保护、工人的健康、安全和福利，保证初级农产品生产者生产出安全健康的产品。

通过GAP认证的产品，可以形成品牌效应，从而增加认证企业和生产者的收入；稳固与采购商的合作，并拓宽新市场，为长期的发展奠定坚实的基础；提升管理系统，改善与员工的关系，从而提高生产力与效益；有利于增强生产者的安全意识和环保意识，有利于保护劳动者的身体健康；最小化潜在的商业风险，比如工伤乃至工亡、法律诉讼或者是失去订单；开发新市场和客户，使有社会责任的公司从竞争对手中脱颖而出；有利于保护生态环境和增加自然界的生物多样性，有利于自然界的生态平衡和农业的可持续发展。

12.1.3 GAP的主要关注点

GAP认证的关注点主要包括：食品安全；环境保护；职业健康、安全和福利；动物福利四个方面。

12.1.3.1 食品安全

该标准以食品安全标准为基础，起源于HACCP基本原理的应用。

12.1.3.2　环境保护

该标准包括良好农业规范的环境保护方面，是为将农业生产对环境带来的负面影响降到最低而设计的。以世界上农业最发达的美国为例，美国农业具有很高的劳动生产率。但是到20 世纪 80 年代，人们发现以美国为典型的农业发展模式越发显示出其存在的问题及危机。美国现代化农业生产模式与工业生产十分相似，建立在农业机械化和农业化学化这两大支柱上的农业现代化，基本上成为工业生产的一个变种，因而发生在工业生产中的污染、损害生态环境的现象，也都在现代化农业中出现。由于农业生产空间广袤，因而造成了更大的危害。

12.1.3.3　职业健康、安全和福利

该标准旨在农业范围内建立国际水平的职业健康和安全标准，以及社会相关方面的责任和意识。然而它不能取代于对组织社会责任的进一步审核。美国农业工人伤亡率仅次于建筑业、采矿业，被列为三大危险行业之一。保护农业工人正确使用化学药品，避免人身伤害是全球也是中国目前关注的要点。

12.1.3.4　动物福利（适宜时）

该标准旨在农牧业范围内建立国际水平的动物福利标准，包括安全、质量、环保、社会责任等四个方面的基本要求。

按目前国际动物福利协会一致认同的保证动物的福利有五大标准：①享有不受饥渴的自由；②享有生活舒适的自由；③享有不受痛苦伤害和疾病的自由；④享有生活无恐惧、悲伤感的自由；⑤享有表达天性的自由。关注动物福利首先是道德伦理问题，虐待动物在人的潜意识中反映出的是人性的黑暗面；其次是经济问题。肉食动物在饲养、运输、屠宰的过程中，不能按照动物福利的标准执行，这些动物制品的检验指标就可能会出现问题。

12.1.4　良好农业规范（GAP）的 8 个基本原理

1998 年 10 月 26 日，美国食品与药品监督管理局（FDA）和美国农业部（USDA）联合发布了《关于降低新鲜水果与蔬菜微生物危害的企业指南》。在该指南中，首次提出良好农业操作规范（GAP）概念。GAP 主要针对未加工或最简单加工（生的）出售给消费者或加工企业的大多数果蔬的种植、采收、清洗、摆放、包装和运输过程中常见的微生物危害控制，其关注的是新鲜果蔬的生产和包装，但不限于农场，包含“从农场到餐桌”的整个食品链的所有步骤。GAP 是以科学为基础，其采用是自愿的，但 FDA 和 USDA 强烈建议鲜果蔬生产者采用。使用该指南的基本原则：用指南中通常的建议去选择最合适的良好农业规范来指导各个环节的操作。

原理 1：对新鲜农产品的微生物污染，其预防措施优于污染发生后采取的纠偏措施（即防范优于纠偏）。

原理 2：为降低新鲜农产品的微生物危害，种植者、包装者或运输者应在他们各自控制范围内采用良好农业操作规范。

原理 3：新鲜农产品在沿着“从农场到餐桌”食品链中的任何一点，都有可能受到生物污染，主要的生物污染源是人类活动或动物粪便。

原理4：无论任何时候与农产品接触的水，其来源和质量规定了潜在的污染，应减少来自水的微生物污染。

原理5：生产中使用的农家肥应认真处理以降低对新鲜农产品的潜在污染。

原理6：在生产、采收、包装和运输中，工人的个人卫生和操作卫生在降低微生物潜在污染方面起着极为重要的作用。

原理7：良好农业操作规范的建立应遵守所有法律法规，或相应的操作标准。

原理8：各层农业（农场、包装设备、配送中心和运输操作）的责任，对于一个成功的食品安全计划是很重要的，必须配备有资格的人员和有效的监控，以确保计划的所有要素运转正常，并有助于通过销售渠道溯源到前面的生产者。

12.2 良好农业规范认证标准

12.2.1 ChinaGAP的法律法规依据

12.2.1.1 GAP认证有关的法律

GAP认证有关的法律主要包括：《中华人民共和国食品安全法》、《中华人民共和国产品质量法》、《中华人民共和国进出口商品检验法》、《中华人民共和国标准化法》、《中华人民共和国计量法》、《农产品质量安全法》、《环境保护法》、《土地法》、《畜牧法》等。

12.2.1.2 行政法规和行政法规性文件

GAP认证的行政法规和行政法规性文件主要有：《中华人民共和国认证认可条例》、《中华人民共和国标准化法实施条例》、《中华人民共和国计量法实施条例》、《国务院办公厅关于加强认证认可工作的通知》、《中华人民共和国耕地保护条例》、《中华人民共和国农药安全使用管理条例》、《动物防疫条件审查办法》、《乳与乳制品卫生管理办法》、《乳制品良好生产规范》（GB12693—2010）、《乳品质量安全监督管理条例》（国务院令第536号）、《奶牛标准化规模养殖生产技术规范》（农办牧［2008］3号）、《生鲜乳生产收购管理办法》（农业部令第15号）、《生鲜乳生产技术规程（试行）》（农办牧［2008］68号）、《生鲜乳收购站标准化管理技术规范》（农牧发［2009］4号）及畜牧养殖相关法律法规等。

12.2.1.3 部门规章

1. 认证　《认证及认证培训、咨询人员管理办法》、《认证证书和认证标志管理办法》等。

2. 新颁布农牧　《动物防疫条件审查办法》、《动物检疫管理办法》，与认证认可有关的其他法律法规有《ChinaGAP认证实施规则》等。

12.2.2 GAP标准概述

12.2.2.1 GAP标准制定基本原则

ChinaGAP标准制定的基本原则包括：以国际相关GAP标准为基础；遵循FAO确定的基本原则；与国际接轨，符合中国国情。

ChinaGAP标准在制定之初就充分考虑了国际化的要求，广泛的研究了世界各国的GAP标准（EUREPGAP、GFSI、BRC、IFS在内的众多标准），目前在世界上运行最成功的，也是目前最系统的标准，是 EUREPGAP 标准。因此，中国国家 GAP 标准的制定充分参考了 EUREPGAP 的具体要求，同时结合中国的实际情况，在不低于 EUREPGAP 的要求下，为下一步的国际互认奠定基础。

12.2.2.2　GAP 标准制定与审定

2003 年 4 月，国家认证认可监督管理委员会根据有关专家的建议首次提出在食品链源头建立良好农业规范体系，并于 2004 年初着手相关标准的翻译和资料收集工作，并成立“我国 GAP 合格评定体系”专家组，起草编写相关规范、标准。2005 年 11 月 12～13 日，国家标准委召开良好农业规范系列国家标准审定会，通过专家审定。审定组专家一致认为本系列标准结构合理、体系完整，完善并发展了我国农业标准体系，既体现了与国际接轨的要求，又结合了我国农业发展的现状，达到了国际先进水平。

12.2.2.3　GAP 标准的特点

1. GAP 是非法规性标准　GAP 标准可供政府、社会组织、农业企业和农业生产者采用，也可用于对规定要求的符合性评价和认证等目的。GAP 是非法规性标准，GAP 认证遵循自愿性原则。

2. GAP 标准的四大要求　GAP 标准采用“危害分析与关键控制点(HACCP)”方法识别、评价和控制食品安全危害，同时提出促进农业可持续发展的生态环境保护要求，员工职业健康、安全和福利要求及动物福利的要求。

3. GAP 内容条款的控制点　GAP 标准以“内容条款的控制点”的形式提出符合性要求，将控制点分为三级。1 级控制点是基于“危害分析与关键控制点（HACCP）”的食品安全要求，以及与食品安全直接相关的动物福利方面的要求；2 级控制点是基于 1 级控制点要求的环境保护、员工福利、动物福利的基本要求；3 级控制点是基于 1 级和 2 级控制点要求的环境保护、员工福利、动物福利的持续改善措施要求。

4. GAP 标准的结合使用　GAP 系列标准分为“农场基础标准”、“种类标准”（作物类、畜禽类和水产类等）和“产品模块标准”（大田作物、果蔬、茶叶、肉牛、肉羊、生猪、奶牛、家禽、罗非鱼、大黄鱼等）三类。实施认证或符合性评价时，须要结合使用上述三类标准。例如，对油菜或香菇的认证应当依据农场基础、作物类、果蔬模块三个标准进行检查/审核；对生猪的认证则依据农场基础、畜禽类、生猪模块三个标准进行检查/审核。

12.2.3　用于认证的良好农业规范系列国家标准

12.2.3.1　GAP 认证法规标准

1. 基本规范　开展良好农业规范认证依据的基本规范是《良好农业规范认证实施规则》(CNCA-N-004：2007)。

2. 良好农业规范认证依据的标准　良好农业规范标准分为农场基础标准、种类标准（作物类、畜禽类和水产类等）和产品模块标准（大田作物、果蔬、茶叶、肉牛、肉羊、生猪、奶牛、家禽、罗非鱼、大黄鱼等）三类。在实施认证时，应将农场基础标准、种类标准与产品模块标准结合使用。例如，对奶牛的认证应当依据农场基础、畜禽类、奶牛模块三个标准进行检查/审核（图 12-1）。

当作为认证依据的良好农业规范相关技术规范发生更新时，国家认监委会将及时通告中

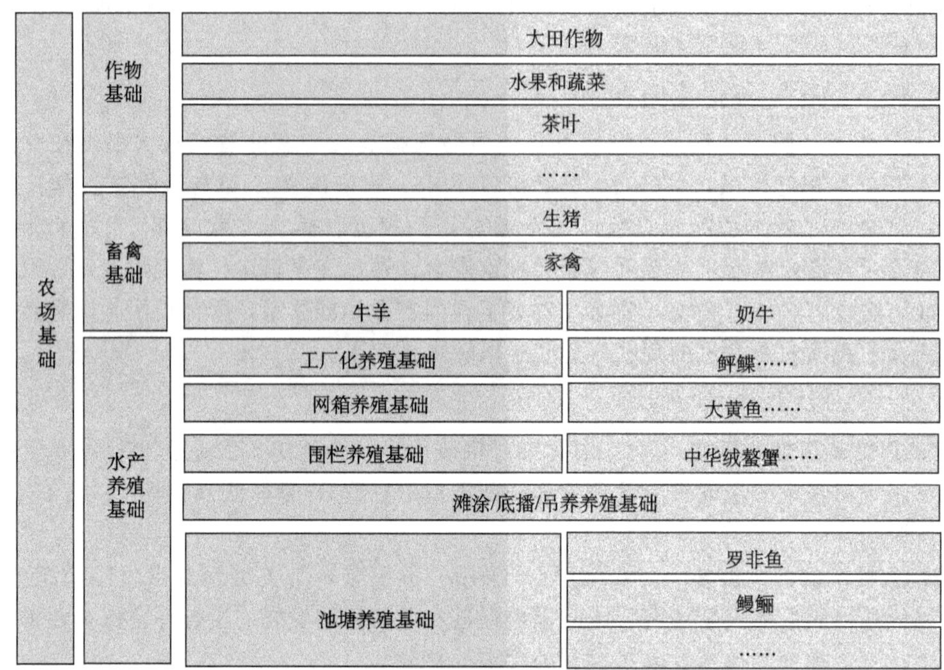

图 12-1 良好农业规范控制点与符合性规范使用示例

国合格评定国家认可委员会和相关认证机构。

开展良好农业规范认证依据的标准是《良好农业规范》系列国家标准。标准主要分为三部分，即农场基础标准[如《良好农业规范 第 2 部分：农场基础控制点与符合性规范》(GB/T 20014.2)]、种类标准[如《作物基础控制点与符合性规范》(GB/T 20014.3)、《大田作物控制点与符合性规范》(GB/T 20014.4)、《水果蔬菜控制点与符合性规范》(GB/T 20014.5)、《畜禽基础控制点与符合性规范》(GB/T 20014.6)]和产品模块标准[如《牛羊控制点与符合性规范》(GB/T 20014.7)、《家禽控制点与符合性规范》(GB/T 20014.10)、《茶叶控制点与符合性规范》(GB/T 20014.12)、《大黄鱼网箱养殖控制点与符合性规范》(GB/T 20014.23)等]。

3. GAP 认证依据使用要求

1）标准模块的结合使用　良好农业规范系列国家标准分为农场基础标准（如 GB/T 20014.2—2013《农场基础控制点与符合性规范》）、种类基础标准（如 GB/T 20014.3—2013《作物基础控制点与符合性规范》）和产品模块标准（如 GB/T 20014.5—2013《水果和蔬菜控制点与符合性规范》）三类。在实施认证时，应将农场基础标准、种类基础标准和（或）产品模块标准结合使用。

（1）水果种植认证。对水果种植进行认证时认证依据的标准除《农场基础控制点与符合性规范》（GB/T 20014.2）通用标准外，还应使用模块标准《作物基础控制点与符合性规范》（GB/T 20014.3）和产品标准《水果蔬菜控制点与符合性规范》（GB/T 20014.5）。

（2）牛羊养殖认证。对牛羊养殖进行认证时要依据《农场基础控制点与符合性规范》

(GB/T 20014.2)、《畜禽基础控制点与符合性规范》(GB/T 20014.6)和《牛羊控制点与符合性规范》(GB/T 20014.7)。

(3) 水产品认证。对罗非鱼池塘养殖进行认证，需依据《农场基础控制点与符合性规范》(GB/T 20014.2)、《水产养殖基础控制点与符合性规范》(GB/T 20014.13)和《水产池塘养殖基础控制点与符合性规范》(GB/T 20014.14)、《罗非鱼池塘养殖控制点与符合性规范》(GB/T 20014.19)。

2) *产品认证要求*　对某种产品的认证，应同时满足农场基础标准及其对应的种类基础标准和(或)产品模块标准的要求。例如，对猪的认证应当依据农场基础、畜禽基础、猪三个标准进行检查；再如，对蜜蜂的认证应当依据农场基础、蜜蜂两个标准进行检查。

12.2.3.2　良好农业规范系列国家标准体系框架

良好农业规范系列国家标准体系框架见图 12-2。

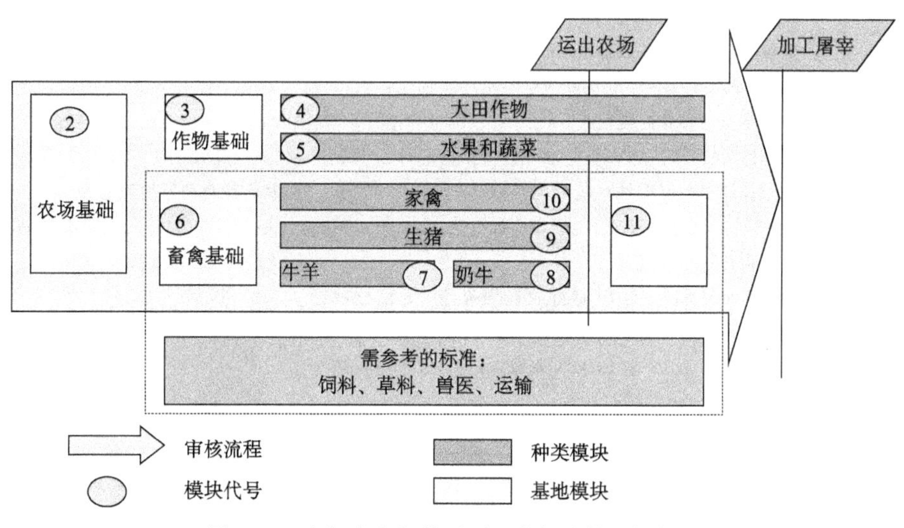

图 12-2　良好农业规范系列国家标准体系框架图

12.2.3.3　GB/T 20014 良好农业规范系列国家标准

2005 年 12 月 31 日，国家质量监督检验检疫总局和国家标准委联合发布了由国家认证认可监督管理委员会联合农业、质检部门等制定的 GB/T 20014.1—20014.11《良好农业规范》。2006 年 1 月，国家认监委制定了《良好农业规范》认证实施规则(试行)。2007 年 8 月，国家认监委又对 2006 年 1 月发布的《良好农业规范认证实施规则(试行)》进行了修订，自 2008 年 1 月 1 日起实施。同时，为与 GLOBALGAP 标准(3.0 版)实现互认，国家认证认可监督管理委员会组织有关专家对农场基础等 9 项 GAP 国家标准(GB/T 20014.2—20014.10)进行了修订，并于 2008 年 10 月 1 日起实施；2010 年发布了 GB/T 20014.25—2010《花卉和观赏植物控制点与符合性规范》；2011 年发布了 GB/T 20014.26—2011《烟叶控制点与符合性规范》；2013 年发布了 GB/T 20014.27—2013《蜜蜂控制点与符合性规范等》。

GB/T 20014 良好农业规范系列国家标准包含了如下良好农业规范系列国家标准（表 12-2）。

表 12-2 GAP 认证标准

序号	类型	核心标准	相关标准
1	基础标准	GB/T 20014.1—2005 良好农业规范第 1 部分：术语 GB/T 20014.2—2013 良好农业规范第 2 部分：农场基础控制点与符合性规范 GB/T 2014.13—2013 良好农业规范第 13 部分：水产养殖基础控制点与符合性规范	GB 5749—2006 生活饮用水卫生标准 GB 13078—2001 饲料卫生标准 GB 13078—2001《饲料卫生标准》第 1 号修改单 GB/T 19001—2000 质量管理体系要求 25—2008 检测和校准实验室能力的通用要求
2	作物标准	GB/T 20014.3—2013 良好农业规范第 3 部分：作物基础控制点与符合性规范 GB/T 20014.4—2013 良好农业规范第 4 部分：大田作物控制点与符合性规范 GB/T 20014.5—2013 良好农业规范第 5 部分：水果和蔬菜控制点与符合性规范 GB/T 20014.12—2013 良好农业规范第 12 部分：茶叶控制点与符合性规范 GB/T 20014.25—2010 良好农业规范 第 25 部分：花卉和观赏植物控制点与符合性规范 GB/T 20014.26—2013 良好农业规范第 26 部分：烟叶控制点与符合性	GB/T 18407.1—2001 农产品安全质量无公害蔬菜产地环境要求 GB/T 18407.2—2001 农产品安全质量无公害水果产地环境要求
3	畜禽标准	GB/T 20014.6—2013 良好农业规范第 6 部分：畜禽基础控制点与符合性规范 GB/T 20014.7—2013 良好农业规范第 7 部分：牛羊控制点与符合性规范 GB/T 20014.8—2013 良好农业规范第 8 部分：奶牛控制点与符合性规范 GB/T 20014.9—2013 良好农业规范第 9 部分：猪控制点与符合性规范 GB/T 20014.10—2013 良好农业规范第 10 部分：家禽控制点与符合性规范 GB/T 20014.11—2013 良好农业规范第 11 部分：畜禽公路运输控制点与符合性规范 GB/T 20014.27—2013 良好农业规范 第 27 部分：蜜蜂控制点与符合性规范	GB 16548—2006 病害动物和病害动物产品生物安全处理规程 GB 16549—1996 畜禽产地检疫规范 GB 16567—1996 种畜禽调运检疫技术规范 GB 16568—2006 奶牛场卫生规范 GB 18596—2001 畜禽养殖业污染物排放标准 GB/T 18407.3—2001 农产品安全质量无公害畜禽肉产地环境要求 GB/T 18635—2002 动物防疫基本术语 NY/T 388—1999 畜禽场环境质量标准

续表

序号	类型	核心标准	相关标准
4	水产品标准	GB/T 20014.14—2013 良好农业规范第 14 部分：水产池塘养殖基础控制点与符合性规范 GB/T 20014.15—2013 良好农业规范第 15 部分：水产工厂化养殖基础控制点与符合性规范 GB/T 20014.16—2013 良好农业规范第 16 部分：水产网箱养殖基础控制点与符合性规范 GB/T 20014.17—2013 良好农业规范第 17 部分：水产围栏养殖基础控制点与符合性规范 GB/T 20014.18—2013 良好农业规范第 18 部分：水产滩涂、吊养、底播养殖基础控制点与符合性规范 GB/T 20014.19—2008 良好农业规范第 19 部分：罗非鱼池塘养殖控制点与符合性规范 GB/T 20014.20—2008 良好农业规范第 20 部分：鳗鲡池塘养殖控制点与符合性规范 GB/T 20014.21—2008 良好农业规范第 21 部分：对虾池塘养殖控制点与符合性规范 GB/T 20014.22—2008 良好农业规范第 22 部分：鲆鲽工厂化养殖控制点与符合性规范 GB/T 20014.23—2008 良好农业规范第 23 部分：大黄鱼网箱养殖控制点与符合性规范 GB/T 20014.24—2008 良好农业规范第 24 部分：中华绒螯蟹围栏养殖控制点与符合性规范	GB 11607—1989 渔业水质标准 GB/T 18407.4—2001 农产品安全质量 无公害水产品产地环境要求 NY5051—2001 无公害食品淡水养殖用水水质 NY5052—2001 无公害食品海水养殖用水水质 NY5072—2002 无公害食品渔用配合饲料安全限量 SC/T 1004—2004 鳗鲡配合饲料
附录	良好农业规范认证实施规则		

12.2.3.4　GAP 认证实施规则

为进一步推动良好农业规范国家标准的贯彻实施，规范良好农业规范认证活动，提高我国农业综合生产能力，实现农业可持续发展，中国国家认证认可监督管理委员会 2006 年1 月24 日发布了《良好农业规范认证实施规则》，详细规定了获得和保持良好农业规范认证所应遵守的程序和要求；2007 年对其进行了修订，修订后的实施规则包括 12 项内容和 7 个附件。

1. 良好农业规范认证实施规则的主要内容　良好农业规范认证实施规则的 12 项内容包括：①目的和范围；②认证依据；③认证依据使用要求；④认证申请人；⑤认证级别；⑥认证方式及要求；⑦申请人/认证证书持有人的权利和义务；⑧认证程序；⑨认证证书的保持；⑩认证证书、认证标志的使用；⑪申诉和投诉；⑫认证收费。

2. 附件　7 个附件包括：附件 1 术语和定义，附件 2 检查人员要求，附件 3 认证机构要求，附件 4 农业生产经营者组织质量管理体系，附件 5 农业生产经营者组织质量管理体系审核指南，附件 6 认证机构之间证书转换，附件 7 检查表。

与《良好农业规范认证实施规则(试行)》(CNCA-N-004：2006)相比，修订后的《良好农业规范认证实施规则》(CNCA-N-004：2007)8 个附件变为 7 个，删除了附件 7 产品认证范围。

12.2.4　《中国良好农业规范系列国家标准》(通用部分)

《中国良好农业规范系列国家标准》(通用部分)即《良好农业规范认证实施规则》(CNCA-N-004：2007) 的内容。

12.2.4.1 适用范围

本规则适用于作物（包括大田作物、果蔬、茶叶等植物产品）、水产、畜禽产品良好农业规范的认证活动。

12.2.4.2 认证依据

GB/T 20014 良好农业规范 系列国家标准。

12.2.4.3 认证依据使用要求

3. 认证依据使用要求

良好农业规范中的模块按种类（作物、果蔬、肉牛、肉羊、生猪、奶牛、家禽）和基础（农场基础、作物基础和畜禽基础）划分为种类模块和基础模块。种类模块明确了申请认证的范围。在实施认证时，应将基础模块与种类模块配合使用——例如，对生猪模块的认证就包含对农场基础、畜禽基础、生猪模块方面的审核。当申请奶牛模块时，牛羊模块也应检查。

当作为认证依据的国家标准发生更新时，国家认证认可监督管理委员会将及时通告中国认证机构。

[理解要点] 文件分成几个模块，分别列出了每一部分的控制点和符合性规范。每个控制点的符合性级别在符合性规范表格的右边一列，并从相应等级的栏目中看其是否与目录中所列的一级、二级或三级控制点相符。种类模块和基地模块不能单独使用，对基地模块的选择需要根据所申请的种类模块来决定，参见图 12-1。如对水果和蔬菜的检查，应分别对农场基础模块、作物基础模块及水果和蔬菜模块中的适用控制点进行检查。

12.2.4.4 认证申请人

申请良好农业规范认证的申请人既可以选择以单个的农业生产经营者的身份认证，也可以选择以农业生产经营者组织的身份进行认证。其中农业生产经营者是指农场的自然人或法人，对农场出售的产品负法律责任；而农业生产经营者组织具有合法的组织结构、内部程序和内部控制，所有成员按照良好农业规范的要求登记，并形成成员清单，其上说明注册情况。农业生产经营者组织必须和每个农业生产经营者签署协议，并有一个承担最终责任的管理代表。

12.2.4.5 认证级别

5. 认证级别

5.1 一级认证要求

5.1.1 应符合适用良好农业规范相关技术规范中所有适用一级控制点的要求。

5.1.2 应至少符合所有适用良好农业规范相关技术规范中适用的二级控制点总数 95%的要求。

5.1.3 不设定三级控制点的最低符合百分比。

5.1.4 二级控制点允许不符合百分比计算公式

(二级控制点总数－不适用的二级控制点总数)×5%＝(允许不符合的二级控制点总数)

注：允许不符合的二级控制点最终的总数是计算的实际数值取整。

[理解要点] 良好农业规范认证级别分为两级，即一级认证和二级认证。其中一级认证包含了二级认证的所有要求，并在此基础上提出了更多的要求。因此一级认证是更高级别的认证，也是被广大国外零售商普遍接受的认证级别。

5.2 二级认证要求

5.2.1 应至少符合所有适用良好农业规范相关技术规范中适用的一级控制点总数 95%的要求。

注：可能导致消费者、员工、动植物安全和环境严重危害的控制点必须符合要求。

5.2.2 一级控制点允许不符合百分比计算公式

（一级控制点总数－不适用的一级控制点总数）×5%＝（允许不符合的一级控制点总数）

5.2.3 不设定二级控制点、三级控制点的最低符合百分比。

5.3 符合性判定要求

5.3.1 不论申请一级还是二级认证，所有适用的控制点（包括一级、二级和三级控制点）都必须审核/检查，并应在检查表的备注栏中对所有不符合进行描述。

5.3.2 在审核/检查中应收集对每个控制点的审核和检查证据。一级控制点的审核/检查证据应在检查表的备注栏中记录，以便追溯。

5.3.3 良好农业规范相关技术规范中被标记为“全部适用”的控制点，除非特别指出，都必须经过审核和（或）检查。只有经国家认监委特许的例外可免除该条款的审核/检查，这些例外由国家认监委发布。

［理解要点］二级认证只规定了一级控制点的符合比例，而没有设定二级控制点的最小符合百分比。对于达不到一级认证要求的组织或个人，可根据其一级控制点的符合情况考虑转为二级认证，各模块三级控制点为推荐性要求。

12.2.4.6　认证方式及要求

6. 认证方式及要求

申请人可按照下列两种认证方式之一申请认证。

6.1 选项 1：农业生产经营者认证

6.1.1 内部检查

6.1.1.1 应进行完整的基于良好农业规范相关技术规范要求的内部检查，在外部检查时必须将内部检查记录提供给外部检查员进行审核。

6.1.1.2 每年至少进行一次内部检查。

6.1.2 外部检查

6.1.2.1 认证机构对已获证的农业生产经营者及其所有适用模块的生产场所，按所有适用控制点的要求每年至少实施一次通知检查。

6.1.3 不通知监督检查

6.1.3.1 认证机构每年应至少对其认证的农业生产经营者按不低于 10%的比例实施不通知检查。当认证机构按选项 1 发证的数量少于 10 家时，不通知检查数量不得少于 1 家。

6.1.3.2 不通知检查可仅对良好农业规范相关技术规范适用的一级和二级控制点进行检查，发现不符合的处理方式和通知检查的处理方式一致。

6.1.3.3 不通知检查可以在检查前 48 小时内向农业生产经营者提供检查计划，农业生产经营者无正当理由不得拒绝检查。第一次不接受检查将收到书面告诫，第二次不接受检查将导致证书的完全暂停。

［理解要点］有多个农业生产经营者申请认证时，他们既可以各自以选项一的方式申请，也可以联合起来以选项二的方式申请。两种方案各有特点。

如果所有农业生产经营者均以选项一的方式独立提出申请：

（1）每个农业生产经营者都要接受认证机构的外部检查，每个通过认证的农业生产经营者都会得到认证证书。

（2）各自的检查认证都是单独进行，互不影响，即使其中一个农业生产经营者的操作不符合要求，也不会影响到其他农业生产经营者的获证情况。

（3）由于每个农业生产经营者都要接受外部检查，这样对于所有农场检查时间的总和就会相对于选项二多一些。

6.2 选项 2：农业生产经营者组织认证

6.2.1 内部质量管理体系审核

6.2.1.1 农业生产经营者组织应每年按照附件 4 中农业生产经营者组织质量管理体系的要求，进行内部质量管理体系审核。

6.2.2 内部检查

6.2.2.1 农业生产经营者组织每年应对每个成员及其生产场所至少实施一次内部检查，内部检查由农业生产经营者组织的内部检查员实施，或转包给外部检查员实施，但此时不同于认证时的外部检查员检查，不做认证决定，且此外部检查员不应是外部检查认证机构的人员。

6.2.2.2 每年的内部检查应按照良好农业规范相关技术规范所有适用控制点的要求进行。

［理解要点］以选项 2 申请时，农业生产经营者组织应建立内部管理体系，包括书面的质量手册和程序文件、可追溯性及内部审核控制程序等。农业生产经营者组织所有的注册成员必须执行相同的操作方式，即联合组织统一的管理、检查和隶属关系且与成员签订协议。农业生产经营者组织每年应对注册的成员及模块实施至少一次内部检查。外部认证机构对农业生产经营者组织每年进行一次外部检查，抽样数不能少于农业生产经营者组织成员数量的平方根。

6.2.3　质量管理体系外部通知审核

6.2.3.1 认证机构每年应对申请人的质量管理体系进行一次通知审核，审核按照附件 4 和附件 5 的要求进行。

注：质量管理体系审核中发现的不符合可以通过纠正措施计划进行关闭，纠正时限应依据不符合严重程度来确定，但最长不可超过 28 天。

6.2.4　质量管理体系外部不通知审核

6.2.4.1 认证机构每年至少对其认证的农业生产经营者组织按不低于 10%的比例增加实施一次不通知审核。当发证机构按选项 2 发证的数量少于 10 家时，不通知审核数量不得少于 1 家。

6.2.4.2 不通知审核仅审核组织的质量管理体系部分，任何质量管理体系的不符合将导致对整个组织的制裁。

6.2.4.3 不通知审核可以在检查前 48 小时内向获证农业生产经营者组织提供审核计划，获证农业生产经营者组织无正当理由不得拒绝审核。第一次不接受审核将收到书面告诫，第二次不接受审核将导致证书的完全暂停。

6.2.5　外部检查

6.2.5.1 每年应对所有获证的农业生产经营者组织组织实施一次通知的外部检查和一次不通知的外部检查。检查采取对农业生产经营者组织内成员随机抽样方式进行。

6.2.5.2 初次认证、良好农业规范相关技术规范更新或获证的农业生产经营者组织更换认证机构时，抽样数不能少于农业生产经营者组织成员数量的平方根。

6.2.5.3 获证农业生产经营者组织每年进行的不通知检查抽样数量，可以是初次认证抽样数量的 50%。如果检查没有发现不符合，下一次通知检查时抽样数量可以减为成员数平方根的 50%。如果在不通知检查中出现不符合，则在下一次通知检查时抽样数量按照初次检查要求对待。

6.2.5.4 每年的外部检查应按照良好农业规范相关技术规范所有适用控制点的要求进行。

如果所有农业生产经营者作为一个联合组织，以选项二的方式提出申请：

（1）他们中仅有一部分需要接受认证机构的外部检查，通常抽查的数量应不少于联合组织成员数量的平方根，认证机构可根据实际情况增大抽样数量，但最多不会超过平方根的 4 倍。

（2）农业生产经营者组织必须是一个合法的实体，而且要由内部质量控制体系来确保所有的农业生产经营者都是按照统一的要求来进行操作，认证机构要对此质量管理体系依照本文件附件 4 的标准进行审核。如果认证机构发现此联合组织中的任何一个农业生产经营者的操作不符合良好农业规范的要求，则整个农业生产经营者组织不能通过认证。

（3）由于联合组织中要接受外部检查的农业生产经营者数量会少于农业生产经营者总数量，这样所用的总的检查时间相对较少。

申请良好农业规范认证时，申请方式可分为农业生产经营者认证（选项 1）和农业生产经营者组织认证（选项 2）两类。两选项申请人可申请一个或多个模块进行认证。

两选项均要求申请人每年应按照相对应的模块进行控制点和符合性规范的内部检查。同时认证机构将每年将对已获得认证的农业生产经营者或农业生产经营者组织实施至少一次的通知检查及不低于 10%比例额外的不通知检查。对于选项一，申请人在外部检查之前要每年执行至少一次内部检查；对于选项二，申请人在外部检查之前要每年执行至少两次内部检查，一次由农业生产经营者组织的各成员来执行，一次由农业生产经营者组织来统一执行。

内部检查时要验证对于良好农业规范控制点（特别是一级和二级）的符合情况，并对不符合进行记录和改进。

12.2.4.7　申请人/认证证书持有人的权利和义务

7. 申请人/认证证书持有人的权利和义务

7.1 申请人/认证证书持有人的义务

7.1.1 认证证书持有人必须对认证范围内认证产品与良好农业规范相关技术规范以及本规则的符合性负责。选项 2 认证，农业生产经营者组织作为合法实体将成为证书持有人。

7.1.2 认证申请程序必须在认证机构对其实施初次检查/审核前完成。

7.1.3 认证证书持有人还在认证机构的制裁过程中的，不得转换认证机构。除非做出制裁决定的认证机构已确认认证证书持有人关闭了相关不符合，或制裁期已过。

7.1.4 认证证书持有人只能在原发证机构宣布该认证证书作废后，才能转换认证机构。

7.1.5 认证证书持有人转换认证机构，或向新认证机构申请新产品认证时，必须向新认证机构提供在原认证机构获得的注册号码。

7.1.6 当申请人按 7.2.5 的要求向多个认证机构申请认证时，申请人必须：

Ⅰ）通知其他相关认证机构，并由认证机构在上报国家认监委的信息中予以说明。

Ⅱ）如果受到了其中一个认证机构的制裁（如因违反认证实施规则、纠正措施超期等受到的制裁），应书面通知其他相关认证机构。

Ⅲ）书面同意相关认证机构之间就不符合和制裁内容进行交流。

7.1.7 认证证书持有人有责任按认证机构要求提供最新资料及相关数据，例如农场或生产面积变化、农业生产经营者组织成员变动。

7.1.8 申请人必须书面承诺遵守本规则所包含的要求。

7.1.9 申请人应保证对所申请认证的产品拥有所有权，对种植、养殖场所拥有所有权或使用权。

7.1.10 申请人必须向认证机构做出正式声明，说明其申请认证的产品所要进行交易或出口的国家/地区。

［理解要点］认证证书持有人必须对所认证产品与ChinaGAP标准的符合性负责，且对其所提供材料的真实性负责，在接受认证检查时必须完成申请程序。

对于果蔬类，在申请时要向认证机构声明其操作是否包含产品的处理；对于同一个模块，认证申请人不能在一个认证机构认证后再向另一认证机构重新提出认证申请；但可以向两个不同的认证机构分别申请不同模块的认证；认证申请人不能同时为一个模块申请两个选项的认证。同一模块只能申请一个等级的认证（一级认证要求或二级认证要求）；当农场或生产面积发生变化或农业生产经营者组织成员有变动时，认证证书持有人应立即按认证机构要求向认证机构递交最新资料及相关数据。

认证机构根据自己的判断来决定是否需要追加一次检查；对于同一种产品，申请人必须对该产品的所有生产面积提交认证申请，而不能只申请其中的一部分。例如，申请人的农场内有$100hm^2$的苹果，申请苹果认证的面积必须是$100hm^2$，而不能只是其中的$80hm^2$。

7.2 申请人/认证证书持有人的权利

7.2.1 申请人就申请认证服务内容和认证机构达成协议，其中必须包括认证机构的承诺。

7.2.2 认证机构应在申请人提出申请14日内做出是否接受申请的决定，在初次认证审核/检查或不符合项关闭后14日内做出认证决定。

7.2.3 申请人可以就同一模块中的不同产品申请不同选项的认证，但同一产品不能按不同的选项申请认证。

7.2.4 无论何种原因，认证证书持有人有权利更换认证机构（处于认证机构制裁过程中的除外）。更换认证机构时有权终止同认证机构签署的合同（处于认证机构制裁过程中的除外）。但这不能免除应付的相关费用。

7.2.5 申请人可以将不同的产品向不同的认证机构申请认证。

Ⅰ）如果申请人为多个产品分别申请不同选项的认证（参考7.2.3）。

Ⅱ）如果一个农业生产经营者同时参加了多个生产经营者组织（例如牛的养殖在一个农业生产经营者组织中，而猪的养殖加入了另一个组织）。

7.2.6 认证证书持有人可以自愿申请证书中的部分或全部产品暂停（处于认证机构制裁过程中的除外），此时认证证书将被认证机构标识为“自我声明部分或全部暂停”。申请暂停不能免除相关费用。

7.2.7 保密条款：认证机构应把所有申请人/认证证书持有人提供的一切产品的详细资料、生产过程、评估报告及相关文件作为机密，未经申请人/认证证书持有人的书面许可，认证机构不得将申请人/认证证书持有人的信息提供给第三方（法律法规和本规则另有规定的除外）。

7.2.8 合法的证书持有人才有权利在市场上销售认证产品。

［理解要点］认证申请人有权利要求认证机构对其所有的认证资料保密，没有申请人的书面授权，认证机构不得透露申请人的任何信息（法律法规和本规则另有规定的除外）。在上述权利受到侵犯时，申请人可以按照认证机构的抱怨和投诉处理程序对认证机构提出抱怨或者投诉，认证机构必须对所有的抱怨和投诉给予回复。如果对认证机构回复不满意，申请人可以向中国国家认证认可监督管理委员会投诉。

12.2.4.8 认证程序

8. 认证程序

8.1 申请

8.1.1 申请文件应包括以下内容：

8.1.1.1 申请人的名称。

8.1.1.2 联系人的姓名。

8.1.1.3 最新的地址（地址和邮编）。

8.1.1.4 其他身份证明（营业执照等）。

8.1.1.5 联络方式（电话传真及电子邮件地址）。

8.1.1.6 产品名称。

8.1.1.7 当年的生产面积（作物类）/产品的数量（畜禽、水产类）。

8.1.1.8 申请的和不准备申请的作物名称（作物类）。

8.1.1.9 一次收获还是多次收获（作物类）。

8.1.1.10 申请选项（1或2）、申请级别（一级或二级）。

8.1.1.11 申请认证的标准名称和版本。

8.1.1.12 原认证注册号（如有）。

8.1.1.13 认证机构要求提交的信息 参照7.1.6。

8.1.1.14 对果蔬产品：如果不进行产品处理，则声明不包含产品处理（对每种认证的产品）。

8.1.1.15 对果蔬产品：如果是在农场范围外进行产品处理，产品处理者的认证注册号码（适用时）。

8.1.1.16 对果蔬产品：如果产品需进行处理，生产者应说明是否同时处理来自其他获证生产者的产品（这种情况下在GB/T 20014中关于农产品处理的所有适用的二级控制点都必须按照一级控制点来检查）。

8.1.1.17 对茶叶、水产品：如产品由监管链中指定的加工者加工，生产者应立即将其注册号码通知认证机构并及时更新（适用时）。

8.1.1.18 对畜禽、水产产品：当生产者获悉运输方的注册号码或注册号码变更时，应立通知认证机构并更新（适用时）。

8.1.1.19 产品可能的消费国家/地区的声明。

8.1.1.20 产品符合产品消费国家/地区的相关法律法规要求的声明和产品消费国家/地区适用的法律法规清单（包括申请认证产品适用的最大农药残留量MRL法规）。

[理解要点]

(1) 申请选项的选择时要注意，不同的组织机构有不同的选项，不同的选项在ChinaGAP体系运行时有不同的方式，接受外部检查时检查的内容也不相同。因此，申请选项的选择关系到后续所有ChinaGAP体系运行和检查。

(2) 身份（申请人名称、资质证书文件）是指申请组织的法人名称。资质证书至少包括企业法人营业执照、土地所有权或使用权证明，加工区域既要有房屋租赁或财产证明又要有加工或经营的许可证等。

(3) 场所填写时要全面，每一农场的具体地址要详细，因为农场不能多次申请ChinaGAP认证，具有唯一性。

(4) 如果申请组织曾获得ChinaGAP认证，应在申请时提供原注册的号码。

(5) 对果蔬类，如果对农产品处理部分不进行申请，应对其进行声明，则农产品处理部分对应的控制点与符合性规范可不适用；如果对农产品处理部分进行申请，则要声明处理场所内处理的所有产品的来源，是认证产品、非认证产品还是两者皆有。

(6) 申请组织应有产品销售国家、地区声明，在制定文件和体系运行时，应考虑并达到相应的国家、地区的法律法规。

8.1.2 合同

申请人向认证机构申请认证后，应与认证机构签署认证合同。

8.1.3 注册号

申请人与认证机构签署合同后，认证机构应授予申请人一个认证申请的注册号码。

注册号编码规则：ChinaGAP＋空格＋认证机构名称的字母缩写＋空格＋申请人的流水号码。

注：只有在取得注册号后才能开始检查/审核。

8.2 检查/审核程序

8.2.1 对于选项1、选项2的认证检查/审核在6.1、6.2中已经分别有详细介绍。

8.2.2 现场确认：作为审核活动的一部分，必须检查农场及其模块的生产场所。

8.2.3 检查/审核时间安排

8.2.3.1 作物类认证

Ⅰ）初次认证检查。

初次检查要求申请人提供获得注册号之后，收获日期之前的3个月的记录。其中收获和生产处理过程必须在申请注册之后实施，注册之前的收获和生产处理的记录无效。

a）初次认证检查时间安排。宜选择在收获期间安排初次检查，以便对与收获相关的控制点（如最大农残限量、收获期间的卫生除害等）进行查证。

b）初次认证检查时间调整。在收获期间无法实施检查时，可以调整检查时间，但认证机构应对此做出说明。如果检查在作物收获之前进行，致使部分适用的控制点无法检查，认证机构应当做后续跟踪检查或者由生产者以传真、照片或其他可接受（由农业生产者和认证机构进行协商确定）的形式提交证据；如果检查是在作物收获之后进行，生产者必须保留有关收获的适用控制点符合性的证据。认证机构应适当增加对未在收获期进行检查的生产者在收获期进行不通知检查的概率。

颁发认证证书前应保证所有未被检查控制点得到验证，并保证超出规定比例的不符合项已经关闭。

c）多种作物认证检查时间安排。申请一种以上作物的认证，如果生产期同步或相近的，检查时间宜靠近收获期；如果生产期不同步或不相近的，那么初次认证检查应选择在最早收获作物的收获期间进行，其他产品只有在通过现场检查或者由生产者提供可接受的证据，验证了适用控制点的符合性后，方可将其加入到认证证书的覆盖范围。

Ⅱ）复评。

a）如果在规定的复评时间内，没有当季作物供检查，认证机构可以将原证书有效期再延长3个月（认证证书有效期的延长必须在证书有效期之前提出，并被认证机构批准，否则认证证书将被撤销）；

b）复评应在上一次检查6个月后，证书有效期之前完成。现场至少必须有一种证书覆盖范围内的当季作物（指在尚未收获阶段或已收获且尚在仓库中）能使认证机构相信，任何其他当时不在种植状态的证书覆盖范围的作物（如果有）也按照相关要求进行控制。

Ⅲ）认证机构应当根据认证产品模块的风险程度，制定适宜的产品抽样程序和检验方案，实施相应的抽样检验，以验证认证产品符合消费国家/地区的相关法律法规要求。

8.2.3.2 畜禽类和水产类认证

Ⅰ）初次认证检查和复评时，畜禽或水产品必须在养殖状态。

Ⅱ）复评应在上一次检查6个月后，证书有效期之前完成。

Ⅲ）如果在规定的复评时间内，没有畜禽在养殖状态供检查，认证机构可将生猪、家禽模块认证证书有效期再延长3个月，牛、羊以及奶牛模块认证证书有效期延长6个月（认证证书有效期的延长必须在证书有效期之前提出，并被认证机构批准，否则认证证书将被撤销）。

Ⅳ）如果认证证书同时覆盖了生猪/家禽和牛/羊/奶牛模块，则复评应按照在生猪/家禽的复评时间要求进行，以满足不同模块复评时间的要求。

Ⅴ）对于畜禽 24 个月内检查时间的确定，应考虑冬季、夏季和室内、室外的因素。

［理解要点］合同签订后可进入现场检查阶段。对于作物类、畜禽类和水产类的检查时间要求要严格遵照 8.2.3.1—8.2.3.2 的要求；监督检查除肉牛和肉羊以及奶牛模块可每隔 18 个月周期检查一次外，其他所有模块检查周期为 12 个月。

8.3 认证的批准

8.3.1 认证的批准是指签发认证证书。

8.3.2 认证的批准条件，即申请人必须满足本规则所有适用条款的要求。

8.3.3 认证证书由认证机构颁发，有效期为 12 个月。证书持有人若要延长证书的有效期，在证书失效前应向认证机构进行年度再注册，否则，证书状态将由“有效”变为“证书未更新或未再注册”。

注：认证证书的延长见 8.2.3.1、8.2.3.2。

8.3.4 认证机构和申请人的认证合同期限最长为 3 年，到期后可续签或延长 3 年。

8.3.5 关于认证标志及认证证书内容和使用要求，见第 10 条款。

8.3.6 当颁发或再次颁发认证证书时，证书上的颁证日期是认证机构做出认证决定的日期。

8.4 批准范围

批准范围应指明认证的产品范围、场所范围和生产范围。

8.4.1 产品范围

8.4.1.1 发放给获证申请人的证书内容包括获证的农场和声明的产品。

8.4.1.2 对于选项 2，农业生产经营者组织成员可以从农业生产经营者组织获取认证确认函，但是未经农业生产经营者组织同意，不得使用农业生产经营者组织的认证证书。

8.4.2 场所范围

在获证农场中注册产品的所有种植/养殖区域及模块场所都必须符合良好农业规范相关技术规范的规定。

8.4.3 生产范围

8.4.3.1 不论产品在离开农场前所有权是否发生变化，生产范围应涵盖认证模块所有的生产过程，对作物至少覆盖到收获（果蔬例外），对畜禽至少覆盖到运输装载点。

8.4.3.2 对果蔬产品，农业生产经营者或农业生产经营者组织已声明不进行农产品处理时（不包括那些为加工产品进行的活动），针对该农产品良好农业规范相关技术规范中处理部分条款不适用，认证范围可缩小。

8.4.3.3 对果蔬产品如果包含农产品处理的范围，必须符合良好农业规范相关技术规范中关于处理的条款。

8.4.3.4 如果农产品处理采用外包方式，只有满足下述条件才能在认证证书中包含处理的范围：

Ⅰ）在处理时农产品所有权仍然属于申请人。

Ⅱ）农产品处理的分包方应获得相应产品处理的认证范围。

Ⅲ）分包方能建立追溯体系区分处理的产品。

Ⅳ）分包方关于产品处理部分的二级控制点要求按一级控制点检查。

Ⅴ）分包方不得包装、加工或储存非认证的同一种产品。

8.4.3.5 对果蔬产品如果在收获期之前，产品在田间已被售出，并且购买者也负责农产品加工、收获和生产，那么认证证书中可不包括收获部分。

8.4.4 产品监管链的范围包括产品从农场售出后所有权变化的相关各方（贸易方、存储方、收集方、运输方和零售商卖到最终消费者）的所有活动，包括一套能够区分认证和非认证产品的隔离和区分管理体系，确保产品不被混淆。监管链应用于水产和茶叶的认证。

［理解要点］现场检查/审核结束后，认证机构应根据现场检查/审核的证据和结论，做出认证决定，同时颁发证书。证书时间应为经确认的不符合全部整改后的日期。

8.4.3.3 中的加工产品是指经过深加工的产品，此产品不包含在 ChinaGAP 认证范围内。ChinaGAP 涵盖的收获后行为只有存储、化学处理、整理、清洗或其他的一些处置行为。

8.5 分包方的控制

8.5.1 应建立程序以确保分包给第三方的活动满足良好农业规范相关技术规范的要求。

8.5.2 应对分包方的能力进行评估并保留评估记录。

8.5.3 应在同分包方的合同中明确分包方应遵守申请人的质量管理体系和相关程序要求。

12.2.4.9 认证证书的保持

9 认证证书的保持

9.1 确认

9.1.1 认证机构每年必须对认证证书持有人以及相关认证范围内的产品重新确认。

9.1.2 认证机构每年必须按良好农业规范相关技术规范的要求实施检查/审核和确认。

9.2 制裁

本条款适用于认证机构对农业生产经营者或农业生产经营者组织以及农业生产经营者组织对其成员的制裁。

9.2.1 告诫

9.2.1.1 认证机构检查出的所有不符合都可做出告诫的制裁。允许在一段时间内消除引起告诫的起因，在此之后如果告诫仍未解除，则予以暂停。

9.2.1.2 所允许的纠正时间将由认证机构和认证证书持有人协商决定，最长纠正期限为从告诫之日起 28 天止。

9.2.2 暂停

9.2.2.1 在一段时期内，认证证书持有人将被禁止使用认证标志、证书或其他任何与良好农业规范有关的文件。

9.2.2.2 暂停的持续时间将由认证机构决定，最长为 6 个月。暂停期满之后，如果暂停仍然没有解除，将撤销证书，并解除认证机构和认证证书持有人之间的合同。如果暂停是自行要求的，那么由农业生产经营者或农业生产经营者组织自行确定为达到符合所需的整改措施和时限，且必须与认证机构达成一致，但必须在暂停解除之前关闭。

9.2.2.3 暂停的解除

暂停将会持续到有证据证明引起暂停的原因已经整改，由认证机构来完成一次预先通知的或不通知的确认检查/审核，符合要求后暂停才能解除。

9.2.2.4 暂停的类型

Ⅰ）延期暂停：在允许纠正的期限内即 28 天，不会强制实行立即暂停。如果 28 天之后问题仍然没有纠正，则实施立即暂停。

Ⅱ）立即暂停，可以是下列任意一项。

a）部分暂停：仅仅是被认证产品范围内的某一部分被暂停，被暂停产品将被禁止使用认证标志、证书或其他任何与良好农业规范有关的文件。

b）完全暂停：对被认证产品范围内的所有产品暂停。

注：如果所有农场基础或种类的良好农业规范相关技术规范出现了导致暂停的不符合，则其覆盖的所有模块的产品，将被完全暂停。

9.2.3 撤销

9.2.3.1 解除合同，全面禁止使用与良好农业规范相关的文件、证书、认证标志等。

9.2.3.2 证书已被撤销的认证证书持有人，只有在引起撤销的起因消除 12 个月后，才能向认证机构提出再次认证申请。

9.3 不符合的处置

认证机构对认证证书持有人和农业生产经营者组织对其成员应按照以下规定确定不符合，制定识别和处理不符合的相关程序。

9.3.1 一级控制点不符合

9.3.1.1 一级认证的一级控制点不符合

Ⅰ）如果认证机构发现并证实认证证书持有人出现良好农业规范相关技术规范一级控制点不符合，认证证书持有人也未采取适当的纠正措施，且未告知直接客户和认证机构，证书将立即完全暂停，最长期限为 6 个月。如果在以后的审核/检查中发现重复出现同样的问题，则证书会被撤销。

如果在一个农业生产经营者组织的一个成员处发现一级控制点不符合，则认证机构必须进一步调查，增加取样数（最大为其成员总数平方根的 4 倍），以确定农业生产经营者组织不符合的严重性，从而确定是否需要对农业生产经营者组织实施暂停制裁，或是仅对该成员暂停制裁 6 个月。

Ⅱ）如果认证证书持有人在认证机构发现之前，告知直接客户和认证机构其不符合良好农业规范相关技术规范某一级控制点，并采取适当的纠正措施避免该不符合项的再次发生，证书应当被立即部分暂停，其范围由认证机构决定。立即部分暂停的范围可限定到某种产品（地块、温室、动物或批次）的可清楚识别的、可追踪的部分，同时农场应有清楚的、可识别的追踪（追溯）系统。

Ⅲ）当出现一级控制点的不符合，检查员应对不符合对环境和消费者安全影响程度进行评估。如果不符合不会对环境和消费者安全形成严重危害，且可在 28 天内完成不符合的整改，认证机构可延期暂停；如果不符合会对环境和消费者安全形成严重危害，则应立即暂停。

9.3.1.2 二级认证的一级控制点不符合

如果超过 5%的适用一级控制点不符合，证书会被立即完全暂停。在最长期限 6 个月内，认证机构必须确认纠正措施的有效性（通过现场访问或其他形式的文件核查进行），否则撤销证书，并解除合同。

9.3.2 二级控制点不符合（仅适用于一级认证）

9.3.2.1 延期暂停

如果超过 5%的适用二级控制点不符合，证书会被延期暂停。在需要时，最长 28 天内认证机构必须确认纠正措施的有效性（通过现场访问或其他形式的文件核查进行）。

9.3.3 合同性不符合

9.3.3.1 次要条款不符合

当认证机构和认证证书持有人的合同的次要条款出现不符合时，将对其进行告诫。允许的纠正时间由认证机构和认证证书持有人商议决定。认证机构将要求其提交书面的证明作为已符合的证据。最长纠正期限为 28 天。

9.3.3.2 技术性不符合

在检查过程中发现认证机构和认证证书持有人之间合同签订的协议出现不符合，或发现与认证证书持有人有关的生产性技术疑问，将导致立即完全暂停。

当认证证书持有人未在规定时间内满足先前告诫提出的要求、未按合同约定付款、未按认证机构传达的良好农业规范相关技术规范、认证规则及相关法律法规等最新要求进行修正、变更或调整时，将立即完全暂停。

9.3.3.3 主要条款不符合

当因未履行认证机构和认证申请人签订的合同中的协定而出现的不符合，这种不符合客观表现为认证证书持有人相关方面的管理不善，则合同解除。

9.3.3.4 认证证书持有人破产或者农场场所所有权或使用权关系发生改变则合同解除。

9.3.3.5 出现以下情况之一的合同不符合时，将给予撤销的制裁

Ⅰ）农业生产经营者或农业生产经营者组织经历了部分或全部暂停的 6 个月之后，仍无法证明实施了充分的整改措施且有效；

Ⅱ）在某一范围内的不符合导致认证机构对生产的完整性产生怀疑；

Ⅲ）当发现主要合同不符合时。

12.3 我国良好农业规范认证实施程序

GAP 认证是指经认证机构依据相关认证要求，以认证证书的形式予以确认的某一种类产品（如作物、果蔬、牛羊、生猪、奶牛、家禽）的种植和养殖过程及产品质量符合认证规则和相关适用标准的要求。

GAP 认证是以生产过程检验为基础，包括现场检查、质量保证体系的检查和必要时对产品检测、场所管理情况的风险评估。GAP 认证关注产品的种植和养殖过程，涉及食品安全、环保等方面关键控制点是否得到有效控制，其认证模式是对生产过程进行检查，通过对质量管理体系、生产过程控制体系、记录追踪投资等过程进行检查来评价其是否符合良好农业规范认证规则和相关国家标准要求，从而保证最终产品质量安全的合法性，满足采购方要求。

12.3.1 GAP 认证应具备的条件

12.3.1.1 基本条件

GAP 认证应具备的基本条件是符合 GAP 标准要求的必备硬件、软件条件；已按标准要求建立统一的操作规范，并有效实施；有至少 3 个月的运行记录。

12.3.1.2 优先条件

GAP 认证应具备的优先条件是：企业规模较大，组织管理体系健全；有产品出口或准备出口；企业位于标准化基地、出口基地、优势农产品产业带等区域，产品具有较强市场竞争力。

12.3.1.3 认证对象

农业生产经营者和农业生产经营者组织都可以作为申请人申请 GAP 认证。农场业主联合组织与农场业主必须签订 1 年以上的协议，并按照标准的要求建立相应的程序、操作规程。

GAP 认证的申请人可以是“农业生产经营者”，如农户、农业企业；也可以是“农业生产经营者组织”，即农业生产经营者联合体。

12.3.1.4　认证依据及宗旨

1. GAP 的宗旨　GAP 的宗旨在于帮助农产品生产企业，解决在种植、收割、堆放、包装和销售等方面常见的微生物危害问题，以提高农产品的安全；以持续的努力为基础，发展国家的指导方针，增强食品安全。

2. GAP 认证依据

（1）良好农业规范认证实施规则。

（2）良好农业规范系列国家标准，主要包括基础标准、作物标准、畜禽标准及水产品标准四大部分，共有 27 项标准，见表 12-2。

12.3.1.5　GAP 认证分级与分类

GAP 认证即良好农业规范，是应用现代农业知识，科学规范农业生产的各个环节，在保证农产品质量安全的同时，促进环境、经济和社会可持续发展。

1. 分级与分类的概念　根据认证要求不同，GAP 认证分为一级认证与二级认证；按申请主体不同，GAP 认证分为农业生产经营者认证、农业生产经营者组织认证两类。对分级的判定要求及不同认证形式的认证程序与要求分别有以下规定。

1）认证分级　根据认证要求的严格程度可将 GAP 认证分为一级和二级。

（1）一级认证：应符合适用标准中的所有适用一级控制点的要求，应至少符合适用标准中的所有适用二级控制点总数 95％的要求，对于三级控制点的最低符合百分比未作规定。

一级认证要求：①应符合适用模块中所有适用的一级控制点的要求；②所有适用模块（包括适用的基础模块，果蔬类例外）中，应至少符合每个单个模块适用的二级控制点数量的 90％的要求；对果蔬类，应至少符合所有适用模块中适用的二级控制点总数 95％的要求；③不设定三级控制点的最低符合百分比；④二级控制点允许不符合百分比计算公式。

每个模块（果蔬类例外）使用下列公式：

（单个模块的二级控制点总数－单个模块不适用的二级控制点总数）×10％＝(单个模块允许不符合的二级控制点总数）

对果蔬模块，使用下列公式：

[(农场基础控制点与符合性规范二级控制点的总数＋作物基础控制点与符合性规范二级控制点的总数＋果蔬控制点与符合性规范二级控制点的总数)－(农场基础控制点与符合性规范不适用的二级控制点总数＋作物基础控制点与符合性规范不适用的二级控制点总数＋果蔬控制点与符合性规范不适用的二级控制点总数)]×5％＝(允许不符合的二级控制点总数)

（2）二级认证：应至少符合所有适用标准中适用的一级控制点总数 95％的要求，对二级控制点、三级控制点的最低符合百分比未作规定。

二级认证要求：①应至少符合所有适用模块中适用的一级控制点总数的 95％的要求；②不设定二级控制点、三级控制点的最低符合百分比；③一级控制点允许不符合百分比计算公式

（所有适用模块的一级控制点总数－所有适用模块不适用的一级控制点总数）×5％＝(允许不符合的一级控制点总数)

注 1：认证依据的技术规范内被标记为“全部适用”的控制点，除非在各自适用的条款中特别指出，否则都必须经过审核和（或）检查，并且不能以“不适用”为由而免除审核和（或）检查。只有经国家认证认可监督管理委员会特许的例外可免除，这些例外由国家认证

认可监督管理委员会发布。

注 2：不论申请一级认证还是二级认证，所有的控制点（包括一级、二级和三级控制点）都必须审核（或）检查。

2）判定要求　一、二级认证符合性判定要求及审查要求如下。

（1）一级要求：一级适用控制点符合率 100%，二级控制点符合率 95%以上（具体按不符合率计算后取整确定不符合数）。

（2）二级要求：一级适用控制点符合率 95%以上（可能导致消费者、员工、动植物安全及环境严重危害的控制点必须符合）。

（3）审查要求：一、二级认证时，所有适用控制点都必须检查/审核，不合格应在检查表备注栏中描述；每个控制点都要收集证据，其中一级控制点的证据在备注栏中记录，以便追溯。

2. 认证方式　根据认证主体不同，认证分为两种形式，分别按不同的要求与程序进行。

（1）形式一：农业生产经营者认证。

内部检查（全部控制点）—外部通知检查（所有控制点）—外部不通知检查（一、二级控制点）。其中内部检查应形成记录提交外部检查员审核，内部检查与外部通知检查一年至少一次，外部不通知监督检查由认证机构每年按当年认证数的 10%实施，但不少于 1 家。

（2）形式二：农业生产经营者组织认证。

内部审核（按要求）—内部检查（每年覆盖所有成员一次，由内检员或外包外检员按所有控制点实施）—外部通知审核（认证机构每年一次）—外部不通知审核（每年按 10%安排，不少于 1 家，不接受者首次告诫再次暂停）—外部检查（通知与不通知每年均一次，初次或规范变更或换认证机构时按组织内成员数的平方根确定抽样数量随机抽查，检查全部控制点，其他情况下抽样数减半，如果没有发现不符合下次抽样数再减半，如果发现不符合则按初次抽样数抽样）。

一级认证和 GAP 二级认证区别主要是标准中所列的控制点满足条件不同，区别见表 12-3。

表 12-3　GAP 一级认证和二级认证区别

控制点	一级认证	二级认证
控制点要求	一级控制点：100%符合 二级控制点：95%符合 三级控制点：无要求	一级控制点：95%符合 注：可能导致消费者、员工、动植物安全和环境严重危害的控制点必须符合要求 二级控制点：无要求 三级控制点：无要求

12.3.2　ChinaGAP 认证流程

ChinaGAP 认证程序一般包括认证申请和受理、检查准备与实施、合格评定和认证的批准、监督与管理（图 12-3）。申请人向具有资质的认证机构提出认证申请后，应与认证机构签订认证合同获得认证机构授予的认证申请注册号码；检查人员通过现场检查和审核所适用的控制点的符合性，并完成检查报告；认证机构在完成对检查报告、文件化的纠正措施或跟踪评价结果评审后做出是否颁发证书的决定。

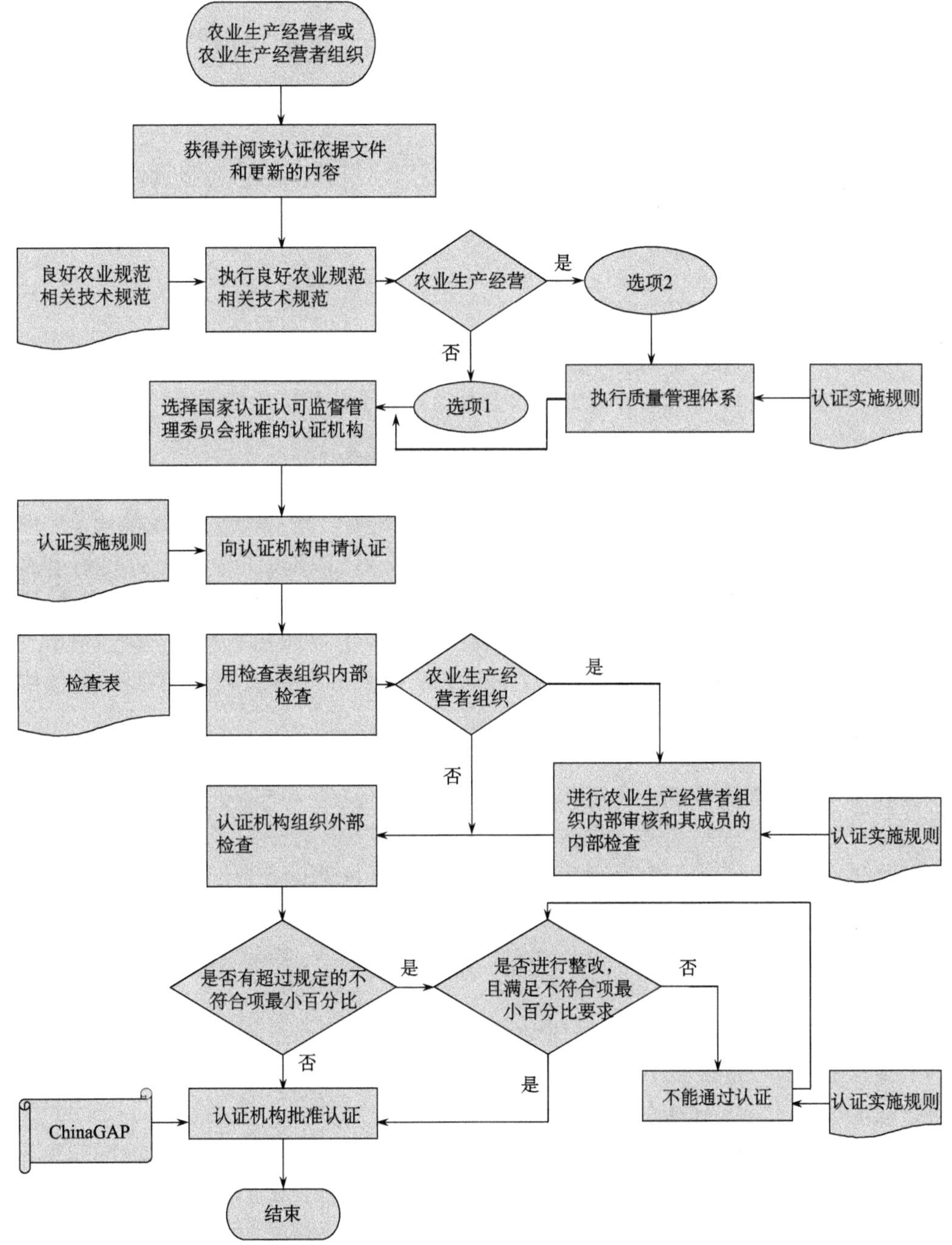

图 12-3　良好农业规范认证流程图

根据国家认证认可监督管理委员会《良好农业规范实施规则》（CNCA-N-004：2007），GAP 认证程序为：申请→检查/审核程序→认证的批准→批准范围→分包方的控制。

12.3.3 良好农业规范认证实施程序

12.3.3.1 申请

1. GAP 认证申请人 申请人可以是单个农业生产经营者（如单个农场、农户、农业企业），也可以是农业生产经营者组织（如销售公司＋农场、农村集体经济组织、农民专业合作经济组织、农业企业加农户组织）。

农业生产经营者和农业生产经营者组织都可以作为申请人申请 ChinaGAP 认证。认证的方式有农业生产经营者和农业生产经营者组织认证两种。

2. 申请文件 GAP 认证申请文件包括以下内容。

（1）申报材料目录、申请选项（1 或 2）、申请级别（一级或二级）。

（2）申请认证的模块/产品。

（3）申请人身份：①申请人名称及情况介绍，包括组织性质和形式、人员结构、组织机构、人员培训情况、专业技术和管理人员（含内部检查员）的资质证明材料（学位证书、资格证书复印件）等；②资质证明文件（复印件），包括营业执照、注册商标、土地使用证明、养殖证/或海域使用证、许可证、植物防疫合格证等，如非独立法人，可提供上级部门营业执照及隶属关系证明，质量管理体系覆盖范围内的不在同一市、县的场所名单；③产地环境检测和评价报告、产品检测报告（产品消费国家/地区适用的法律法规清单，包括申请认证产品适用的最大农药残留量 MRL 法规）；④当申请人为农业生产经营者时，应提供其法人注册或自然人证明材料和土地租赁合同或土地使用证明，以及土壤栽培图；⑤当申请人为农业生产经营者组织时，申请人应提供其法人注册证明材料、与农业生产者签订的合作协议或声明，以及土壤栽培图。

（4）申请人的详细地址、联系人、电话、传真号码、电子邮件、网址。

（5）场所：包括农场位置、存栏数量、认证模块/产品的生产场所。

必要时可提供：①农场简介（包括组织机构图、生产经营情况及方式、作物品种等）；②产品种类描述，育种、生产和收获/出栏过程简图及污染物的排放示意图；③农场行政位置图、平面布局图、生产流程图、地块/圈舍分布图（含供排水管网图等）及场区周边环境图；④农场基地有关环境证明材料（土壤/底泥、大气、水质等检测报告），或“环评”和“安评”批复文件复印件（必要时）。

（6）商标：申请人在贸易中使用的产品商标。

（7）原注册号码（如有）。

（8）政府或其他官方行政许可文件（如有）。

（9）申请人同意公开的与认证有关的信息：①污染物处理达标证明文件（适用时）；②与农业生产经营者签订的书面合同（如申请人为农业生产经营者组织时）；③获其他机构认证证书复印件（如有）；④提供转基因品种的来源证明性材料（如有）；⑤申请认证的模块/产品上个生产周期的记录档案目录及摘要（详细记录档案申请人留存备查）。

（10）对果蔬类，如果申请人声明不进行农产品处理时，则果蔬良好农业规范相关技术规范中农产品处理条款规定的控制点可不适用。

（11）对果蔬类，应声明申请认证的每种产品都按照要求进行监管；如果申请人声明进行处理的，应声名已处理的农产品是认证的还是非认证的（除非该处理作业不在认证范围之内）。

（12）声明包括：①产品可能销售或出口的消费国家/地区的声明；②对果蔬类产品不进行农产品处理的声明（如果不进行产品处理）；③保证执行良好农业规范生产标准和法规的声明。

（13）体系文件（主要程序文件和相关记录）包括①质量手册；②程序性文件（如文件控制程序、记录控制程序、卫生质量控制程序、采购、仓库管理程序、内部质量审核程序、检验控制程序、不合格品控制程序、纠正措施控制程序、员工培训计划等）；③作业手册（如生产作业指导书等）；④按照 GAP 国家标准，逐一比对形成内部检查记录；⑤按照《良好农业规范认证实施规则》附件 4 要求，逐一比对形成的内部审核记录。

注：以上材料请装订成册，一式两份。

（14）产品符合产品出口的消费国家/地区的相关法律法规要求的声明和产品出口的消费国家/地区适用的法律法规（包括申请认证产品相适用的最大农药残留量 MRL 法规）。

3. GAP 认证的申请要求

（1）申请者必须向认证机构提出正式申请，并阐明申请者的合法性、生产组织形式（认证选项）、申请的认证级别、种植产品、种植面积、种植产品的农场信息、农产品处理（适用于果蔬）以及农场允许公开的农场信息等。

（2）申请方不管是农业生产经营者，还是农业生产经营者组织，都可以同时申请多个模块的认证；但同一个模块不能按不同的选项申请认证；同一模块不能按不同的级别申请认证。不能将同一模块在本机构和其他机构同时申请。

（3）申请者一次可以申请多个产品或品种，对于初次认证，必须保证申请的产品在体系建立到检查时间之间的所有记录满足 10.2.1 的相关要求（采收前三个月记录）。

（4）申请表格必须加盖公章方可视为有效。

4. 合同　申请人向认证机构申请认证后，应与认证机构签署认证合同。认证合同由认证机构制定，至少应涵盖以下内容：①合同签订双方的名称；②认证依据、认证选项、认证级别、认证模块/产品范围；③实施检查时间及检查细则；④证书和认证标志的使用；⑤双方的权利和义务；⑥保密原则；⑦合同有效期。

5. 注册号　申请人与认证机构签署合同后，认证机构应授予申请人一个认证申请的注册号码。

注册号编码规则：ChinaGAP＋空格＋认证机构名称的字母缩写＋空格＋申请人的流水号码。

12.3.3.2　检查/审核程序

1. 对农业生产经营者的认证检查/审核

（1）内部检查：应进行完整的基于良好农业规范相关技术规范要求的内部检查，在外部检查时必须将内部检查记录提供给外部检查员进行审核；每年至少进行一次内部检查。

（2）外部检查：认证机构对已获证的农业生产经营者及其所有适用模块的生产场所，按所有适用控制点的要求每年至少实施一次通知检查。

（3）不通知监督检查：①认证机构每年应至少对其认证的农业生产经营者按不低于 10%的比例实施不通知检查。当认证机构按选项 1 发证的数量少于 10 家时，不通知检查数量不得少于 1 家；②不通知检查可仅对良好农业规范相关技术规范适用的一级和二级控制点进行检查，发现不符合的处理方式和通知检查的处理方式一致；③不通知检查可以在检查前

48 小时内向农业生产经营者提供检查计划，农业生产经营者无正当理由不得拒绝检查。第一次不接受检查将收到书面告诫，第二次不接受检查将导致证书的完全暂停。

2. 农业生产经营者组织的认证检查/审核

1）内部质量管理体系审核　农业生产经营者组织应每年按照附件 4 中农业生产经营者组织质量管理体系的要求，进行内部质量管理体系审核。

2）内部检查

（1）农业生产经营者组织每年应对每个成员及其生产场所至少实施一次内部检查，内部检查由农业生产经营者组织的内部检查员实施，或转包给外部检查员实施，但此时不同于认证时的外部检查员检查，不做认证决定，且此外部检查员不应是外部检查认证机构的人员。

（2）每年的内部检查应按照良好农业规范相关技术规范所有适用控制点的要求进行。

3）质量管理体系外部通知审核　认证机构每年对申请人质量管理体系进行一次通知审核。

注：质量管理体系审核中发现的不符合可以通过纠正措施计划进行关闭，纠正时限应依据不符合严重程度来确定，但最长不可超过 28 天。

4）质量管理体系外部不通知审核

（1）认证机构每年至少对其认证的农业生产经营者组织按不低于 10%的比例增加实施一次不通知审核。当发证机构按选项 2 发证的数量少于 10 家时，不通知审核数量不得少于 1 家。

（2）不通知审核仅审核组织的质量管理体系部分，任何质量管理体系的不符合将导致对整个组织的制裁。

（3）不通知审核可以在检查前 48 小时内向获证农业生产经营者组织提供审核计划，获证农业生产经营者组织无正当理由不得拒绝审核。第一次不接受审核将收到书面告诫，第二次不接受审核将导致证书的完全暂停。

5）外部检查

（1）每年应对所有获证的农业生产经营者组织组织实施一次通知的外部检查和一次不通知的外部检查。检查采取对农业生产经营者组织内成员随机抽样方式进行。

（2）初次认证、良好农业规范相关技术规范更新或获证的农业生产经营者组织更换认证机构时，抽样数不能少于农业生产经营者组织成员数量的平方根。

（3）获证农业生产经营者组织每年进行的不通知检查抽样数量，可以是初次认证抽样数量的 50%。如果检查没有发现不符合，下一次通知检查时抽样数量可以减为成员数平方根的 50%。如果在不通知检查中出现不符合，则在下一次通知检查时抽样数量按照初次检查要求对待。

（4）每年的外部检查应按照良好农业规范相关技术规范所有适用控制点的要求进行。

3. 现场确认　作为审核活动的一部分，必须检查农场及其模块的生产场所。

4. 检查和审核时间安排

（1）作物类检查。检查时至少有一种当季作物，使得认证机构确信任何认证的非当季作物的管理都能够符合良好农业规范相关技术规范的要求（当季作物是指仍处在田间生长阶段、在田间尚未收获阶段或者收获后在储藏阶段的作物）。

（2）果蔬类检查。第一次检查，要有采收日期之前三个月的记录。第二次和其后的检查，现场必须至少有一种申请认证范围内的果蔬产品（指在田间、果园、仓库中，或是田间或果园里的农作物上还未采收的农产品）能使认证机构相信，任何其他当时未在种植的申请果蔬产品也符合良好农业规范相关技术规范要求。

（3）畜禽检查。在检查时申请认证模块的畜禽必须在饲养状态。在 24 个月期间内检查时间的确定，应考虑冬季和夏季的因素，在检查期间应对室内和室外生产进行一次核实。

在 12 个月的认证有效期内，认证机构可以选择在任何时间进行检查。

如果申请人仅仅认证了肉牛和肉羊以及奶牛模块，可每隔 18 个月周期检查一次；如果申请人还申请了其他模块，则检查的频率必须每 12 个月一次。

12.3.3.3　认证的批准

认证的批准是指签发认证证书；认证的批准条件，即申请人必须满足本规则所有适用条款的要求；认证证书由认证机构颁发，有效期为 12 个月。证书持有人若要延长证书的有效期，在证书失效前应向认证机构进行年度再注册，否则，证书状态将由“有效”变为“证书未更新或未再注册”；认证机构和申请人的认证合同期限最长为 3 年，到期后可续签或延长 3 年；当颁发或再次颁发认证证书时，证书上的颁证日期是认证机构做出认证决定的日期。

12.3.3.4　批准范围

1. 产品范围

（1）发放给获证申请人的证书内容包括获证的农场和声明的产品。

（2）对于农业生产经营者组织的认证，农业生产经营者组织成员可以从农业生产经营者组织获取认证确认函，但是未经农业生产经营者组织同意不得使用农业生产经营者组织的认证证书。

2. 场所范围　在获证农场中注册产品的所有种植/养殖区域及模块场所都必须符合良好农业规范的规定。

3. 生产范围

（1）不论产品在离开农场前所有权是否发生变化，生产范围应涵盖认证模块所有的生产过程，对作物至少覆盖到收获，对畜禽至少覆盖到运输装载点。

（2）对果蔬类，农业生产经营者或农业生产经营者组织已声明不进行下列收获后行为时(不包括那些为加工产品进行的活动)，针对该农产品处置部分不再适用，认证范围可缩小。

收获后行为是指存贮、化学处理、整理、清洗，或任何其他行为。

（3）对果蔬产品若包含农产品处理的范围，必须符合良好农业规范相关技术规范关于处理的条款；

（4）如果农产品处理采用外包方式，只有满足下述条件才能在认证证书中包含处理的范围：①在处理时农产品所有权仍然属于申请人；②农产品处理的分包方应获得相应产品处理的认证范围；③分包方能建立追溯体系区分处理的产品；④分包方关于产品处理部分的二级控制点要求按一级控制点检查；⑤分包方不得包装、加工或储存非认证的同一种产品。

（5）对果蔬产品如果在收获期之前，产品在田间已被售出，并且购买者也负责农产品加工、收获和生产，那么认证证书中可不包括收获部分。

4. 产品监管链的范围　产品监管链包括产品从农场售出后所有权变化的相关各方（贸易方、存储方、收集方、运输方和零售商卖到最终消费者）的所有活动，包括一套能够区分认证和非认证产品的隔离和区分管理体系，确保产品不被混淆。监管链应用于水产和茶叶的认证。

12.3.3.5 信息公开

获证农业生产经营者或农业生产经营者组织的有关信息应当向社会公开。

认证证书持有人应同意将以下信息向社会公开：①注册号；②组织形式（农业生产经营者或农业生产经营者组织）；③认证技术规范名称及版本；④认证选项；⑤生产国家、地区；⑥认证范围、产品；⑦认证机构名称；⑧认证机构最近一次检查的日期；⑨证书有效期。

认证证书持有人应以书面形式承诺认证机构可以将以下信息提交给国家认证认可监督管理委员会，由国家认证认可监督管理委员会发布。其基本信息包括：①农业生产经营者或农业生产经营者组织的名称、地址、商号和电子邮箱；②证书状态，如部分或全部暂停、撤销；③当产品监管声明适用时，覆盖所有注册产品；④EAN UCC 全球区域代码（全球统一标识系统），政府或其他官方的农场注册信息；⑤符合消费国家/地区法律法规声明；⑥对果蔬类，最后一次认证机构外部审核时符合 GB/T 20014.2 中 4.4.4.1、4.4.4.2 和 4.4.4.3 的控制点的状态。

农业生产经营者或农业生产经营者组织向国家认证认可监督管理委员会提供的保密信息。为便于对认证情况进行统计和监管，证书持有人应同意认证机构将下列信息报送给国家认证认可监督管理委员会，国家认证认可监督管理委员会应对该信息保密：①农业生产经营者和农业生产经营者组织范围内的每种作物的生产面积；②检查员/审核员名字。

12.3.3.6 分包方的控制

对于与其工作相适用的控制点，分包方必须接受同样的内部和外部检查；申请人应使分包方了解并符合良好农业规范相关技术规范的要求；申请人对分包的工作负责。

12.3.3.7 审核策划

审核策划重点关注审核的时机选择和审核人员的选择。

1. 审核时机的选择 审核时机的选择要根据申请注册产品的生长特性以及对整个生产期各环节的风险分析的基础上，选择高风险的农业操作时期安排现场审核，对于水果和蔬菜的 GAP 现场检查，通常宜安排在采收季节或农产品处理季节。

2. 审核人员的选择 对于审核人员的选择，要侧重检察员专业能力与审核项目的符合性，应关注检察员是否确实了解认证产品生产的一般特点和关键环节，可以考虑通过对检察员进行额外的专业培训和提供相应的知识补充材料使所选人员具备充分的能力。

12.3.3.8 文件检查

选项 1 可以不进行文件审核；对于选项 2，文件审核的对象包括农场的管理性文件；在现场检查前，应安排对申请方的管理文件及其相关背景信息进行审核，文件审核的目的在于进一步确认申请方信息的准确性，比如申请的选项是否适宜、具体的生产位置（地块位置和处理场所）。

文件检查为进一步制定合理的检查计划奠定基础；另外，文件审核关注农场管理体系建立是否完整，是否具备了完整而符合 GAP 标准和《良好农业规范认证实施规则》的相关要求。

12.3.3.9　现场检查

1. 检查准备　进入现场前应根据申请文件和文件审核所提供的信息，制定审核计划。

2. 现场检查内容

1）农业生产经营者的现场检查

（1）对农业生产经营者的外部检查首先需要编制现场检查表，检查时必须覆盖标准要求的全部内容，包括一级、二级和三级所有条款的判断。主要内容为：①对于一级认证所有一级和二级条款的检查除了进行判断之外，必须详细描述判断的理由，三级条款不强制性要求详细描述判断的理由；②对于二级认证，一级条款的检查除了进行判断之外，必须详细描述判断的理由，二级和三级条款不必详细描述判断的理由。

（2）检查时，现场必须至少有一种申请认证范围内的作物、果蔬产品为当季产品（当季作物是指在田间、果园、仓库中，当季果蔬是田间或果园里的农作物上还未采收的农产品）能使认证机构相信，任何其他当时未在种植的申请作物、果蔬产品也符合良好农业规范相关技术规范要求。一般情况下，果蔬的初次认证必须有采收日期前 3 个月的 GAP 体系运行记录。特殊情况例外，例如，有些蔬菜的生育期较短，不足 3 个月。

（3）关于产量评估，要考虑基地的实际生产计划和评估产量的方法，现场确认一年之内申请每种产品的产量。例如，一个农场土地使用在一年证书有效期内存在多种产品的轮作，或同一产品存在连作或者地块间的轮换种植同一品种，那么产量评估应该合理考虑这些因素。

（4）对于果蔬产品认证，如果农场（企业）种植的产品被作为加工厂的原料使用，这种情况可以包括内部使用和外部使用两种情况。所谓内部使用，是指申请者本身就是加工者；所谓外部使用，是指申请者与加工者不是同一法人。对于内部使用，农场（企业）可以声明其 GAP 覆盖的详细范围，如声明 GAP 管理范围不包括农产品处理过程，那么关于农产品处理的内容在检查中可以作为不适用处理，并且 GAP 认证的证书和标志必须仅能使用在农场环节至向加工环节提供原料的环节，而不能用于最终加工产品上。对于外部使用或者农场生产的产品直接作为消费品使用的，检察员必须现场核准，如果农场（企业）实际存在处理，即使农场声明不包括农产品处理，检查也必须关注农产品处理。

（5）当现场审核发生在作物、果蔬采收之前，且企业无法提供当季产品或 12 个月内有效的终产品的农残检测报告，那么，只有在确认农场满足 GB/T 20014.3—2005 中 4.6.2.2、4.6.2.3、4.6.2.4、4.6.2.8、4.6.3.11、4.6.4.1、4.6.5.1 要求的基础上，由企业提供其向认证机构提交当季产品农残检测报告的时限（此时限不得超过采收结束时间 2 个月），逾期不提供自愿接受认证机构相关的证书暂停和撤销处理的书面声明，且其余条款满足认证标准的条件下，可以向该农场颁发认证证书。

（6）现场检查必须形成检查报告、不符合项清单，并依据认证的级别，与申请方现场确认必须进行整改的不符合项，并开具不符合项，不符合项应一式两份，一份为申请方存档用，另一份用于检查组对整改措施跟踪验证。

（7）当申请的产品存在较高安全风险，企业又不能提供充分的证据证明其建立的 GAP 体系足以控制该风险。例如，出口国连续发现在该地区发现某项农残超标，申请者又不能提供充足证据证明其产品符合特定要求，检查员可在认证机构允许的情况下，现场对受检查方的土壤、水和实物产品现场抽取样品进行检测。样品分为三份。

(8) 不符合项的整改期限最长为 28 天。

2) 农业生产经营者组织的现场检查

(1) 对管理体系检查发现的不符合项必须要求申请方进行整改，整改有效后方可提交认证决定。

(2) 对于农业生产经营者注册成员的抽查数量不得少于成员总数量的平方根，并且抽样应考虑不同的产品类型、明确不同的地理位置和环境条件。

(3) 当现场检查发现某一成员出现关键性缺陷，检查员有权利在与认证公司沟通的情况下扩大抽样量，以进一步验证农业生产经营者组织所建立 GAP 体系的有效性，但抽样总数量不得高于总数量平方根的 4 倍。

3. 检查结论

(1) 对于一级认证，1 级控制点必须 100%符合；2 级控制点作物类至少 90%符合，果蔬至少 95%符合；3 级控制点没有要求。

(2) 对于二级认证，应至少符合所有适用模块中 1 级控制点总数的 95%的要求，2 级和 3 级控制点没有要求。

(3) 针对超出认证要求的 1 级和 2 级控制点不符合项，受检查方应在 28 日内进行整改，并将不符合项整改的证据报检查组。检查组根据不符合的性质和严重程度，确定对不符合跟踪验证的方式。

当对申请一级认证的受检查方进行检查时，如发现受检查方的 1 级控制点出现不符合时，且申请者不可能在规定时间内完成有效的整改，而其却具备能力满足二级认证的 1 级控制点要求时，在受检查方同意的情况下（现场由申请者在确认单上盖章确认），可做出二级认证的决定。

12.3.3.10 认证结果评价与批准

1. 认证结果评价与批准 检查组现场检查后，将检查材料和被检查方关闭的不符合证明材料整理后提交认证公司，认证公司委派的认证决定人员组成的小组对提交材料的符合性进行评定。如果农场检查的结果证明申请组织在申请表和检查时所递交的资料与认证公司的认证程序一致，且产品检测报告或抽取的样品的结果符合 ChinaGAP 的相关技术要求时，小组做出认证决定。当认证决定小组对认证的结果有歧义时，可责成检查组对认证决定人员提出的不符合进行整改，并在 28 天内做出认证决定。当认证决定做出不能通过认证决定的决定时，认证公司应在 10 个工作日内通知受检查方。

2. 认证时限 认证时限是指自受理认证申请之日起至颁发认证证书时所实际发生的工作日，包括文件检查时间、现场检查时间、认证结果评定和批准时间及证书的制作时间。

正常情况下，从收到现场检查不符合项关闭并经验证合格时至颁发证书的时间，不超过 28 日，但因评审时存在严重不符合项造成的时间延误不包括在内。如检查后关闭不符合项正好在节假日，可以考虑顺延。

12.3.3.11 认证证书、认证标志的使用

GAP 认证标志侧重可持续发展，主要作为大型超市采购农产品的评价标准，对可追溯性、食品安全、动物福利、环境保护及员工健康等方面进行评估。获得了这个认证的食品，从种养殖过程、物流配送到销售都会得到安全的保障，分为一级和二级两个级别（图 12-4）。

注：ChinaGAP 认证级别划分为 2 级，其中一级认证的要求完全兼容 EUREPGAP 标准的要求，同时又在部分模块增加了条款，增加的条款主要是中国特色的一些具体要求，比如充分考虑了中国的法律法规要求。

图 12-4　一级认证标志（A）、二级认证标志（B）及色标（C）

1. 认证证书包括信息　认证证书包括的主要信息有：①中国良好农业规范认证标志；②签发证书的认证机构名称和认证机构的标识；③认可该认证机构的认可机构的名称和（或）标识（如果获得认可）；④认证证书持有人的名称和地址；⑤农场名称和地址，如果获证的是农业生产经营者组织，应在证书的附件中列出农业生产经营者组织的所有成员/农场场所名称和地址；⑥认证选项、认证级别；⑦注册号；⑧证书号；⑨认证产品范围；⑩对果蔬类如未经处理，应声明；⑪认证依据的良好农业规范相关技术规范名称及版本号；⑫发证时间；⑬证书有效期。

2. 认证标志的使用要求

（1）认证证书、认证标志的使用应符合《认证证书和认证标志管理办法》（国家质检总局 2004 年第 63 号令）的规定。

（2）申请人在获得认证机构颁发的认证证书后可以在非零售产品的包装、产品宣传材料、商务活动中使用认证标志（获得认证的茶叶及认证证书中覆盖了农产品处理范围的果蔬可以在零售包装上使用认证标志）。

（3）认证标志使用时可以等比例放大或缩小，但不允许变形、变色；在使用认证标志时，必须在认证标志下标认证证书号。

（4）认证证书持有人应对认证证书和认证标志的使用和展示进行有效的控制。

（5）证书持有人不得利用认证证书或认证标志混淆认证产品与非认证产品误导公众。

（6）当某个生产单元的法人实体发生变化（如农场所有人、单位性质改变等）时，不得将认证证书从一个法人实体转让到另一法人实体。这种情况下要求对新的法人实体实施初次检查。

12.3.4　良好农业规范（GAP）认证产品种类

良好农业规范（GAP）认证产品种类共分为三大类。

（1）作物类，包括果蔬模块、大田模块、茶叶模块、花卉模块、烟草模块。

（2）畜禽类，包括牛羊模块、奶牛模块、家禽模块、生猪模块。

（3）水产类，包括工厂化养殖模块、网箱养殖模块、栏养殖模块、池塘养殖模块及滩涂、底播、吊养养殖模块等。

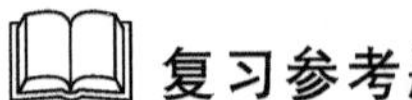

复习参考题

1. 名词解释

注册　农场　农业生产经营者　农业生产经营者　良好农业规范

2. 问答题

（1）GAP 认证的益处和实施认证的意义是什么？

（2）GAP 的主要关注点有哪些？

（3）良好农业规范（GAP）的 8 个基本原理是什么？

（4）我国良好农业规范认证实施程序是什么？企业如何准备 GAP 认证？

第 13 章 农产品地理标志认证

[教学目的和要求]

了解地理标志产品保护的基本知识，熟悉和掌握我国农产品地理标志登记制度。

13.1 地理标志产品保护

13.1.1 地理标志

13.1.1.1 地理标志的定义

在 WTO（世贸组织）知识产权协议《与贸易有关的知识产权协议》（简称 TRIPS）第二部分第三节规定了成员对地理标志的保护义务。

TRIPS 协议第 22 条第 1 款规定：地理标志（geographical indication）是指一种标志，用于标示出商品来源于某成员地域内，或来源于该地域中的某地区或某个地方，该商品的特定质量、信誉或其他特征，主要与该地理来源相关联。

地理标志产品保护规定（质检总局令第 78 号）对地理标志产品的定义：指产自特定地域，所具有的质量、声誉或其他特性本质上取决于该产地的自然因素和人文因素，经审核批准以地理名称进行命名的产品。地理标志产品包括：①来自本地区的种植、养殖产品；②原材料全部来自本地区或部分来自其他地区，并在本地区按照特定工艺生产和加工的产品。

地理标志是特定产品来源的标志，可以是国家名称及不会引起误认的行政区划名称和地区、地域名称。

13.1.1.2 地理标志的基本特征

根据 TRIPS 协议对地理标志的定义，"地理标志"应具备三个特征：①标明了商品或服务的真实来源（即原产地的地理位置）；②该商品或服务具有独特品质、声誉或其他特点；③该品质或特点本质上可归因于其特殊的地理来源。

由以上定义我们不难看出，TRIPS 协议要求各成员国保护的地理标志，实际上属于较特殊的地理标志，它更接近原产地名称。

13.1.1.3 我国地理标志保护制度的由来

我国对地理标志产品保护制度的最早探索要追溯到 20 世纪 90 年代初。

1994 年，原国家技术监督局为更好地履行提高特色产品质量的职能，依据《中华人民共和国产品质量法》、《中华人民共和国标准化法》，借鉴国际先进经验，同法国农业部和财政部、法国干邑行业办公室在地理标志产品保护方面进行了交流与合作。1997 年两国元首签署的《中法联合声明》和 1998 年两国政府间发布的《中法关于成立农业及农业食品合作委员会的声明》中均提出要进一步加强两国在原产地命名和打击假冒行为方面的合作，对中国地理标志产品保护制度的建立起了重大推动作用。

1999年8月17日，原国家质量技术监督局以局长令的形式发布了《原产地域产品保护规定》，这是我国第一部专门规定地理标志产品保护制度的部门规章。其明确了中国地理标志产品保护的法律地位，标志着有中国特色的地理标志产品保护制度的初步确立。

2001年3月5日，为积极应对入世需要，原国家出入境检验检疫局根据WTO《与贸易有关的知识产权协议》(TRIPS)的相关精神，结合我国国情，发布了《原产地标记管理规定》及其实施办法，对我国原产地标记（含原产国标记和地理标志）的申请、注册、使用和监督管理做出了详细规定，为扩大我国地理标志产品出口、提升国际竞争力发挥了积极作用。

2001年4月，原国家质量技术监督局与原国家出入境检验检疫局合并成立国家质量监督检验检疫总局。2004年10月，国家质检总局成立科技司，设立地理标志管理处专门负责地理标志产品保护工作。

2005年6月7日，国家质检总局在总结、吸纳原有《原产地域产品保护规定》和《原产地标记管理规定》成功经验的基础上，制定发布了《地理标志产品保护规定》，并于当年7月15日开始正式实施。该规定的制定、发布和施行标志着地理标志产品保护制度在我国的进一步完善。《地理标志产品保护规定》充分体现了我国地理标志保护统一制度、统一名称、统一注册程序、统一专用标志、统一产品标准等“五个统一”的原则。

2012年，在涉外原产地地理标志保护方面，由质检部门发起的中欧原产地地理标志“10+10”互认互保试点工作于2012年全部完成，开创了原产地地理标志专门保护模式国际双边合作的典范，在国际上引起强烈反响。

2013年9月，中国国家质量监督检验检疫总局与泰国商务部在京签署了中泰《地理标志合作备忘录》，为我国原产地地理标志国际合作与交流工作写下新的一页。中国国家质检总局共批准包括欧盟、美国等在内的14个境外地理标志产品在华保护，中国10件地理标志产品获得欧盟保护，开创了地理标志专门保护模式的双边国际保护合作的成功范例。

截至2013年9月，中国国家质检总局已对1500多件原产地地理标志产品实施了专门保护，同时原产地地理标志产品服务于外贸和经济的作用更加显著。

13.1.2 原产地名称

13.1.2.1 定义

原产地名称是根据《保护工业产权巴黎公约》、《保护原产地名称及其国际注册里斯本协定》对原产地名称的规定。原产地名称（appellation of origin）定义如下：原产地名称是指一个国家、地区或特定地方的地理名称，用于标示产于该地的产品，这些产品的特定质量或特征完全或主要是由该地理环境所致，包括自然的和人为的因素。

原产地名称是一种特殊的地理标志，它更着重于强调产源的独特性，往往是这种独特性决定了原产地产品的特定品质。

产地证（certificate of origin，CO）：是出口商应进口商的要求而提供的、由公证机构或政府或出口商出具的证明货物原产地和制造地的一种证明文件。

13.1.2.2　原产地名称的基本特征

原产地名称具有的基本特征：①它是一个地理名称；②它明示商品或服务的地理来源；③它表明商品的特定质量和特点，如库尔勒香梨、景德镇瓷器等。

实际上，TRIPS 协议所定义的地理标志是比照《巴黎公约》的原产地名称来定义的。因此，地理标志和原产地名称是属于同一概念的，如果要把原产地名称和地理标记的定义作比较，则可看到地理标志的定义比原产地名称的定义要宽。换句话说，所有的原产地名称都是地理标志，但一些地理标志不是原产地名称。

13.1.2.3　原产地证明商标

原产地证明商标是将地理标志和原产地名称纳入证明商标制度中，在《商标法》之下加以保护的一种类型，即原产地证明商标和品质证明商标两类中的一类，注册原产地证明商标是保护原产地名称的有效方式可以是县级以上行政区划名，并不违背《商标法》的禁用条款，理论上认为，该名称因在该使用中产生了“第二含义”，即人们由地名联想到的不仅是一个地方而是该地方出产的特定的商品，如涪陵（榨菜）、郫县（豆瓣）等。原产地证明商标强调的是该地域特定的（地理人文）环境，以及该环境对商品品质特征的本质影响，所以在申请时提供的《证明商标注册管理规则》要详细说明，在审查时也是着重考察之处。

根据《商标法》、《商标法实施条例》和《集体商标、证明商标注册和管理办法》的规定，从证明商标的定义上看，在我国原产地名称属于证明商标的范畴。

对原产地证明商标进行注册保护，可以有效地提高产品在国内、国际市场上的知名度和竞争力。原产地名称只有在国内注册证明商标后，才可以依据我国加入的国际条约（《商标国际注册马德里协定》和《马德里协定有关议定书》），去实现国际注册，并且可以充分利用有关优先权的规定，及早获得国际注册，有利于商标注册人在国内、国际贸易中运用法律武器保护自身权益。

13.1.2.4　地理标志（原产地名称）与原产地证明商标的异同

1. 地理标志与原产地证明商标管理模式　地理标志和原产地名称被作为一项工业知识产权，在国际上受到普遍重视，其保护标准是从禁止不正当竞争的角度提出的（图 13-1 和图 13-2）。

对于地理标志和原产地名称的管理和保护，我国目前存在有两种不同的管理模式和途径。

图 13-1　国家工商行政管理总局中国地理标志

图 13-2　国家质量检验监督总局中国地理标志

一种是由国家工商行政管理总局商标局依照《商标法》、《商标法实施条例》、《集体商标、证明商标注册和管理办法》进行管理和保护。我国自 1995 年 3 月 1 日实施的《集体商标、证明商标注册和管理办法》中对证明商标的明确定义提到原产地概念并受理原产地证明商标的申请以来，开始将原产地名称纳入证明商标范畴实施保护已有多年时间，1999 年以前我国在对地理标志的保护上，《商标法》一直居主导地位。

另一种是由国家质量检验监督总局依照《地理标志产品保护规定》进行管理和保护，目的在于弥补仅根据《商标法》来对原产地域产品实施保护所存在的缺陷，目前开始逐步受到重视。

2. 地理标志与原产地证明商标管理模式的区别

1）*商标保护形式*

（1）TRIPS 协议强调知识产权私权地位，而地理标志属于知识产权范畴，地理标志（原产地名称）是一种表明商品来源的标记，在法律属性上属于知识产权范畴，是一种私权，通过商标制度保护地理标志完全符合 TRIPS 协议的要求。我国商标法所定义的地理标志与 TRIPS 协议的定义基本一致，都是包含原产地的特征的特殊的地理标志，应当适用《商标法》进行保护。

（2）地理标志和商标的基本功能相同，均为区别商品来源的商业标记，商标类别中的证明商标除了标示来源之外，还有表示商品质量的作用，与地理标志尤其是原产地名称的作用完全相同，故而可以接纳为证明商标的一种形式。

（3）从证明商标的定义上看，在我国，地理标志（原产地名称）属于证明商标的范畴。对原产地证明商标进行注册保护，可以有效地提高产品在国内、国际市场上的知名度和竞争力。

（4）通过证明商标形式保护地理标志（原产地名称）使现有商标法律制度充分发挥作用，无须投入过多的资源，比建立一个新的制度容易得多。

（5）地理标志（原产地名称）只有在国内注册证明商标后，才可以依据我国加入的国际条约（《商标国际注册马德里协定》和《马德里协定有关议定书》），去实现国际注册，并且可以充分利用有关优先权的规定，及早获得国际注册，有利于商标注册人在国内、国际贸易中运用法律武器保护自身权益。按照国际惯例，在原产地名称与商标权发生冲突时，必须执行“申请在先”原则。所以，我国现在运用较成熟的商标注册、管理体系来对原产地证明商标进行保护，既可以发挥现有体系和人员优势，可以节省单独设立专管部门的物质和人力资源，又可以充分利用完备的注册商标档案体系，避免原产地证明商标和已注册在先商标权的冲突。

2）*质量保护形式*　原产地名称和商标的属性截然不同，原产地域标志是一个地域的名称，属于这个地域共有，而不能由某个特定企业或个人独占。商标是私权，可由个人或单个企业所有。以商标形式保护原产地域标志无法解决产权归属问题。

地理标志是一种特殊的商业标志，与商标的区别就在于并不是由其所属的某个经营者独家享有专用权，而是由某一地区内经营者的代表机构进行注册和管理，凡是该地域内的经营者都可以使用。

地理标志具有唯一性，不得转让和买卖，在时间上具有永久性。而商标则可以自由转让，权利保护也是有时间限制的。故此商标法的保护无法保证地理标志的唯一性和永久性。

地理标志不仅仅是一个简单的识别标志，同时也是一种质量标准，而商标法在管理制度和方法上无法保证产品的质量和信誉。对原产地名称的保护一方面是对标识的保护，但更重要的是对质量的监督和生产过程的控制。

13.1.3　地理标志产品保护

国家质量监督检验检疫总局负责全国地理标志产品保护管理。

13.1.3.1　地理标志保护的产品范围

根据《地理标志产品保护规定实施细则》，地理标志产品包括：①在特定地域种植、养殖的产品，其特殊品质、特色和声誉主要取决于当地的自然因素；②原材料全部来自该地区，其产品的特殊品质、特色和声誉主要取决于当地的自然环境和人文因素，并在该地采用特定工艺生产；③原材料部分或全部来自其他地区，其产品的特殊品质、特色和声誉主要取决于产品产地的自然因素和人文因素，并在该地采用特定工艺生产和加工。

地理标志产品类别一般包括：种植、养殖类产品及初加工产品、加工食品、酒类、茶叶、中药材、工艺品及传统产品等。

13.1.3.2　地理标志产品认证的申请材料

申请机构申请地理标志产品保护应当填写《地理标志产品保护申请书》，并提供以下资料。

（1）县级及以上地方政府成立申请机构或认定协会、企业作为申请人的证明材料。

（2）县级及以上地方政府关于划定拟申报产品产地范围的正式公函。

（3）该申报产品现行有效的专用标准或技术规范。在总局批准公告发布前不制定地理标志产品的地方标准。

（4）地理标志产品的证明材料包括：①产品名称、产地范围及地理特征的说明；②产品的知名度，产品生产、销售情况及历史渊源的说明，如地方志等；③产品的理化、感官指标等质量特色及与产地的自然因素和人文因素之间关联性的说明；④产品生产技术资料，包括生产或形成时所用原材料、生产工艺、流程、安全卫生要求、主要质量特性、加工设备的技术要求等；⑤其他旁证资料。

13.1.3.3　不予受理地理标志产品的情况

申请保护的地理标志产品出现下列情况之一的，其申请不予受理：①产品知名度不高；②申请保护对象不明确、不具体；③对环境、生态、资源、健康可能产生破坏或危害的；④产品地理名称已经在特定地域之外广泛使用的；⑤拟保护的产地范围与实际产地范围不符的。

13.1.3.4　技术审查遵循的原则

技术审查遵循的原则：①产品名称应当符合《地理标志产品保护规定》第二条的规定；②产品的品质、特色和声誉能够体现该地区的自然环境和人文因素，有一定知名度，并具有稳定的质量，生产历史较长；③加工的产品采用特定工艺；④其产地保护范围是公认的或协商一致的，并经所在地方政府确认的；⑤涉及安全、卫生、环保的产品应当符合国家同类产品的强制性规范的要求。

种植、养殖的产品须满足上述①、②、④、⑤项的要求；其他产品须满足上述全部项目要求。

13.1.3.5 地理标志产品保护工作程序

地理标志产品保护工作程序包括申报准备、初审、受理、审核批准、地理标志产品技术标准体系的建立、专用标志申报、专用标志注册登记阶段及监督管理 8 个阶段，具体内容见表 13-1。

表 13-1 地理标志产品保护工作程序

工作阶段	工作部门	工作流程	文件及资料
一、申报准备阶段	相关申请机构及产品所在地质量技术监督局［县（区）以上］	（1）县级以上人民政府并提出拟划定地理标志产品保护范围的建议 （2）县级以上人民政府成立申报机构，组织申报材料 （3）收集、整理现行的针对该产品的标准或技术规范 （4）收集、整理已有的产品检测报告	1.《地理标志产品保护申请书》 2. 成立地理标志产品申报机构的文件 3.《县级以上人民政府划定地理标志产品保护范围的建议的函》 4. 现行针对该申报产品的标准或技术规范（企业标准须经当地标准化部门认可） 5.《申报材料》
	相关申请机构及产品所在辖区出入境检验检疫局	（1）、（3）、（4）同上 （2）政府授权协会和企业作为申报主体的申请，组织申报材料	1、3、4、5 同上 2.《政府授权协会和企业作为申报主体的函》
二、初审阶段	省级质检机构	（5）对申报机构提出的建议和申报材料进行初审，初审时间一般不超过 30 个工作日 （6）向总局管理机构提交初审意见	1. 以上相关材料 2. 初审意见的函
三、受理阶段	总局管理机构和专家委员会	（7）形式要件不合格的，30 个工作日内向省级质检机构下发审查意见通知书 （8）形式要件合格的，进入受理程序 （9）发布受理公告 （10）受理异议	1. 以上相关材料 2. 审查意见通知书 3. 受理公告
四、审核批准阶段	省级质检机构 申报机构	（11）申报机构进行评审准备	1.《地理标志产品陈述报告》 2.《产品质量技术要求》 3. 申报材料 4. 省级质检机构申请召开地理标志保护专家审查会的函
	总局管理机构 省级质检机构	（12）异议处理。异议期 2 个月，如有异议，一般由省级质检机构负责协调；无异议的由总局管理机构组织召开专家审查会	《专家审查会会议纪要》
	产地质检机构	（13）申报方根据专家审查会意见修改《产品质量技术要求》等相关文件	《产品质量技术要求》
	国家质检总局	（14）申报方将《产品质量技术要求》报总局管理机构，经专家确认后，由总局管理机构起草公告 （15）发布批准公告	《地理标志产品保护批准公告》
	国家质检总局	（16）向申报机构颁发证书	《地理标志保护产品证书》

续表

工作阶段	工作部门	工作流程	文件及资料
五、地理标志产品技术标准体系的建立	省级质检机构 产地质检机构	(17) 省级质检机构根据总局批准公告中的质量技术要求，组织制定地理标志产品的综合标准	地理标志保护产品综合标准
	总局管理机构	(18) 综合标准制定后，由省级质检机构报总局管理机构委托的技术机构备案	
六、专用标志申报阶段	产地质检机构	(19) 生产者向产地质检机构提出使用专用标志的申请，并提交相关材料	1.《地理标志产品专用标志使用申请书》 2.《地理标志保护产品综合标准》 3. 产品生产者简介 4. 产品（包括原材料）产自特定地域的证明 5. 指定产品质量检验机构出具的检验报告 6. 申请专用标志企业汇总表（含电子版）
	省级质检机构	(20) 省级质检机构向总局提供审核意见及相关材料	
七、专用标志注册登记阶段	总局管理机构	(21) 注册登记，发布批准专用标志使用公告 (22) 向企业颁发《地理标志产品专用标志使用证书》	1.《核准企业使用地理标志保护产品专用标志公告》 2.《地理标志保护产品专用标志使用证书》
八、后续监管阶段	产地质检机构	(23) 负责专用标志的印制、发放、使用的监督 (24) 对地理标志产品保护范围实施监控 (25) 对生产数量实施监控 (26) 实施从原材料到销售各环节的日常质量监控 (27) 对标识标注进行监督	1.《地理标志产品监督管理办法》 2.《印制、发放、使用专用标志管理办法》
	省级质检机构	(28) 负责本辖区的地理标志产品保护的监督管理	
	国家质检总局	(29) 统一管理地理标志产品保护工作	

注：“产地质检机构”是指国家质检总局发布的批准公告中确定的管理机构。

13.2　农产品地理标志登记制度

13.2.1　农产品地理标志

13.2.1.1　定义

农产品地理标志是指标示农产品来源于特定地域，产品品质和相关特征主要取决于自然生态环境和历史人文因素，并以地域名称冠名的特有农产品标志。此处所称的农产品是指来源于农业的初级产品，即在农业活动中获得的植物、动物、微生物及其产品（图 13-3）。

农产品地理标志公共标识基本图案由中华人民共和国农业部中英文字样、农产品地理标志中英文字样、麦穗、地球、日月等元素构成。麦穗代表生命与农产品，橙色寓意成熟和丰

图 13-3　农产品地理标志

收，绿色象征农业和环保。图案整体体现了农产品地理标志与地球、人类共存的内涵。

农产品地理标志是指标示农产品来源于特定地域，产品品质和相关特征主要取决于自然生态环境和历史人文因素，并以地域名称冠名的特有农产品标志。所谓农产品，是指来源于农业的初级产品，即在农业活动中获得的植物、动物、微生物及其产品。

13.2.1.2　农产品地理标志登记管理工作

根据《农产品地理标志管理办法》规定，农业部负责全国农产品地理标志的登记工作，农业部农产品质量安全中心负责农产品地理标志登记的审查和专家评审工作；省级人民政府农业行政主管部门负责本行政区域内农产品地理标志登记申请的受理和初审工作；农业部设立的农产品地理标志登记专家评审委员会，负责专家评审。

13.2.1.3　农产品地理标志登记的性质

农产品地理标志登记管理是一项服务广大农产品生产者的公益行为，主要依托政府推动，登记不收取费用。《农产品地理标志管理办法》规定，县级以上人民政府农业行政主管部门应当将农产品地理标志管理经费编入本部门年度预算。

13.2.1.4　农产品地理标志登记应符合的条件

申请地理标志登记的农产品，应当符合下列条件：①称谓由地理区域名称和农产品通用名称构成；②产品有独特的品质特性或者特定的生产方式；③产品品质和特色主要取决于独特的自然生态环境和人文历史因素；④产品有限定的生产区域范围；⑤产地环境、产品质量符合国家强制性技术规范要求。

13.2.1.5　对农产品地理标志登记申请人资质要求

农产品地理标志登记申请人应当是由县级以上地方人民政府择优确定的农民专业合作经济组织、行业协会等服务性组织，并满足以下三个条件：①具有监督和管理农产品地理标志及其产品的能力；②具有为地理标志农产品生产、加工、营销提供指导服务的能力；③具有独立承担民事责任的能力。

农产品地理标志是集体公权的体现，企业和个人不能作为农产品地理标志登记申请人。

13.2.1.6　农产品地理标志登记申请需要提交的材料

符合农产品地理标志登记条件的申请人，可以向省级人民政府农业行政主管部门提出登记申请，并提交下列申请材料。

（1）登记申请书。

（2）申请人资质证明，工商行政管理部门或民政部门颁发的《事业单位法人证书》或《社会团体法人登记证书》等。

（3）产品典型特征特性描述和相应产品品质鉴定报告：①产品典型特征特性描述包括产

品特定的品质风味描述、特殊的自然环境条件描述、特殊的生产方式和工艺描述、人文历史和知名度描述，以及产品的市场、价格及与其他同类产品相比较的附加值等的描述；②根据产品典型特征特性描述，进行举证和验证，自行委托有资质的检测机构（经过计量认证）对其样品进行产品质量检测，检测应包括产品的品质风味指标、安全卫生指标两个方面。

（4）产地环境条件、生产技术规范和产品质量安全技术规范。当地人民政府农业行政主管部门应当指导申请人制定农产品地理标志特定标准，包括产地特殊的自然环境条件、特殊的生产技术规范、产品质量安全技术规范［包含第(三)条的品质风味指标、安全卫生指标］。在特定标准制定过程中应广泛征求当地的广大生产经营者代表意见。

（5）地域范围确定性文件和生产地域分布图。省级农业行政主管部门应当指导申请人根据地理标志的人文历史、广泛协商有关方面后客观划定生产地域保护范围，并形成生产地域范围的文字说明和生产地域分布图。申请人提交申请材料时，应有县级以上人民政府划定农产品地理标志生产地域范围的确定性文件；生产地域分布图应轮廓清晰，并有明晰的区域范围，分布图的比例尺可根据实际生产地域范围的大小具体确定，以大小适中、能清晰识别为宜。

（6）产品实物样品或者样品图片。申请时应附样品图片，为更客观地认定农产品地理标志，在审查评审过程中，需要提供实物进行鉴定的，申请人应报送一定数量的实物鉴定样品。

（7）其他必要的说明性或者证明性材料，包括：①产品典型特征特性的历史文献记载，以及产品典型特性特征的形成取决于当地的自然因素和人文因素的科学证据或相关论证；②农产品地理标志曾获得的荣誉证书；③其他具有辅助说明或证明性的材料。

13.2.1.7 农产品地理标志登记审查的流程

省级人民政府农业行政主管部门自受理农产品地理标志登记申请之日起，应当在 45 个工作日内完成申请材料的初审和现场核查，并提出初审意见。符合条件的，将申请材料和初审意见报送农业部农产品质量安全中心；不符合条件的，应当在提出初审意见之日起 10 个工作日内将相关意见和建议通知申请人。

农业部农产品质量安全中心应当自收到申请材料和初审意见之日起 20 个工作日内，对申请材料进行审查，提出审查意见，并组织专家评审。经专家评审通过的，由农业部农产品质量安全中心代表农业部对社会公示。有关单位和个人有异议的，应当自公示之日起 20 日内向农业部农产品质量安全中心提出。公示无异议的，由农业部做出登记决定并公告，颁发《中华人民共和国农产品地理标志登记证书》，公布登记产品相关技术规范和标准。专家评审没有通过的，由农业部做出不予登记的决定，书面通知申请人并说明理由。

13.2.1.8 农产品地理标志登记证书有效期

农产品地理标志登记证书长期有效。有下列情形之一的，登记证书持有人应当按照规定程序提出变更申请：①登记证书持有人或者法定代表人发生变化的；②地域范围或者相应自然生态环境发生变化的。

13.2.1.9 农产品地理标志使用人资质要求

符合下列条件的单位和个人，可以向登记证书持有人申请使用农产品地理标志：①生产经营的农产品产自登记确定的地域范围；②已取得登记农产品相关的生产经营资质；③能够严格按照规定的质量技术规范组织开展生产经营活动；④具有地理标志农产品市场开发经营能力。使用农产品地理标志，应当按照生产经营年度与登记证书持有人签订农产品地理标志使用协议，在协议中载明使用的数量、范围及相关的责任义务。

13.2.1.10 农产品地理标志使用人的权利和义务

1. 农产品地理标志使用人享有的权利

（1）可以在产品及其包装上使用农产品地理标志。

（2）可以使用登记的农产品地理标志进行宣传，参加展览、展示及展销。

2. 农产品地理标志使用人应当履行的义务

（1）自觉接受登记证书持有人的监督检查。

（2）保证地理标志农产品的品质和信誉。

（3）正确规范地使用农产品地理标志。

13.2.1.11 国家对农产品地理标志的监督管理

县级以上人民政府农业行政主管部门应当加强农产品地理标志监督管理工作，定期对登记的地理标志农产品的地域范围、标志使用等进行监督检查。登记的地理标志农产品或登记证书持有人不符合相关规定的，由农业部注销其地理标志登记证书并对外公告。对于伪造、冒用农产品地理标志和登记证书单位和个人，由县级以上人民政府农业行政主管部门依照《中华人民共和国农产品质量安全法》有关规定处罚。

13.2.2 农产品地理标志管理办法

《农产品地理标志管理办法》（中华人民共和国农业部令第 11 号）于 2007 年 12 月 6 日农业部第 15 次常务会议审议通过，自 2008 年 2 月 1 日起施行。

13.2.2.1 《农产品地理标志管理办法》制定的目的

为规范农产品地理标志的使用，保证地理标志农产品的品质和特色，提升农产品市场竞争力。

13.2.2.2 《农产品地理标志管理办法》的依据

《农产品地理标志管理办法》是依据《中华人民共和国农业法》、《中华人民共和国农产品质量安全法》相关规定制定的。

国家对农产品地理标志实行登记制度，经登记的农产品地理标志受法律保护；农业部负责全国农产品地理标志的登记工作，农业部农产品质量安全中心负责农产品地理标志登记的审查和专家评审工作。

13.2.2.3 《农产品地理标志管理办法》的基本框架

《农产品地理标志管理办法》主要包括总则、登记、标志使用、监督管理、附则等内容，共 5 章、25 条。

13.2.2.4 农产品地理标志登记流程

具体流程为：申请→确定申请登记的农产品地域范围→制定质量控制技术规范→产地环境和品质鉴定→初审→现场核查→公示→颁发证书（图 13-4）。

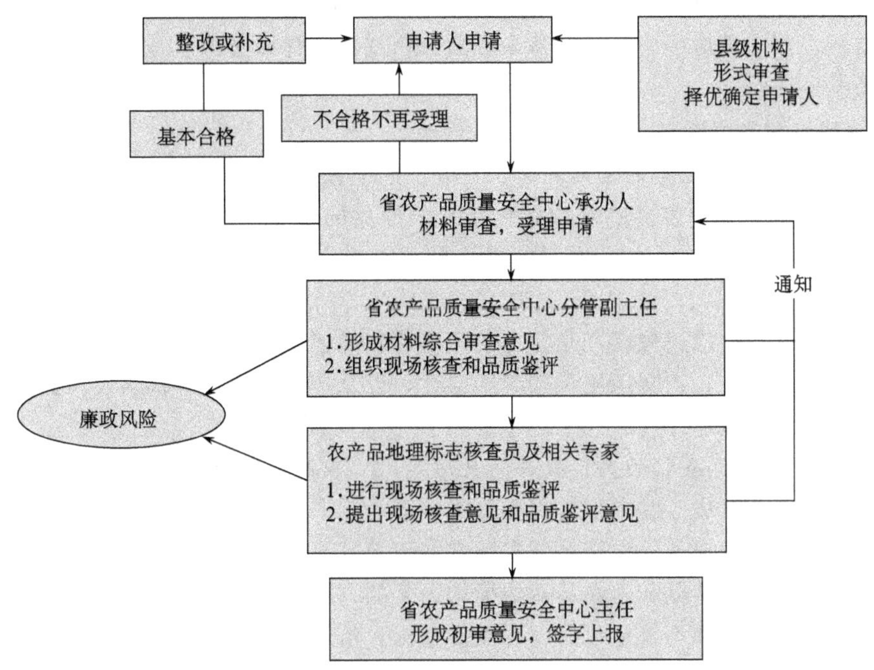

图 13-4　农产品地理标志初审及廉政风险识别图

13.2.2.5　农产品地理标志登记程序

1. 申请人　农产品地理标志登记申请人应当符合《办法》第八条规定的条件，由县级以上地方人民政府择优确定并出具相应的资格确认文件；申请登记的农产品生产区域在县域范围内的由申请人提供县级人民政府出具的资格确认文件；跨县域的由申请人提供地市级以上地方人民政府出具的资格确认文件。

农产品地理标志登记申请人为县级以上地方人民政府根据下列条件择优确定的农民专业合作经济组织、行业协会等组织。

必须具备的条件为：①具有监督和管理农产品地理标志及其产品的能力；②具有为地理标志农产品生产、加工、营销提供指导服务的能力；③具有独立承担民事责任的能力。

主要申请人类型：①××协会，如××大米协会、××果品产销协会、××名特优农产品协会；②××站，如××果树技术指导站、××经济作物站、××特产技术推广站等；③××研究所，如××鸭梨研究所、××茶叶科学研究所等；④××中心，如××柑橘技术推广中心、××果品发展中心、××市场开发服务中心、××果品市场管理中心、××果业发展中心等；⑤××会，如××葡萄产业促进会、××茶叶学会、××林学会、××大葱科学研究会、××肉类食品商会等；⑥××办公室，如××榨菜管理办公室、××食用菌办公室等；⑦××社，如××供销合作社联合社、××农民专业合作社等。

2. 确定申请登记的农产品地域范围　申请人应当根据申请登记的农产品分布情况和品质特性，科学合理地确定申请登记的农产品地域范围，包括具体的地理位置、涉及村镇和区域边界；报出具资格确认文件的地方人民政府农业行政主管部门审核，出具地域范围确定性文件。

3. 制定质量控制技术规范　申请人应当根据申请登记的农产品产地环境特性和产品品质典型特征，制定相应的质量控制技术规范，包括产地环境条件、生产技术规范和质量安全技术规范。

4. 产地环境和品质鉴定

1）*农产品地理标志登记的鉴定内容*　农产品地理标志登记申请人在进行登记申请时，应当提交产品品质鉴定报告。鉴定内容包括：①产品的外在感官指标特征，包括产品的形态、大小、色泽等；②产品独特的不可量化的风味特征；③产品可量化的典型显著理化指标。

产品典型特征特性描述包括产品特定的品质风味描述、特殊的自然环境条件描述、特殊的生产方式和工艺描述、人文历史和知名度描述，以及产品的市场、价格及与其他同类产品相比较的附加值等的描述。

2）*农产品地理标志登记的鉴定报告提交形式*　农产品地理标志产品品质鉴定报告由鉴评报告和检测报告组成。鉴定报告提交形式如下：①产品外在感官特征显著而内在品质指标不显著的，提交鉴评报告；②产品外在感官特征不显著而内在品质指标显著的，提交检测报告；③产品外在感官特征和内在品质指标均显著的，同时提交鉴评报告和检测报告。

对于外在感官特征和不可量化的内在品质指标，由申请人提请省级农产品地理标志工作机构组织专家进行鉴评，给出鉴评意见。对于可量化的理化指标，由农业部农产品质量安全中心委托的具有相应资质的检测机构出具检测报告。

申请登记农产品的产地环境和品质鉴定工作由农业部考核合格的农产品质量安全检测机构承担。鉴定工作有特殊需要的，农业部农产品质量安全中心可以指定具有法定资质的检测机构承担；检测机构应当根据申请人的委托和农产品地理标志登记管理的相关规定进行抽样、检测和出具报告。

5. 初审　要求为：①省级农业行政主管部门自受理农产品地理标志登记申请之日起，应当在45个工作日内按规定完成登记申请材料的初审和现场核查工作，并提出初审意见；②符合规定条件的，省级农业行政主管部门应当将申请材料和初审意见报农业部农产品质量安全中心；③不符合规定条件的，应当在提出初审意见之日起10个工作日内将相关意见和建议书面通知申请人；④农业部农产品质量安全中心收到申请材料和初审意见后，在20个工作日内完成申请材料的审查工作，提出审查意见并组织专家评审。

6. 现场核查　必要时，农业部农产品质量安全中心可以组织实施现场核查。

现场核查是指在审查农产品地理标志登记申报材料的过程中，根据需要对申请人相关情况进行实地核实确认的过程。

1）*农产品地理标志现场核查工作程序*

（1）制定现场核查方案。根据核查内容制定可操作的《农产品地理标志现场核查方案》。

（2）通知申请人。以《农产品地理标志现场核查通知单》的形式书面通知申请人，并请申请人予以确认。

（3）实施现场核查。依据现场核查方案进行核查。

a. 召开首次会议。核查组与申请人见面时召开首次会议。会议由核查组组长主持，参加人员包括核查组全体人员、申请代表和部门负责人等。内容包括：介绍参会人员；确认核查范围、核查依据、日程安排、核查方法和核查结论的报告形式；宣读保密承诺；确定陪同人员；明确注意事项，说明相关问题；确定末次会议的安排。

b. 进行实地核查。在核查过程中，核查组应按照核查方案进行实地核查。核查组内部应及时沟通，汇总分析核查中发现的问题，明确现场核查结论，与申请人代表完成《农产品地理标志现场核查报告》，并商定末次会有关事宜。

c. 召开末次会议。现场核查结束前召开末次会议。由核查组组长主持，参会人员应包括核查组全体人员、申请人代表和地方有关方面人员等。内容包括：简述核查的总体情况；介绍核查过程和发现的主要问题；对申请人资质、产地环境条件、地域划分范围、生产记录档案、生产技术规程和产品质量控制技术规范的建立、实施等情况的有效性评价；宣布核查结论，提出改进或整改意见；申请人代表讲话；宣布末次会议和现场核查结束。

d. 后续工作。核查组在完成现场核查后 5 个工作日内，向省级农产品地理标志工作机构提交《农产品地理标志现场核查报告》，省级农产品地理标志工作机构根据现场核查结果和核查组意见负责现场核查的后续工作。

2）核查范围及主要内容

（1）现场听取申请人汇报。听取申请人关于申请登记产品及其产地环境、区域范围和生产管理等有关情况的介绍。

（2）实地检查。确定检查的基地范围和地块数，随机进行实地检查。

（3）随机访问。确定访问的生产者，随机访问生产者和技术人员，获得产品生产及管理情况资料。

（4）查阅文件、记录。了解申请单位质量控制措施及确保农产品地理标志产品质量的能力；核实申请单位生产管理制度的执行情况及控制的有效性。查阅文件包括生产技术规程和产品质量控制技术规范等；查阅的记录包括生产及其管理记录、出入库记录、生产资料购买及使用记录、交售记录、卫生管理记录、培训记录。

（5）核查其他需要了解的内容。

3）农产品地理标志现场核查工作要求

（1）农业部农产品质量安全中心负责农产品地理标志登记现场核查的统筹和协调工作，省级农产品地理标志工作机构负责现场核查的组织和实施工作。必要时，农业部农产品质量安全中心可以组织审核员实施现场确认检查。

（2）省级农产品地理标志工作机构应当根据初审情况拟定现场核查计划。现场核查计划包括现场核查的时间、地点、内容、程序和人员构成等要素。

（3）现场核查工作根据《农产品地理标志现场核查工作程序》进行。现场核查组不得向农产品地理标志登记申请者提出经确认的核查范围以外的其他核查要求。

（4）现场核查实行核查组组长负责制，现场核查组一般由 3～5 位审核员组成。

现场实地核查工作，应当在 2 天内完成。特殊情况需要延长核查时间的，需经申请人同意后方可适当延长，但最长时间不得超过 4 天。

（5）现场核查完成后，核查组应当对核查结果进行综合判定，做出现场核查结论。现场核查结论分三种：①现场核查通过；②现场核查基本通过，限期整改和报送整改结果；③现场核查不通过，限期整改并届时派员对整改结果进行确认。

（6）核查组应当在现场核查后 5 个工作日内，将《农产品地理标志现场核查报告》报送至省级农产品地理标志工作机构。

（7）省级农产品地理标志工作机构应当根据现场核查结论结合申请材料初审情况，提出初审意见，按要求报部中心。

（8）部中心在审查过程中发现需要进行现场确认核查的，应当自收到省级农产品地理标志工作机构报送的材料之日起20日内，组织2～3名审核员对照需要核查的内容实施现场确认核查。

专家评审工作由农产品地理标志登记专家评审委员会承担，并对评审结论负责。

7. 公示

（1）经专家评审通过的，由农业部农产品质量安全中心代表农业部在《农民日报》、中国农业信息网、中国农产品质量安全网等公共媒体上对登记的产品名称、登记申请人、登记的地域范围和相应的质量控制技术规范等内容进行为期10日的公示。

（2）专家评审没有通过的，由农业部做出不予登记的决定，书面通知申请人和省级农业行政主管部门，并说明理由。

（3）对公示内容有异议的单位和个人，应当自公示之日起30日内以书面形式向农业部农产品质量安全中心提出，并说明异议的具体内容和理由。

（4）农业部农产品质量安全中心应当将异议情况转所在地省级农业行政主管部门提出处理建议后，组织农产品地理标志登记专家评审委员会复审。

8. 颁发证书

（1）公示无异议的，由农业部农产品质量安全中心报农业部做出决定。准予登记的，颁发《中华人民共和国农产品地理标志登记证书》并公告，同时公布登记产品的质量控制技术规范。

（2）农产品地理标志登记证书长期有效。

13.2.2.6 标志使用

1. 农产品地理标志的使用 符合下列条件的单位和个人，可以向登记证书持有人申请使用农产品地理标志：①生产经营的农产品产自登记确定的地域范围；②已取得登记农产品相关的生产经营资质；③能够严格按照规定的质量技术规范组织开展生产经营活动；④具有地理标志农产品市场开发经营能力。

使用农产品地理标志，应当按照生产经营年度与登记证书持有人签订农产品地理标志使用协议，在协议中载明使用的数量、范围及相关的责任义务。

农产品地理标志登记证书持有人不得向农产品地理标志使用人收取使用费。

2. 农产品地理标志使用人享有的权利 包括：①可以在产品及其包装上使用农产品地理标志；②可以使用登记的农产品地理标志进行宣传，参加展览、展示及展销。

3. 农产品地理标志使用人应当履行的义务 包括：①自觉接受登记证书持有人的监督检查；②保证地理标志农产品的品质和信誉；③正确、规范地使用农产品地理标志。

13.2.2.7 监督管理

1. 农产品地理标志监督管理部门

（1）县级以上人民政府农业行政主管部门应当加强农产品地理标志监督管理工作，定期对登记的地理标志农产品的地域范围、标志使用等进行监督检查。

（2）登记的地理标志农产品或登记证书持有人不符合本办法第七条、第八条规定的，由农业部注销其地理标志登记证书并对外公告。

2. 质量控制追溯体系的建立　地理标志农产品的生产经营者，应当建立质量控制追溯体系。农产品地理标志登记证书持有人和标志使用人，对地理标志农产品的质量和信誉负责。

3. 农产品地理标志监督管理要求

（1）任何单位和个人不得伪造、冒用农产品地理标志和登记证书。

（2）国家鼓励单位和个人对农产品地理标志进行社会监督。

4. 罚则

（1）从事农产品地理标志登记管理和监督检查的工作人员滥用职权、玩忽职守、徇私舞弊的，依法给予处分；涉嫌犯罪的，依法移送司法机关追究刑事责任。

（2）违反本办法规定的，由县级以上人民政府农业行政主管部门依照《中华人民共和国农产品质量安全法》有关规定处罚。

复习参考题

1. 名词解释

地理标志　原产地名称　农产品地理标志　农产品地理标志登记制度

2. 问答题

（1）什么是地理标志产品保护？如何对地理标志产品进行认证？

（2）地理标志与原产地证明商标的异同点是什么？

（3）农产品地理标志登记申请需要提交哪些材料？

（4）如何对农产品地理标志进行登记？

（5）《农产品地理标志管理办法》制定的目的、依据及基本框架是什么？

主要参考文献

白新鹏. 2010. 食品安全危害及控制措施. 北京：中国计量出版社

曹志平，乔玉辉. 2010. 有机农业. 北京：化学工业出版社

柴邦衡，刘晓论. 2009. ISO9001：2008质量管理体系文件. 北京：机械工业出版社

陈怀锅，夏宇，范正辉. 2010. 无公害农产品认证与管理实务. 南京：东南大学出版社

陈君石，石阶平. 2010. 食品安全风险评估. 北京：中国农业大学出版社

陈士恩，曹竑. 2012. 食品安全与质量控制技术（上、下）. 兰州：甘肃人民出版社

高振宁，赵克强，肖兴基. 2009. 有机农业与有机食品. 北京：中国环境科学出版社

谷树棠，周玉兰. 2008. 食品企业及餐饮企业实施GB-T22000—2006示例. 北京：中国计量出版社

广州进出口商品检验技术研究所. 2009. ISO9001：2008标准理解与认证实务. 广州：广东经济出版社

郭春敏，李显军. 2010. 有机食品知识问答. 北京：中国标准出版社

国家质量监督检验检疫总局食品生产监管司. 2007. 食品用包装容器工具等制品生产许可教程：纸制品篇. 北京：中国标准出版社

国家质量监督检验检疫总局食品生产监管司. 2007. 食品生产许可证审查员资格全国统一考试复习大纲及习题集（2007版）. 北京：中国标准出版社

杭冬婷. 2011. 基于农产品地理标志的农业产业集群发展探析. 中国经贸导刊，(03)：43-44

贺国铭，王东东，谭一明. 2006. ISO22000：2005（GB/T 22000—2006）《食品安全管理体系》理解与应用. 北京：中国农业大学出版社

黄伟明. 2006. 食品企业ISO22000 ISO 9001 ISO14001一体化管理体系 基础知识. 北京：中国计量出版社

黄彦芳，马长路. 2010. 安全食品标准与认证. 北京：中国农业大学出版社

黄毅. 2005. 食品质量安全市场准入指南. 北京：中国轻工业出版社

嵇国光，赵菁，龚春香. 2009. ISO9001标准解析与应用（2008版）. 北京：中国标准出版社

纪正昆. 2004. 食品质量安全市场准入制度实用问答. 北京：中国标准出版社

纪正昆，马小平，国家质量监督检验检疫总局. 2005. 食品质量安全市场准入审查指南：酱腌菜、蛋制品、水产加工品、淀粉及淀粉制品分册. 北京：中国标准出版社

季任天. 2007. 食品安全管理体系实施与认证. 北京：中国计量出版社

金发忠. 2010. 无公害农产品认证申报与审查. 北京：中国农业出版社

李崇高，王文焕，李崇高. 2008. 绿色食品概论. 北京：化学工业出版社

李怀林. 2007. ISO22000食品安全管理体系通用教程. 北京：中国质检出版社

李莉，中国检验检疫科学研究院. 2010. 良好农业规范（GAP）实施与认证指南. 北京：中国标准出版社

李旭，范正辉，陈怀锅. 2012. 绿色食品认证与管理实务. 南京：东南大学出版社

李玉冰，赵晨霞. 2008. 无公害畜禽产品生产技术. 北京：中国农业科学技术出版社

李在聊，邓峰. 2008. 食品安全管理体系与质量环境管理体系整合实务. 北京：中国轻工业出版社

李在卿，陈红. 2009. GB/T19001—2008/ISO9001：2008《质量体系要求》理解应用与审核. 北京：中国标准出版社

李在卿，梁平，吴冷. 2009. 中国有机产品认证：有机加工认证指南. 北京：中国环境科学出版社

李志芳，李显军，郭春敏. 2006. 有机认证与HACCP结合的食品加工质量控制体系，北京：中国农业科技出版社

李祖明. 2009. 地理标志的保护与管理. 北京：知识产权出版社

刘涛. 2004. 论清真饮食规定及其特色. 扬州大学烹饪学报，(01)：10-15

刘新录. 2013. 我国无公害农产品和农产品地理标志工作的突破方向及当前任务. 农产品质量与安全，(04)：5-8

刘新录. 2014. 无公害农产品管理与技术. 第4版. 北京：中国农业出版社

刘秀. 2010. 促进社会主义新农村建设——以农产品地理标志的知识产权保护为视野. 特区经济，(10)：161-163

刘智. 1993. 天方典礼・饮食篇. 郑州：中州古籍出版社

罗小芳，丁士仁. 2011. 清真饮食文化的深刻内涵及其社会功能探析. 西北民族大学学报（哲学社会科学版），(04)：93-99
马长路. 2010. 食品企业管理体系建立与认证. 北京：中国轻工业出版社
马国锋. 2011. 清真饮食问答. 兰州：甘肃民族出版社
马兴仁. 2000. 清真饮食的特点与发展清真烹饪. 回族研究，(04)：78-82
牛瑞生. 2011. 我国蔬菜生产现状与良好农业规范的对比. 河北农业科学，(06)：98-100
曲径. 2011. 食品安全控制学. 北京：化学工业出版社
单吉堃. 2008. 有机农业发展的制度分析，北京：中国农业大学出版社
史小卫. 2007. 国内外 HACCP 体系建立和实施的法规和标准汇编及分析. 北京：中国标准出版社
宋其玉. 2009. ISO9001 标准理解与应用指南（2008 版）. 北京：机械工业出版社
宋治民. 2006. GB/T19001—2008 与内部审核员培训解疑释惑 250 题. 北京：中国标准出版社
唐安来，肖元安. 2008. 绿色食品产业实用指南. 北京：中国农业出版社
唐茂芝. 2012. 世界主要国家良好农业规范标准体系比较与借鉴研究. 中国标准化，(02)：77-81
田芙蓉. 2009. 地理标志法律保护制度研究. 北京：知识产权出版社
王大宁. 2009. 良好农业规范实用指南（水产分册）. 北京：中国标准出版社
王吉谭. 2011. 良好农业规范区域化认证关键技术研究. 认证技术，(12) 44-46
王蕾. 2008. 食品安全管理体系最新标准应用实例. 北京：化学工业出版社
王世平. 2009. 食品安全检测技术. 北京：中国农业大学出版社
王运浩. 2010. 绿色食品标准化基地建设探索与实践. 北京：中国农业出版社
《无公害农产品标准体系》编写组. 2011. 无公害农产品标准体系. 沈阳：辽宁教育出版社
吴建伟，祝天敏. 2010. ISO9000：2008 认证通用教程. 北京：机械工业出版社
吴晶. 2009. GB/T 22003—2008 食品安全管理体系审核与认证机构要求理解与实施. 北京：中国标准出版社
肖建华. 2010. 认可本质与作用. 北京：中国标准出版社
修晓蓉. 2012. 浅析农产品地理标志. 经济研究导刊，(08)：195-196
徐朝国. 2010. 农产品地理标志保护与发展的思考——基于产业集群理论分析. 中国集体经济，(03)：37-38
杨富民. 2009. 现代绿色食品管理与生产技术. 北京：化学工业出版社
杨君. 2010. 绿色食品加工技术. 北京：科学出版社
杨柳. 2008. 中国清真饮食文化. 北京：中国轻工业出版社
余志刚. 2013. 农产品加工企业应用 GAP 认证的原因调查与效益分析. 东北农业大学学报（社会科学版），(06)：100-104
曾明彬. 2009. ISO9001：2008 质量问题分析与解决. 广州：广东经济出版社
张坚勇. 2007. 绿色食品实用技术. 南京：东南大学出版社
张妍. 2008. 食品安全认证. 北京：化学工业出版社
张真，王兆林，张冬梅. 2013. 绿色食品 150 问. 杭州：浙江大学出版社
张智勇，何竹筠. 2006. ISO22000：2005 食品安全管理体系认证实践指南. 北京：化学工业出版社
赵林度. 2009. 食品安全与风险管理. 北京：科学出版社
中国标准出版社第一编辑室. 2008. 良好农业规范及相关标准汇编. 北京：中国标准出版社
中国标准化研究院. 2007. GB/T22000—2006《食品安全管理体系食品链中各类组织的要求》理解与实施. 北京：中国标准出版社
中华人民共和国工业产品生产许可证管理条例. 2005. 北京：中国标准出版社
中国检验认证集团山东有限公司. 2006. ISO22000 食品安全管理体系认证实施指南. 北京：中国农业出版社
中国绿色食品发展中心. 2011. 最新中国绿色食品标准（2010 版）（上、下册）. 北京：中国农业出版社
周长春，孙凤鸣. 2010. 质量管理国际标准应用导论：解读 2008 版 ISO 9001. 北京：科学出版社
周菲，杨启善. 2005. HACCP 食品安全管理体系和 ISO9000 质量管理体系的共同建立与实施：企业实用指南. 北京：中国标准出版社
http://food. cnca. cn（中国食品农产品认证信息系统）
http://www. 110. com/（110 法律咨询）
http://www. aqsc. gov. cn/（中国农产品质量安全网）

http://www. aqsiq. gov. cn（国家质量检验检疫质量监督总局质监总局）
http://www. cait. cn/（中国认证认可信息网）
http://www. ccaa. org. cn（认证认可协会）
http://www. ccai. cc（国家认监委认证认可监督管理委员会认证认可技术研究所）
http://www. china. com. cn/（中国网）
http://www. chinaislam. net. cn（中国伊斯兰教协会）
http://www. chinapgi. org/（中国地理标志产品服务中心）
http://www. chinaqingzhen. com（中国清真食品网）
http://www. cnas. org. cn（中国合格评定国家认可委员会）
http://www. cnca. gov. cn（国家认证认可监督管理委员会）
http://www. cqc. com. cn（中国质量认证中心）
http://www. cssn. net. cn/（国家标准文献共享服务平台）
http://www. foodmate. net（食品伙伴网）
http://www. greenfood. org. cn/（中国绿色食品网）
http://www. isoedu. com/（国家注册员审核网）
http://www. iso. org/（国际标准化组织）
http://www. nfqs. com. cn/（国家食品质量安全网）
http://www. ofcc. org. cn/（中绿华夏有机食品认证中心）
http://www. qszt. net/（中国 QS 查询网）
http://www. safetyfood. gov. cn/（农垦农产品质量安全信息网）
http://www. wghny. com/（无公害农业网）
http://www. zgdlbz. com/（中国地理标志网）
Mian N R，Muhammad M C. 2013. 李楠，虎砚颖译. 清真食品生产. 北京：宗教文化出版社